高等院校数字艺术精品课程系列教材

Illustrator 核心应用案例教程

Illustrator 2020

全彩慕课版

李辉 吴昊 主编／黄炜 蒲伟生 房杉 副主编

人民邮电出版社
北京

图书在版编目（CIP）数据

Illustrator核心应用案例教程 : 全彩慕课版 : Illustrator 2020 / 李辉，吴昊主编. -- 北京 : 人民邮电出版社，2024.4
高等院校数字艺术精品课程系列教材
ISBN 978-7-115-62886-2

Ⅰ. ①I… Ⅱ. ①李… ②吴… Ⅲ. ①图形软件－高等学校－教材 Ⅳ. ①TP391.412

中国国家版本馆CIP数据核字(2023)第192174号

内 容 提 要

本书全面、系统地介绍 Illustrator 2020 的基本操作和核心功能，包括初识 Illustrator、Illustrator 基础知识、常用工具、图层与蒙版、绘图、高级绘图、图表、特效和商业案例等内容。

本书内容以课堂案例为主线，每个案例都有详细的操作步骤，学生通过实际操作可以快速熟悉软件功能和设计思路。书中的软件功能解析部分能使学生深入学习软件功能和制作特色。主要章的最后还安排了课堂练习和课后习题，可以拓展学生对软件的实际应用能力，提高学生的软件使用水平。商业案例可以帮助学生快速掌握商业图形的设计理念和设计方法，使学生顺利达到实战水平。

本书可作为高职高专院校数字媒体艺术类专业 Illustrator 课程的教材，也可作为初学者的自学参考书。

◆ 主　　编　李　辉　吴　昊
副 主 编　黄　炜　蒲伟生　房　杉
责任编辑　桑　珊
责任印制　王　郁　焦志炜
◆ 人民邮电出版社出版发行　　北京市丰台区成寿寺路 11 号
邮编　100164　电子邮件　315@ptpress.com.cn
网址　https://www.ptpress.com.cn
北京印匠彩色印刷有限公司印刷
◆ 开本：787×1092　1/16
印张：14.75　　2024 年 4 月第 1 版
字数：381 千字　　2024 年 4 月北京第 1 次印刷

定价：79.80 元

读者服务热线：(010)81055256　印装质量热线：(010)81055316
反盗版热线：(010)81055315
广告经营许可证：京东市监广登字 20170147 号

前言

本书全面贯彻党的二十大精神，以社会主义核心价值观为引领，传承中华优秀传统文化，坚定文化自信，使内容更好地体现时代性、把握规律性、富于创造性。

Illustrator 简介

Illustrator 是由 Adobe 公司开发的矢量图形处理软件。它在插画设计、字体设计、广告设计、包装设计、界面设计、VI 设计、动漫设计、产品设计和服装设计等领域都有广泛的应用。它功能强大、易学易用，深受图形图像处理爱好者和平面设计人员的喜爱，是平面设计领域最流行的软件之一。

如何使用本书

Step1　精选基础知识，快速上手 Illustrator

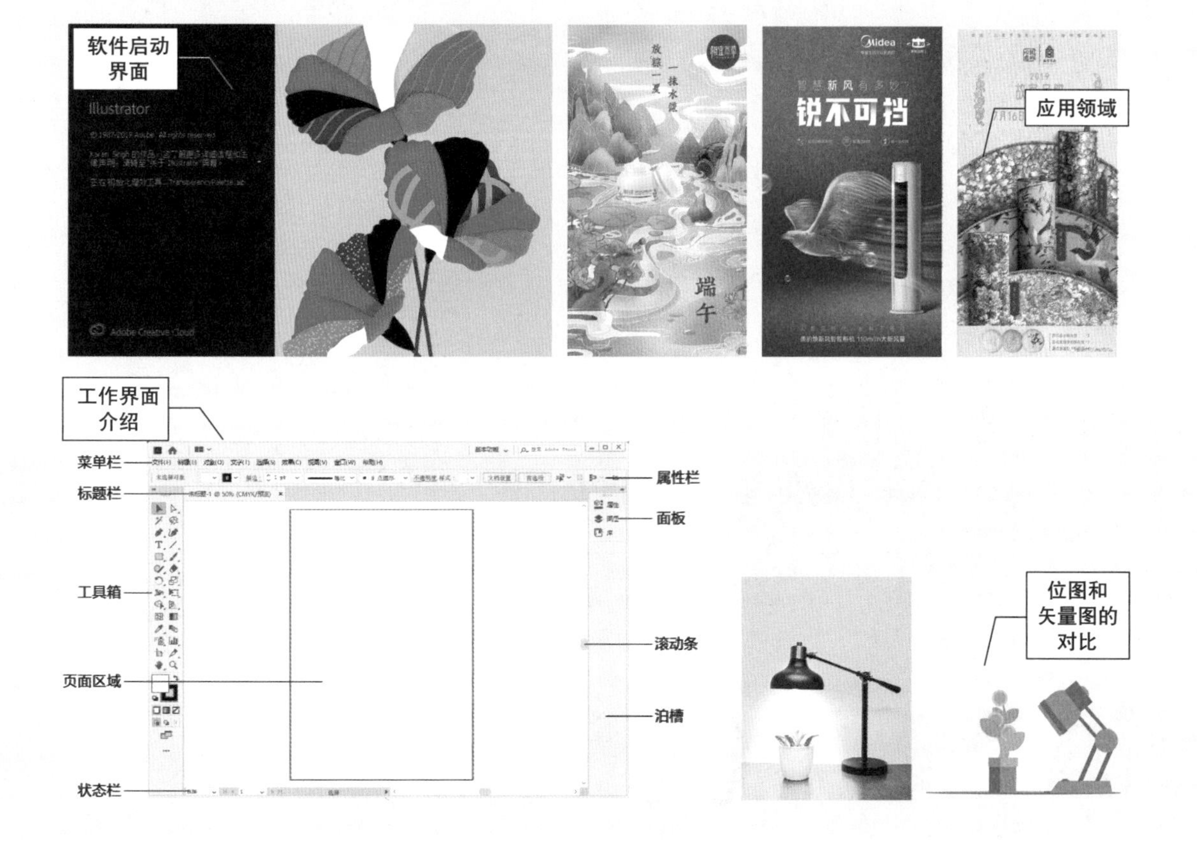

Step2　课堂案例＋软件功能解析，边做边学软件功能，熟悉设计思路

5.1　绘制线条和网格

在平面设计中，直线、弧线和螺旋线是经常使用的线条。使用“直线段”工具、“弧形”工具和“螺旋线”工具可以绘制任意的直线、弧线和螺旋线，还可以对其进行编辑和变形，以得到复杂的图形对象。在设计时，还会用到“矩形网格”工具。下面将详细讲解这些工具的使用方法。

精选典型商业案例

5.1.1　课堂案例——绘制线性图标

了解目标和要点

【案例学习目标】学习使用网格工具绘制线性图标。

【案例知识要点】使用“矩形”工具、“缩放”命令绘制装饰框，使用“极坐标网格”工具绘制圆环，使用“矩形网格”工具绘制网格，使用“形状生成器”工具制作线性图标。效果如图 5-1 所示。

【效果所在位置】云盘 \Ch05\ 效果 \ 绘制线性图标 .ai。

文字＋视频步骤详解

慕课视频　课堂案例——绘制线性图标

扩展案例　绘制线性图标

图 5-1

完成案例的制作后深入学习软件功能和制作特色

5.1.2　“直线段”工具

1. 拖曳鼠标绘制直线段

选择“直线段”工具，在页面中需要的位置按住鼠标左键，拖曳鼠标到需要的位置，释放鼠标左键，即可绘制出直线段，效果如图 5-28 所示。

选择“直线段”工具，按住 Shift 键，在页面中需要的位置按住鼠标左键，拖曳鼠标到需要的位置，释放鼠标左键，即可绘制出水平、垂直、45° 角及其倍数的直线段，效果如图 5-29 所示。

选择“直线段”工具，按住 Alt 键，在页面中需要的位置按住鼠标左键，拖曳鼠标到需要的位置，释放鼠标左键，即可绘制出以单击点为中心的直线段（由单击点向两边扩展）。

选择“直线段”工具，按住～键，在页面中需要的位置按住鼠标左键，拖曳鼠标到需要的位置，释放鼠标左键，即可绘制出多条直线段（系统自动设置），效果如图 5-30 所示。

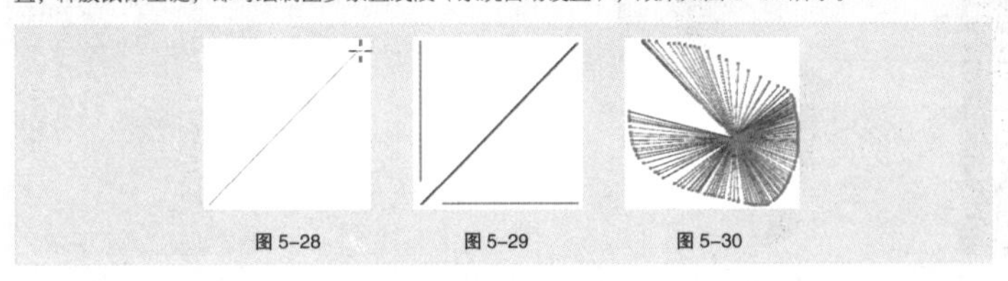

图 5-28　　图 5-29　　图 5-30

Step3　课堂练习＋课后习题，拓展应用能力

更多商业案例

5.4　课堂练习——绘制校车插图

【练习知识要点】使用“圆角矩形”工具、“星形”工具、“椭圆”工具绘制图形，使用“镜像”工具制作图形对称效果。效果如图 5-231 所示。

【效果所在位置】云盘 \Ch05\ 效果 \ 绘制校车插图 .ai。

扫码观看操作视频

慕课视频　课堂练习——绘制校车插图 1

慕课视频　课堂练习——绘制校车插图 2

图 5-231

运用
所学
知识

5.5 课后习题——绘制动物挂牌

【习题知识要点】使用“圆角矩形”工具、“椭圆”工具绘制挂环，使用“椭圆”工具、“旋转”工具、“路径查找器”面板、“缩放”命令和“钢笔”工具绘制动物头像。效果如图 5-232 所示。

【效果所在位置】云盘 \Ch05\ 效果 \ 绘制动物挂牌 .ai。

图 5-232

Step4 综合实战，演练真实商业项目制作过程

图标设计

卡片设计

插画设计

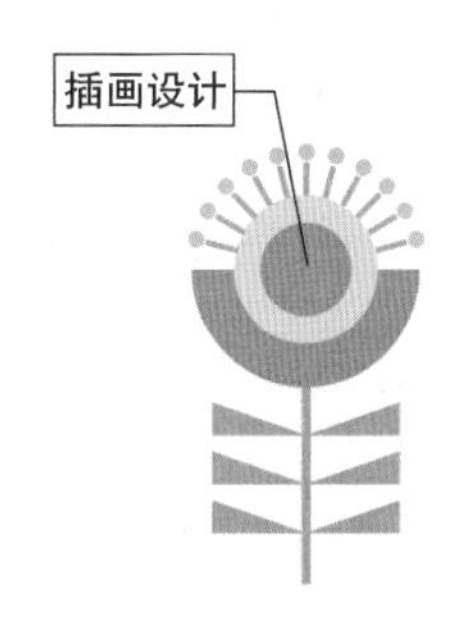

海报设计

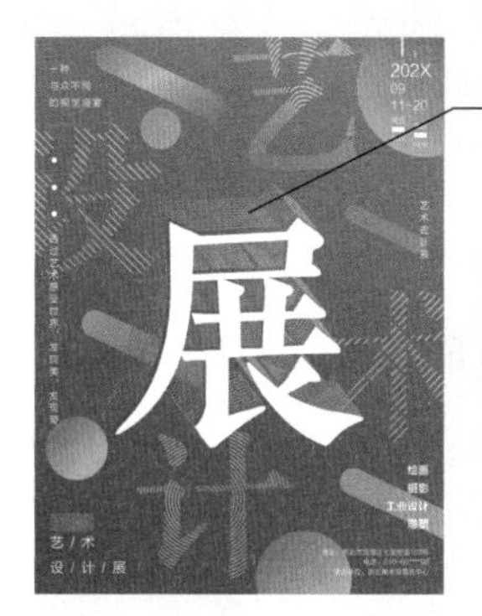

广告设计

杂志设计

图书设计

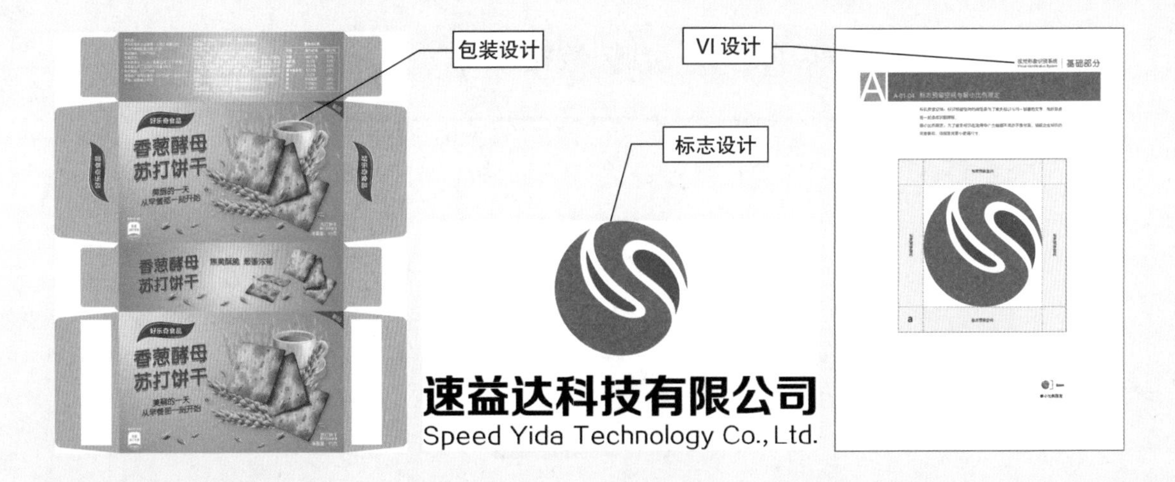

配套资源及获取方式

- 全书慕课视频。登录人邮学院网站（www.rymooc.com）或扫描封面上的二维码，使用手机号码完成注册并在首页右上角选择“学习卡”选项，输入封底刮刮卡中的激活码，即可在线观看视频。也可以使用手机扫描书中二维码，移动观看视频。
- 扩展案例。读者扫描书中二维码，即可查看扩展案例操作步骤。

慕课视频

课程介绍

本书所有案例的素材及最终效果文件、全书 PPT 课件、课程标准、课程计划、教学教案等，任课教师可登录人邮教育社区（www.ryjiaoyu.com），在本书页面中免费下载使用。

教学指导

本书的参考学时为 64 学时，其中实训环节为 28 学时，各章的参考学时参见下面的学时分配表。

章序	课程内容	学时分配	
		讲授	实训
第 1 章	初识 Illustrator	2	
第 2 章	Illustrator 基础知识	2	
第 3 章	常用工具	4	4
第 4 章	图层与蒙版	2	4
第 5 章	绘图	6	4
第 6 章	高级绘图	6	4
第 7 章	图表	4	4
第 8 章	特效	4	4
第 9 章	商业案例	6	4
学时总计		36	28

本书约定

本书案例素材所在位置：章号 \ 素材 \ 案例名，如 Ch05\ 素材 \ 绘制线性图标。

本书案例效果文件所在位置：章号 \ 效果 \ 案例名，如 Ch05\ 效果 \ 绘制线性图标 .ai。

本书中关于颜色设置的表述，如红色（255、0、0），括号中的数字分别为其 R、G、B 的值。

本书中关于颜色设置的表述，如蓝色（100、100、0、0），括号中的数字分别为其 C、M、Y、K 的值。

由于作者水平有限，书中难免存在不妥之处，敬请广大读者批评指正。

编者

2024 年 3 月

扩展知识扫码阅读

设计基础

- 认识形体
- 透视原理
- 认识设计
- 认识构成
- 形式美法则
- 点线面
- 基本型与骨骼
- 认识色彩
- 认识图案
- 图形创意
- 版式设计
- 字体设计

>>>

>>>

>>>

设计应用

- 创意绘画
- 图标设计
- 装饰设计
- VI设计
- UI设计
- UI动效设计
- 标志设计
- 包装设计
- 广告设计
- 文创设计
- 网页设计
- H5页面设计
- 电商设计
- MG动画设计
- 网店美工设计
- 新媒体美工设计

Illustrator

CONTENTS 目录

Illustrator

CONTENTS 目录

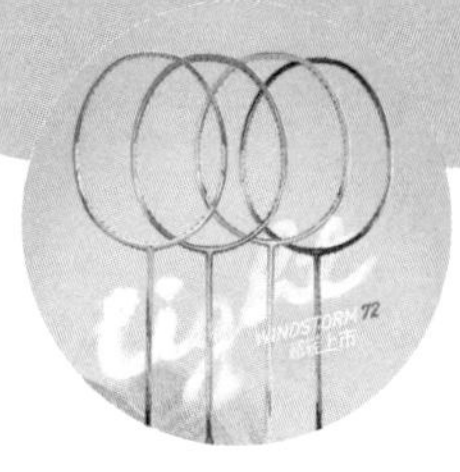

Illustrator

CONTENTS 目录

—05—

第5章 绘图

—06—

第6章 高级绘图

Illustrator

CONTENTS 目录

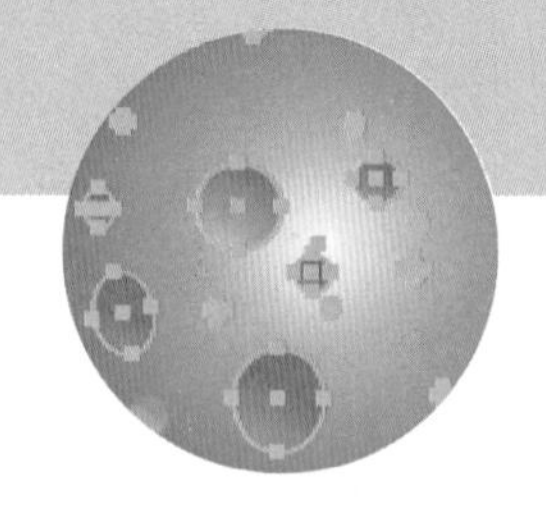

Illustrator

CONTENTS 目录

—08—

第 8 章 特效

—09—

第 9 章 商业案例

Illustrator

CONTENTS 目录

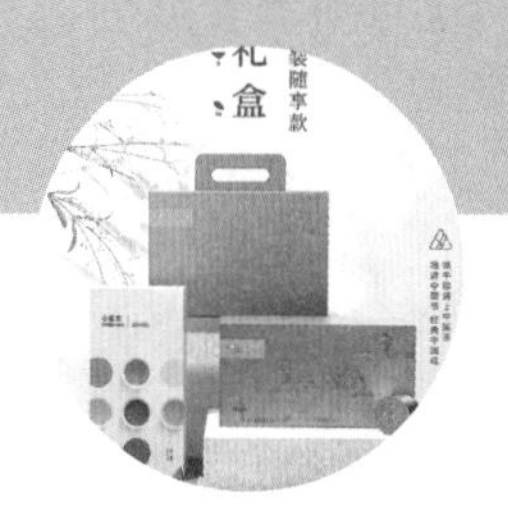

01 第1章 初识 Illustrator

本章介绍

在学习 Illustrator 2020 的操作之前，应先了解 Illustrator，包括 Illustrator 的发展历史和应用领域等。只有认识了 Illustrator 的特点和功能特色，才能更有效率地学习和运用 Illustrator，从而为我们的工作和学习带来便利。

学习目标

- 认识 Illustrator。
- 了解 Illustrator 的发展历史。
- 掌握 Illustrator 的应用领域。

1.1 Illustrator 概述

Adobe Illustrator 简称 AI，是美国 Adobe 公司推出的专业矢量图形处理软件。它拥有强大的绘制和编辑图形的功能，广泛应用于插画设计、字体设计、广告设计、包装设计、界面设计、VI 设计、动漫设计、产品设计和服装设计等多个领域，深受专业插画师、商业设计师、数字图像艺术家、互联网在线内容制作者的喜爱。

1.2 Illustrator 的发展历史

Illustrator 的前身只是 Adobe 内部的字体开发和 PostScript 编辑软件，是在 1986 年为苹果公司的麦金塔电脑设计开发的。1987 年，Adobe 公司推出了 Illustrator 1.1。1988 年，Adobe 公司在 Windows 平台上推出了 2.0 版本，自此，Illustrator 才真正地进入公众视野。随着不断优化和版本的升级，Illustrator 的功能也越来越强大。

2003 年，Adobe 整合了公司旗下的设计软件，推出了 Adobe Creative Suit（Adobe 创意套装），如图 1-1 所示，简称 Adobe CS。Illustrator 也被命名为 Illustrator CS，维纳斯的头像图标也被更新为一朵艺术化的花朵。之后陆续推出了 Illustrator CS2、CS3、CS4、CS5，2012 年推出了 Illustrator CS6，如图 1-2 所示。

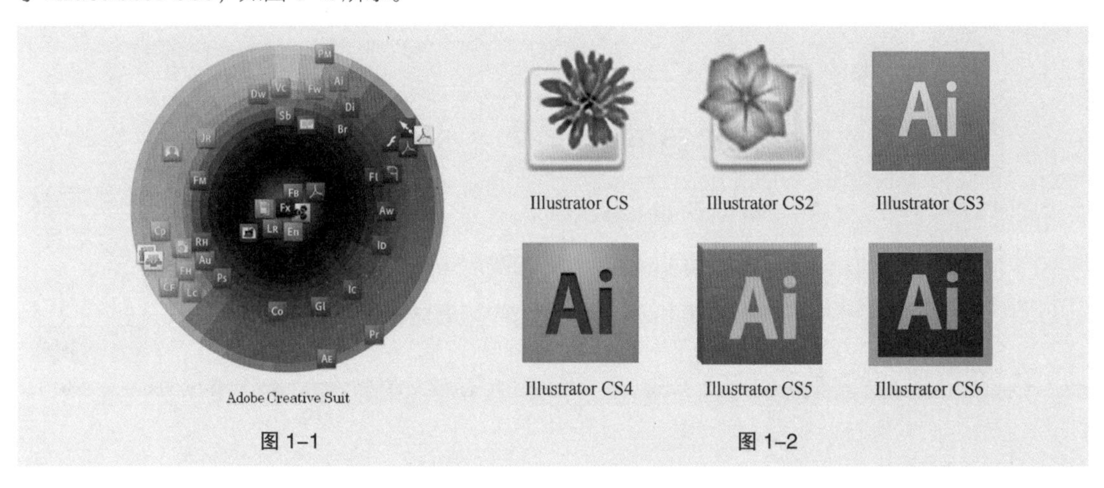

图 1-1　　图 1-2

2013 年，Adobe 公司推出了 Adobe Creative Cloud（Adobe 创意云），简称 Adobe CC，此后一段时间 Illustrator 也被命名为 Illustrator CC，如图 1-3 所示。目前，Illustrator 的最新版本为 Illustrator 2023。

图 1-3

1.3 Illustrator 的应用领域

Illustrator 的应用领域主要有插画设计、字体设计、广告设计、包装设计、界面设计、VI 设计、动漫设计、产品设计以及服装设计。

慕课视频

Illustrator 的应用领域

1.3.1 插画设计

现代插画艺术发展迅速，已经被广泛应用于互联网、广告、包装、报刊和纺织品领域。使用 Illustrator 绘制的插画简洁明快，独特新颖，已经成为最流行的插画表现形式之一，如图 1-4 所示。

图 1-4

1.3.2 字体设计

字体设计随着人类文明的发展而逐步成熟。根据字体设计的创意需求，使用 Illustrator 可以设计制作出多种字体。通过独特的字体设计将企业或品牌理念传达给受众，可以强化企业与品牌的形象，如图 1-5 所示。

图 1-5

1.3.3 广告设计

广告以多种多样的形式出现在大众生活中，通过互联网、手机、电视、报纸和户外灯箱等媒介来发布。使用 Illustrator 设计制作的广告具有更强的视觉冲击力，能够更好地推广内容，如图 1-6 所示。

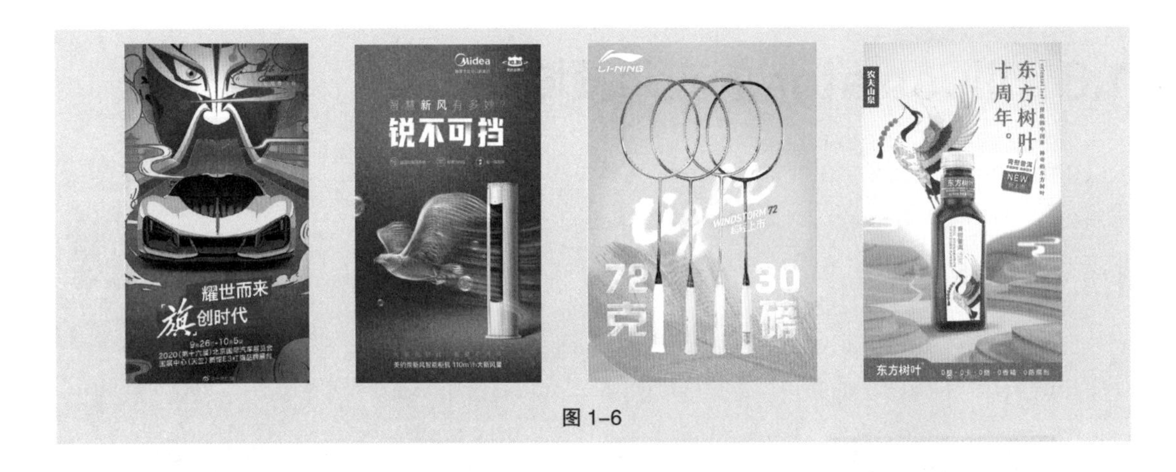

图 1-6

1.3.4 包装设计

在书籍装帧设计和产品包装设计中，Illustrator 对图形元素的绘制和处理也至关重要。此外，Illustrator 还可以完成产品包装平面模切图的制作，如图 1-7 所示。

图 1-7

1.3.5 界面设计

随着互联网的普及，界面设计成为一个重要的设计领域，Illustrator 在该领域中的应用也十分广泛。它可以美化网页元素、制作各种细腻的质感和特效，已经成为界面设计的重要工具，如图 1-8 所示。

图 1-8

1.3.6 VI 设计

VI 设计是企业形象设计的整合。可以根据 VI 设计的创意构思，使用 Illustrator 完成整套的 VI 设计制作工作。VI 设计可以对企业理念、企业文化、企业规范等抽象概念进行充分的表达，以标准化、系统化、统一化的方式塑造良好的企业形象，如图 1-9 所示。

图 1-9

1.3.7 动漫设计

动漫设计是网络和数字技术发展的产物，动漫作品的创作需要很多技术的支撑，Illustrator 在前期的动漫编辑和动漫创作中起到举足轻重的作用，如图 1-10 所示。

图 1-10

1.3.8 产品设计

在产品设计的效果图制作阶段，经常要使用 Illustrator。利用 Illustrator 的强大功能来充分表现出产品功能上的优越性和细节，能够让设计产品获得顾客的青睐，如图 1-11 所示。

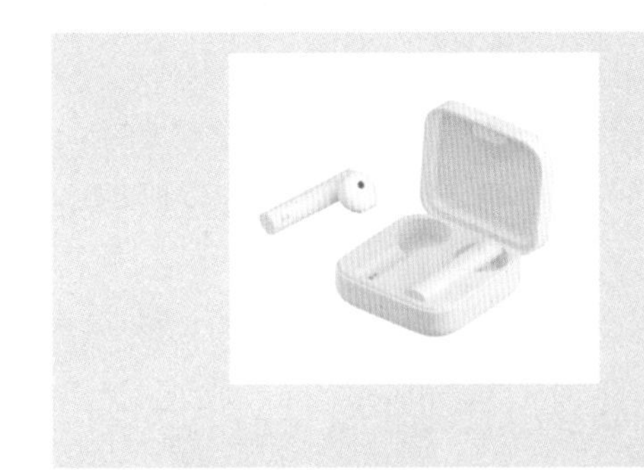

图 1-11

1.3.9 服装设计

艺术设计手段的不断发展，使得服装艺术表现形式越来越丰富多彩，利用 Illustrator 绘制的服装设计图可以让受众领略服装本身的无穷魅力，如图 1-12 所示。

图 1-12

02

第 2 章 Illustrator 基础知识

本章介绍

本章将介绍 Illustrator 2020 的工作界面，以及矢量图和位图的概念；此外，还将介绍文件的基本操作和图形的显示效果。通过本章的学习，读者可以掌握 Illustrator 2020 的基本功能，为进一步学习 Illustrator 2020 打下坚实的基础。

学习目标

- 了解 Illustrator 2020 的工作界面。
- 了解矢量图和位图的区别。
- 了解控制图形显示效果的技巧。

慕课视频

第 2 章介绍

技能目标

- 掌握文件的基本操作方法。
- 掌握标尺、参考线和网格的使用方法。
- 掌握撤销和恢复操作的方法。

2.1 工作界面

Illustrator 2020 的工作界面主要由菜单栏、标题栏、工具箱、属性栏、面板、页面区域、滚动条、泊槽和状态栏等部分组成，如图 2-1 所示。

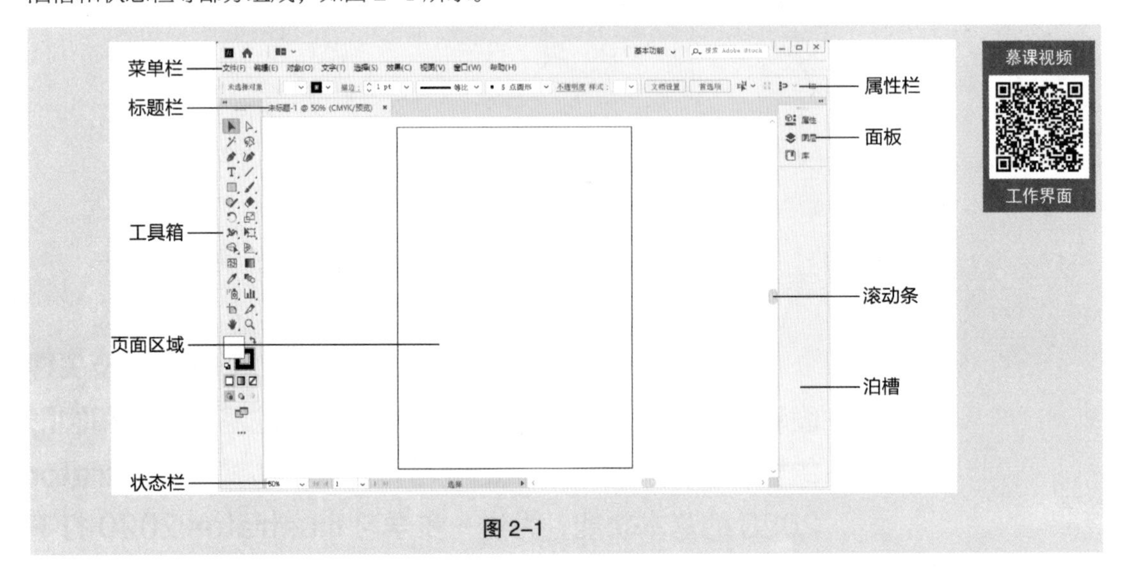

图 2-1

菜单栏：主要包括 9 个菜单，每一个菜单中又包括各自的命令和子菜单。菜单栏包括 Illustrator 2020 中所有的操作命令，通过选择这些命令可以完成基本操作。

标题栏：显示文档名、显示比例和颜色模式。

工具箱：包括 Illustrator 2020 中所有的工具，大部分工具还有其工具组，其中包括与该工具功能相似的工具，使用这些工具可以方便、快捷地进行绘图与编辑。

属性栏：当选中工具箱中的一个工具后，Illustrator 2020 的工作界面中会出现该工具的属性栏。

面板：使用面板可以快速调出许多可用于设置数值和调节功能的对话框，它是 Illustrator 2020 中最重要的组件之一。面板是可以折叠的，可根据需要分离或组合，非常灵活。

页面区域：在工作界面的中间以黑色实线表示的矩形区域，这个区域的大小就是用户设置的页面大小。

滚动条：当屏幕内不能完全显示出整个文档的时候，可以通过拖曳滚动条来实现对整个文档的浏览。

泊槽：用来组织和存放面板。

状态栏：显示当前文档视图的显示比例、当前正在使用的工具、时间和日期等信息。

2.1.1 菜单栏

熟练使用菜单栏能够快速、有效地绘制和编辑图形，达到事半功倍的效果。下面详细介绍菜单栏。

Illustrator 2020 的菜单栏包含“文件”“编辑”“对象”“文字”“选择”“效果”“视图”“窗口”“帮助”这 9 个菜单，如图 2-2 所示。每个菜单里又包含相应的命令和子菜单。

文件(F) 编辑(E) 对象(O) 文字(T) 选择(S) 效果(C) 视图(V) 窗口(W) 帮助(H)

图 2-2

菜单中左边是命令的名称，右边是命令的组合键。要执行某个命令，可以直接在键盘上按下该命令的组合键，这样可以提高操作速度。例如，“选择 > 全部”命令的组合键为 Ctrl+A。

有些命令的右边有一个向右的黑色箭头›，表示该命令有相应的子菜单，单击该图标，即可弹出子菜单。有些命令的右边有...图标，表示单击该命令可以弹出相应的对话框，在对话框中可进行更详尽的设置。有些命令呈灰色，表示该命令在当前状态下不可用，需要选中相应的对象或在特定的设置时，该命令才会变为黑色，处于可用状态。

2.1.2 工具箱

Illustrator 2020 的工具箱内包括了大量具有强大功能的工具，这些工具可以帮助用户在绘制和编辑图形的过程中制作出更加精彩的效果。工具箱如图 2-3 所示。

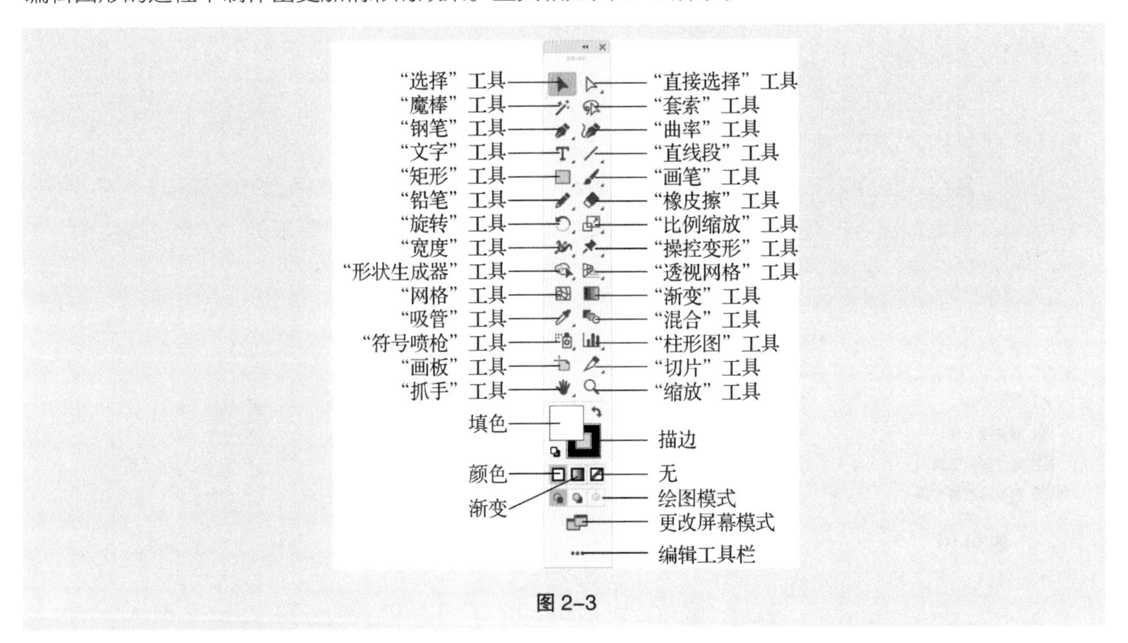

图 2-3

工具箱中部分工具按钮的右下角带有一个黑色三角形◢，表示这是一个工具组，按住该工具按钮不放，即可弹出工具组。如按住“文字”工具 T 不放，将展开文字工具组，如图 2-4 所示。单击文字工具组右边的黑色三角形▸，如图 2-5 所示，文字工具组就会从工具箱中分离出来，成为一个相对独立的工具栏，如图 2-6 所示。

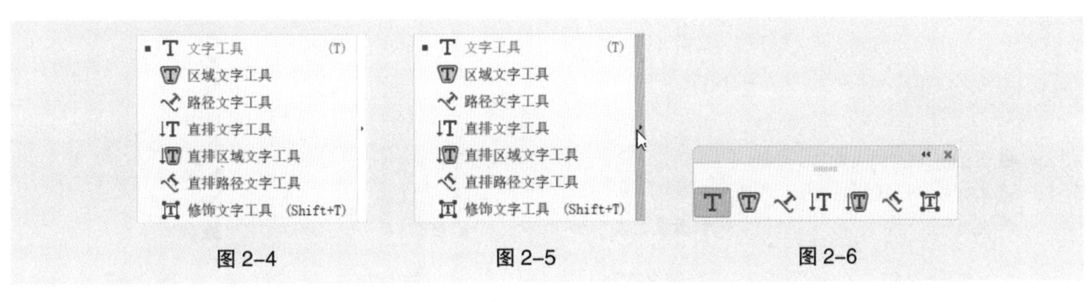

图 2-4　　图 2-5　　图 2-6

下面分别介绍各个工具组。

直接选择工具组：包括 2 个工具，“直接选择”工具和“编组选择”工具，如图 2-7 所示。

钢笔工具组：包括 4 个工具，“钢笔”工具、“添加锚点”工具、“删除锚点”工具和“锚点”工具，如图 2-8 所示。

文字工具组：包括 7 个工具，“文字”工具、“区域文字”工具、“路径文字”工具、“直排文字”工具、“直排区域文字”工具、“直排路径文字”工具和“修饰文字”工具，如图 2-9 所示。

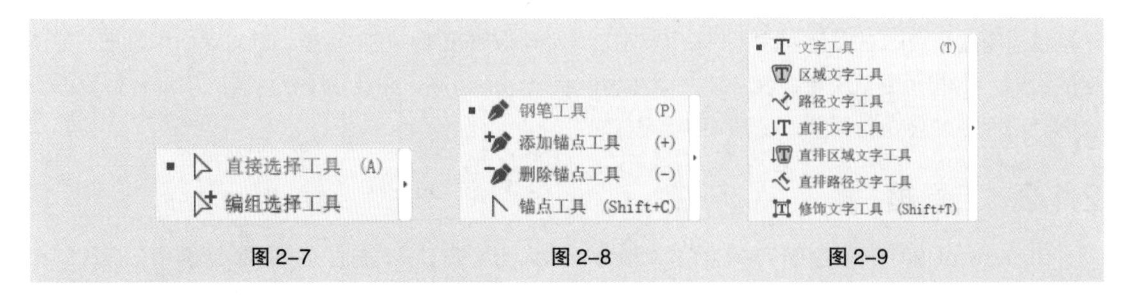

图 2-7　　图 2-8　　图 2-9

直线段工具组：包括 5 个工具，“直线段”工具、“弧形”工具、“螺旋线”工具、“矩形网格”工具和“极坐标网格”工具，如图 2-10 所示。

矩形工具组：包括 6 个工具，“矩形”工具、“圆角矩形”工具、“椭圆”工具、“多边形”工具、“星形”工具和“光晕”工具，如图 2-11 所示。

画笔工具组：包括 2 个工具，“画笔”工具和“斑点画笔”工具，如图 2-12 所示。

铅笔工具组：包括 5 个工具，Shaper 工具、“铅笔”工具、“平滑”工具、“路径橡皮擦”工具和“连接”工具，如图 2-13 所示。

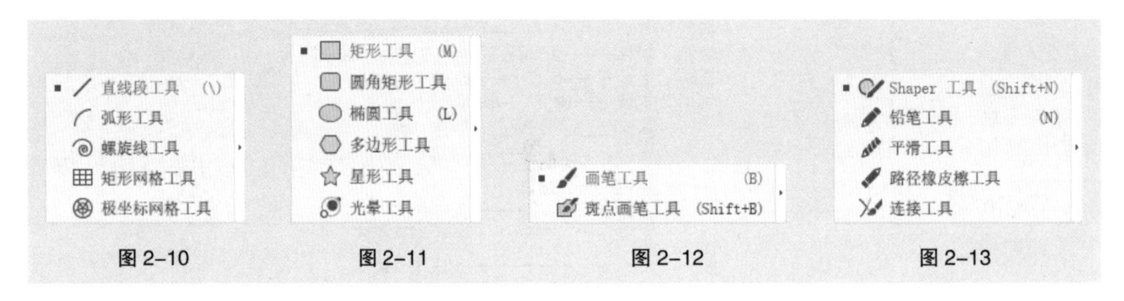

图 2-10　　图 2-11　　图 2-12　　图 2-13

橡皮擦工具组：包括 3 个工具，“橡皮擦”工具、“剪刀”工具和“美工刀”工具，如图 2-14 所示。

旋转工具组：包括 2 个工具，“旋转”工具和“镜像”工具，如图 2-15 所示。

比例缩放工具组：包括 3 个工具，“比例缩放”工具、“倾斜”工具和“整形”工具，如图 2-16 所示。

宽度工具组：包括 8 个工具，“宽度”工具、“变形”工具、“旋转扭曲”工具、“缩拢”工具、“膨胀”工具、“扇贝”工具、“晶格化”工具和“皱褶”工具，如图 2-17 所示。

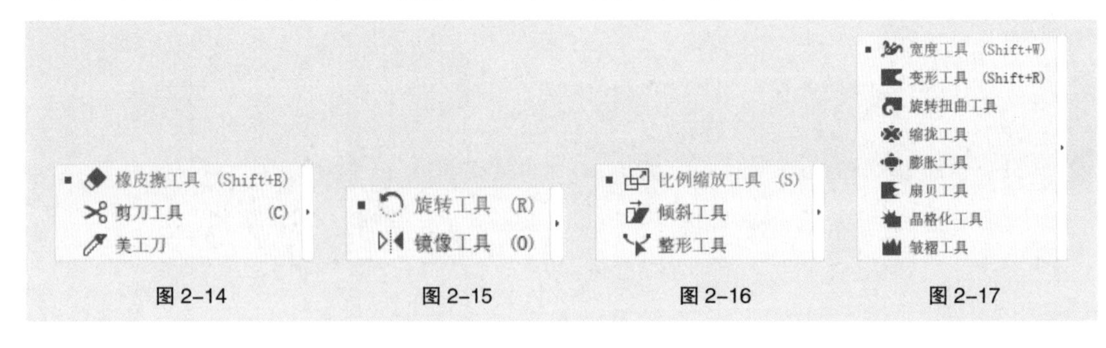

图 2-14　　图 2-15　　图 2-16　　图 2-17

操控变形工具组：包括 2 个工具，“自由变换”工具和“操控变形”工具，如图 2–18 所示。

形状生成器工具组：包括 3 个工具，“形状生成器”工具、“实时上色”工具和“实时上色选择”工具，如图 2–19 所示。

透视网格工具组：包括 2 个工具，“透视网格”工具和“透视选区”工具，如图 2–20 所示。

吸管工具组：包括 2 个工具，“吸管”工具和“度量”工具，如图 2–21 所示。

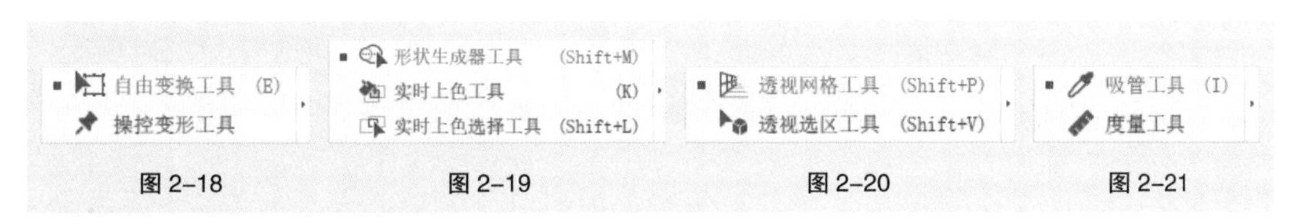

图 2–18　图 2–19　图 2–20　图 2–21

符号喷枪工具组：包括 8 个工具，“符号喷枪”工具、“符号移位器”工具、“符号紧缩器”工具、“符号缩放器”工具、“符号旋转器”工具、“符号着色器”工具、“符号滤色器”工具和“符号样式器”工具，如图 2–22 所示。

柱形图工具组：包括 9 个工具，“柱形图”工具、“堆积柱形图”工具、“条形图”工具、“堆积条形图”工具、“折线图”工具、“面积图”工具、“散点图”工具、“饼图”工具和“雷达图”工具，如图 2–23 所示。

切片工具组：包括 2 个工具，“切片”工具和“切片选择”工具，如图 2–24 所示。

抓手工具组：包括 2 个工具，“抓手”工具和“打印拼贴”工具，如图 2–25 所示。

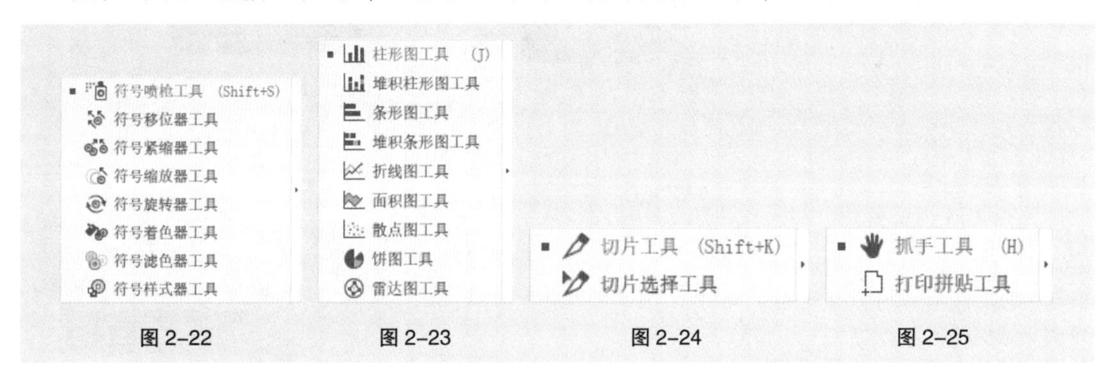

图 2–22　图 2–23　图 2–24　图 2–25

2.1.3 属性栏

在 Illustrator 2020 的属性栏中可以快捷设置与所选对象相关的选项，属性栏会根据所选工具和对象的不同显示不同的选项，包括“画笔”面板、“描边”面板、“样式”面板等多个面板的功能。选择路径对象的锚点后，属性栏如图 2–26 所示。选择“文字”工具 T 后，属性栏如图 2–27 所示。

图 2–26

图 2–27

2.1.4　面板

Illustrator 2020 的面板位于工作界面的右侧，它包含许多实用、快捷的工具和命令。随着 Illustrator 功能的不断增强，面板也在不断改进，变得更加合理，为用户绘制和编辑图形带来了更便捷的体验。

面板通常以组的形式出现，图 2-28 所示是一组面板。按住“色板”面板的标题不放，如图 2-29 所示，向旁边拖曳，如图 2-30 所示。拖曳到面板组外时，释放鼠标左键，将形成独立的面板，如图 2-31 所示。

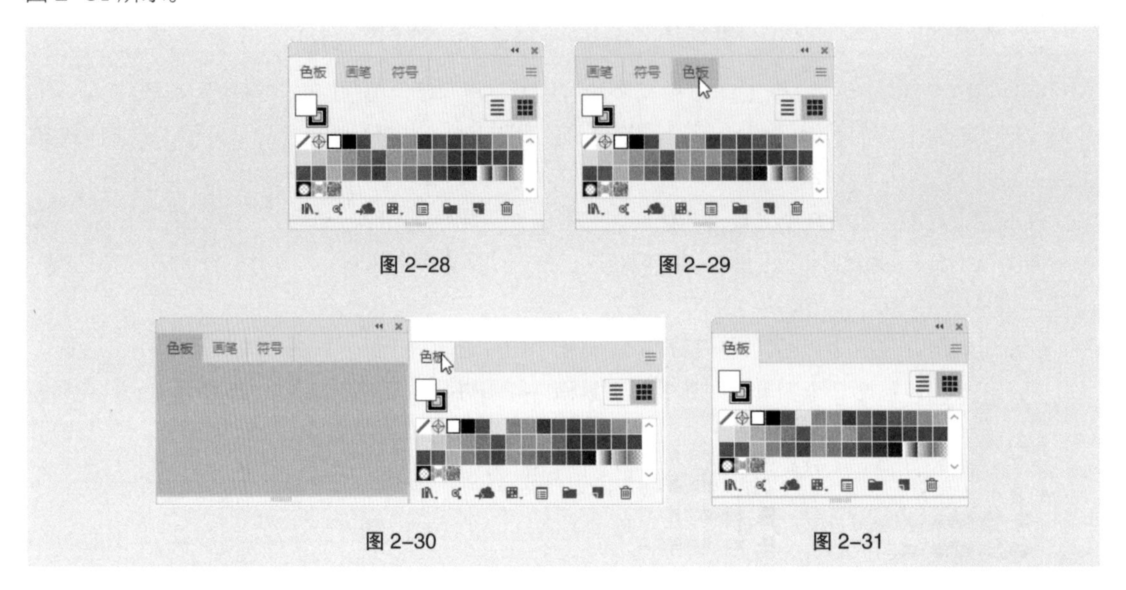

图 2-28　图 2-29

图 2-30　图 2-31

单击面板右上角的“折叠为图标”按钮 ‹‹ 或“展开”按钮 ›› 可折叠或展开面板，效果如图 2-32 所示。将鼠标指针放置在面板右下角，鼠标指针变为⤡图标，按住鼠标左键并拖曳，可放大或缩小面板。

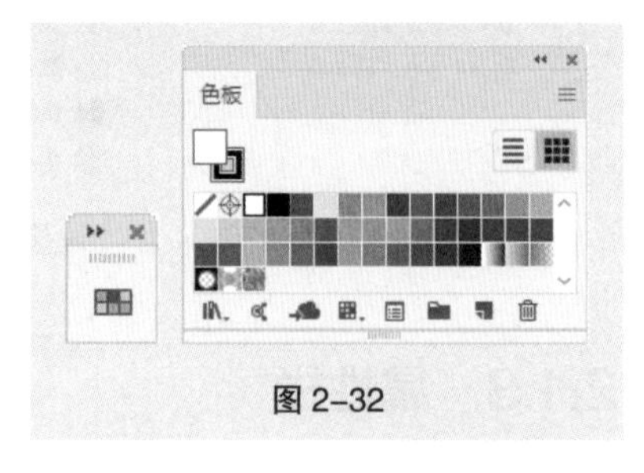

图 2-32

绘制图形时，经常需要选择不同的选项和设置不同的数值，这些可以通过面板直接实现。选择“窗口”菜单中的各个命令可以显示或隐藏面板。这样可省去反复选择命令或关闭面板的麻烦。面板为设置数值和修改命令提供了一个方便、快捷的平台，使软件的交互性更强。

2.1.5　状态栏

状态栏在工作界面的最下面，包括 3 个部分，如图 2-33 所示。第 1 部分的百分比表示当前文档的显示比例；第 2 部分是画板导航，用于在画板间切换；第 3 部分显示当前使用的工具，当前的日期、时间，文件操作的还原次数和文档颜色配置文件等。

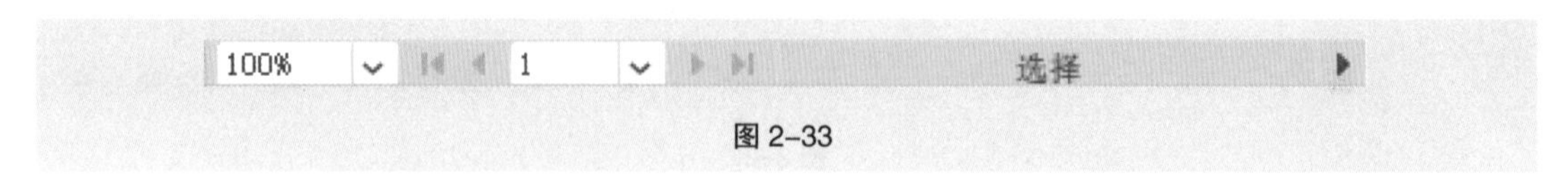

图 2-33

2.2 矢量图和位图

在计算机应用系统中，大致会应用两种图像，即位图与矢量图。Illustrator 2020不但可以制作出各式各样的矢量图，还可以导入位图进行编辑。

位图也叫点阵图像，如图 2-34 所示，它是由许多单独的点组成的，这些点称为像素，每个像素都有特定的位置和颜色值。位图的显示效果与像素是紧密联系在一起的，不同排列方式和颜色的像素在一起组成了色彩丰富的图像。像素越多，图像的分辨率越高，相应地，图像文件就越大。

Illustrator 2020 可以对位图进行编辑，除了可以使用“变形”工具对位图进行变形处理，还可以通过复制工具，在画面上复制出相同的位图，制作更完美的作品。位图的优点是色彩丰富；不足之处是文件太大，而且在放大时图像会失真，图像边缘会出现锯齿，图像会模糊不清。

矢量图也叫向量图形，如图 2-35 所示，它是一种基于数学方法的绘图方式。矢量图中的各种图形元素称为对象，每个对象都是独立的个体，都具有大小、颜色、形状和轮廓等特性。在移动对象和改变它们的属性时，可以保持对象原有的清晰度和弯曲度。矢量图是由一条条直线或曲线构成的，在填充颜色时，会使用指定的颜色沿对象的轮廓进行着色。

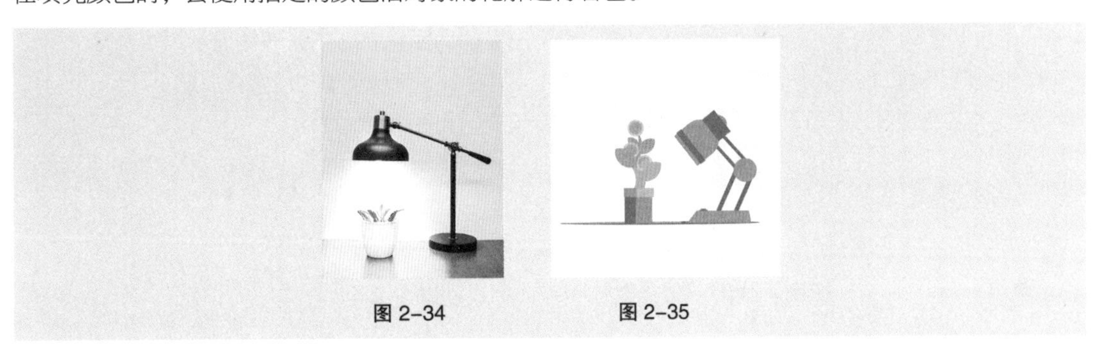

图 2-34　　图 2-35

矢量图的优点是文件较小。矢量图的显示效果与分辨率无关，因此缩放矢量图时，对象会保持原有的清晰度及弯曲度，其颜色和外观形状也都不会发生任何变化，不会产生失真的现象。不足之处是矢量图的色调不够丰富，无法像位图那样精确地描绘各种绚丽的景象。

2.3 文件的基本操作

慕课视频

文件的基本操作

在开始设计和制作平面作品前，需要掌握一些基本的文件操作方法。下面将介绍新建、打开、保存和关闭文件的基本方法。

2.3.1 新建文件

选择“文件 > 新建”命令（组合键为 Ctrl+N），弹出“新建文档”对话框，用户可以根据需要单击上方的类别选项卡，选择需要的预设新建文件，如图 2-36 所示。在右侧的“预设详细信息”选项中设置文件的名称、宽度和高度、分辨率和颜色模式等。设置完成后，单击“创建”按钮，即可建立一个新的文件。

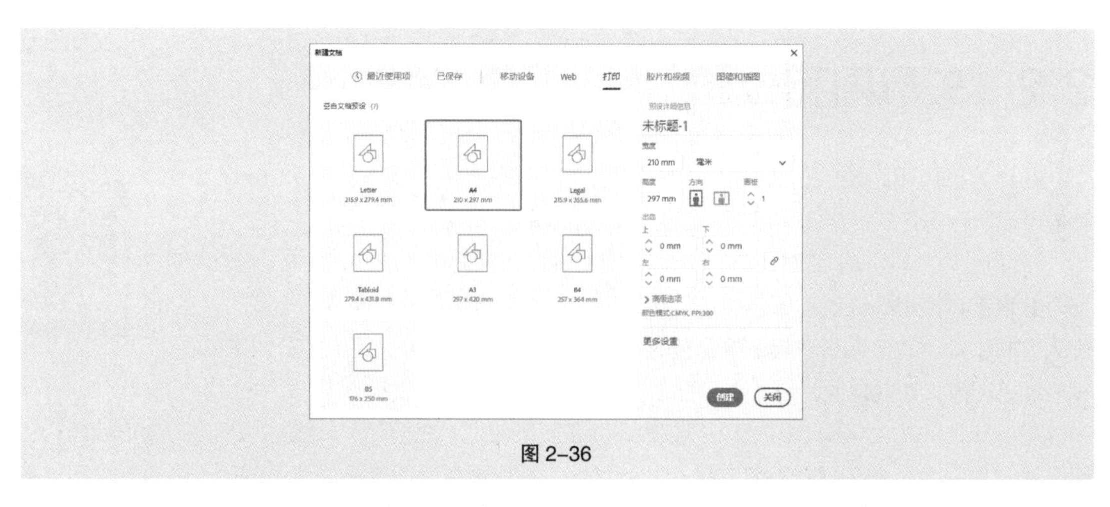

图 2-36

名称文本框：可以在该文本框中输入新建文件的名称，默认状态下为“未标题 -1”。

“宽度”和“高度”选项：用于设置文件的宽度和高度。

单位选项：设置文件所采用的单位，默认状态下为“毫米”。

“方向”选项：用于设置新建页面竖向或横向排列。

“画板”选项：可以设置页面中画板的数量。

“出血”选项：用于设置页面上、下、左、右的出血值。默认状态下，右侧显示锁定图标 ，表示可同时设置出血值；单击该图标，使其显示为解锁图标，表示可单独设置出血值。

单击“高级选项”左侧的箭头，可以展开高级选项，如图 2-37 所示。

“颜色模式”选项：用于设置新建文件的颜色模式。

“光栅效果”选项：用于设置新建文件的栅格效果。

“预览模式”选项：用于设置新建文件的预览模式。

单击 更多设置 按钮，弹出“更多设置”对话框，如图 2-38 所示。

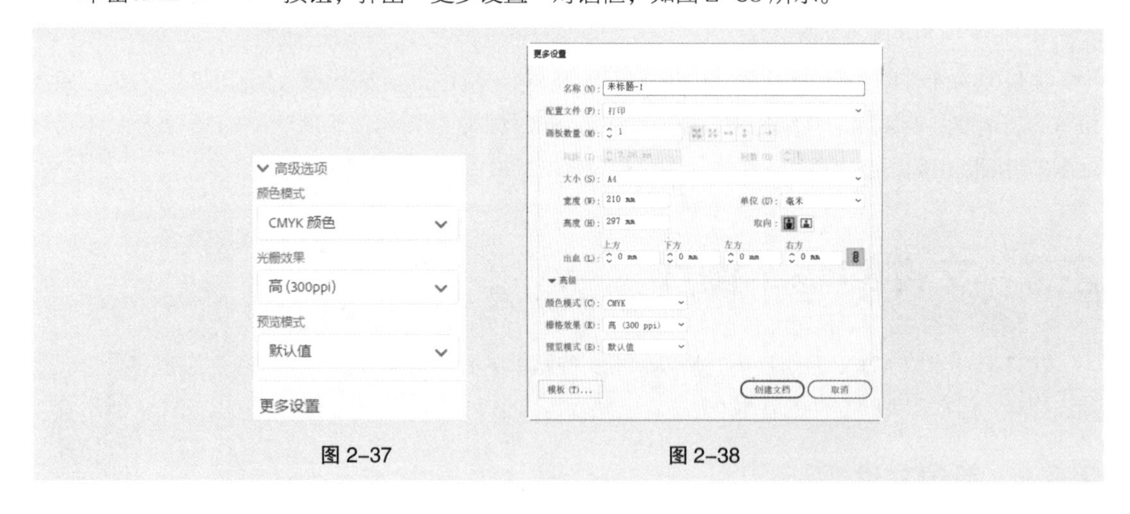

图 2-37　　图 2-38

2.3.2　打开文件

选择“文件 > 打开”命令（组合键为 Ctrl+O），弹出“打开”对话框，如图 2-39 所示。在对话框中搜索路径和选择要打开的文件，确认文件类型和名称，单击“打开”按钮，即可打开选择的文件。

图 2-39

2.3.3 保存文件

当用户第 1 次保存文件时，选择“文件 > 存储”命令（组合键为 Ctrl+S），弹出“存储为”对话框，如图 2-40 所示。在对话框中输入要保存文件的名称，设置文件的保存路径、类型。设置完成后，单击“保存”按钮，即可保存文件。

图 2-40

当用户对文件进行了各种编辑操作并想再次保存文件时，选择“文件 > 存储”命令将不会弹出“存储为”对话框，计算机会直接保留最终确认的结果，并覆盖原文件。因此，在未确定要放弃原文件之前，应慎用此命令。

若既想保留修改过的文件，又不想放弃原文件，则可以用“存储为”命令。选择“文件 > 存储为”命令（组合键为 Shift+Ctrl+S），弹出“存储为”对话框，在这个对话框中，可以为修改过的文件重新命名，并设置文件的保存路径和类型。设置完成后，单击“保存”按钮，原文件保留，修改过的文件被另存为一个新的文件。

2.3.4 关闭文件

选择“文件 > 关闭”命令（组合键为 Ctrl+W），如图 2-41 所示，可将当前文件关闭。“关闭”命令只有在文件被打开时才处于可用状态。也可单击绘图窗口右上角的按钮来关闭文件。若当前文件被修改过或是新建的文件，那么在关闭文件的时候系统就会弹出一个提示框，如图 2-42 所示。单击“是”按钮会先保存再关闭文件，单击“否”按钮会不保存文件的更改而直接关闭文件，单击“取消”按钮会取消关闭文件的操作。

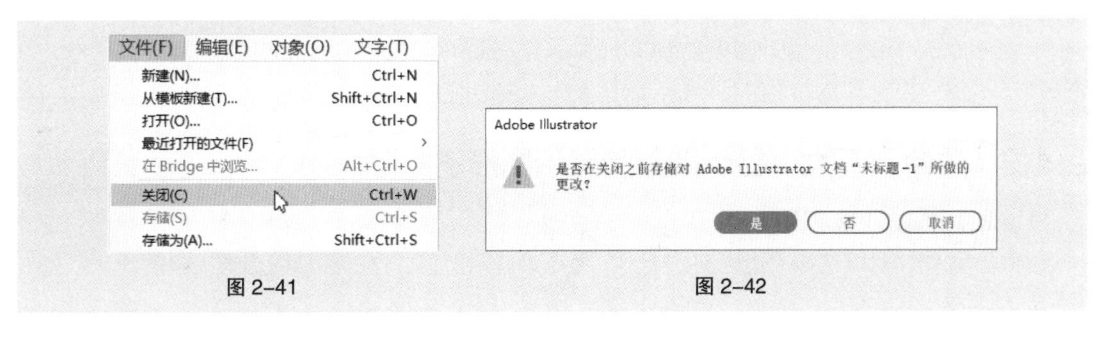

图 2-41　　图 2-42

2.4 图形的显示效果

在使用 Illustrator 2020 绘制和编辑图形的过程中，用户可以根据需要随时调整图形的显示模式和显示比例，以便对所绘制和编辑的图形进行观察和操作。

2.4.1 选择视图模式

Illustrator 2020 包括 6 种视图模式，即“CPU 预览”“轮廓”“GPU 预览”“叠印预览”“像素预览”“裁切视图”，绘制图形的时候，可根据不同的需要选择不同的视图模式。

“CPU 预览”模式是系统默认的模式，该模式下图形的显示效果如图 2-43 所示。

“轮廓”模式隐藏了图形的颜色信息，用轮廓线来表现图形。这样在绘制图形时有很高的灵活性，可以根据需要单独查看轮廓线，极大地提升了图形的运算速度，提高了工作效率。“轮廓”模式的图形显示效果如图 2-44 所示。如果当前为其他模式，选择“视图 > 轮廓”命令（组合键为 Ctrl+Y），将切换到“轮廓”模式，再选择“视图 > 在 CPU 上预览”命令（组合键为 Ctrl+Y），将切换到“CPU 预览”模式，可以预览彩色图稿。

在“GPU 预览”模式下可以在屏幕的高度或宽度大于 2000 像素时按轮廓查看图稿。此模式下，轮廓的路径会更平滑，且可以缩短重新绘制图稿的时间。如果当前为其他模式，选择“视图 > GPU 预览”命令（组合键为 Ctrl+E），将切换到“GPU 预览”模式。

“叠印预览”模式可以显示接近油墨混合的效果，如图 2-45 所示。如果当前为其他模式，选择“视图 > 叠印预览”命令（组合键为 Alt+Shift+Ctrl+Y），将切换到“叠印预览”模式。

“像素预览”模式可以将绘制的矢量图转换为位图。这样可以有效控制图像的精确度和尺寸等。将转换得到的图像放大，会看见排列在一起的像素，如图 2-46 所示。如果当前为其他模式，选择“视图 > 像素预览”命令（组合键为 Alt+Ctrl+Y），将切换到“像素预览”模式。

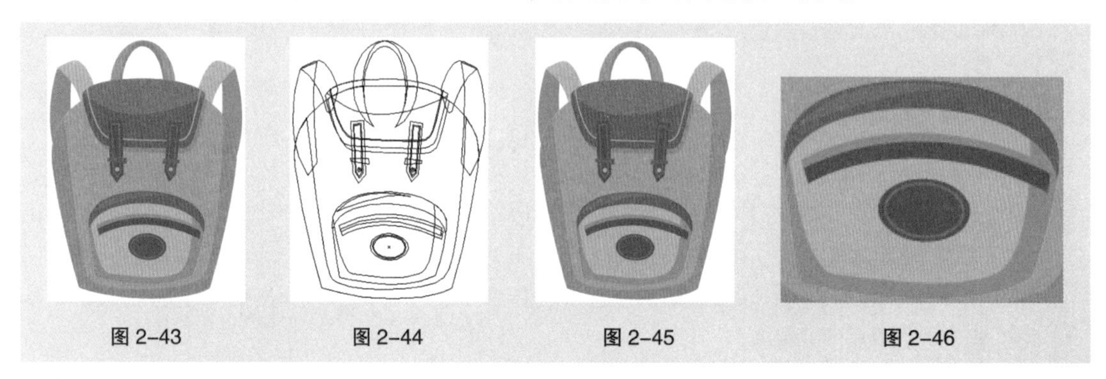

图 2-43　　图 2-44　　图 2-45　　图 2-46

“裁切视图”模式可以剪除画板边缘以外的图稿，并隐藏画板中的所有非打印对象，如网格、参考线等。选择“视图 > 裁切视图”命令，将切换到“裁切视图”模式。

2.4.2 适合窗口大小显示图形和显示图形的实际大小

1. 适合窗口大小显示图形

绘制图形时，可以选择“适合窗口大小”命令来显示图形，这时图形就会最大限度地显示在工作界面中并保持其完整性。

选择“视图 > 画板适合窗口大小”命令（组合键为 Ctrl+0），可以调整当前画板内容，图形的显示效果如图 2-47 所示。也可以双击“抓手”工具，将图形调整为适合窗口大小。

选择“视图 > 全部适合窗口大小”命令（组合键为 Alt+Ctrl+0），可以查看窗口中的所有画板内容。

2. 显示图形的实际大小

“实际大小”命令可以使图形按 100% 的比例显示，在此状态下可以对图形进行精确的编辑。

选择“视图 > 实际大小”命令（组合键为 Ctrl+1），图形的显示效果如图 2-48 所示。

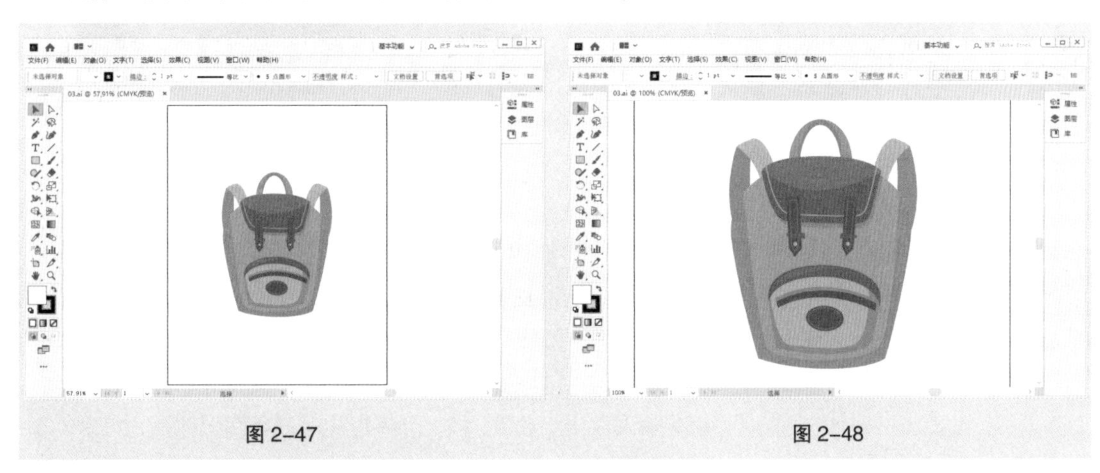

图 2-47　　图 2-48

2.4.3 放大显示图形

选择“视图 > 放大”命令（组合键为 Ctrl++）可放大显示图形，每选择一次“放大”命令，页面内的图形就会被放大一级。例如，图形以 100% 的比例显示在屏幕上，选择一次“放大”命令，则比例变成 150%，再选择一次，则比例变成 200%，放大后的效果如图 2-49 所示。

也可使用“缩放”工具放大显示图形。选择“缩放”工具，在页面中鼠标指针会自动变为放大镜图标，每单击一次，图形就会被放大一级。例如，图形以 100% 的比例显示在屏幕上，单击一次，则比例变成 150%，放大的效果如图 2-50 所示。

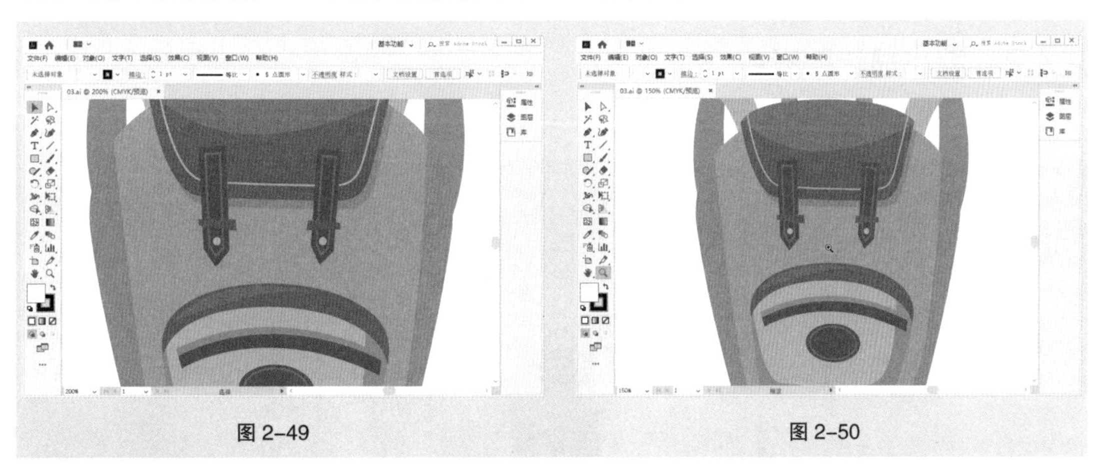

图 2-49　　图 2-50

若要对图形的局部区域进行放大，则先选择“缩放”工具，然后把鼠标指针定位在要放大的区域外，按住鼠标左键并拖曳，框选需放大的区域，如图 2-51 所示，然后释放鼠标左键，这个区域就会放大显示并填满窗口，如图 2-52 所示。

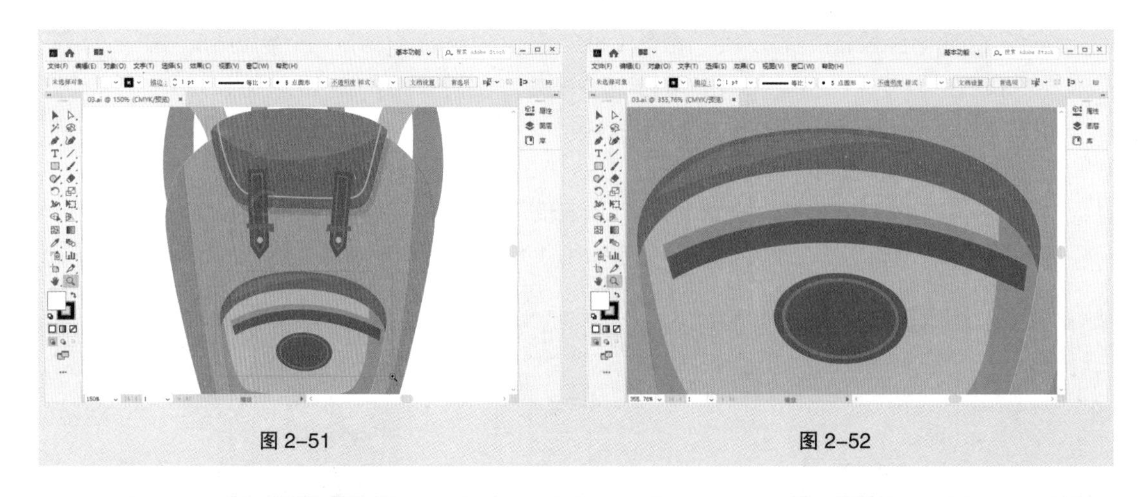

图 2-51　　图 2-52

提示　如果当前正在使用其他工具，按住 Ctrl+Space（空格）组合键即可切换到“缩放”工具。

使用状态栏也可放大显示图形。在状态栏的百分比数值框中直接输入需要放大到的百分比数值，按 Enter 键即可执行放大操作。

还可使用“导航器”面板放大显示图形。单击面板底部的“放大”按钮，可逐级地放大图形，如图 2-53 所示。在百分比数值框中直接输入百分比数值，按 Enter 键也可以将图形放大，如图 2-54 所示。单击百分比数值框右侧的按钮，在弹出的下拉列表中可以选择缩放比例。

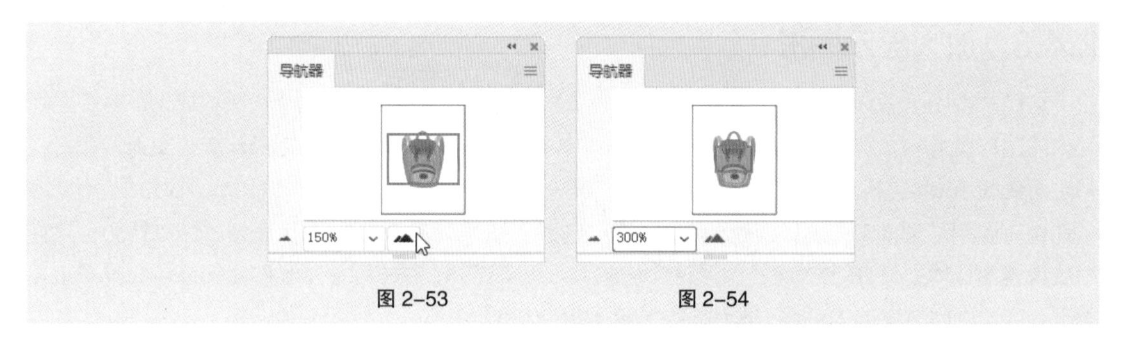

图 2-53　　图 2-54

2.4.4　缩小显示图形

选择“视图 > 缩小”命令组合键为 Ctrl+-）可缩小显示图形。每选择一次“缩小”命令，页面内的图形就会被缩小一级，缩小显示图形的效果如图 2-55 所示。

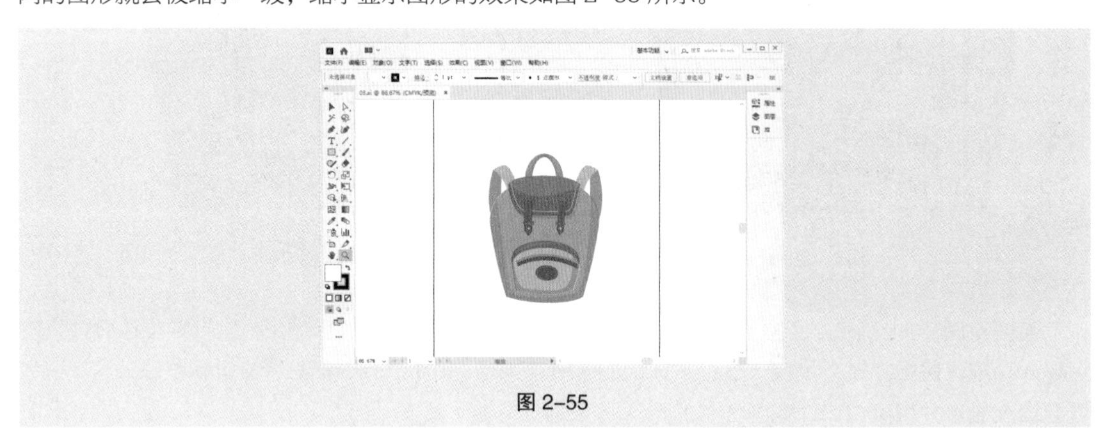

图 2-55

使用“缩放”工具也可缩小显示图形。选择“缩放”工具，在页面中鼠标指针会自动变为放大镜图标，按住 Alt 键，鼠标指针会变为缩小工具图标。按住 Alt 键不放，单击图形一次，图形就会缩小一级。

提示 在使用其他工具时，若要切换到缩小工具，可以按 Alt+Ctrl+Space 组合键。

使用状态栏也可缩小显示图形。在状态栏的百分比数值框中直接输入需要缩小到的百分比数值，按 Enter 键即可执行缩小操作。

还可使用“导航器”面板缩小显示图形。单击面板底部的“缩小”按钮，可逐级地缩小图形。在百分比数值框中直接输入百分比数值，按 Enter 键也可以将图形缩小。单击百分比数值框右侧的按钮，在弹出的下拉列表中可以选择缩放比例。

2.4.5 全屏显示图形

全屏显示图形可以更好地观察图形的完整效果。

单击工具箱下方的“更改屏幕模式”按钮，可以在 4 种模式之间相互转换，4 种模式即正常屏幕模式、带有菜单栏的全屏模式、全屏模式和演示文稿模式。按 F 键也可切换屏幕模式。

正常屏幕模式：这种屏幕模式下的工作界面包括标题栏、菜单栏、工具箱、属性栏、面板和状态栏，如图 2-56 所示。

带有菜单栏的全屏模式：这种屏幕模式下的工作界面包括菜单栏、工具箱、属性栏、状态栏和面板，如图 2-57 所示。

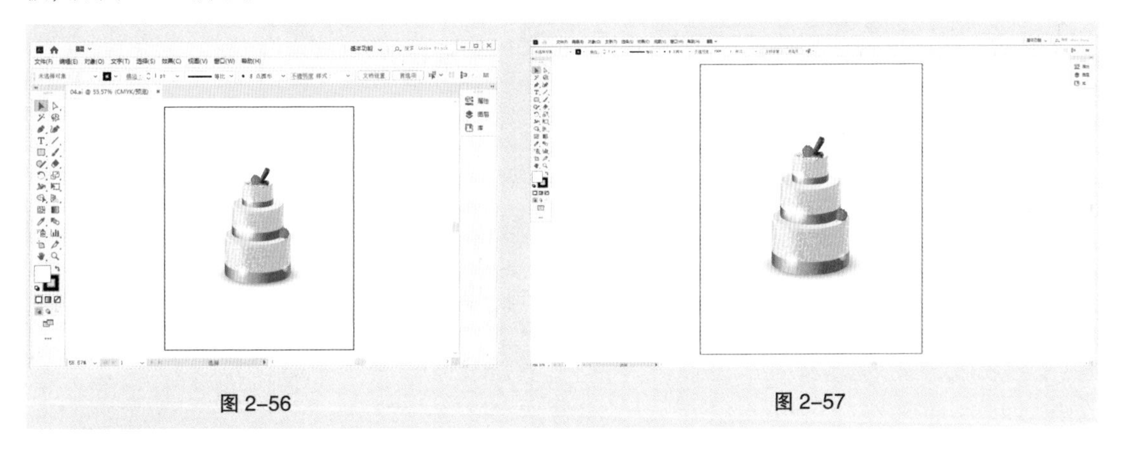

图 2-56　　图 2-57

全屏模式：这种屏幕模式下的工作界面只显示页面，如图 2-58 所示。按 Tab 键，可以调出菜单栏、工具箱、属性栏和面板。

图 2-58

演示文稿模式：图稿作为演示文稿显示。按Shift+F组合键，可以切换至演示文稿模式，如图2-59所示。

图2-59

2.4.6 图形窗口显示

当用户打开多个图形文件时，屏幕中会出现多个图形窗口，这时就需要对图形窗口进行布置和摆放。

同时打开多个图形文件，效果如图2-60所示。选择“窗口>排列>全部在窗口中浮动”命令，图形窗口都浮动排列在界面中，如图2-61所示。此时，可对图形窗口进行堆叠、平铺等操作。选择“合并所有窗口”命令，可将所有图形窗口再次合并到选项卡中。

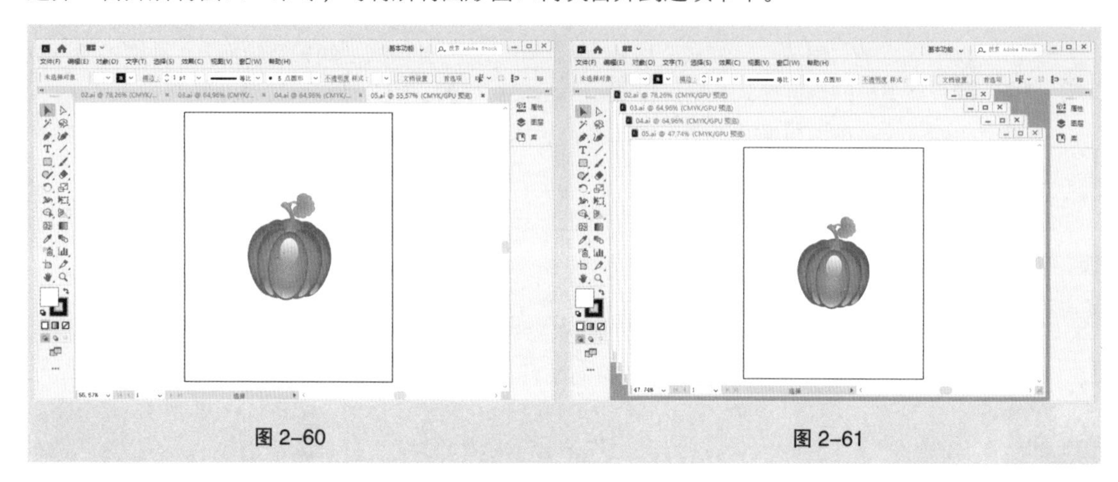
图2-60　　图2-61

选择“窗口>排列>平铺”命令，图形窗口的排列效果如图2-62所示。选择“窗口>排列>层叠”命令，图形窗口的排列效果如图2-63所示。

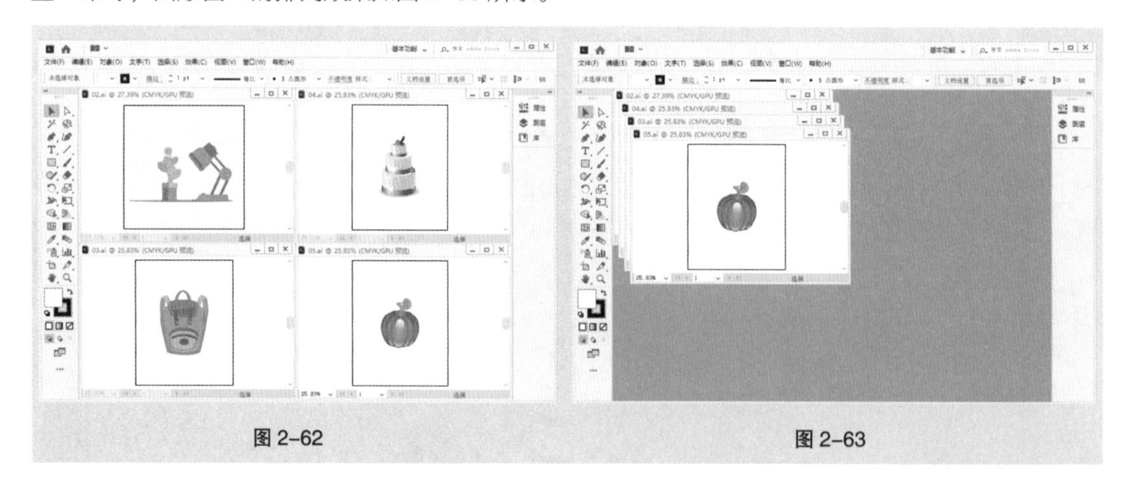
图2-62　　图2-63

2.4.7 观察放大图形

选择“缩放”工具，当页面中的鼠标指针变为放大镜图标后，放大图形，图形周围会出现滚动条。选择“抓手”工具，当页面中的鼠标指针变为手形图标时，按住鼠标左键在放大的图形中拖曳，可以观察图形的每个部分，如图 2-64 所示。还可直接用鼠标拖曳图形周围的水平滚动条或垂直滚动条，以观察图形的每个部分，效果如图 2-65 所示。

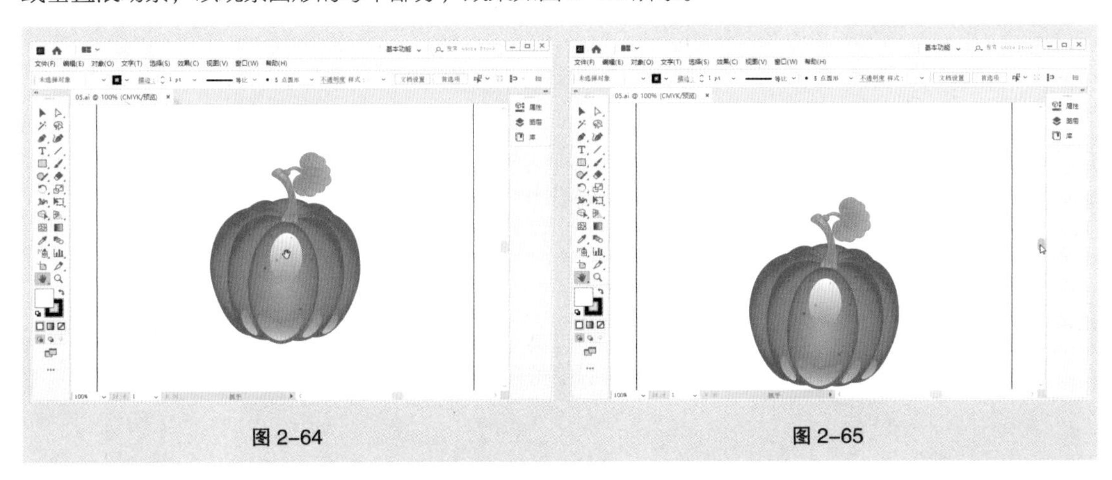

图 2-64　　　　图 2-65

提示　如果正在使用其他工具进行操作，按住 Space 键，可以转换为“抓手”工具。

2.5 标尺、参考线和网格

Illustrator 2020 提供了标尺、参考线和网格等工具，用户利用这些工具可以对所绘制和编辑的图形进行精确定位，还可测量图形的准确尺寸。

慕课视频
标尺、参考线和网格

2.5.1 标尺

选择“视图 > 标尺 > 显示标尺”命令（组合键为Ctrl+R），显示出标尺，效果如图 2-66 所示。如果要将标尺隐藏，可以选择“视图 > 标尺 > 隐藏标尺”命令（组合键为 Ctrl+R）。

如果需要设置标尺的显示单位，则选择“编辑 > 首选项 > 单位”命令，弹出“首选项”对话框，如图 2-67 所示，在“常规”下拉列表中设置即可。

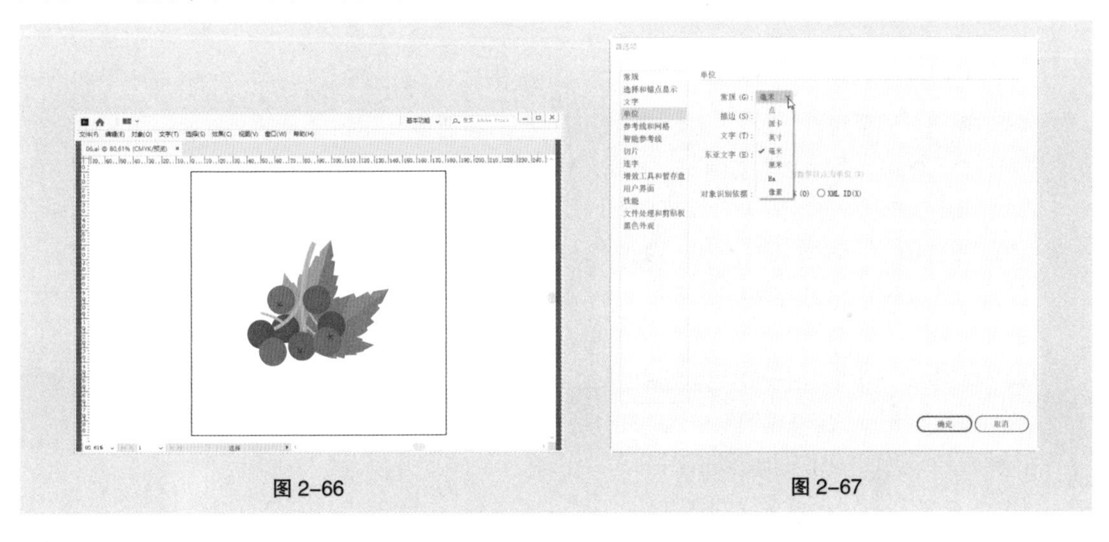

图 2-66　　　　图 2-67

如果仅需要为当前文件设置标尺的显示单位，则选择“文件 > 文档设置”命令，弹出“文档设置”对话框，如图 2–68 所示，在“单位”下拉列表中设置即可。用这种方法设置对以后新建立的文件的标尺单位不起作用。

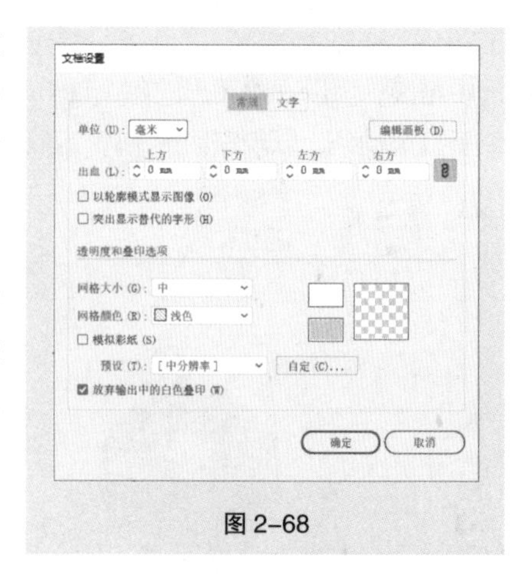

图 2–68

在系统默认的状态下，标尺的坐标原点在工作界面的左下角。如果想要更改坐标原点的位置，将水平标尺与垂直标尺的交点拖曳到页面中，释放鼠标左键，即可将坐标原点设置在鼠标指针所在的位置。如果想要恢复标尺坐标原点的默认位置，双击水平标尺与垂直标尺的交点即可。

2.5.2 参考线

如果想要添加参考线，可以用鼠标在水平标尺或垂直标尺上向页面中拖曳，还可根据需要将图形或路径转换为参考线。

选中要转换的路径，如图 2–69 所示，选择“视图 > 参考线 > 建立参考线”命令（组合键为 Ctrl+5），即可将选中的路径转换为参考线，如图 2–70 所示。选择“视图 > 参考线 > 释放参考线”命令（组合键为 Alt+Ctrl+5），可以将选中的参考线转换为路径。

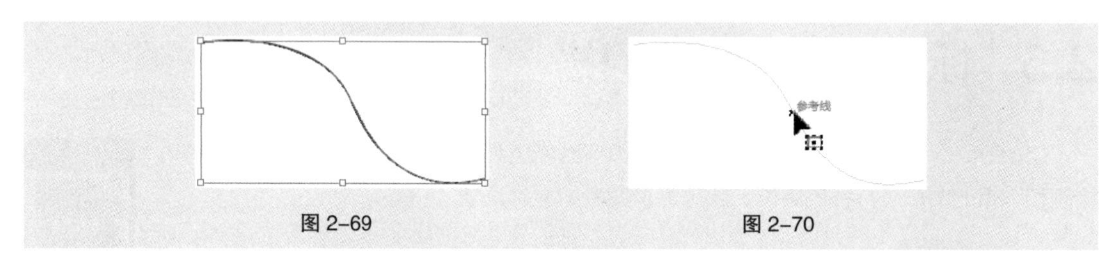

图 2–69　　图 2–70

选择“视图 > 参考线 > 隐藏参考线”命令（组合键为 Ctrl+；），可以将参考线隐藏。

选择“视图 > 参考线 > 锁定参考线”命令（组合键为 Alt+Ctrl+；），可以将参考线锁定。

选择“视图 > 参考线 > 清除参考线”命令，可以清除参考线。

选择“视图 > 智能参考线”命令（组合键为 Ctrl+U），可以显示智能参考线。当移动或旋转图形时，智能参考线就会高亮显示并给出提示信息。

2.5.3 网格

选择“视图 > 显示网格”命令（组合键为 Ctrl+"），即可显示出网格，如图 2–71 所示。选择“视图 > 隐藏网格”命令（组合键为 Ctrl+"），即可将网格隐藏。

如果需要设置网格的颜色、样式、间隔等属性，可选择“编辑 > 首选项 > 参考线和网格”命令，在弹出的“首选项”对话框中进行设置，如图 2–72 所示。

“颜色”选项：用于设置网格的颜色。

“样式”选项：用于设置网格的样式，包括线和点。

“网格线间隔”选项：用于设置网格线的间距。

“次分隔线”选项：用于设置网格线的细分数。

“网格置后”选项：用于设置网格线显示在图形的上方或下方。

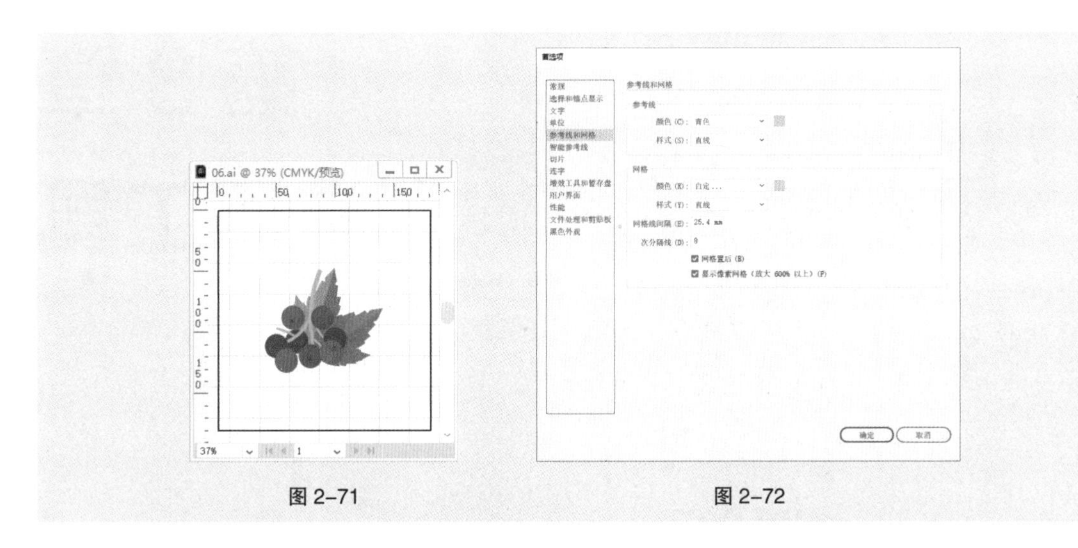

图 2-71　　　　图 2-72

“显示像素网格（放大 600% 以上）”选项：在“像素预览”模式下，当图形放大到 600% 以上时，查看像素网格。

2.6　撤销和恢复操作

在进行设计的过程中，可能会出现错误的操作，下面介绍撤销和恢复操作。

慕课视频

撤销和恢复操作

2.6.1　撤销操作

选择“编辑 > 还原”命令（组合键为 Ctrl+Z），可以撤销上一次的操作。连续按 Ctrl+Z 组合键，可以连续撤销前面的操作。

2.6.2　恢复操作

选择“编辑 > 重做”命令（组合键为 Shift+Ctrl+Z），可以恢复上一次的操作。如果连续按两次 Shift+Ctrl+Z 组合键，则恢复两步操作。

03

第 3 章 常用工具

本章介绍

本章将讲解 Illustrator 2020 中编辑与填充工具的使用方法，以及文本编辑和图文混排功能。通过本章的学习，读者可以利用颜色填充和描边功能绘制出漂亮的图形，还可以通过“字符”和“段落”面板、各种外观和样式属性制作出绚丽多彩的文本效果。

学习目标

- 掌握选择类工具的使用方法。
- 掌握用变换类工具编辑对象的技巧。
- 掌握不同的填充方法和技巧。
- 掌握不同类型文本的输入和编辑技巧。

技能目标

- 掌握“卡通鹦鹉”的组合方法。
- 掌握“祁州漏芦插图”的绘制方法。
- 掌握“风景插画”的绘制方法。
- 掌握“陶艺展览海报”的制作方法。

3.1 选择工具组

Illustrator 2020 提供了 5 种选择工具，包括“选择”工具、“直接选择”工具、“编组选择”工具、“魔棒”工具和“套索”工具。它们都位于工具箱的上方，如图 3-1 所示。

图 3-1

“选择”工具：通过单击路径上的一点或一部分来选择整个路径。

“直接选择”工具：可以选择路径上的锚点或线段，并显示出路径上的所有方向线，以便调整路径。

“编组选择”工具：可以选择组合对象中的个别对象。

“魔棒”工具：可以选择具有相同描边或填充属性的对象。

“套索”工具：可以选择路径上的锚点或线段，在按住鼠标左键拖动时，鼠标指针移动轨迹上的所有路径将被同时选中。

在编辑一个对象之前，要先选中这个对象。对象刚建立时一般处于选中状态，对象的周围会出现矩形圈选框，矩形圈选框包含 8 个控制手柄，对象的中心有一个中心标记■，矩形圈选框的示意图如图 3-2 所示。

当选取多个对象时，多个对象共有 1 个矩形圈选框，多个对象的选取状态如图 3-3 所示。要取消对象的选取状态，只要在绘图页面上的其他位置单击即可。

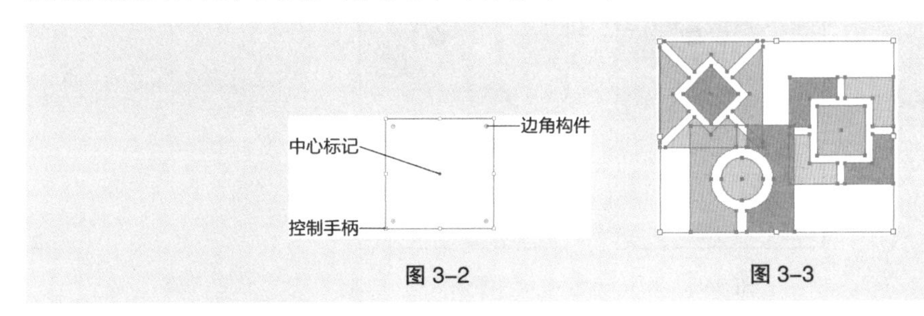

图 3-2　　图 3-3

3.1.1 课堂案例——组合卡通鹦鹉

【案例学习目标】学习使用选择类工具组合卡通鹦鹉。

【案例知识要点】使用“选择”工具移动翅膀，使用“编组选择”工具选择对象并填色。组合的卡通鹦鹉效果如图 3-4 所示。

【效果所在位置】云盘 \Ch03\ 效果 \ 组合卡通鹦鹉 .ai。

图 3-4

（1）按 Ctrl+O 组合键，打开云盘中的“Ch03 > 素材 > 组合卡通鹦鹉 > 01”文件，如图 3-5 所示。

（2）选择“选择”工具，将鼠标指针移动到翅膀上，当鼠标指针变为图标时，如图 3-6 所示，单击选取翅膀，鼠标指针变为图标，如图 3-7 所示。

图 3-5　　图 3-6　　图 3-7

（3）按住鼠标左键并向上拖曳翅膀到适当的位置，如图 3-8 所示，释放鼠标左键后，效果如图 3-9 所示。

图 3-8　　图 3-9

（4）选择“选择”工具，选中左腿图形，如图 3-10 所示。按住 Alt+Shift 组合键的同时，水平向右拖曳左腿图形到适当的位置，如图 3-11 所示，释放鼠标左键后，复制出左腿图形，效果如图 3-12 所示。

图 3-10　　图 3-11　　图 3-12

（5）选择“编组选择”工具，将鼠标指针移动到需要选取的图形上，当鼠标指针变为图标时，如图 3-13 所示，单击选取需要选取的图形，如图 3-14 所示。

（6）选择“窗口 > 颜色”命令，在弹出的“颜色”面板中进行设置，如图 3-15 所示；按 Enter 键确定操作，效果如图 3-16 所示。

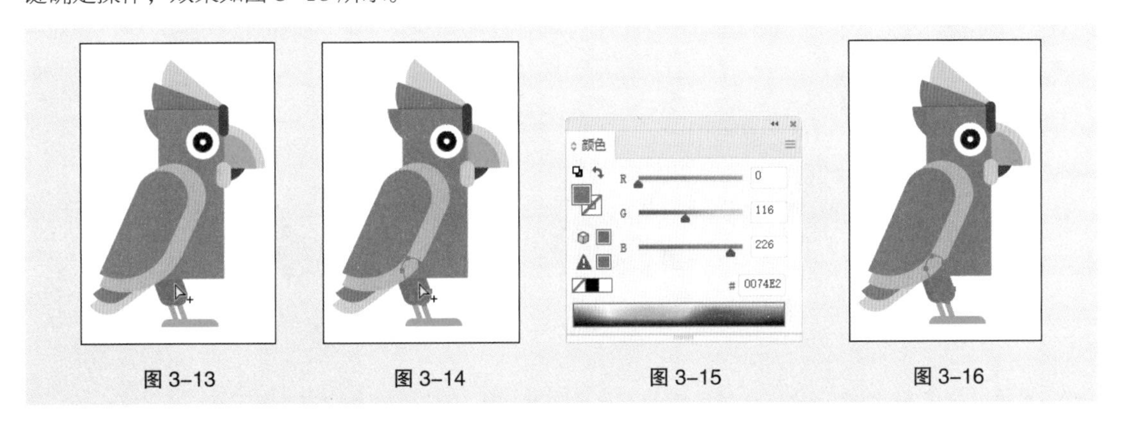

图 3-13　图 3-14　图 3-15　图 3-16

（7）选择“编组选择”工具，按住 Shift 键的同时，依次单击选取需要的图形，如图 3-17 所示；在“颜色”面板中进行设置，如图 3-18 所示；按 Enter 键确定操作，效果如图 3-19 所示。

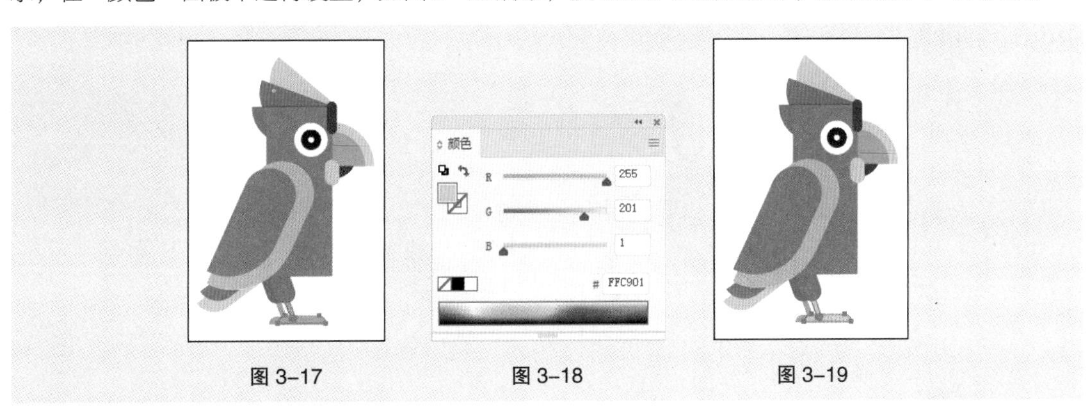

图 3-17　图 3-18　图 3-19

（8）放大显示视图。选择“编组选择”工具，选中白色圆形，如图 3-20 所示。向左上方拖曳圆形到适当的位置，如图 3-21 所示，释放鼠标左键，效果如图 3-22 所示。卡通鹦鹉组合完成，效果如图 3-23 所示。

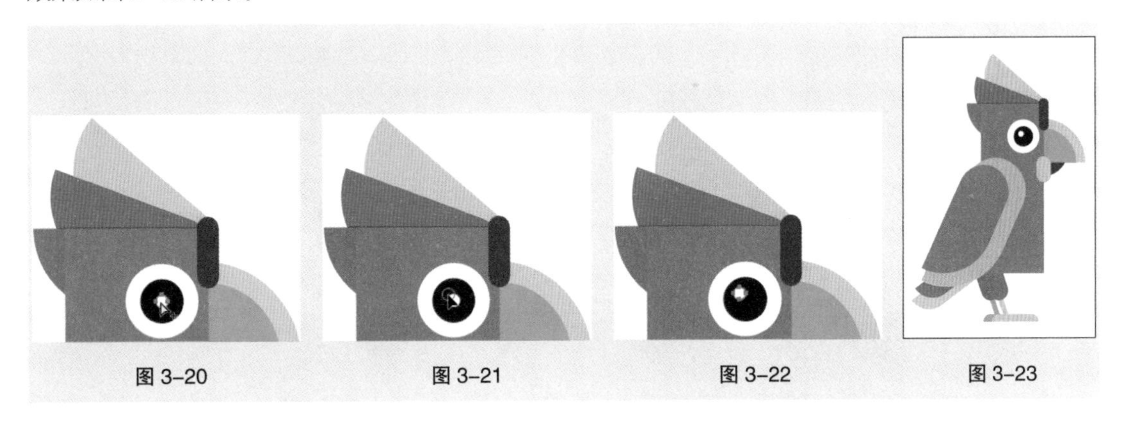
图 3-20　图 3-21　图 3-22　图 3-23

3.1.2 “选择”工具

选择“选择”工具▶，将鼠标指针移动到对象或路径上，鼠标指针变为▶图标，如图 3-24 所示；将鼠标指针移动到锚点上，指针变为▶图标，如图 3-25 所示；单击即可选取对象，鼠标指针变为▶图标，如图 3-26 所示。

图 3-24　图 3-25　图 3-26

提示　按住 Shift 键，分别在要选取的对象上单击，可连续选取多个对象。

选择“选择”工具▶，在绘图页面中要选取的对象外围拖曳，拖曳后会出现一个灰色的矩形圈选框，如图 3-27 所示。在矩形圈选框圈选住整个对象后释放鼠标左键，这时，被圈选的对象处于选中状态，如图 3-28 所示。

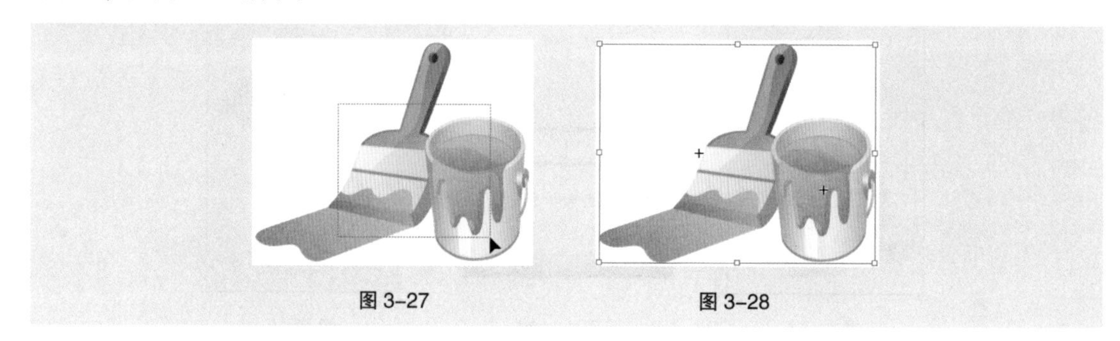

图 3-27　图 3-28

提示　用圈选的方法可以同时选取多个对象。

3.1.3 “直接选择”工具

选择“直接选择”工具▷，单击对象可以选取整个对象，如图 3-29 所示。在对象的某个锚点上单击，该锚点将被选中，如图 3-30 所示。向下拖曳选中的锚点，将改变对象的形状，如图 3-31 所示。

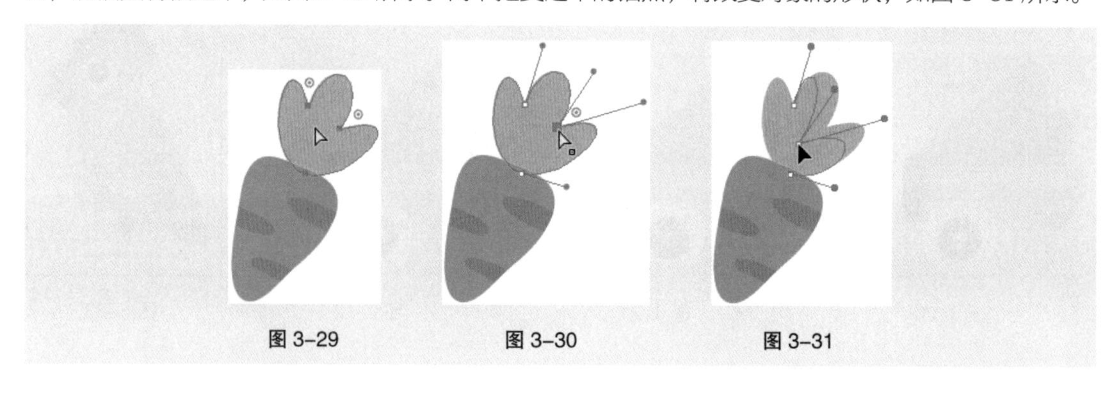

图 3-29　图 3-30　图 3-31

也可使用“直接选择”工具圈选对象。使用“直接选择”工具拖曳出一个矩形圈选框，在框中的所有对象将被同时选取。

提示　在移动锚点的时候，按住 Shift 键，锚点可以沿着 45° 的整数倍方向移动；在移动锚点的时候，按住 Alt 键，可以复制锚点，这样就可以得到一段新路径。

3.1.4 “编组选择”工具

使用“编组选择”工具可以选择组合对象中的个别对象，而不改变其他对象的状态。

打开一个有组合对象的文件，如图 3-32 所示。选择“编组选择”工具，单击要移动的对象，如图 3-33 所示，按住鼠标左键不放，向右下方拖曳对象到合适的位置，释放鼠标左键，效果如图 3-34 所示，其他对象并没有变化。

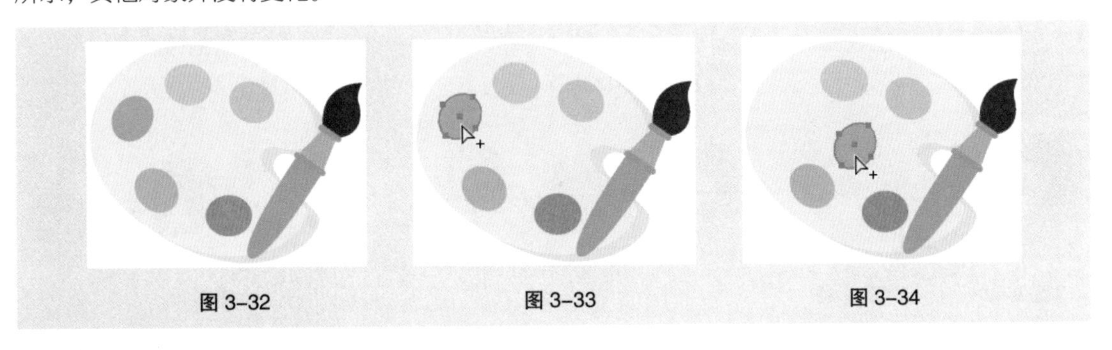

图 3-32　图 3-33　图 3-34

3.1.5 “魔棒”工具

双击“魔棒”工具，弹出“魔棒”面板，如图 3-35 所示。

勾选“填充颜色”复选框，可以使填充相同颜色的对象同时被选中；勾选“描边颜色”复选框，可以使描边颜色相同的对象同时被选中；勾选“描边粗细”复选框，可以使描边粗细相同的对象同时被选中；勾选“不透明度”复选框，可以使透明度相同的对象同时被选中；勾选“混合模式”复选框，可以使混合模式相同的对象同时被选中。

图 3-35

绘制 3 个图形，如图 3-36 所示。“魔棒”面板的设置如图 3-37 所示。使用“魔棒”工具单击左边的对象，填充相同颜色的对象都会被选中，效果如图 3-38 所示。

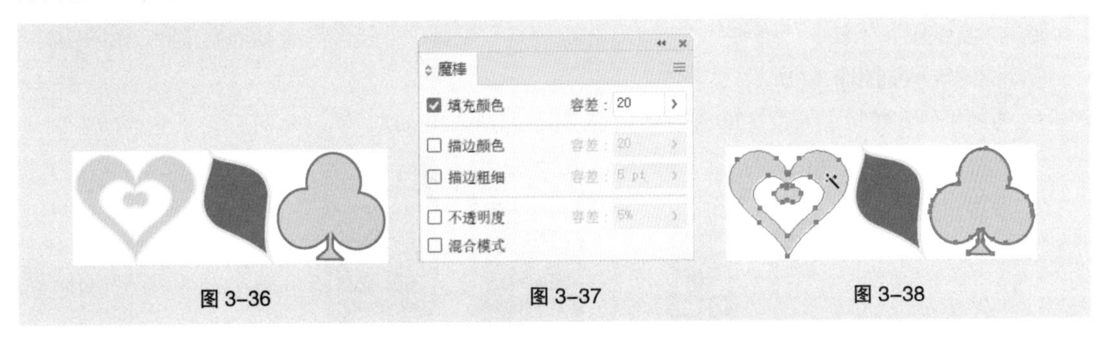

图 3-36　图 3-37　图 3-38

绘制 3 个图形，如图 3-39 所示。“魔棒”面板的设置如图 3-40 所示。使用“魔棒”工具单击左边的对象，描边颜色相同的对象都会被选中，如图 3-41 所示。

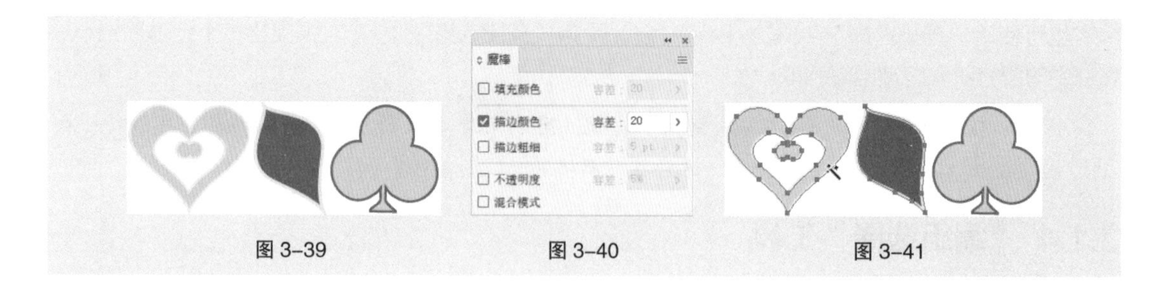

图 3-39　　图 3-40　　图 3-41

3.1.6 “套索”工具

选择“套索”工具，在对象的外围按住鼠标左键拖曳绘制出一个套索圈，如图 3-42 所示，释放鼠标左键，对象被选中，效果如图 3-43 所示。

选择“套索”工具，在绘图页面中的对象外围按住鼠标左键拖曳，在对象上绘制出一条套索线，效果如图 3-44 所示。套索线经过的对象将同时被选中，得到的效果如图 3-45 所示。

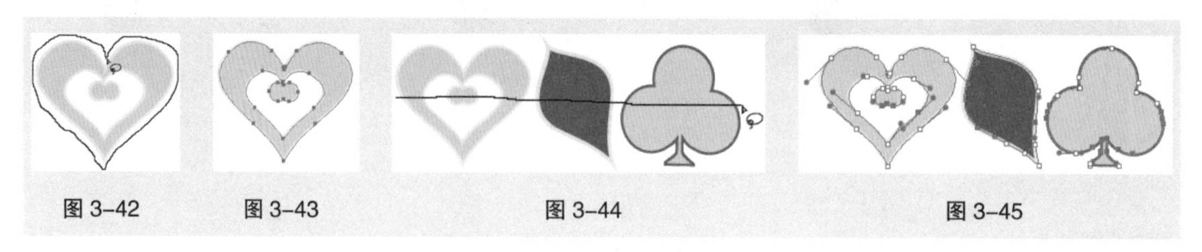

图 3-42　　图 3-43　　图 3-44　　图 3-45

3.2 变换工具组

Illustrator 2020 提供了强大的对象编辑功能，在这一节中将讲解编辑对象的方法，包括对象的旋转、镜像、按比例缩放、倾斜等。

3.2.1 课堂案例——绘制祁州漏芦插图

【案例学习目标】学习使用变换类工具绘制祁州漏芦插图。

【案例知识要点】使用“椭圆”工具、“比例缩放”工具、“变换”面板和“描边”面板绘制花托，使用“直线段”工具、“椭圆”工具、“旋转”工具和“镜像”工具绘制花蕊，使用“直线段”工具、“矩形”工具、“删除锚点”工具、“镜像”工具绘制茎叶。祁州漏芦插图的效果如图 3-46 所示。

【效果所在位置】云盘 \Ch03\ 效果 \ 绘制祁州漏芦插图 .ai。

图 3-46

（1）按 Ctrl+N 组合键，弹出“新建文档”对话框，设置文档的宽度为 300 px，高度为 400 px，取向为纵向，颜色模式为 RGB 颜色，光栅效果为屏幕（72 ppi），单击“创建”按钮，新建一个文档。

（2）选择“矩形”工具，绘制一个与页面大小相等的矩形，设置填充色为浅绿色（242、249、244），填充图形，并设置描边色为无，效果如图 3–47 所示。按 Ctrl+2 组合键锁定所选对象。

（3）选择“椭圆”工具，按住 Shift 键的同时，在适当的位置绘制一个圆形，设置填充色为洋红色（255、108、126），填充图形，并设置描边色为无，效果如图 3–48 所示。

（4）双击“比例缩放”工具，弹出“比例缩放”对话框，选项的设置如图 3–49 所示；单击“复制”按钮，缩放并复制圆形，效果如图 3–50 所示。

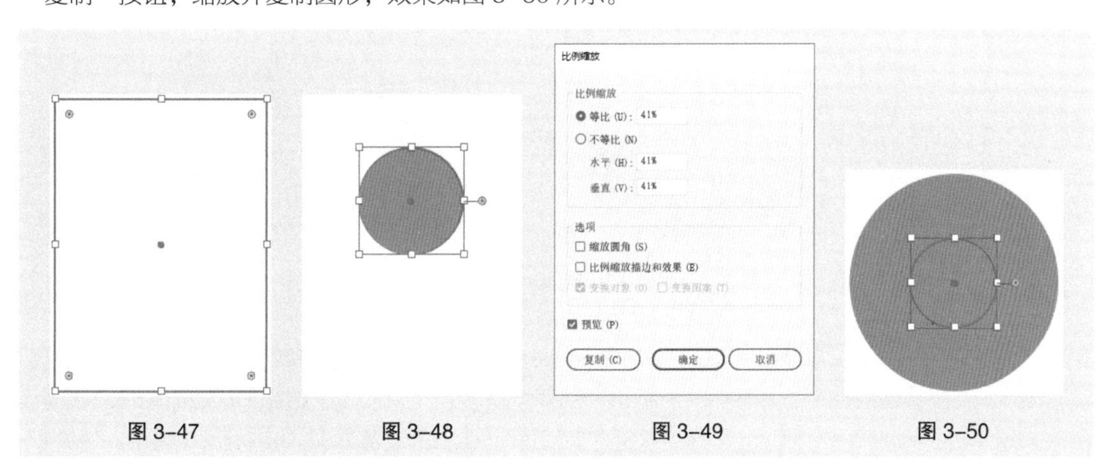

图 3–47　图 3–48　图 3–49　图 3–50

（5）保持图形处于选取状态。设置描边色为土黄色（255、209、119），填充描边，效果如图 3–51 所示。选择“窗口 > 描边”命令，弹出“描边”面板，单击“对齐描边”选项中的“使描边外侧对齐”按钮，其他选项的设置如图 3–52 所示；按 Enter 键确定操作，效果如图 3–53 所示。

图 3–51　图 3–52　图 3–53

（6）选择“选择”工具，选取下方洋红色圆形，如图 3–54 所示。选择“窗口 > 变换”命令，弹出“变换”面板，在“椭圆属性”选项组中，将“饼图起点角度”选项设为 180°，如图 3–55 所示；按 Enter 键确定操作，效果如图 3–56 所示。

（7）选择“直线段”工具，按住 Shift 键的同时，在适当的位置绘制一条直线段，设置描边色为深蓝色（0、175、175），填充描边；在属性栏中将“描边粗细”选项设为 3 pt；按 Enter 键确定操作，效果如图 3–57 所示。

（8）选择“椭圆”工具，按住 Shift 键的同时，在适当的位置绘制一个圆形，设置填充色为浅蓝色（71、212、208），填充图形，并设置描边色为无，效果如图 3–58 所示。

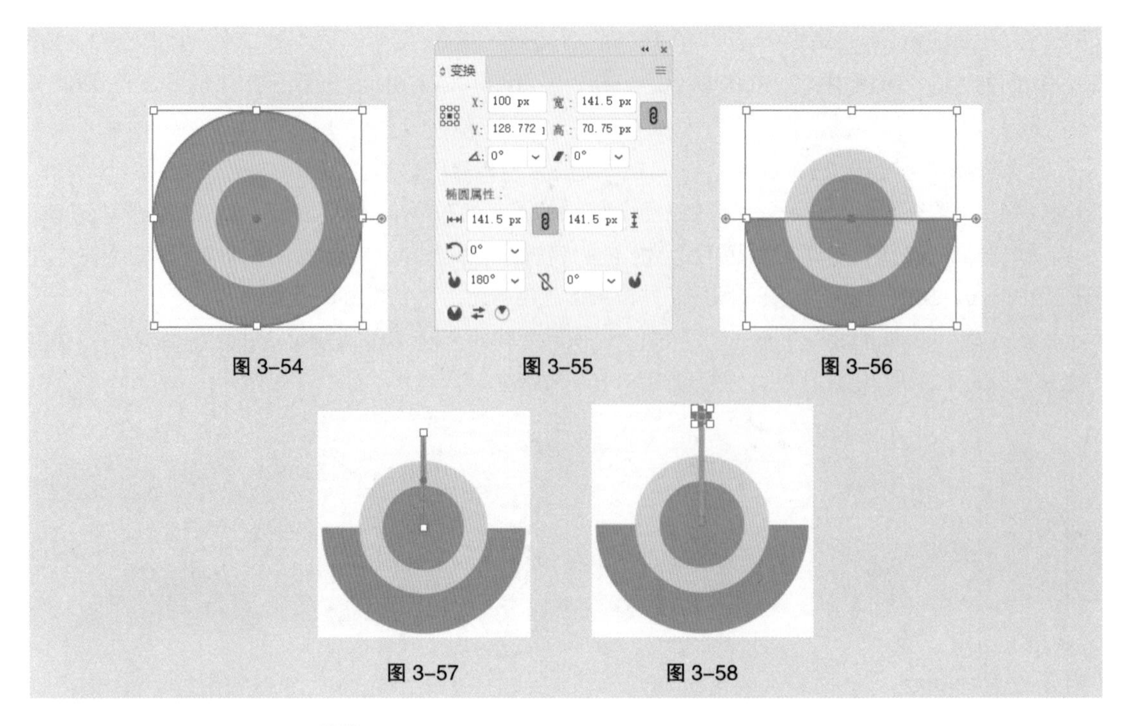

图 3-54　　图 3-55　　图 3-56

图 3-57　　图 3-58

（9）选择“选择”工具▶，按住 Shift 键的同时，单击下方直线段，将圆形和直线段同时选取，按 Ctrl+G 组合键编组图形，如图 3-59 所示。选择“旋转”工具，按住 Alt 键的同时，在直线段的末端单击，如图 3-60 所示，弹出“旋转”对话框，选项的设置如图 3-61 所示，单击“复制”按钮，旋转并复制图形，效果如图 3-62 所示。

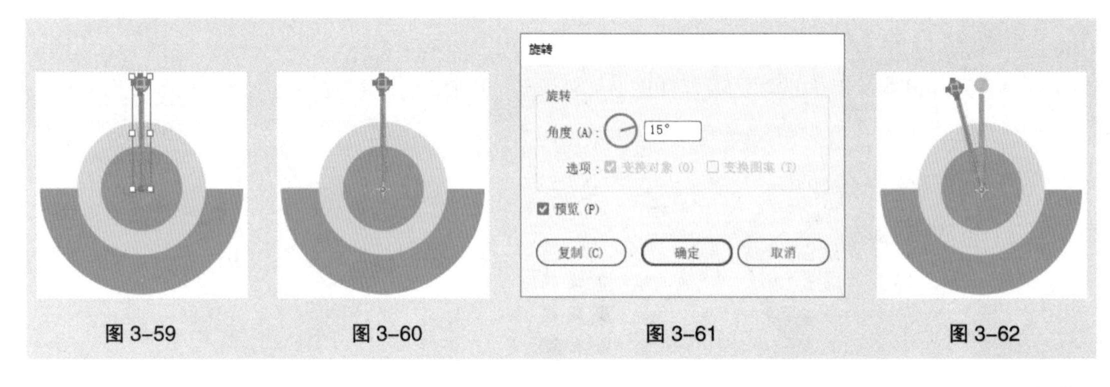

图 3-59　　图 3-60　　图 3-61　　图 3-62

（10）连续按 Ctrl+D 组合键，复制出多个图形，效果如图 3-63 所示。选择“选择”工具▶，按住 Shift 键的同时，依次单击需要的图形将其同时选取，如图 3-64 所示。

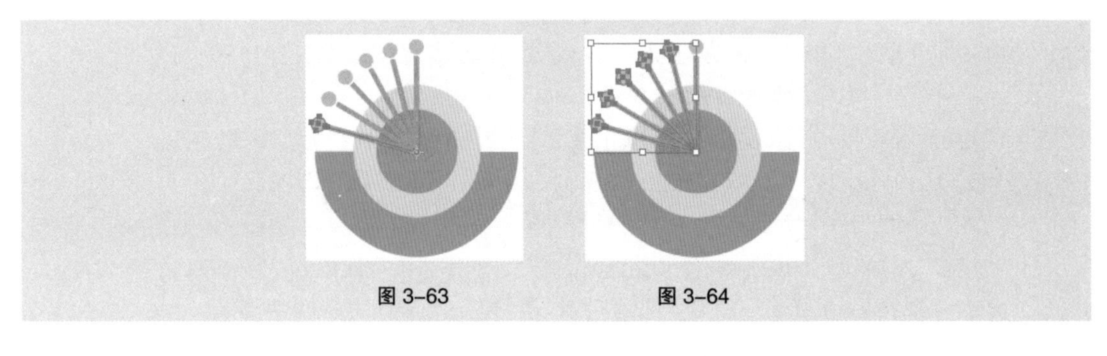

图 3-63　　图 3-64

（11）选择“镜像”工具，按住 Alt 键的同时，在直线段的末端单击，如图 3-65 所示，弹出“镜像”对话框，选项的设置如图 3-66 所示，单击“复制”按钮，镜像并复制图形，效果如图 3-67 所示。

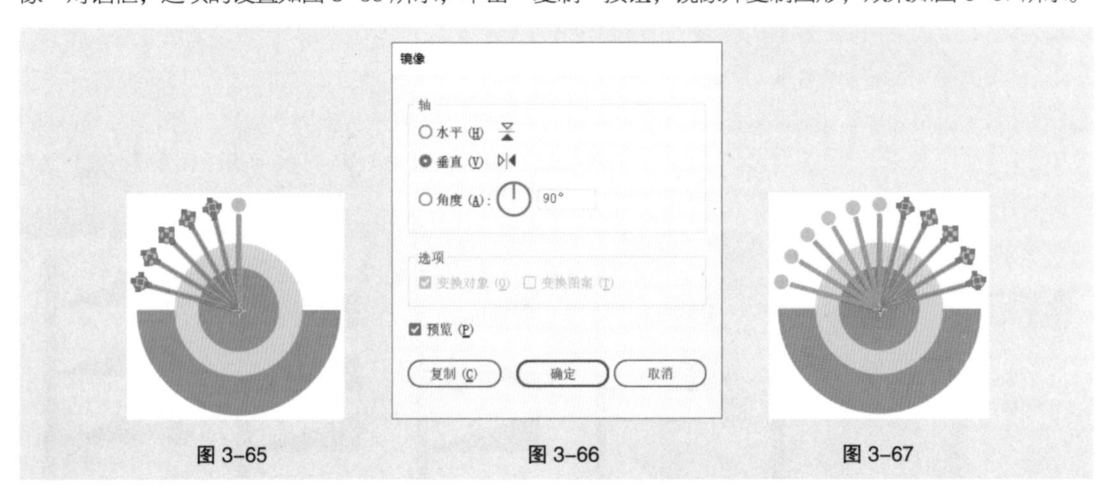

图 3-65　　图 3-66　　图 3-67

（12）选择“选择”工具，按住 Shift 键的同时，依次单击需要的图形将其同时选取，如图 3-68 所示。按 Ctrl+ [组合键，将图形后移一层，效果如图 3-69 所示。

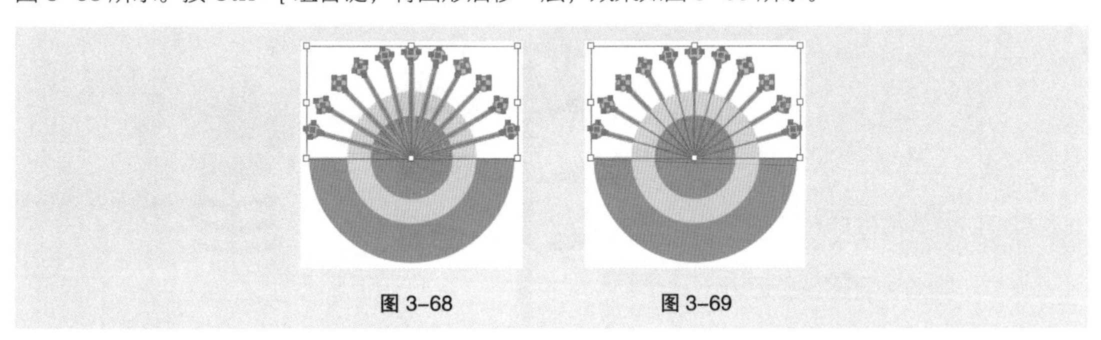

图 3-68　　图 3-69

（13）选择“直线段”工具，按住 Shift 键的同时，在适当的位置绘制一条竖线，设置描边色为绿色（48、172、106），填充描边，效果如图 3-70 所示。在属性栏中将“描边粗细”选项设为 5 pt；按 Enter 键确定操作，效果如图 3-71 所示。连续按 Ctrl+ [组合键，将竖线向后移至适当的位置，效果如图 3-72 所示。

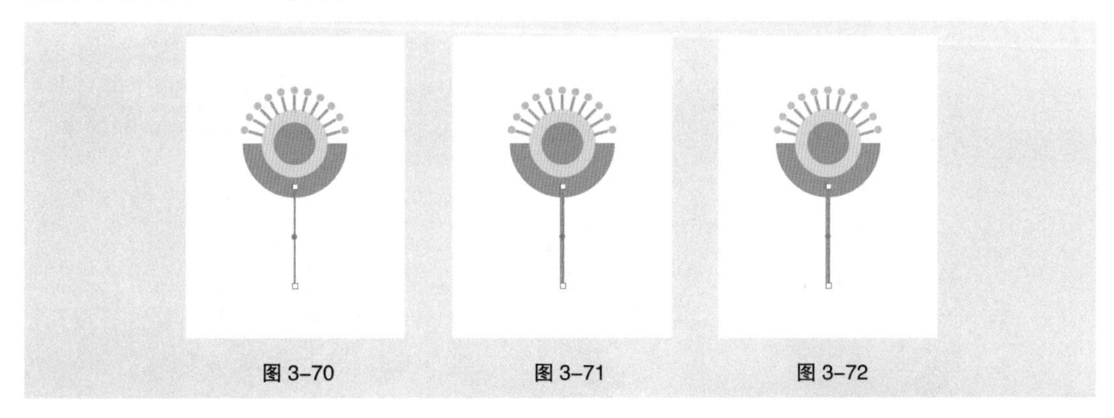

图 3-70　　图 3-71　　图 3-72

（14）选择“矩形”工具，在适当的位置绘制一个矩形，设置填充色为绿色（48、172、106），填充图形，并设置描边色为无，效果如图 3-73 所示。选择“删除锚点”工具，在矩形的右上角单击，删除锚点，如图 3-74 所示。

（15）选择“选择”工具，按住 Alt+Shift 组合键的同时，垂直向下拖曳三角形到适当的位置，复制三角形，效果如图 3-75 所示。按 Ctrl+D 组合键，再复制出一个三角形，效果如图 3-76 所示。

（16）选择“选择”工具，用框选的方法将绘制的三角形同时选取，如图 3-77 所示。选择“镜像”工具，按住 Alt 键的同时，在竖线上单击，如图 3-78 所示，弹出“镜像”对话框，选项的设置如图 3-79 所示，单击“复制”按钮，镜像并复制图形，效果如图 3-80 所示。祁州漏芦插图绘制完成，效果如图 3-81 所示。

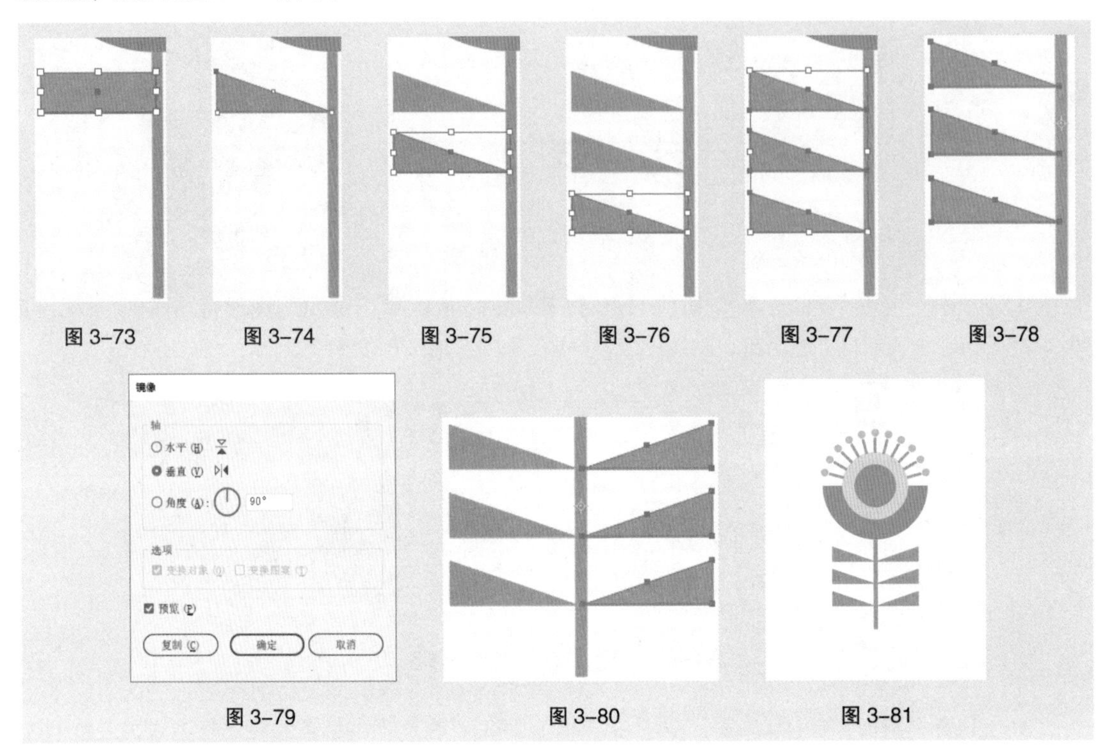

图 3-73　图 3-74　图 3-75　图 3-76　图 3-77　图 3-78

图 3-79　图 3-80　图 3-81

3.2.2 旋转对象

（1）使用工具箱中的工具旋转对象。

使用“选择”工具选取要旋转的对象，将鼠标指针移动到控制手柄附近，这时鼠标指针变为旋转符号，如图 3-82 所示。按住鼠标左键，拖动鼠标旋转对象，会出现蓝色的虚线，指示旋转方向和角度，效果如图 3-83 所示。旋转到需要的角度后释放鼠标左键，旋转对象的效果如图 3-84 所示。

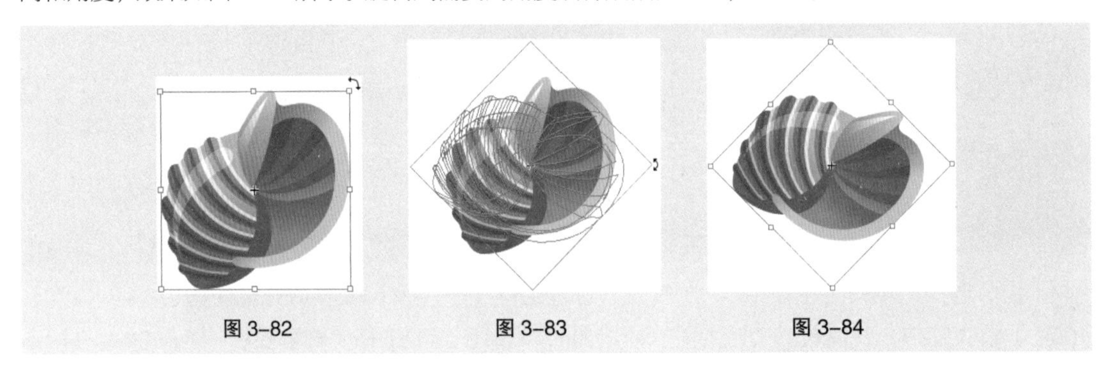

图 3-82　图 3-83　图 3-84

选取要旋转的对象，对象的四周会出现控制手柄，选择“自由变换”工具，拖曳控制手柄就可以旋转对象。此工具的使用方法与“选择”工具类似。

选取要旋转的对象，对象的四周会出现控制手柄，选择“旋转”工具，拖曳控制手柄就可以旋转对象。对象是围绕旋转中心来旋转的，Illustrator 2020 默认的旋转中心是对象的中心点。可以通过改变旋转中心来使对象旋转到新的位置。将鼠标指针移动到旋转中心上，按住鼠标左键拖曳旋转中心到需要的位置，如图 3-85 所示，再拖曳图形进行旋转，如图 3-86 所示，改变旋转中心后旋转对象的效果如图 3-87 所示。

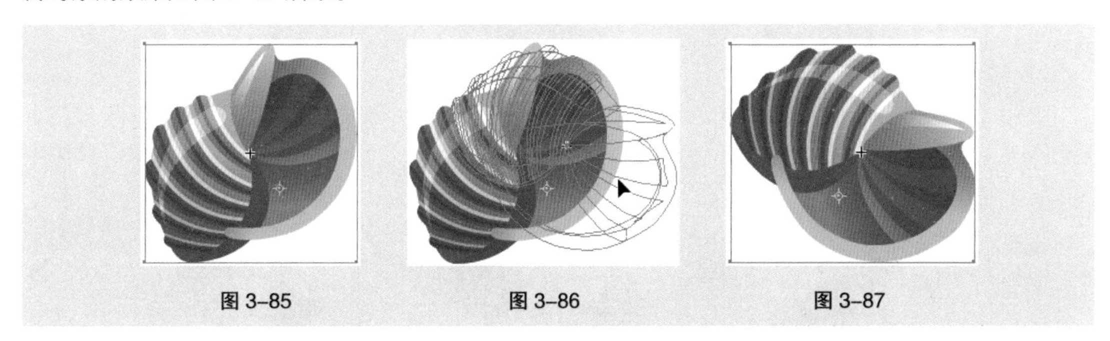

图 3-85　　图 3-86　　图 3-87

（2）使用“变换”面板旋转对象。

选择“窗口 > 变换”命令（组合键为 Shift+F8），弹出“变换”面板，可利用“变换”面板来旋转对象。

（3）使用菜单命令旋转对象。

选择“对象 > 变换 > 旋转”命令或双击“旋转”工具，弹出“旋转”对话框，如图 3-88 所示。在对话框中，通过“角度”选项可以设置对象旋转的角度；勾选“变换对象”复选框，旋转的对象不是图案；勾选“变换图案”复选框，旋转的对象是图案；“复制”按钮用于在原对象的基础上复制出一个旋转对象。

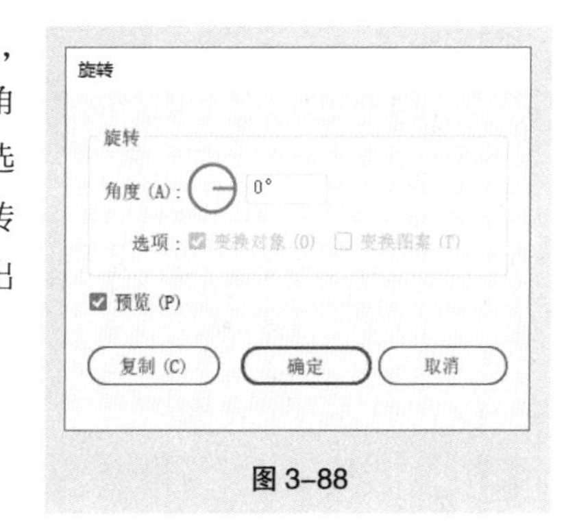

图 3-88

3.2.3　镜像对象

在 Illustrator 2020 中可以快速而精确地进行镜像操作，以使设计和制作工作更加轻松、有效。

（1）使用“镜像”工具镜像对象。

选取要镜像的对象，如图 3-89 所示，选择“镜像”工具，用鼠标拖曳对象进行旋转，会出现蓝色虚线，如图 3-90 所示，这样可以实现对象的旋转变换，也就是对象绕自身中心的镜像变换，镜像后的效果如图 3-91 所示。

在绘图页面上的任意位置单击，可以确定新的镜像轴标志的位置，效果如图 3-92 所示。在绘图页面上的任意位置再次单击，则单击产生的点与镜像轴标志的连线就会作为镜像变换的镜像轴，然后根据此镜像轴生成镜像对象，效果如图 3-93 所示。

提示　使用“镜像”工具生成镜像对象的过程中，要在镜像的位置生成一个对象的复制品，方法很简单，在拖曳鼠标的同时按住 Alt 键即可。“镜像”工具也可以用于旋转对象。

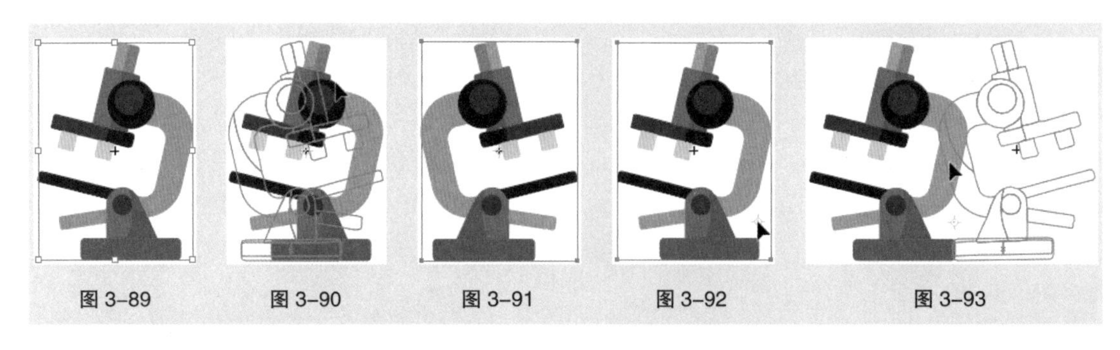

图 3-89　图 3-90　图 3-91　图 3-92　图 3-93

（2）使用“选择”工具镜像对象。

使用“选择”工具选取要镜像的对象，效果如图 3-94 所示。按住鼠标左键直接拖曳控制手柄到相对的边，直到出现蓝色虚线，如图 3-95 所示。释放鼠标左键就可以得到镜像对象，效果如图 3-96 所示。

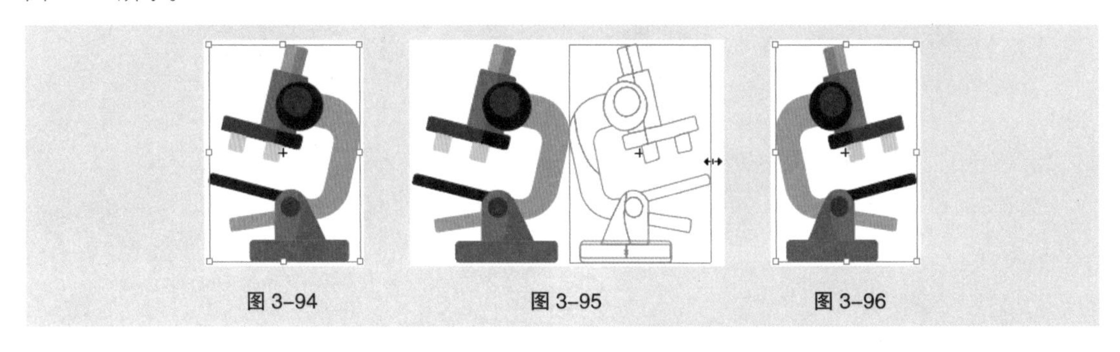

图 3-94　图 3-95　图 3-96

直接拖曳左边或右边中间的控制手柄到相对的边，直到出现蓝色虚线，释放鼠标左键就可以得到原对象的水平镜像对象。直接拖曳上边或下边中间的控制手柄到相对的边，直到出现蓝色虚线，释放鼠标左键就可以得到原对象的垂直镜像对象。

技巧　按住 Shift 键，拖曳边角上的控制手柄到相对的边角，会成比例地沿对角线方向生成镜像对象。按住 Shift+Alt 组合键，拖曳边角上的控制手柄到相对的边角，对象会成比例地从中心生成镜像对象。

（3）使用菜单命令镜像对象。

选择“对象 > 变换 > 镜像”命令，弹出“镜像”对话框，如图 3-97 所示。在“轴”选项组中，选择“水平”单选项可以垂直镜像对象，选择“垂直”单选项可以水平镜像对象，选择“角度”单选项可以以指定的角度镜像对象。在“选项”选项组中，勾选“变换对象”复选框，镜像的对象不是图案。勾选“变换图案”复选框，镜像的对象是图案。“复制”按钮用于在原对象的基础上复制出一个镜像对象。

图 3-97

3.2.4　按比例缩放对象

在 Illustrator 2020 中可以快速而精确地按比例缩放对象，使设计工作变得更轻松。下面就介绍按比例缩放对象的方法。

（1）使用工具箱中的工具按比例缩放对象。

选取要按比例缩放的对象，对象的周围会出现控制手柄，如图 3-98 所示。拖曳需要的控制手柄，如图 3-99 所示，可以缩放对象，效果如图 3-100 所示。

图 3-98　　图 3-99　　图 3-100

提示　**拖曳4个角的控制手柄时，按住Shift键，对象会等比例缩放；按住Shift+Alt组合键，对象会以其中心等比例缩放。**

选取要按比例缩放的对象，再选择“比例缩放”工具，对象的中心会出现中心控制点，可以拖曳中心控制点来改变其位置，如图 3-101 所示。用鼠标在对象上拖曳可以缩放对象，如图 3-102 所示。按比例缩放对象的效果如图 3-103 所示。

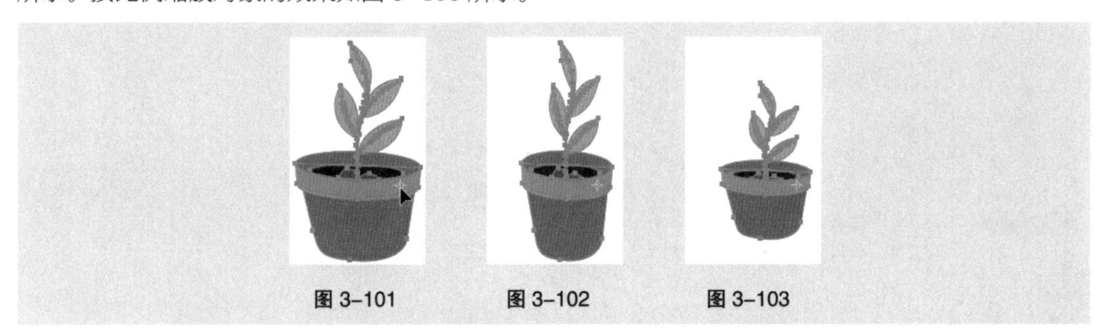

图 3-101　　图 3-102　　图 3-103

（2）使用“变换”面板按比例缩放对象。

选择“窗口 > 变换”命令（组合键为Shift+F8），弹出“变换”面板，如图 3-104 所示。在面板中，“宽”选项用于设置对象的宽度，“高”选项用于设置对象的高度。改变宽度值和高度值，就可以缩放对象。勾选“缩放圆角”复选框，可以在缩放时等比例缩放圆角半径值。勾选“缩放描边和效果”复选框，可以在缩放时等比例缩放添加的描边和效果。

（3）使用菜单命令按比例缩放对象。

选择“对象 > 变换 > 缩放”命令，弹出“比例缩放”对话框，如图 3-105 所示。在对话框中，选择“等比”单选项可以让对象按等比例缩放，选择“不等比”单选项可以让对象不按等比例缩放，“水平”选项用于设置对象在水平方向上的缩放百分比数值，“垂直”选项用于设置对象在垂直方向上的缩放百分比数值。

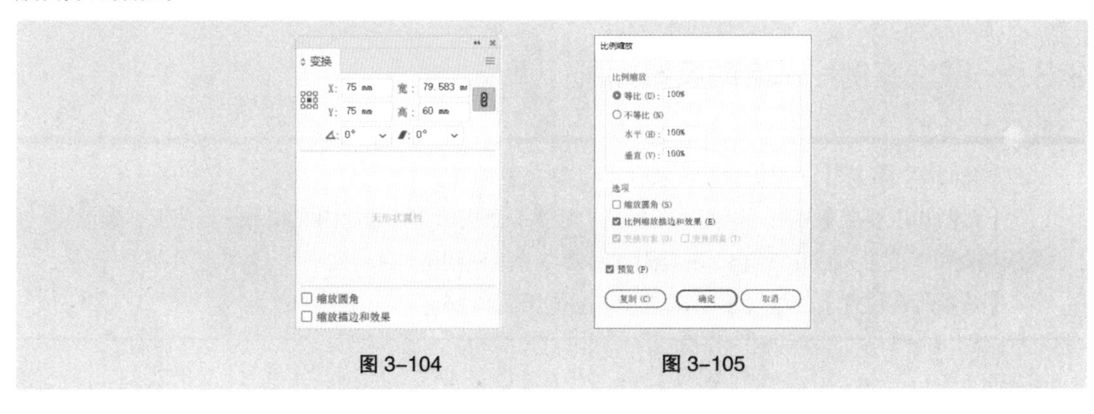

图 3-104　　图 3-105

（4）使用快捷菜单中的命令按比例缩放对象。

在选取的要按比例缩放的对象上单击鼠标右键，弹出快捷菜单，选择“对象 > 变换 > 缩放”命令，可以对对象进行缩放。

3.2.5 倾斜对象

（1）使用工具箱中的工具倾斜对象。

选取要倾斜的对象，对象的四周会出现控制手柄，如图 3-106 所示。选择“倾斜”工具，用鼠标拖曳控制手柄或对象，倾斜时会出现蓝色的虚线指示倾斜的方向和角度，如图 3-107 所示。倾斜到需要的角度后释放鼠标左键，对象的倾斜效果如图 3-108 所示。

（2）使用“变换”面板倾斜对象。

选择“窗口 > 变换”命令，弹出“变换”面板，可利用“变换”面板来倾斜对象。

（3）使用菜单命令倾斜对象。

选择“对象 > 变换 > 倾斜”命令，弹出“倾斜”对话框，如图 3-109 所示。在对话框中，“倾斜角度”选项用于设置对象的倾斜角度。在“轴”选项组中，选择“水平”单选项，对象会水平倾斜；选择“垂直”单选项，对象会垂直倾斜；选择“角度”单选项，可以调节倾斜的角度。“复制”按钮用于在原对象的基础上复制出一个倾斜对象。

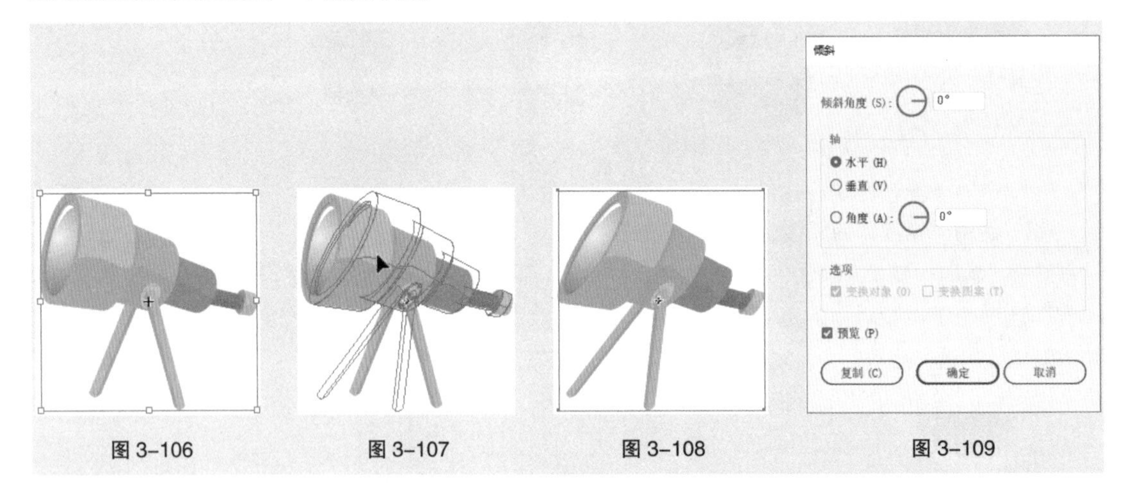

图 3-106　图 3-107　图 3-108　图 3-109

3.3 填充工具组

3.3.1 课堂案例——绘制风景插画

【案例学习目标】学习使用填充类工具绘制风景插画。

【案例知识要点】使用“渐变”工具、“渐变”面板填充背景、山峰和土丘，使用“颜色”面板填充树干图形，使用“网格”工具添加网格点并填充网格。风景插画的效果如图 3-110 所示。

【效果所在位置】云盘 \Ch03\ 效果 \ 绘制风景插画 .ai。

图 3-110

（1）按 Ctrl+O 组合键，打开云盘中的“Ch03 > 素材 > 绘制风景插画 > 01”文件，如图 3-111 所示。选择“选择”工具▶，选取背景矩形；双击“渐变”工具■，弹出“渐变”面板，单击“线性渐变”按钮■，在色带上设置两个渐变滑块，分别将渐变滑块的位置设为 0、100，并分别设置 RGB 值为（255、234、179）、（235、108、40），其他选项的设置如图 3-112 所示，图形被填充渐变色，并设置描边色为无，效果如图 3-113 所示。

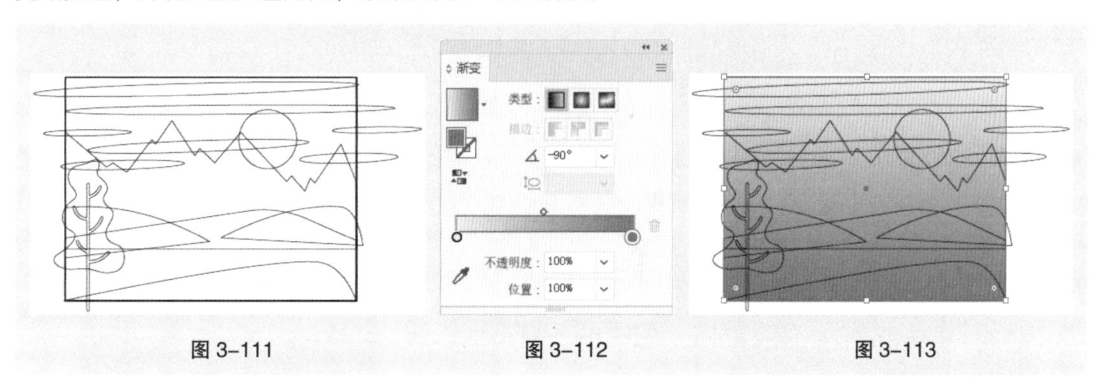

图 3-111　图 3-112　图 3-113

（2）选择“选择”工具▶，选取山峰图形；在“渐变”面板中单击“线性渐变”按钮■，在色带上设置两个渐变滑块，分别将渐变滑块的位置设为 0、100，并分别设置 RGB 值为（235、189、26）、（255、234、179），其他选项的设置如图 3-114 所示，图形被填充渐变色，并设置描边色为无，效果如图 3-115 所示。

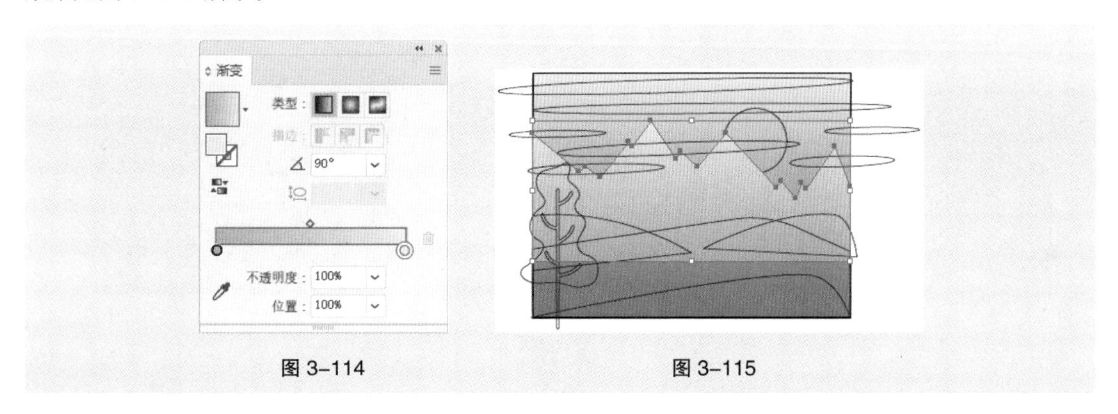

图 3-114　图 3-115

（3）选择“选择”工具▶，选取土丘图形；在“渐变”面板中单击“线性渐变”按钮■，在色带上设置两个渐变滑块，分别将渐变滑块的位置设为 10、100，并分别设置 RGB 值为（108、

216、157）、（50、127、123），其他选项的设置如图 3-116 所示，图形被填充渐变色，并设置描边色为无，效果如图 3-117 所示。用相同的方法分别为其他图形填充相应的渐变色，效果如图 3-118 所示。

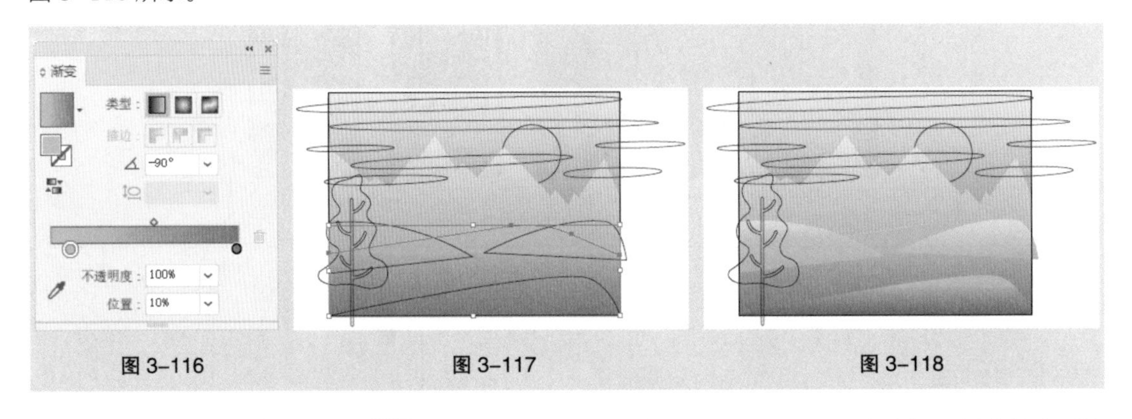

图 3-116　　图 3-117　　图 3-118

（4）选择“编组选择”工具，选取树叶图形，如图 3-119 所示；在“渐变”面板中单击“线性渐变”按钮，在色带上设置两个渐变滑块，分别将渐变滑块的位置设为 8、86，并分别设置 RGB 值为（11、67、74）、（122、255、191），其他选项的设置如图 3-120 所示，图形被填充渐变色，并设置描边色为无，效果如图 3-121 所示。

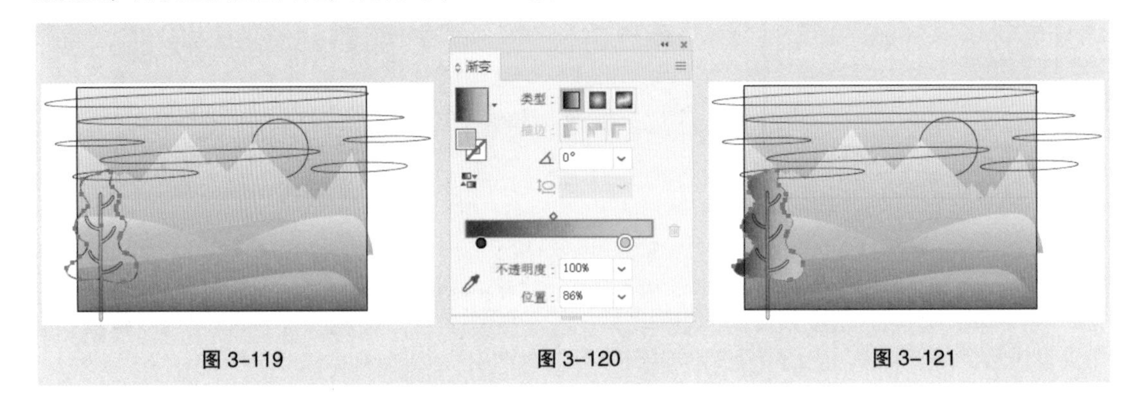

图 3-119　　图 3-120　　图 3-121

（5）选择“编组选择”工具，选取树干图形，如图 3-122 所示；选择“窗口 > 颜色”命令，在弹出的“颜色”面板中进行设置，如图 3-123 所示；按 Enter 键确定操作，效果如图 3-124 所示。

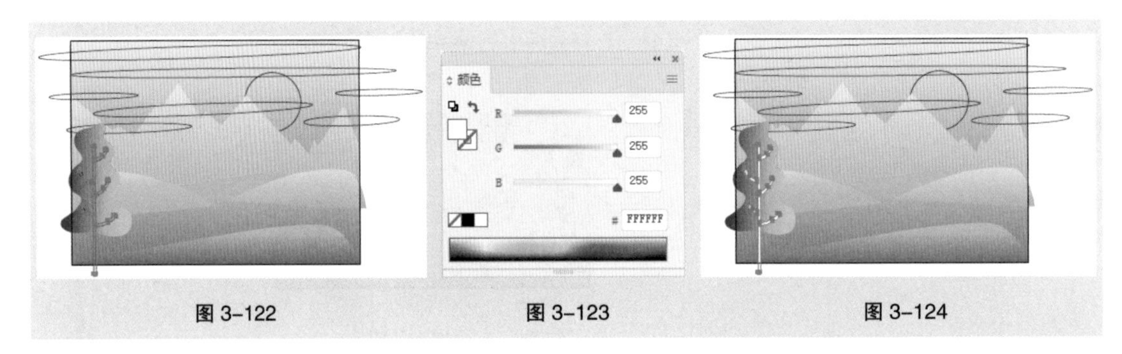

图 3-122　　图 3-123　　图 3-124

（6）选择“选择”工具，选取树木图形，按住 Alt 键的同时，向右拖曳图形到适当的位置，复制图形，并调整其大小，效果如图 3-125 所示。按 Ctrl+［组合键，将复制得到的图形后移一层，效果如图 3-126 所示。

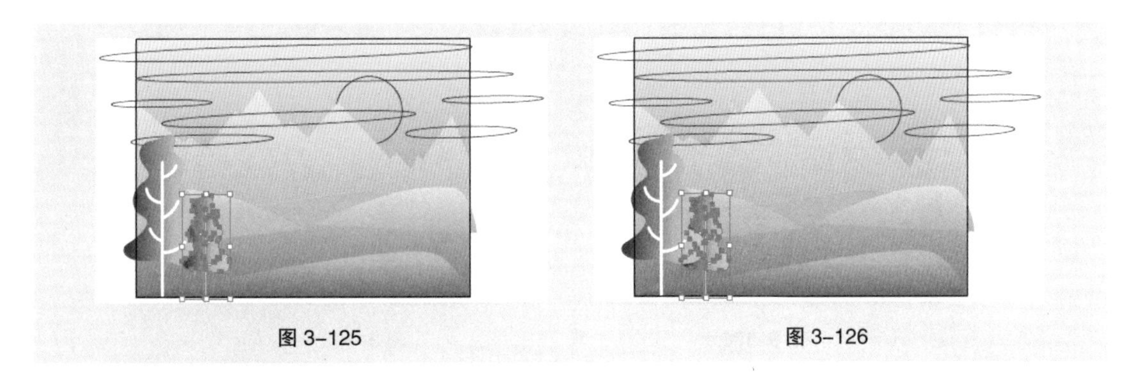

图 3-125　　图 3-126

（7）选择“编组选择”工具，选取小树干图形；在“渐变”面板中单击“线性渐变”按钮，在色带上设置两个渐变滑块，分别将渐变滑块的位置设为 0、100，并分别设置 RGB 值为（85、224、187）、（255、234、179），其他选项的设置如图 3-127 所示，图形被填充渐变色，并设置描边色为无，效果如图 3-128 所示。

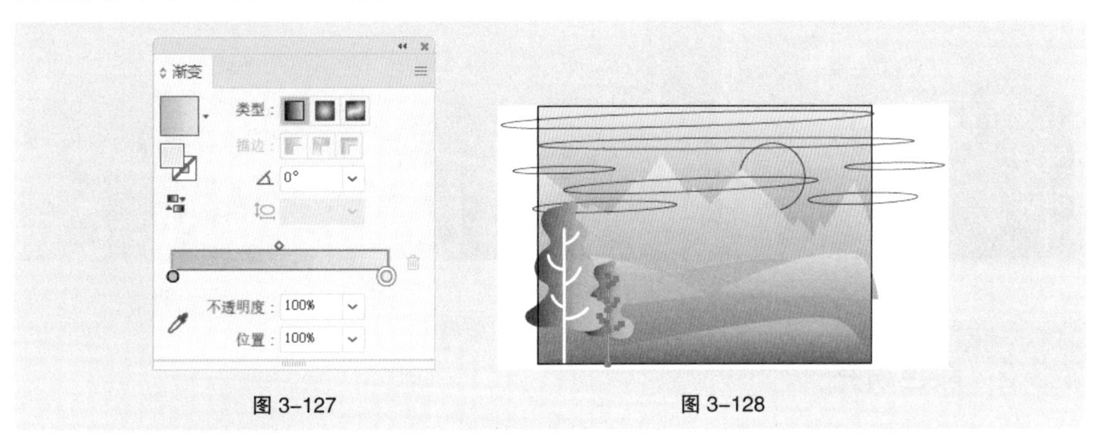

图 3-127　　图 3-128

（8）用相同的方法复制多个树木图形并调整其大小和位置，效果如图 3-129 所示。选择“选择”工具，按住 Shift 键的同时，依次选取云彩图形，填充图形为白色，并设置描边色为无，效果如图 3-130 所示。在属性栏中将“不透明度”选项设为 20%，按 Enter 键确定操作，效果如图 3-131 所示。

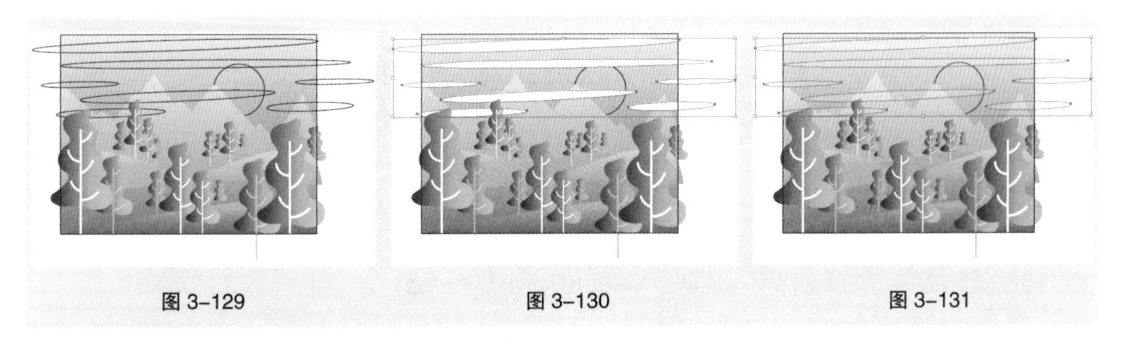

图 3-129　　图 3-130　　图 3-131

（9）选择“选择”工具，选取太阳图形，填充图形为白色，并设置描边色为无，效果如图 3-132 所示。在属性栏中将“不透明度”选项设为 80%，按 Enter 键确定操作，效果如图 3-133 所示。

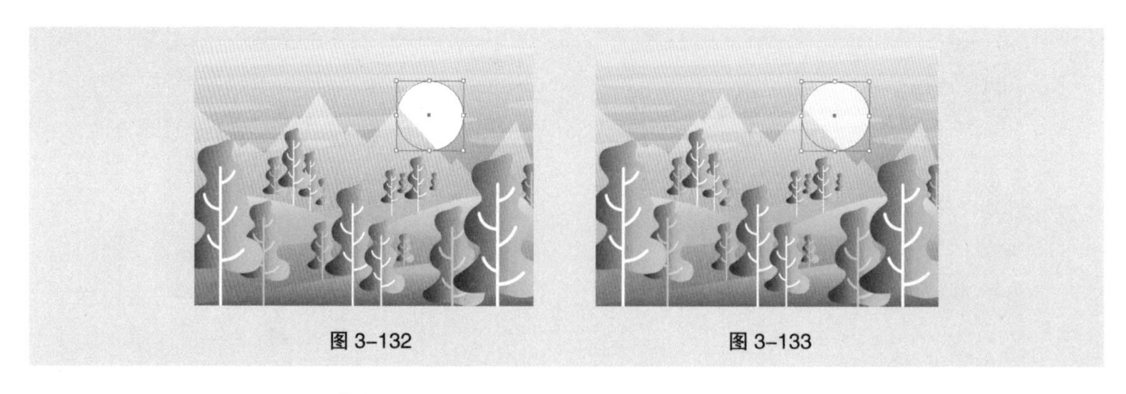

图 3-132　　图 3-133

（10）选择“网格”工具，在圆形中心位置单击，添加网格点，如图 3-134 所示。设置网格点的颜色为浅黄色（255、246、127），填充网格，效果如图 3-135 所示。选择“选择”工具，在页面空白处单击，取消图形的选取状态，效果如图 3-136 所示。风景插画绘制完成。

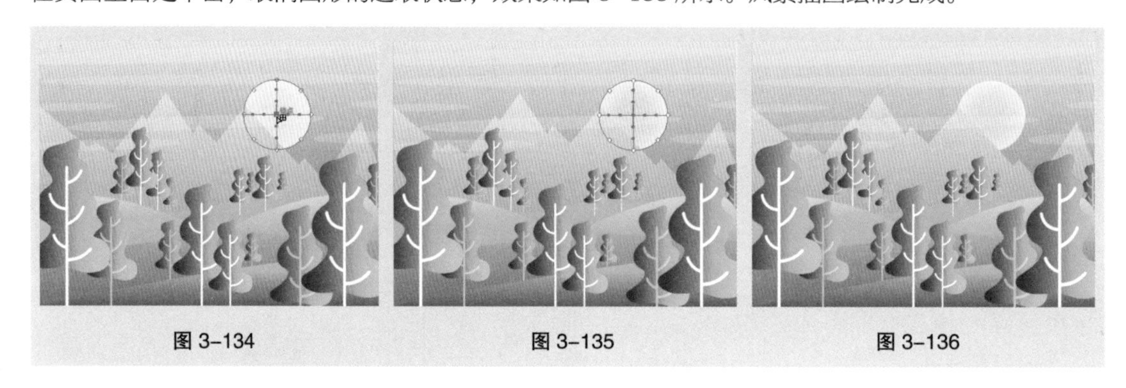

图 3-134　　图 3-135　　图 3-136

3.3.2　颜色填充

Illustrator 2020 用于填充的内容包括“色板”面板中的颜色和图案，以及“颜色”面板中的自定义颜色。

1. 使用工具箱中的工具填充

应用工具箱中的“填色”和“描边”工具，可以指定所选对象的填充色和描边色。单击按钮（组合键为 X），可以使填色显示框和描边显示框交换位置。按 Shift+X 组合键，可切换选定对象的填充色和描边色。

在“填色”和“描边”工具下面有 3 个按钮，它们分别是“颜色”按钮、“渐变”按钮和“无”按钮。

2. “颜色”面板

通过“颜色”面板可以设置对象的填充色。单击“颜色”面板右上方的图标，可以在弹出的菜单中选择当前取色时使用的颜色模式。无论选择哪一种颜色模式，面板中都将显示出相关的颜色内容，如图 3-137 所示。

选择“窗口 > 颜色”命令，弹出“颜色”面板。“颜色”面板上的按钮用来进行填充色和描边色之间的相互切换，其使用方法与工具箱中的按钮相同。

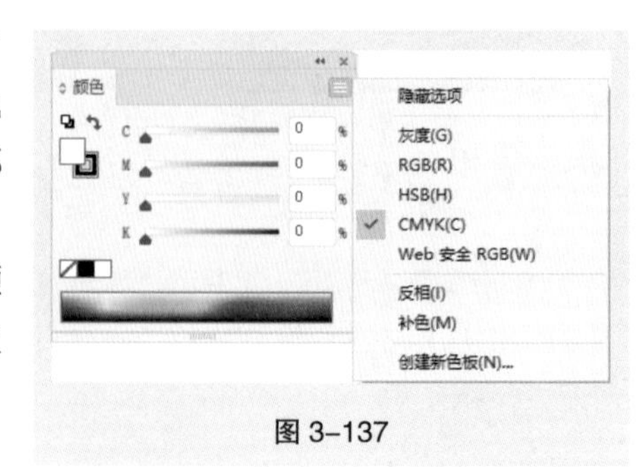

图 3-137

将鼠标指针移动到取色区域，鼠标指针变为吸管形状时，单击就可以选取颜色，如图 3-138 所示。拖曳各个颜色滑块或在各个数值框中输入有效的数值，可以调配出更精确的颜色。

更改或设置对象的描边色时，选取已有的对象，在“颜色”面板中切换到“描边”按钮，选取或调配出新颜色，这时新颜色会被应用到当前选定对象的描边中，如图 3-139 所示。

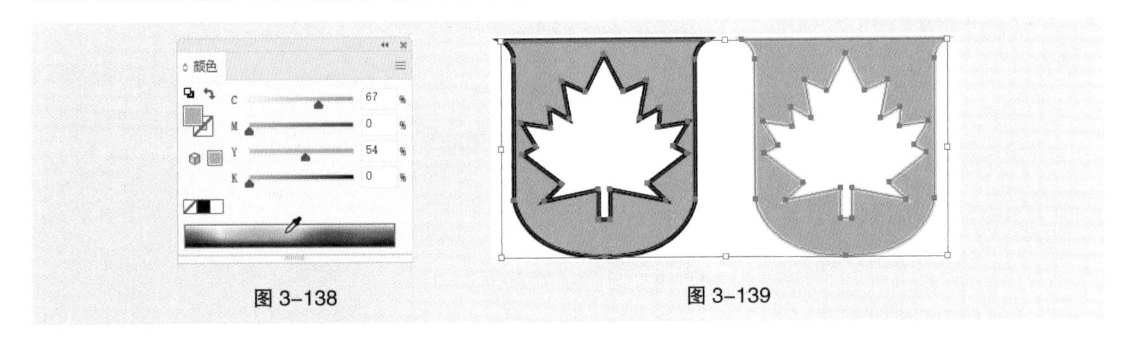

图 3-138　　图 3-139

3. “色板”面板

选择“窗口 > 色板”命令，弹出“色板”面板，在“色板”面板中单击需要的颜色或图案，可以将其选中，如图 3-140 所示。

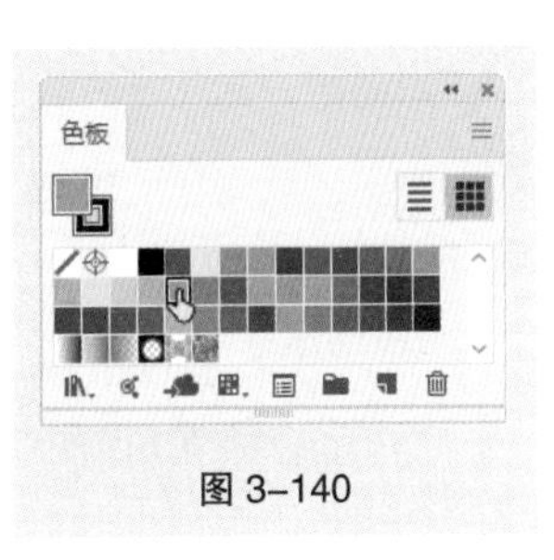

图 3-140

“色板”面板提供了多种颜色和图案，并且允许用户添加并存储自定义的颜色和图案。单击“显示‘色板类型’菜单”按钮，可以使所有的样本显示出来；单击“色板选项”按钮，可以打开“色板选项”对话框；单击“新建颜色组”按钮，可以新建颜色组；单击“新建色板”按钮，可以定义和创建一个新的样本；单击“删除色板”按钮，可以将选定的样本从“色板”面板中删除。

绘制一个图形，单击“填色”按钮，如图 3-141 所示。选择“窗口 > 色板”命令，弹出“色板”面板，在“色板”面板中单击需要的颜色或图案，对图形进行填充，效果如图 3-142 所示。

图 3-141　　图 3-142

选择“窗口 > 色板库”命令，可以调出色板库。引入的外部色板库、增加的多个色板库都将显示在“色板”面板中。

“色板”面板左上角的方块标有红色斜杠，表示无颜色填充。双击“色板”面板中的颜色会弹出“色板选项”对话框，在其中可以设置其属性，如图 3-143 所示。

单击“色板”面板右上方的按钮，将弹出菜单，选择其中的“新建色板”命令，如图 3-144 所示，可以将选中的某一种颜色或图案添加到“色板”面板中；单击“新建色板”按钮，也可以添加新的颜色或图案到“色板”面板中。

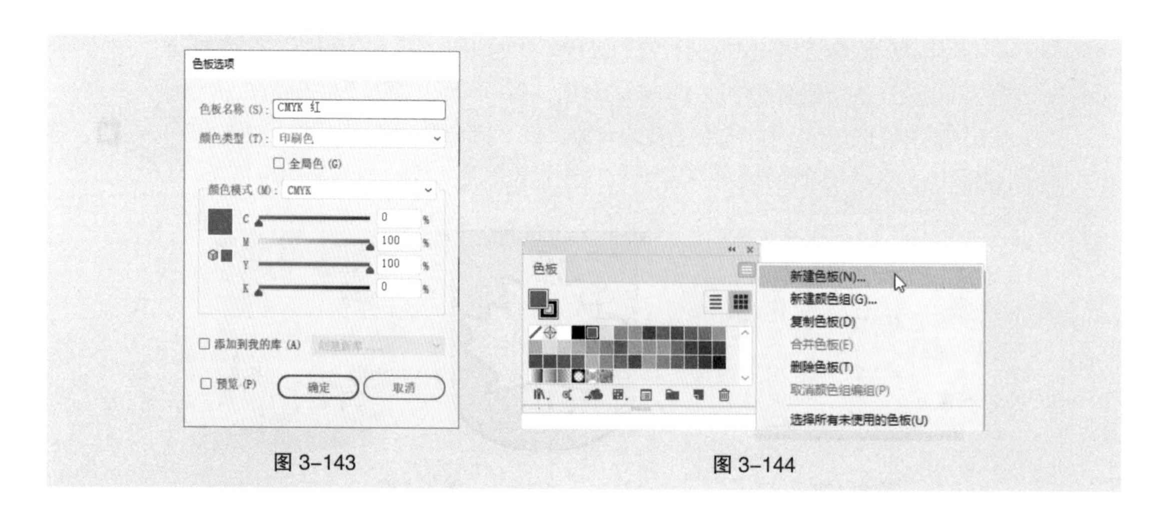

图 3-143　　图 3-144

3.3.3 渐变填充

渐变填充是指两种或多种不同颜色在同一条直线段上逐渐过渡填充。建立渐变填充有多种方法，可以使用“渐变”工具，也可以使用“渐变”面板和“颜色”面板，还可以使用“色板”面板中的渐变样本。

1．创建渐变填充

绘制一个图形，如图 3-145 所示。单击工具箱下面的“渐变”按钮，对图形进行渐变填充，效果如图 3-146 所示。选择“渐变”工具，在图形中需要的位置按住鼠标左键拖曳，释放鼠标左键，即可确定渐变的方向，如图 3-147 所示，渐变填充的效果如图 3-148 所示。

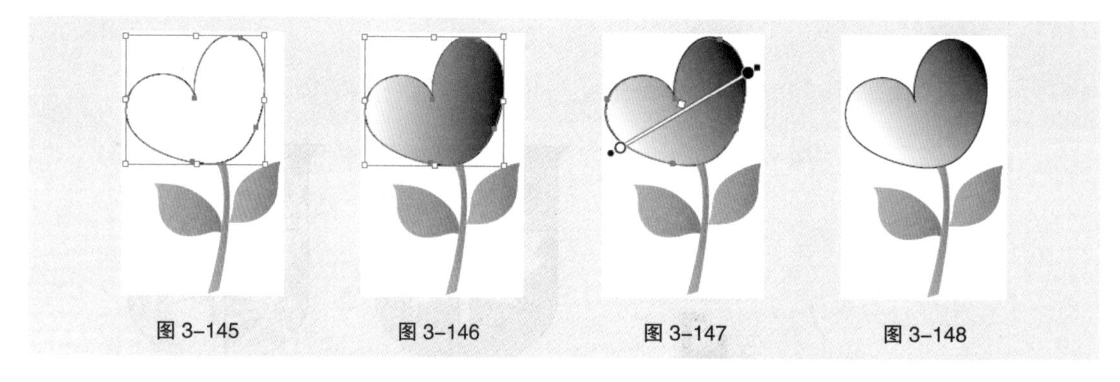

图 3-145　　图 3-146　　图 3-147　　图 3-148

在“色板”面板中单击需要的渐变样本，对图形进行渐变填充，效果如图 3-149 所示。

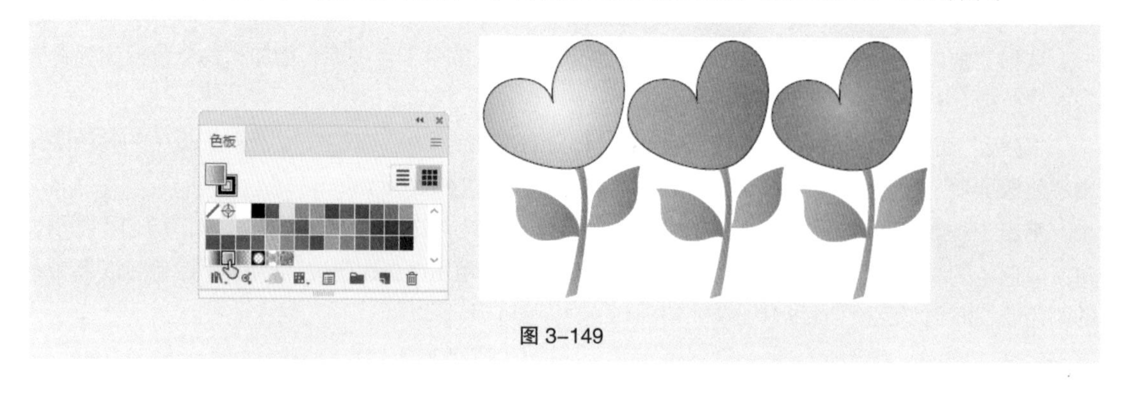

图 3-149

2. “渐变”面板

在“渐变”面板中可以设置渐变参数，可选择“线性”“径向”“任意形状”渐变方式，也可以设置渐变的起始、中间和终止颜色，还可以设置渐变的位置和角度。

双击“渐变”工具■或选择“窗口 > 渐变”命令（组合键为 Ctrl+F9），弹出“渐变”面板，如图 3-150 所示。在“类型”选项组中可以选择“线性”“径向”“任意形状”渐变方式，如图 3-151 所示。

在“角度”选项的数值框中输入数值后按 Enter 键，可以改变渐变的角度，如图 3-152 所示。

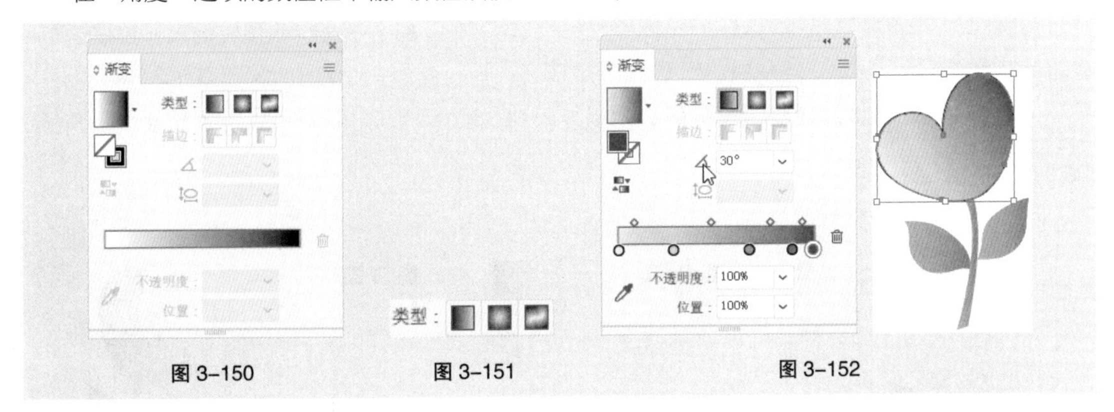

图 3-150　图 3-151　图 3-152

单击“渐变”面板下面的渐变滑块，“位置”选项的数值框中会显示出该滑块对应颜色的位置百分比，如图 3-153 所示。拖动渐变滑块，改变其位置，将改变颜色的渐变梯度，如图 3-154 所示。

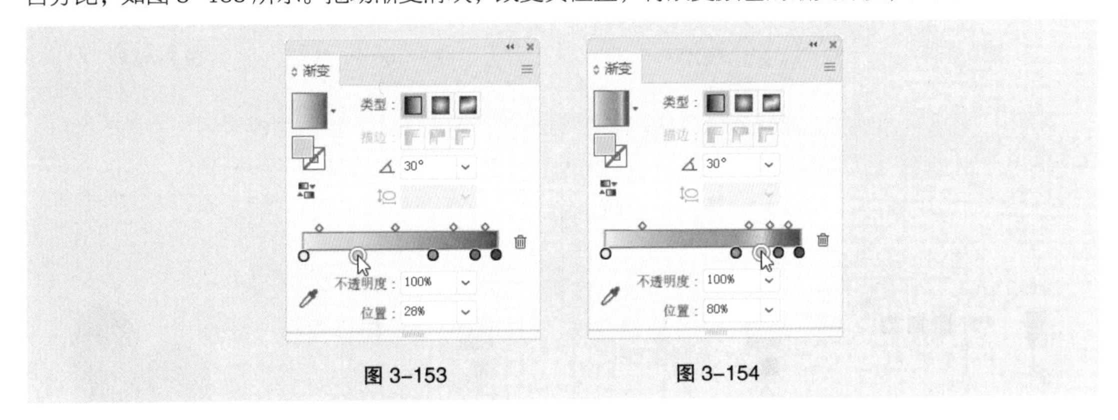

图 3-153　图 3-154

在渐变色带底边单击，可以添加渐变滑块，如图 3-155 所示。在“颜色”面板中调配颜色，如图 3-156 所示，可以改变添加的渐变滑块的颜色，如图 3-157 所示。用鼠标左键按住渐变滑块不放并将其拖到“渐变”面板外，可以直接删除渐变滑块。

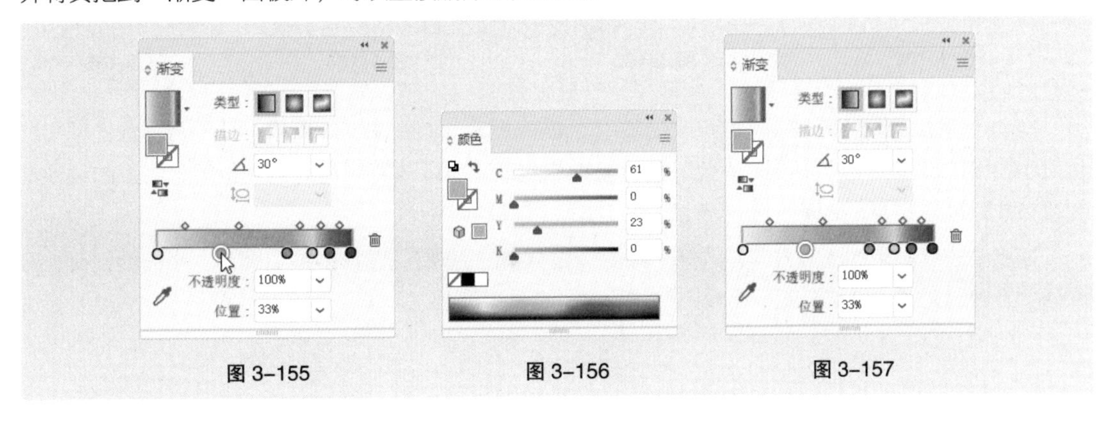

图 3-155　图 3-156　图 3-157

双击渐变色带上的渐变滑块，弹出“颜色”面板，可以快速地选取所需的颜色。

3. 渐变填充的方式

（1）线性渐变填充。

线性渐变填充是一种比较常用的渐变填充方式，通过“渐变”面板，可以精确地指定线性渐变的起始颜色和终止颜色，还可以调整渐变方向。通过调整中心点的位置，可以生成不同的颜色渐变效果。当需要绘制线性渐变填充图形时，可按以下步骤操作。

选择绘制好的图形，如图 3-158 所示。双击“渐变”工具，弹出“渐变”面板。“渐变”面板的色带中会显示程序默认的从白色到黑色的线性渐变样式，如图 3-159 所示。在“渐变”面板的“类型”选项组中单击“线性渐变”按钮，效果如图 3-160 所示，图形将被线性渐变填充，效果如图 3-161 所示。

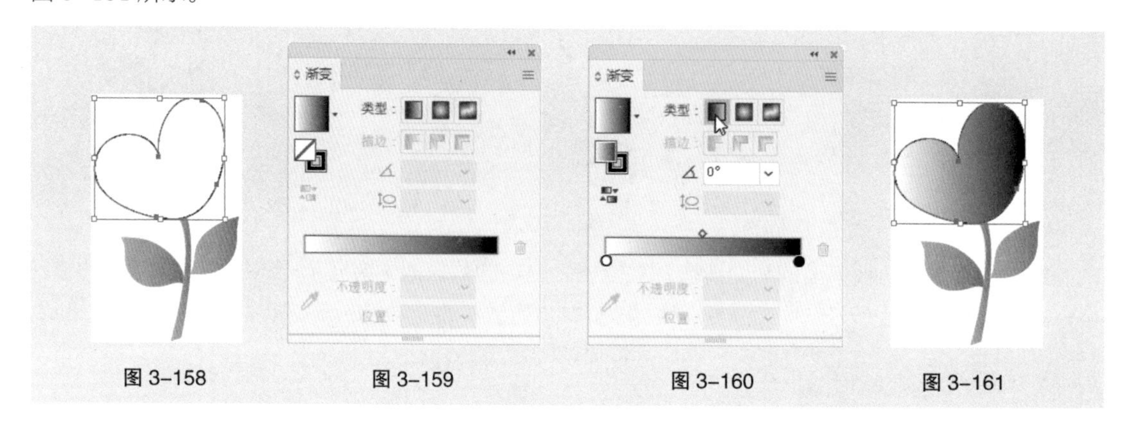

图 3-158　图 3-159　图 3-160　图 3-161

单击“渐变”面板中的起始渐变滑块，如图 3-162 所示，在“颜色”面板中调配所需的颜色，设置渐变的起始颜色；再单击终止渐变滑块，如图 3-163 所示，设置渐变的终止颜色，如图 3-164 所示，图形的线性渐变填充效果如图 3-165 所示。

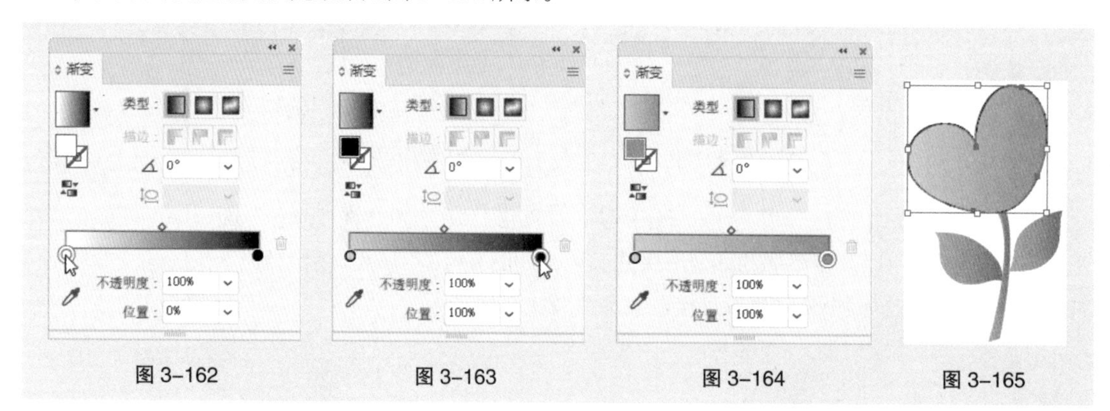

图 3-162　图 3-163　图 3-164　图 3-165

拖动色带上边的控制滑块，可以改变颜色的渐变位置，如图 3-166 所示，“位置”数值框中的数值也会随之发生变化。更改“位置”数值框中的数值也可以改变颜色的渐变位置，图形的线性渐变填充效果也将改变，如图 3-167 所示。

如果要改变颜色的渐变方向，选择“渐变”工具后直接在图形中拖曳即可。当需要精确地改变渐变方向时，可通过“渐变”面板中的“角度”选项来实现。

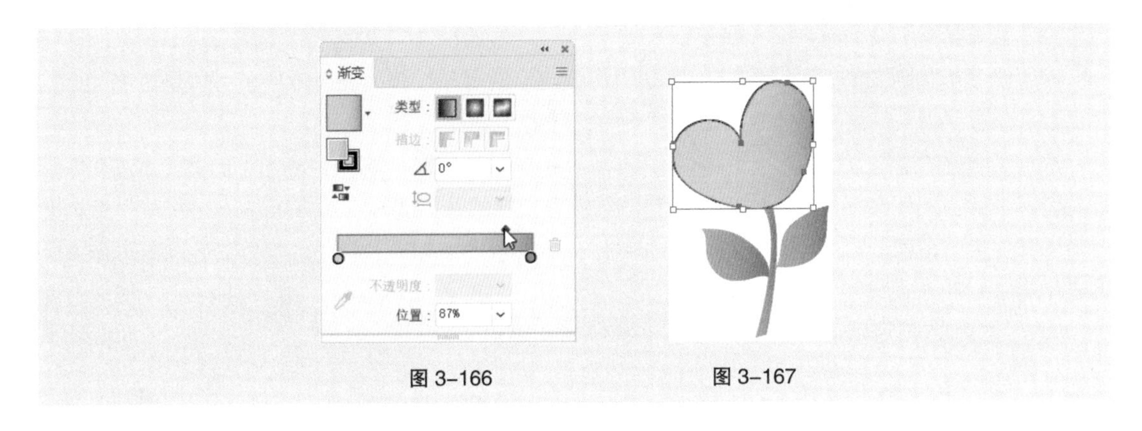

图 3-166　　图 3-167

（2）径向渐变填充。

径向渐变填充是 Illustrator 2020 的另一种渐变填充方式，与线性渐变填充不同，它从起始颜色开始以圆的形式向外发散，逐渐过渡到终止颜色。它的起始颜色和终止颜色，以及渐变填充中心点的位置都是可以改变的。使用径向渐变填充可以生成多种渐变填充效果。

选择绘制好的图形，如图 3-168 所示。双击“渐变”工具，弹出“渐变”面板。“渐变”面板的色带中会显示程序默认的从白色到黑色的线性渐变样式，如图 3-169 所示。在“渐变”面板的“类型”选项组中单击“径向渐变”按钮，如图 3-170 所示，图形将被径向渐变填充，效果如图 3-171 所示。

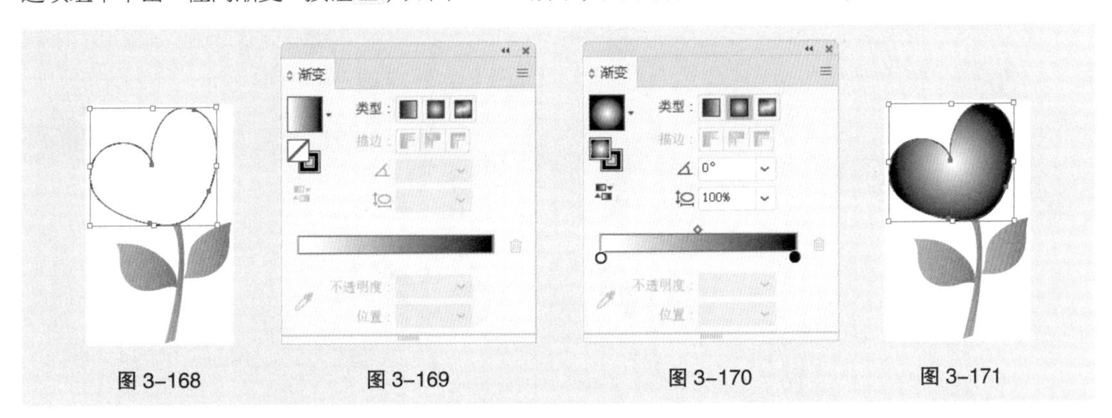

图 3-168　　图 3-169　　图 3-170　　图 3-171

单击“渐变”面板中的起始渐变滑块或终止渐变滑块，然后在“颜色”面板中调配颜色，即可改变图形的渐变颜色，效果如图 3-172 所示。拖动色带上边的控制滑块，可以改变颜色的中心渐变位置，效果如图 3-173 所示。使用“渐变”工具绘制时，可改变径向渐变的中心位置，效果如图 3-174 所示。

图 3-172　　图 3-173　　图 3-174

（3）任意形状渐变填充。

使用任意形状渐变填充可以在某个图形内使颜色形成逐渐过渡的混合效果，可以是有序混合，也可以是随意混合，以便使混合效果看起来平滑、自然。

选择绘制好的图形，如图 3-175 所示。双击“渐变”工具，弹出“渐变”面板。“渐变”面板的色带中会显示程序默认的从白色到黑色的线性渐变样式，如图 3-176 所示。在“渐变”面板的“类型”选项组中单击“任意形状渐变”按钮，如图 3-177 所示，图形将被任意形状渐变填充，效果如图 3-178 所示。

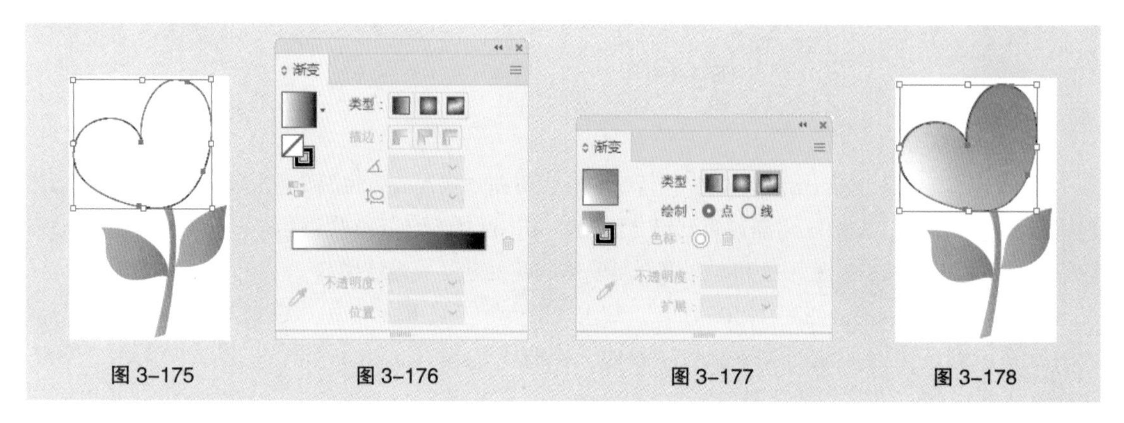

图 3-175　图 3-176　图 3-177　图 3-178

在“绘制”选项组中，选择“点”单选项，可以在对象中创建单独点形式的色标，如图 3-179 所示；选择“线”单选项，可以在对象中创建线条形式的色标，如图 3-180 所示。

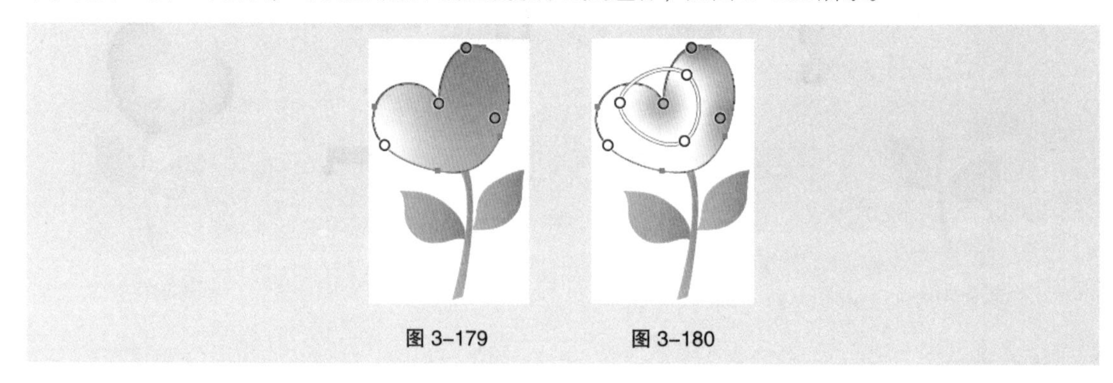
图 3-179　图 3-180

将鼠标指针放置在线条上，鼠标指针会变为图标，如图 3-181 所示，单击可以添加一个色标，如图 3-182 所示；在“颜色”面板中调配颜色，即可改变图形的渐变颜色，如图 3-183 所示。

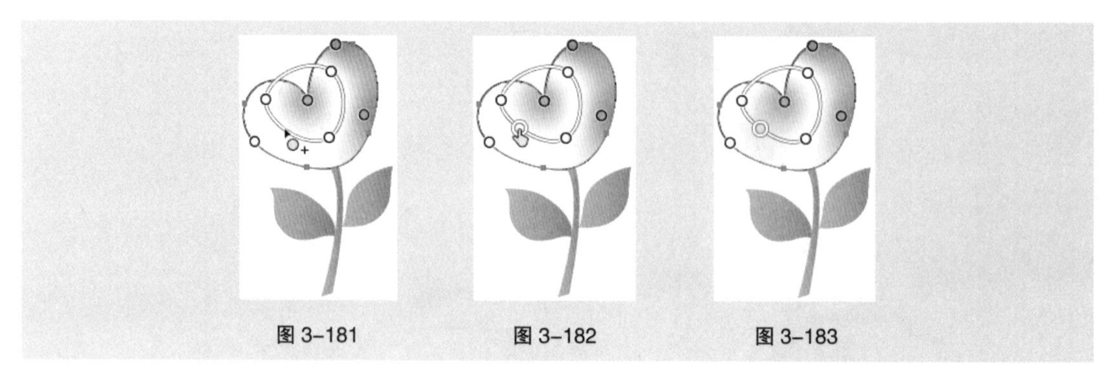
图 3-181　图 3-182　图 3-183

在对象中拖曳色标，可以移动色标，如图 3-184 所示；在“渐变”面板的“色标”选项组中，单击“删除色标”按钮 ，可以删除选中的色标，如图 3-185 所示。

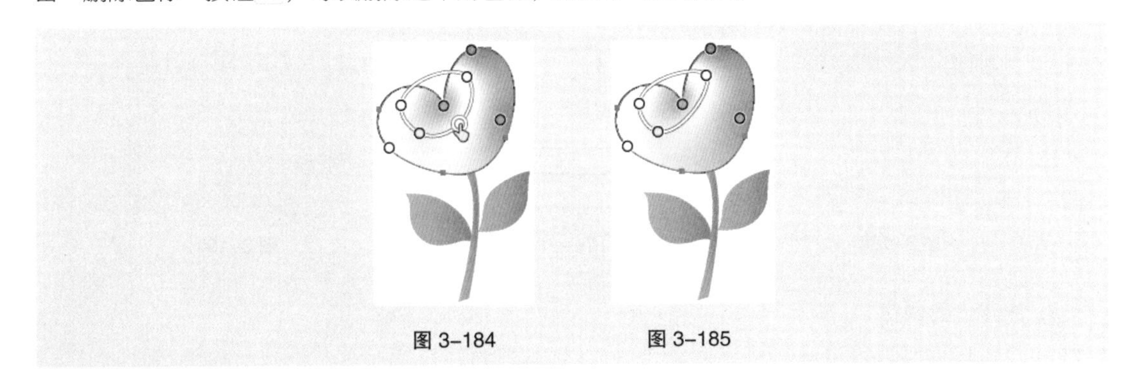
图 3-184　　图 3-185

在“点”模式下，“扩展”选项会被激活，该选项可以用于设置色标周围的环形区域。默认情况下，色标的扩展幅度的取值范围为 0% ～ 100%。

3.3.4 网格填充

应用渐变网格功能可以制作出图形颜色细微之处的变化，并且可以很方便地控制图形颜色。使用渐变网格可以对图形应用多个方向、多种颜色的渐变填充。

1．建立渐变网格

使用“网格”工具 可以在图形中生成网格，使图形颜色的变化更加柔和、自然。

（1）使用“网格”工具 建立渐变网格。

使用“椭圆”工具 绘制一个椭圆形并保持其处于选取状态，如图 3-186 所示。选择“网格”工具 ，在椭圆形中单击，将椭圆形建立为渐变网格对象，椭圆形中会增加横竖两条线交叉形成的网格，如图 3-187 所示；继续在椭圆形中单击，可以增加新的网格，效果如图 3-188 所示。

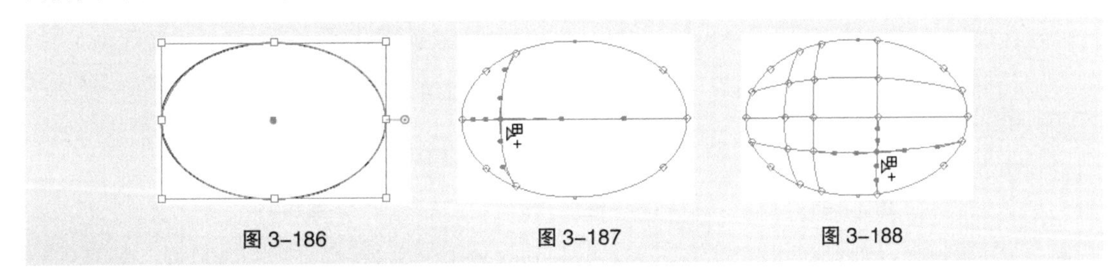
图 3-186　　图 3-187　　图 3-188

网格中横竖两条线交叉形成的点就是网格点，而横、竖线就是网格线。

（2）使用“创建渐变网格”命令创建渐变网格。

使用“椭圆”工具 绘制一个椭圆形并保持其处于选取状态，如图 3-189 所示。选择“对象 > 创建渐变网格”命令，弹出“创建渐变网格”对话框，如图 3-190 所示，设置数值后，单击“确定”按钮，可以为图形创建渐变网格，效果如图 3-191 所示。

在“创建渐变网格”对话框中，在“行数”选项的数值框中可以输入水平方向网格线的行数；在“列数”选项的数值框中可以输入垂直方向网络线的列数；在“外观”下拉列表中可以选择创建渐变网格后图形高光部位的表现方式，有平淡色、至中心、至边缘 3 种方式可以选择；在“高光”选项的数值框中可以设置高光处的强度，当数值为 0 时，图形没有高光，只有均匀的填充颜色。

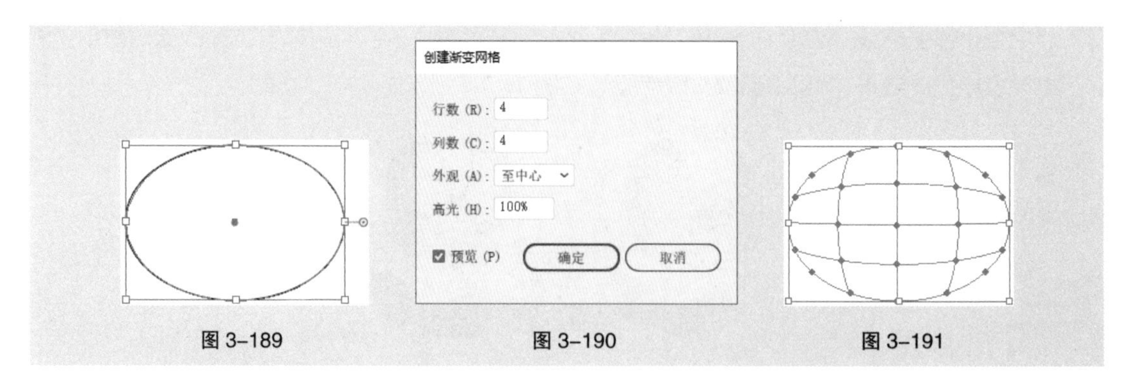

图 3-189　　图 3-190　　图 3-191

2. 编辑渐变网格

（1）添加与删除网格点。

使用“椭圆”工具绘制一个椭圆形并保持其处于选取状态，如图 3-192 所示。选择“网格”工具，在椭圆形中单击，将椭圆形建立为渐变网格对象，如图 3-193 所示；在椭圆形中的其他位置再次单击，可以添加网格点，如图 3-194 所示，同时添加了网格线。在网格线上再次单击，可以继续添加网格点，如图 3-195 所示。

选择“网格”工具，按住 Alt 键的同时，将鼠标指针移至网格点上，当鼠标指针变为图标时，如图 3-196 所示，单击即可将网格点删除，效果如图 3-197 所示。

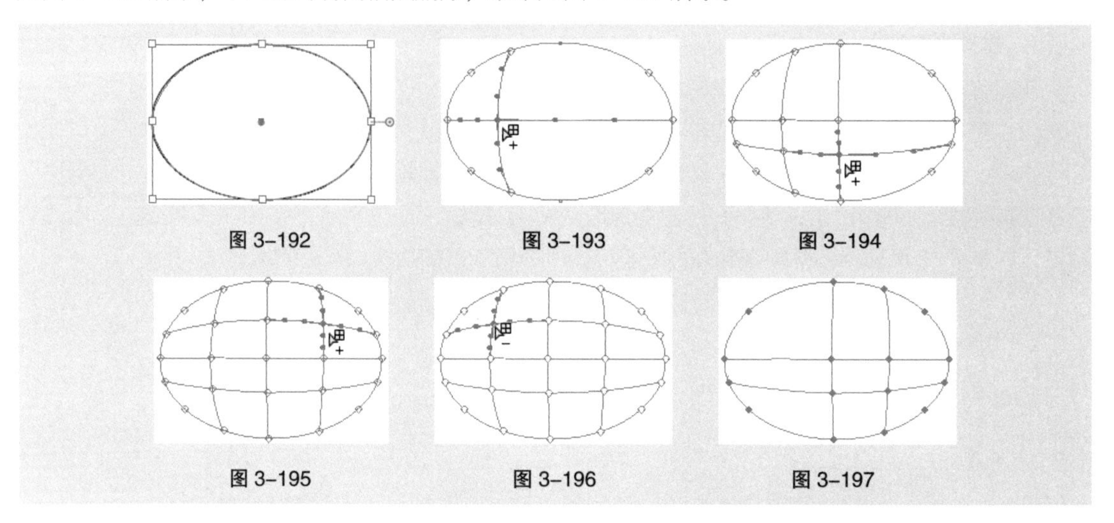
图 3-192　　图 3-193　　图 3-194

图 3-195　　图 3-196　　图 3-197

（2）编辑网格颜色。

使用“直接选择”工具选择网格点，如图 3-198 所示，在“色板”面板中单击需要的颜色样本，如图 3-199 所示，可以为网格点填充颜色，效果如图 3-200 所示。

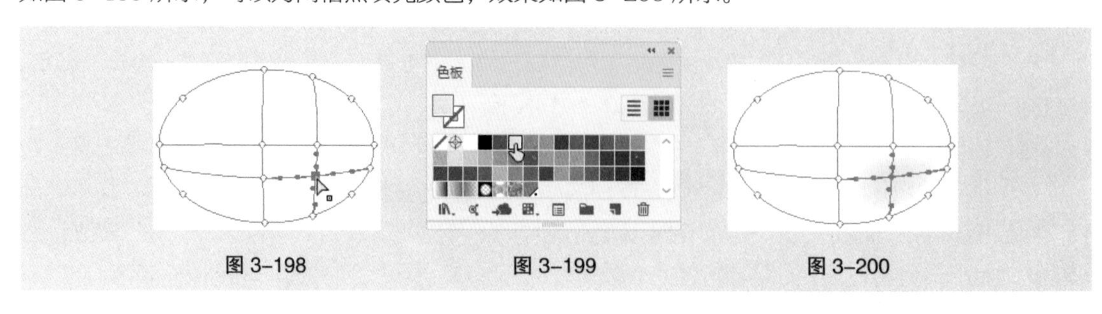

图 3-198　　图 3-199　　图 3-200

使用“直接选择”工具选择网格，如图 3-201 所示，在“色板”面板中单击需要的颜色样本，如图 3-202 所示，可以为网格填充颜色，效果如图 3-203 所示。

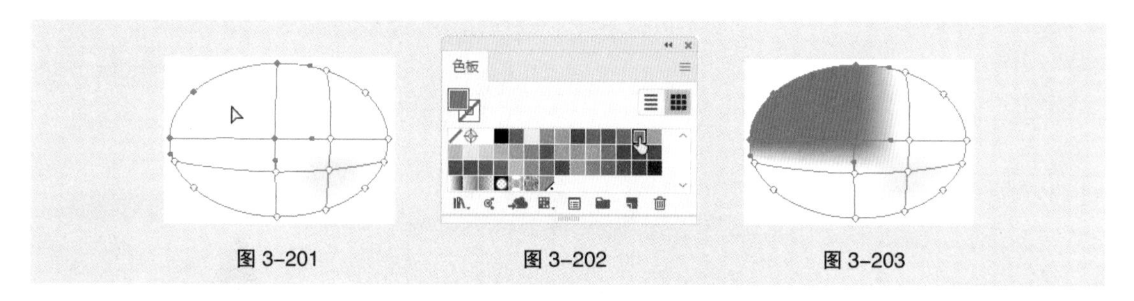

图 3-201　　图 3-202　　图 3-203

使用“直接选择”工具在网格点上单击并按住鼠标左键拖曳网格点，可以移动网格点，效果如图 3-204 所示。拖曳网格点的控制手柄可以调节网格线，效果如图 3-205 所示。

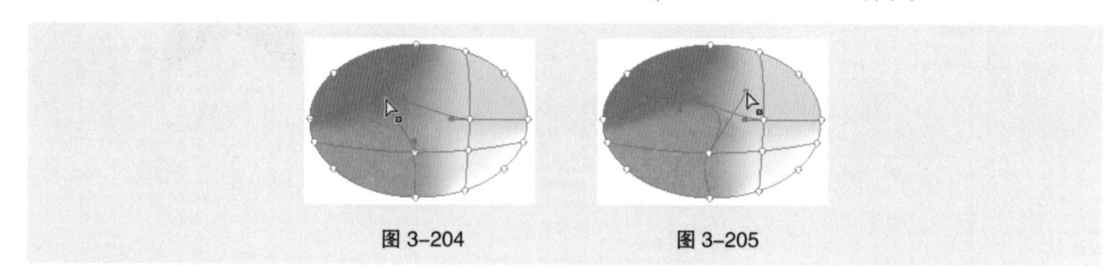

图 3-204　　图 3-205

3.3.5 填充描边

描边其实就是对象的描边线，对描边进行填充时，可以对其进行一定的设置，如更改描边的形状、粗细以及设置描边为虚线描边等。

1. “描边”面板

选择“窗口 > 描边”命令（组合键为 Ctrl+F10），弹出“描边”面板，如图 3-206 所示。“描边”面板主要用来设置对象描边的属性，如粗细、形状等。

图 3-206

在“描边”面板中，“粗细”选项用于设置描边的宽度；“端点”选项组用于指定描边各线段的首端和尾端的形状样式，它有平头端点、圆头端点和方头端点 3 种不同的端点样式；“边角”选项组用于指定一段描边的拐点，即描边的拐角形状，它有 3 种不同的边角样式，分别为斜接连接、圆角连接和斜角连接；“限制”选项用于设置斜角的长度，它将决定描边沿路径改变方向时伸展的长度；“对齐描边”选项组用于设置描边与路径的对齐方式，有 3 种对齐方式，分别为使描边居中对齐、使描边内侧对齐和使描边外侧对齐；勾选“虚线”复选框可以创建描边的虚线效果。

2. 设置描边的粗细

当需要设置描边的粗细时，要用到“粗细”选项，可以在其下拉列表中选择合适的粗细值，也可以直接输入合适的数值。

单击工具箱下方的“描边”按钮，使用“星形”工具绘制一个星形并保持其处于选取状态，效果如图 3-207 所示。在“描边”面板的“粗细”下拉列表中选择需要的描边粗细值，或者直接输入合适的数值。本例设置的“粗细”数值为 30pt，如图 3-208 所示；星形的描边粗细被改变后的效果如图 3-209 所示。

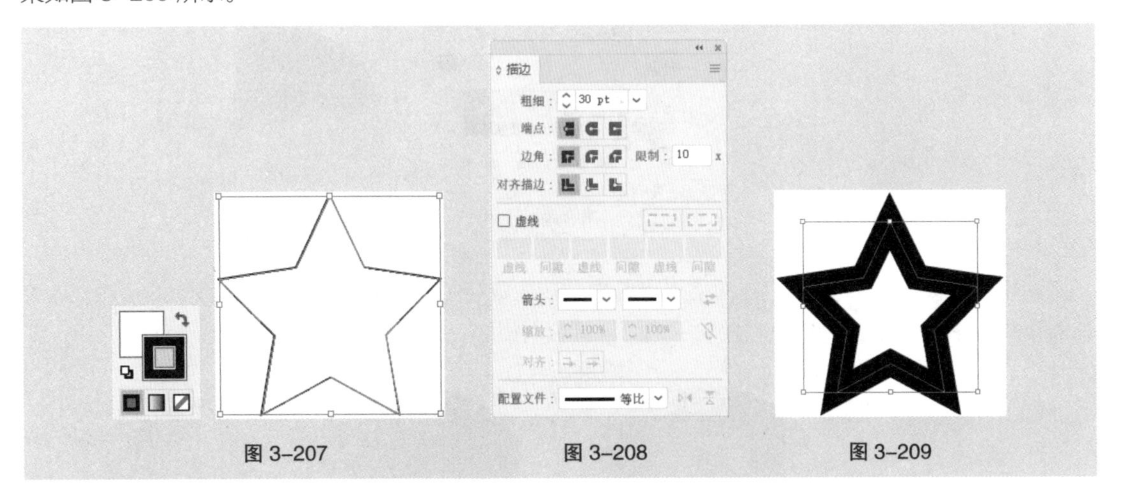

图 3-207　　图 3-208　　图 3-209

当要更改描边的单位时，可选择“编辑 > 首选项 > 单位”命令，弹出“首选项”对话框，在“描边”下拉列表中选择需要的描边单位。

3．设置描边的填充

保持星形处于选取状态，效果如图 3-210 所示。在“色板”面板中单击所需的填充样本，对象描边的填充效果如图 3-211 所示。

图 3-210　　图 3-211

保持星形处于选取状态，效果如图 3-212 所示。在“颜色”面板中调配所需的颜色，如图 3-213 所示；或双击工具箱下方的“描边”按钮，弹出“拾色器”对话框，如图 3-214 所示，在对话框中可以调配所需的颜色。对象描边的颜色填充效果如图 3-215 所示。

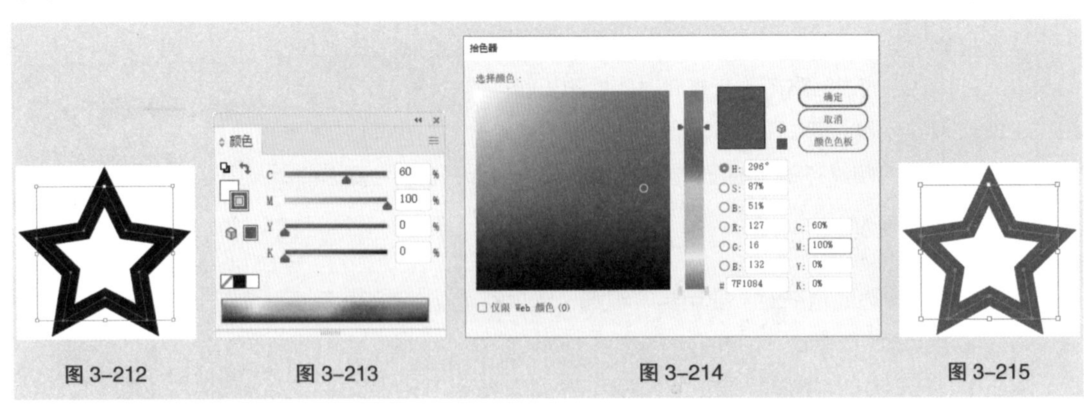

图 3-212　　图 3-213　　图 3-214　　图 3-215

4．编辑描边的样式

（1）设置“限制”选项。

“限制”选项可以设置描边沿路径改变方向时的伸展长度。可以直接在数值框中输入合适的数值。将“限制”选项分别设置为 2 和 20 时的对象描边效果如图 3-216 所示。

图 3-216

（2）设置端点和边角选项。

端点是指一段描边的首端和末端，可以为描边的首端和末端设置不同的端点样式来改变描边端点的形状。使用“钢笔”工具绘制一段描边，单击“描边”面板中的 3 个不同端点样式的按钮 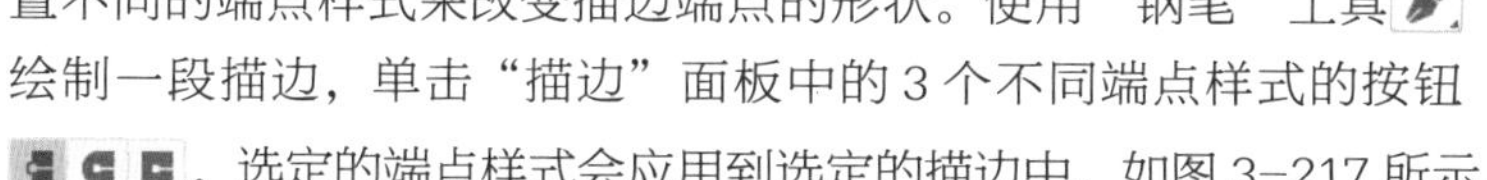，选定的端点样式会应用到选定的描边中，如图 3-217 所示。

图 3-217

边角是指一段描边的拐角，边角样式就是指描边拐角处的形状。有斜接连接、圆角连接和斜角连接 3 种不同的边角样式。绘制多边形的描边，单击“描边”面板中 3 个不同的边角样式按钮，选定的边角样式会应用到选定的描边中，如图 3-218 所示。

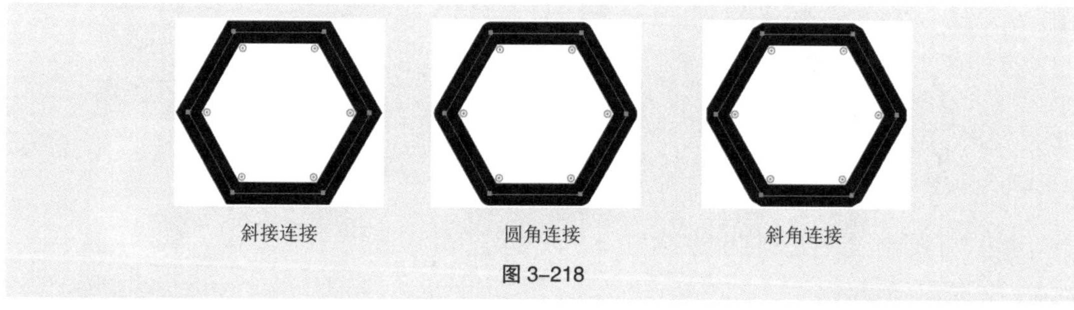

图 3-218

（3）设置虚线。

虚线选项里有 6 个数值框，勾选“虚线”复选框，数值框会被激活，第 1 个数值框中默认的数值为 12 pt，如图 3-219 所示。

图 3-219

“虚线”数值框用来设置每一段虚线的长度。输入的数值越大，虚线的长度就越长；输入的数值越小，虚线的长度就越短。设置不同虚线长度值的描边效果如图 3-220 所示。

“间隙”数值框用来设置虚线段之间的距离。输入的数值越大，虚线段之间的距离越大；输入的数值越小，虚线段之间的距离就越小。设置不同虚线间隙的描边效果如图 3-221 所示。

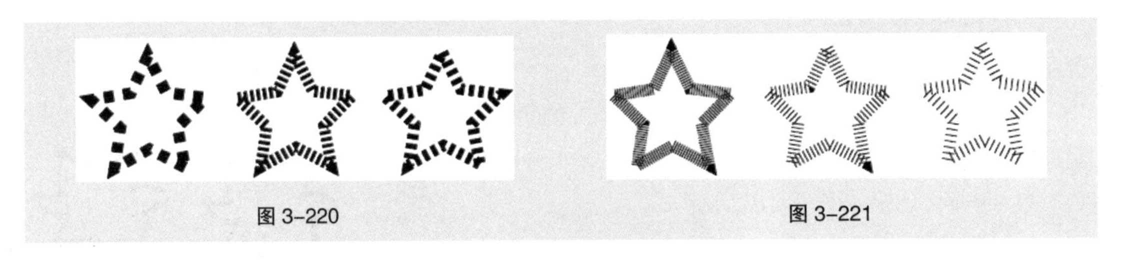

图 3-220　　图 3-221

（4）设置箭头。

在“描边”面板的“箭头”选项组中有两个按钮，左侧的是“起点的箭头”按钮，右侧的是“终点的箭头”按钮。选中要添加箭头的曲线，如图 3-222 所示。单击“起点的箭头”按钮，弹出“起点的箭头”下拉列表框，单击需要的箭头样式，如图 3-223 所示。曲线的起点处会出现选择的箭头，效果如图 3-224 所示。单击“终点的箭头”按钮，弹出“终点的箭头”下拉列表框，单击需要的箭头样式，如图 3-225 所示。曲线的终点处会出现选择的箭头，效果如图 3-226 所示。

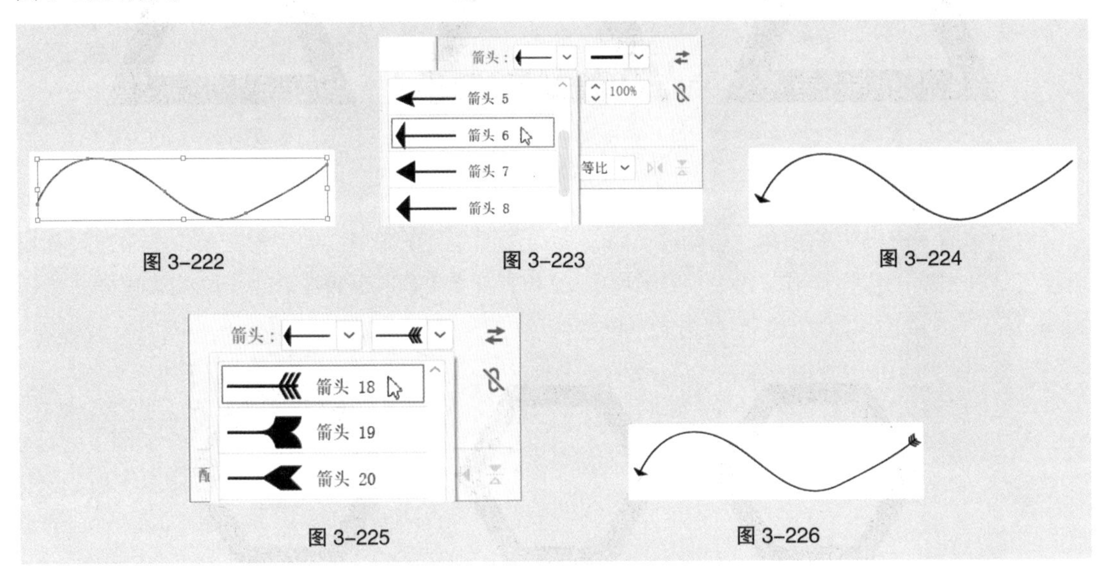

图 3-222　　图 3-223　　图 3-224

图 3-225　　图 3-226

单击“互换箭头起始处和结束处”按钮可以互换起始箭头和终点箭头。选中曲线，如图 3-227 所示。在“描边”面板中单击“互换箭头起始处和结束处”按钮，如图 3-228 所示，效果如图 3-229 所示。

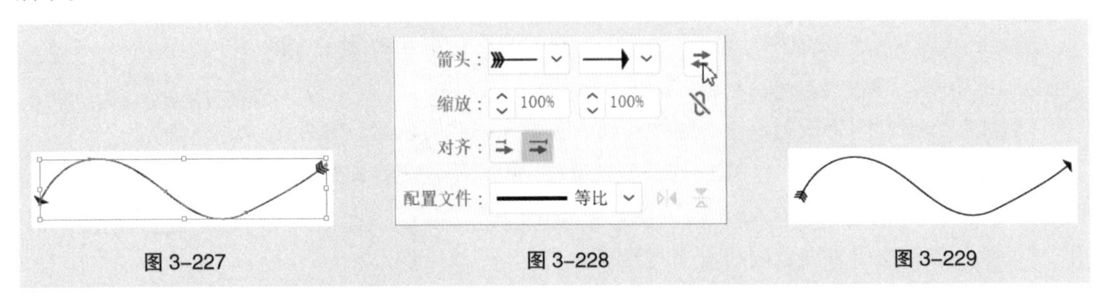

图 3-227　　图 3-228　　图 3-229

“缩放”选项组中有两个数值框，左侧的是“箭头起始处的缩放因子”数值框，右侧的是“箭头结束处的缩放因子”数值框，输入需要的数值，可以缩放曲线的起始箭头和结束箭头。选中要缩放箭头的曲线，如图 3-230 所示。在“箭头起始处的缩放因子”数值框中输入 200%，如图 3-231 所示，效果如图 3-232 所示。在“箭头结束处的缩放因子”数值框中输入 200%，效果如图 3-233 所示。

单击“缩放”选项右侧的“链接箭头起始处和结束处缩放”按钮，可以同时改变起始箭头和结束箭头的大小。

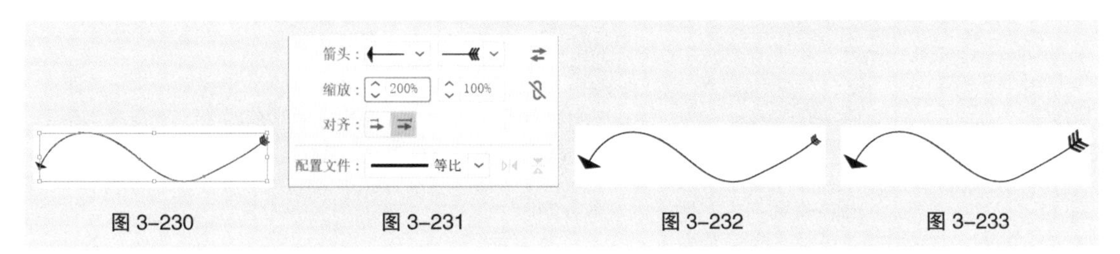

图 3-230 图 3-231 图 3-232 图 3-233

在“对齐”选项组中，左侧的是“将箭头提示扩展到路径终点外”按钮，右侧的是“将箭头提示放置于路径终点处”按钮，这两个按钮分别用于将箭头设置在终点以外和在终点处。选中曲线，如图 3-234 所示。单击“将箭头提示扩展到路径终点外”按钮，如图 3-235 所示，效果如图 3-236 所示。单击“将箭头提示放置于路径终点处”按钮，箭头在终点处显示，效果如图 3-237 所示。

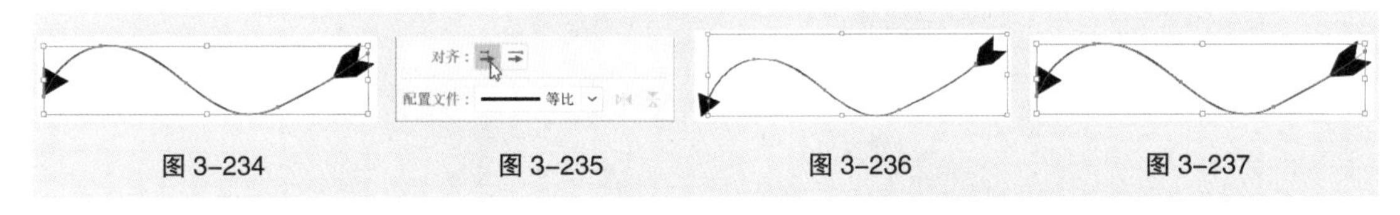

图 3-234 图 3-235 图 3-236 图 3-237

在“配置文件”选项组中，单击“配置文件”按钮，弹出宽度配置文件下拉列表，如图 3-238 所示。在下拉列表中选择任意一个宽度配置文件可以改变曲线描边的形状。选中曲线，如图 3-239 所示。单击“配置文件”按钮，在弹出的下拉列表中选择任意一个宽度配置文件，如图 3-240 所示，效果如图 3-241 所示。

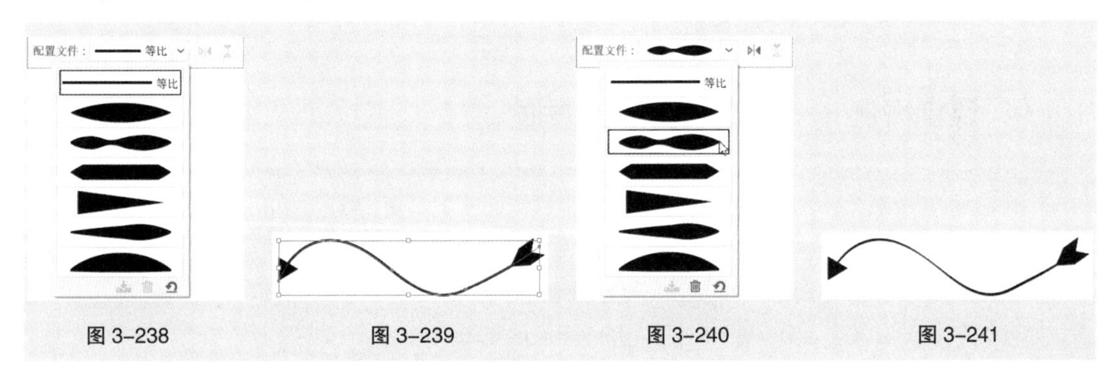

图 3-238 图 3-239 图 3-240 图 3-241

右侧的两个按钮分别是“纵向翻转”按钮和“横向翻转”按钮。单击“纵向翻转”按钮，可以改变曲线描边的左右位置。单击“横向翻转”按钮，可以改变曲线描边的上下位置。

3.3.6 “吸管”工具

使用“吸管”工具可以将一个图形对象的外观属性（如描边、填色和字符属性等）复制给另一个图形对象，也可以快速、准确地编辑属性相同的图形对象。

打开一个文件，效果如图 3-242 所示。选择“选择”工具，选取需要的图形。选择“吸管”

工具，将鼠标指针放在被复制属性的图形上，如图 3-243 所示，单击吸取图形的属性，选取的图形的属性会发生改变，效果如图 3-244 所示。

图 3-242　　图 3-243　　图 3-244

当使用“吸管”工具吸取对象属性后，按住 Alt 键，吸管会转变方向并显示为实心吸管，如图 3-245 所示，将实心吸管放置在其他对象上并单击，可以将新吸取的属性应用到其他对象上，如图 3-246 所示。

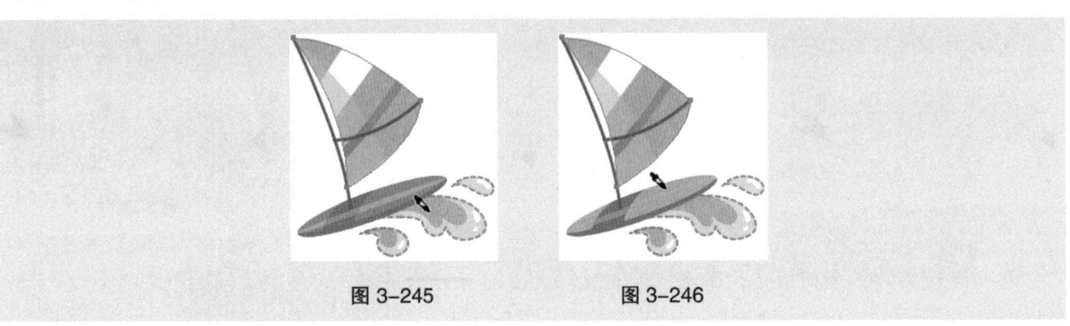

图 3-245　　图 3-246

3.4 文字工具组

3.4.1 课堂案例——制作陶艺展览海报

【案例学习目标】学习使用文字工具和“字符”面板制作陶艺展览海报。

【案例知识要点】使用“置入”命令置入陶瓷图片，使用文字工具、“字符”面板添加展览信息，使用“字形”面板添加字形。陶艺展览海报的效果如图 3-247 所示。

【效果所在位置】云盘 \Ch03\ 效果 \ 制作陶艺展览海报 .ai。

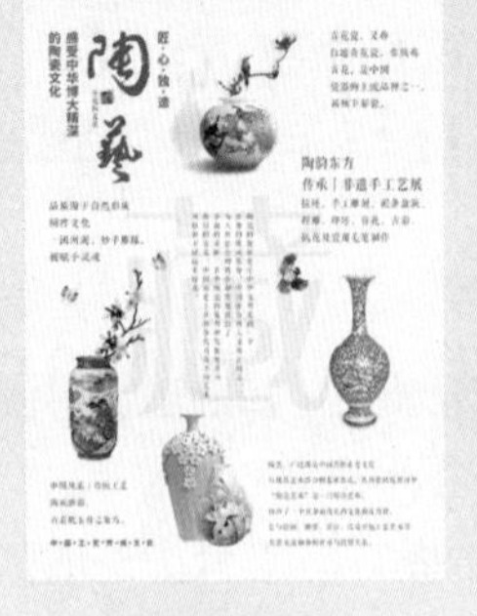

图 3-247

（1）按 Ctrl+N 组合键，弹出“新建文档”对话框，设置文档的宽度为 210mm，高度为 285mm，取向为竖向，颜色模式为 CMYK 颜色，光栅效果为高（300ppi），单击“创建”按钮，新建一个文档。

（2）选择“矩形”工具，绘制一个与页面大小相等的矩形，设置填充色为浅灰色（6、5、5、0），填充图形，并设置描边色为无，效果如图 3-248 所示。

（3）选择“直排文字”工具，在页面中输入需要的文字。选择“选择”工具，在属性栏中选择合适的字体并设置文字大小，效果如图 3-249 所示。设置填充色为蓝绿色（85、62、61、17），填充文字，效果如图 3-250 所示。

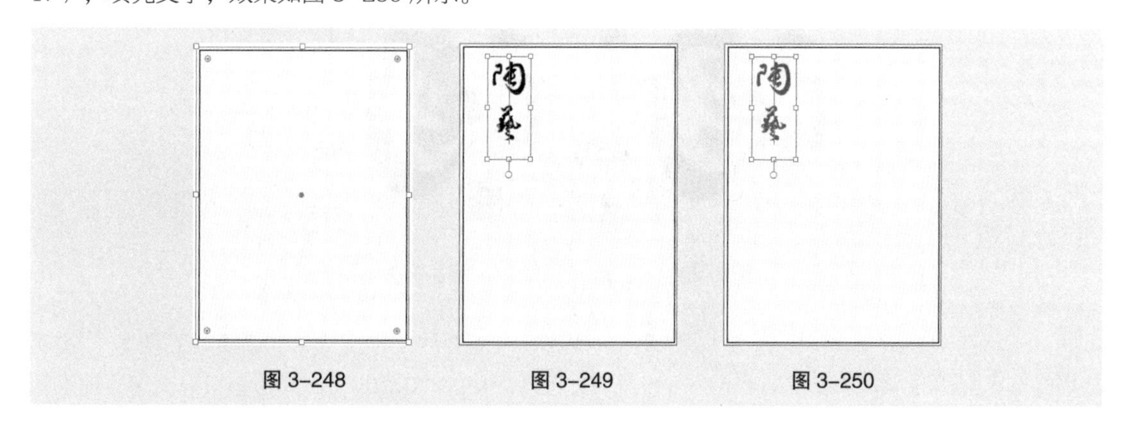

图 3-248　　图 3-249　　图 3-250

（4）选择“直排文字”工具，在适当的位置分别输入需要的文字。选择“选择”工具，在属性栏中分别选择合适的字体并设置文字大小，效果如图 3-251 所示。按住 Shift 键的同时，将输入的文字同时选取，设置填充色为深灰色（0、0、0、80），填充文字，效果如图 3-252 所示。

（5）按 Ctrl+T 组合键，弹出“字符”面板，将“设置所选字符的字距调整”选项设为 50，其他选项的设置如图 3-253 所示；按 Enter 键确定操作，效果如图 3-254 所示。

图 3-251　　图 3-252　　图 3-253　　图 3-254

（6）选择“直排文字”工具，在文字“匠”的下方单击插入光标，如图 3-255 所示。选择“文字 > 字形”命令，弹出“字形”面板，设置字体并选择需要的字形，如图 3-256 所示，双击插入字形，效果如图 3-257 所示。

（7）用相同的方法在其他地方插入相同的字形，效果如图 3-258 所示。选择“文件 > 置入”命令，弹出“置入”对话框，选择云盘中的“Ch03 > 素材 > 制作陶艺展览海报 > 01”文件，单击“置入”按钮，在页面中置入图片，单击属性栏中的“嵌入”按钮，嵌入图片。选择“选择”工具，拖曳图片到适当的位置，并调整其大小，效果如图 3-259 所示。

图 3-255　图 3-256　图 3-257

图 3-258　图 3-259

（8）选择“直排文字”工具，在适当的位置输入需要的文字。选择“选择”工具，在属性栏中选择合适的字体并设置文字大小。设置填充色为深灰色（0、0、0、80），填充文字，效果如图 3-260 所示。

（9）在“字符”面板中，将“设置所选字符的字距调整”选项设为 120，其他选项的设置如图 3-261 所示；按 Enter 键确定操作，效果如图 3-262 所示。

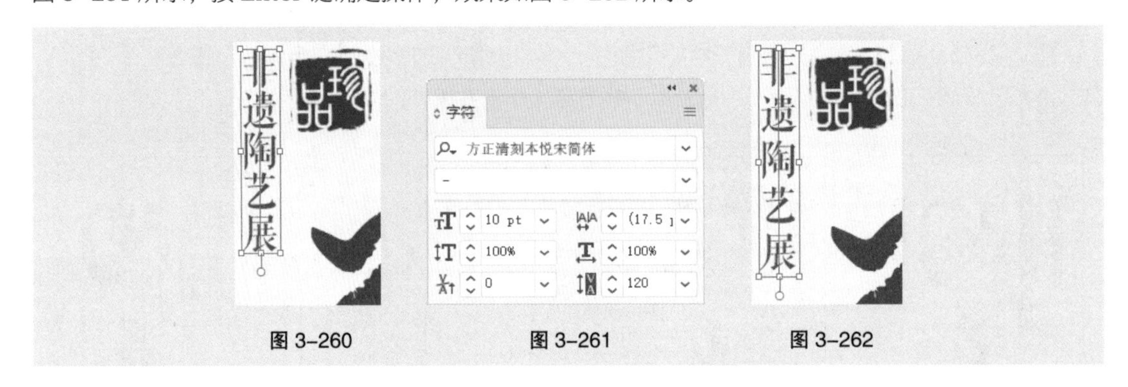

图 3-260　图 3-261　图 3-262

（10）选择“文件 > 置入”命令，弹出“置入”对话框，选择云盘中的“Ch03 > 素材 > 制作陶艺展览海报 > 02”文件，单击“置入”按钮，在页面中置入图片，单击属性栏中的“嵌入”按钮，嵌入图片。选择“选择”工具，拖曳图片到适当的位置，并调整其大小，效果如图 3-263 所示。

（11）选择“文字”工具，在适当的位置输入需要的文字。选择“选择”工具，在属性栏中选择合适的字体并设置文字大小。设置填充色为深灰色（0、0、0、80），填充文字，效果如图 3-264 所示。

（12）在“字符”面板中，将“设置所选字符的字距调整”选项设为 50，其他选项的设置如图 3-265 所示；按 Enter 键确定操作，效果如图 3-266 所示。

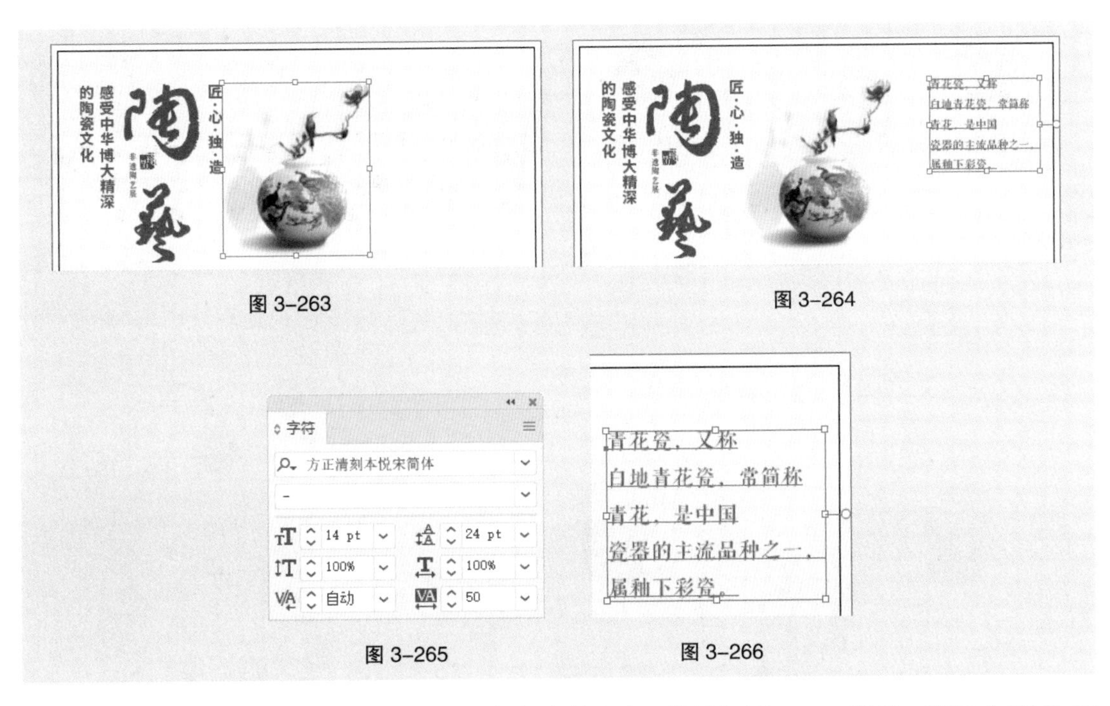

图 3-263　图 3-264

图 3-265　图 3-266

（13）用相同的方法置入其他图片并添加相应的文字，效果如图 3-267 所示。选择“文字”工具T，在适当的位置输入需要的文字。选择“选择”工具▶，在属性栏中选择合适的字体并设置文字大小。设置填充色为浅棕色（11、11、12、0），填充文字，效果如图 3-268 所示。

（14）在属性栏中将“不透明度”选项设为 70%，按 Enter 键确定操作，效果如图 3-269 所示。连续按 Ctrl+［组合键，将文字后移至适当的位置，效果如图 3-270 所示。

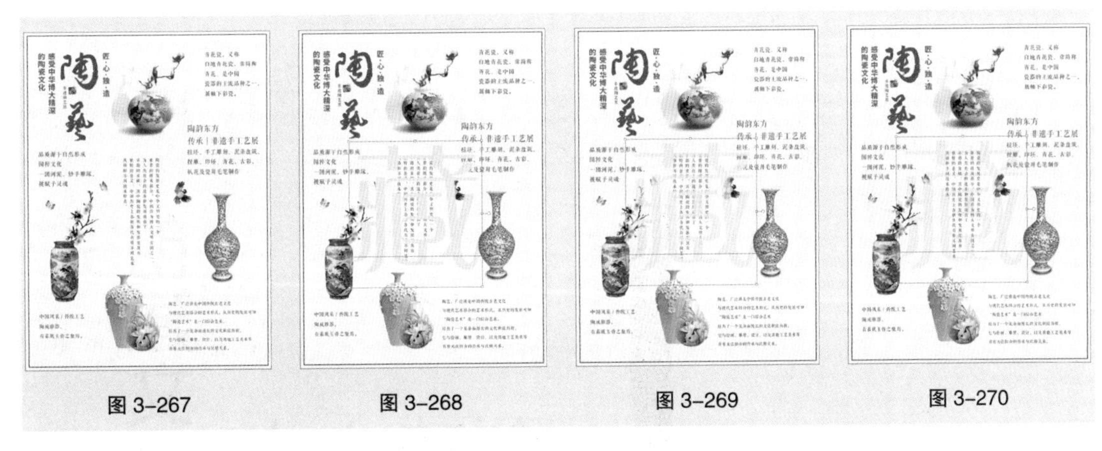

图 3-267　图 3-268　图 3-269　图 3-270

（15）选择“文字”工具T，在适当的位置输入需要的文字。选择“选择”工具▶，在属性栏中选择合适的字体并设置文字大小。设置填充色为深灰色（0、0、0、80），填充文字，效果如图 3-271 所示。选择“文字”工具T，在文字“中”的右侧单击插入光标，如图 3-272 所示。

（16）选择“文字 > 字形”命令，弹出“字形”面板，设置字体并选择需要的字形，如图 3-273 所示，双击插入字形，效果如图 3-274 所示。

（17）用相同的方法在其他位置插入相同的字形，效果如图 3-275 所示。陶艺展览海报制作完成，效果如图 3-276 所示。

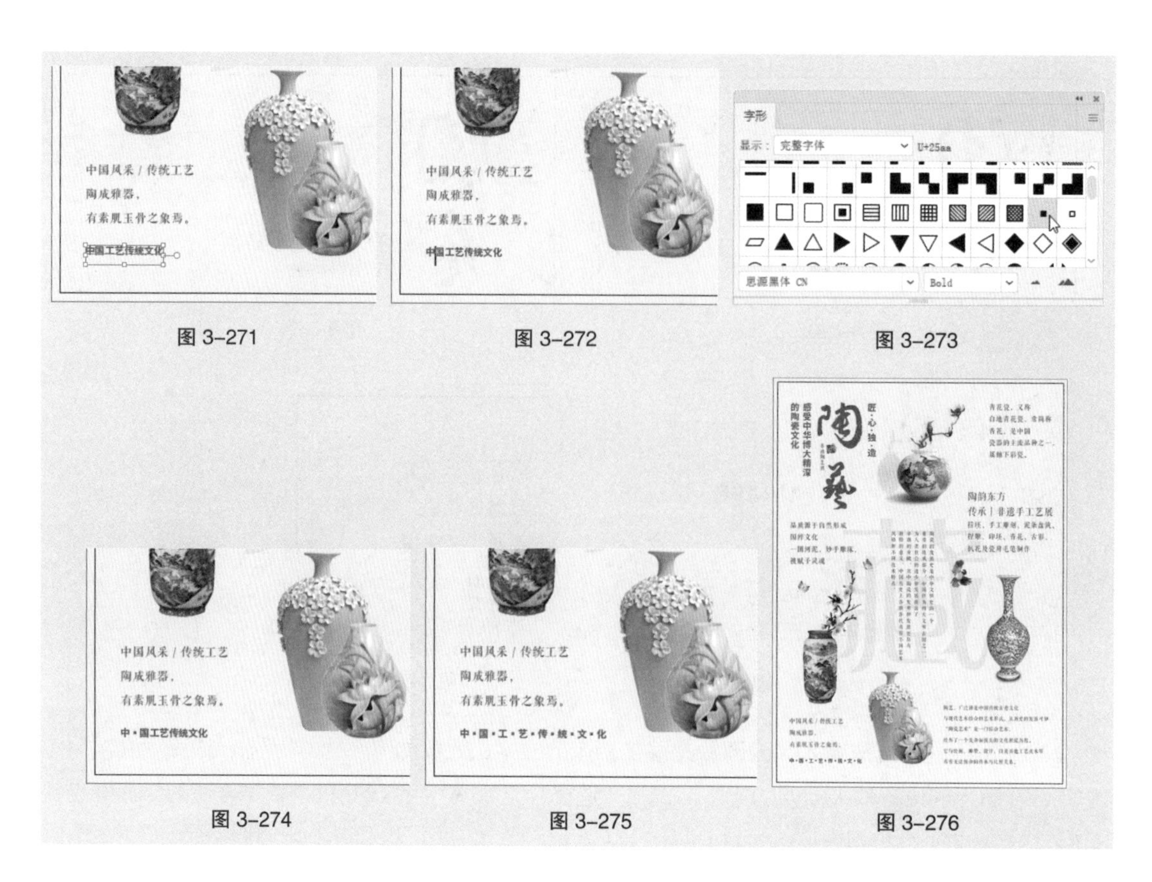

图 3-271　图 3-272　图 3-273

图 3-274　图 3-275　图 3-276

3.4.2　文字工具

利用“文字”工具 T 和“直排文字”工具 ↓T 可以直接输入沿水平方向和垂直方向排列的文本。

1．输入点文本

选择“文字”工具 T 或“直排文字”工具 ↓T，在绘图页面中单击，出现一个带有选中文本的文本区域，如图 3-277 所示，切换到需要的输入法并输入文本，如图 3-278 所示。

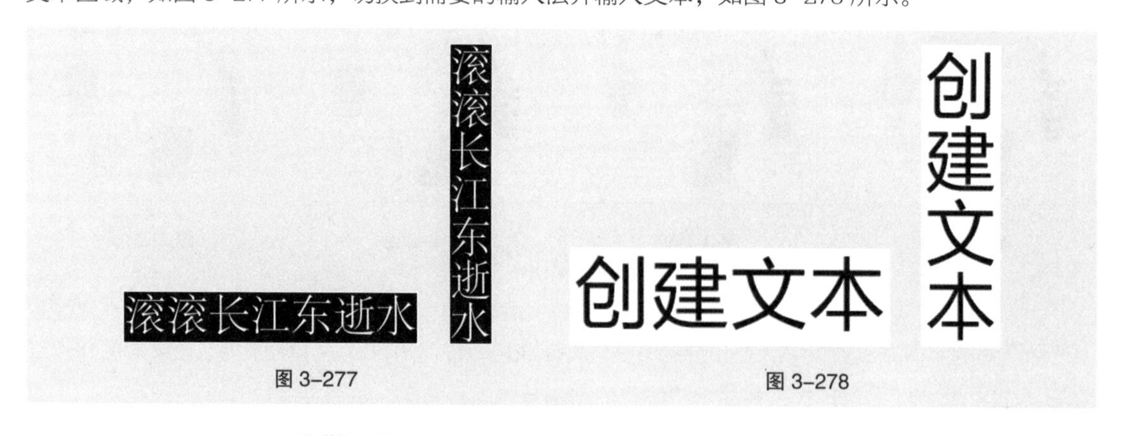

图 3-277　图 3-278

提示　当输入文本需要换行时，可按 Enter 键。

结束文本的输入后，选择“选择”工具 ▶，即可选中所输入的文本，这时文本周围将出现一个选择框，文本上的细线是文字基线，效果如图 3-279 所示。

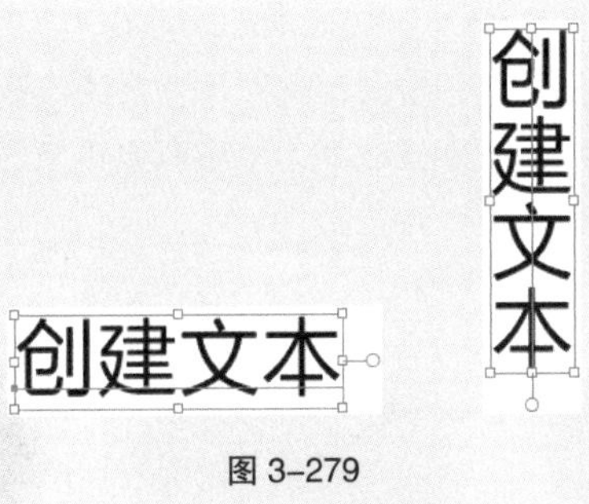

图 3-279

2. 绘制文本框

可以使用“文字”工具T或“直排文字”工具IT绘制文本框，然后在文本框中输入文本。

选择“文字”工具T或“直排文字”工具IT，在页面中需要输入文本的位置按住鼠标左键拖曳，如图 3-280 所示。当绘制的文本框大小符合需要时，释放鼠标左键，页面上会出现一个蓝色且带有选中文本的矩形文本框，如图 3-281 所示。

可以在矩形文本框中输入文本，输入的文本将在指定的区域内排列，如图 3-282 所示。当输入的文本到矩形文本框的边界时，文本将自动换行，文本框的效果如图 3-283 所示。

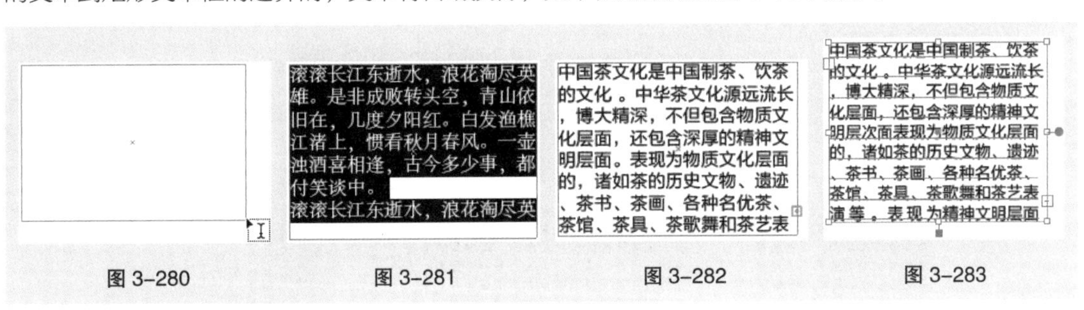

图 3-280　图 3-281　图 3-282　图 3-283

3. 转换点文本和文本块

在 Illustrator 2020 中，文本框的外侧会出现转换点，空心状态的转换点表示当前文本为点文本，实心状态的转换点表示当前文本为文本块，双击可将点文本转换为文本块，也可将文本块转换为点文本。

选择“选择”工具，将输入的文本块选取，如图 3-284 所示。将鼠标指针置于右侧的转换点上并双击，如图 3-285 所示；将文本块转换为点文本，如图 3-286 所示。再次双击，可将点文本转换为文本块，如图 3-287 所示。

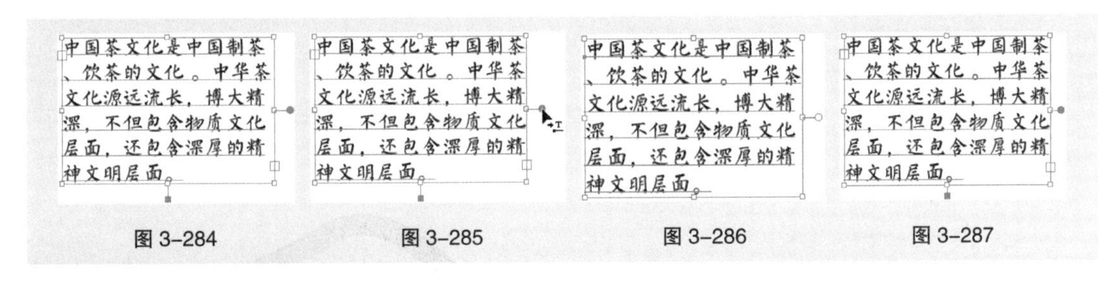

图 3-284　图 3-285　图 3-286　图 3-287

3.4.3 区域文字工具

在 Illustrator 2020 中，还可以创建任意形状的文本对象。

绘制一个填充颜色的图形对象，如图 3-288 所示。选择“文字”工具 T 或“区域文字”工具 ，将鼠标指针移动到图形对象的边框上，鼠标指针将变成 形状，如图 3-289 所示，在图形对象上单击，图形对象的填充和描边属性会被取消，图形对象转换为文本路径，并且图形对象内会出现一个带有选中文本的区域，如图 3-290 所示。

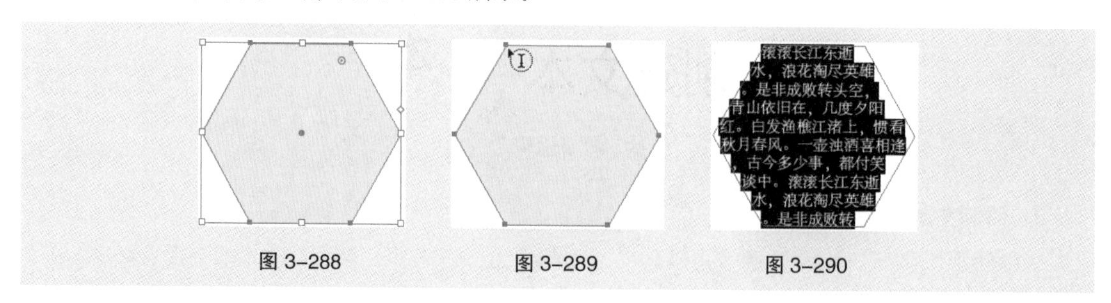

图 3-288　　图 3-289　　图 3-290

在选中的文本区域中输入文本，输入的文本会按水平方向在该对象内排列。如果输入的文本超出了文本区域的范围，将出现文本溢出的现象，这时文本路径的右下角会出现一个红色标志，效果如图 3-291 所示。

使用“选择”工具 选中文本路径，拖曳文本路径周围的控制手柄来调整文本路径的大小，可以显示所有的文本，效果如图 3-292 所示。

“直排文字”工具 和“直排区域文字”工具 的使用方法与“文字”工具 T 是一样的，但使用“直排文字”工具 或“直排区域文字”工具 在文本区域中创建的是竖排文字，如图 3-293 所示。

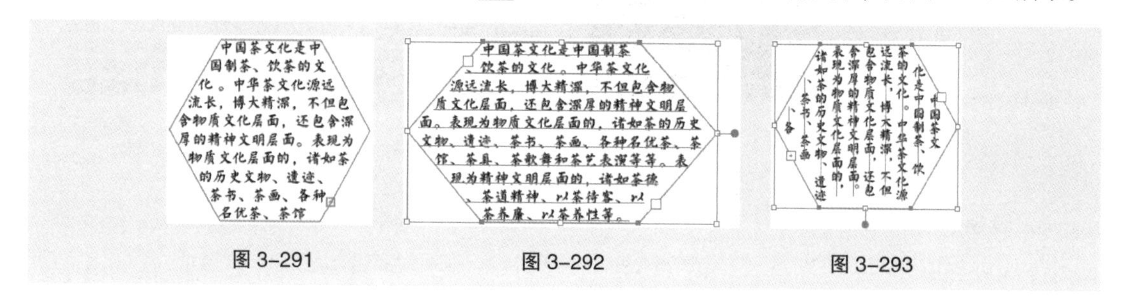
图 3-291　　图 3-292　　图 3-293

3.4.4　路径文字工具

使用“路径文字”工具 或“直排路径文字”工具 创建文本时，可以让文本沿着一个开放或闭合路径的边缘进行水平或垂直方向的排列，路径可以是规则的或不规则的。如果使用这两种工具，原来的路径将不再具有填充和描边属性。

1. 创建路径文本

（1）沿路径创建水平方向文本。

使用“钢笔”工具 在页面上绘制一个任意形状的开放路径，如图 3-294 所示。使用“路径文字”工具 在绘制好的路径上单击，路径将转换为文本路径，出现带有选中文本的区域，如图 3-295 所示。

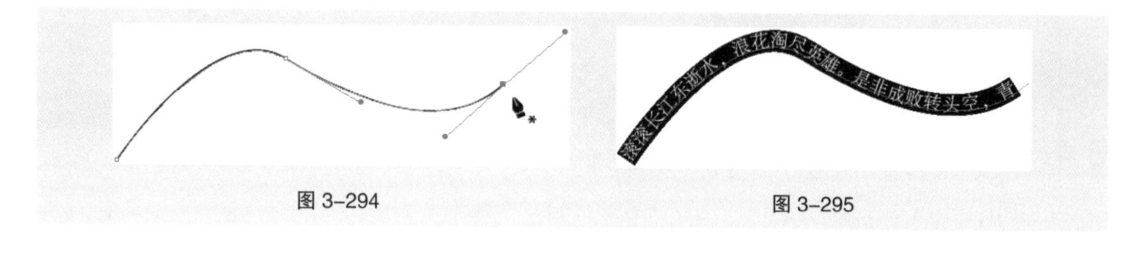

图 3-294　　图 3-295

在选中文本区域中输入所需要的文本，文本将会沿着路径排列，文字基线与路径是平行的，效果如图 3-296 所示。

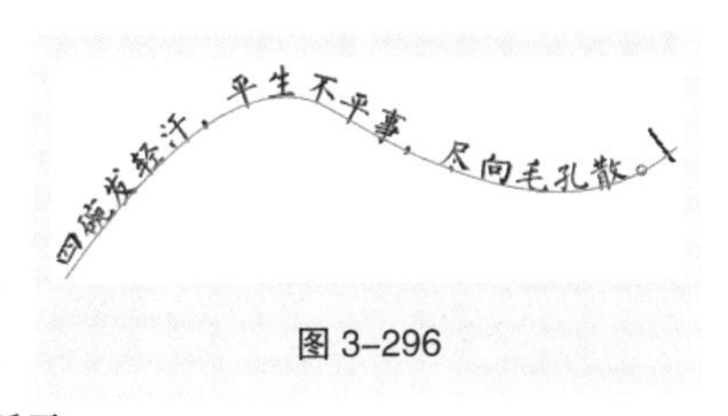

图 3-296

（2）沿路径创建垂直方向文本。

使用“钢笔”工具在页面上绘制一个任意形状的开放路径，使用“直排路径文字”工具在绘制好的路径上单击，路径将转换为文本路径，出现带有选中文本的区域，如图 3-297 所示。

在文本区域中输入所需要的文本，文本将会沿着路径排列，文字基线与路径是垂直的，效果如图 3-298 所示。

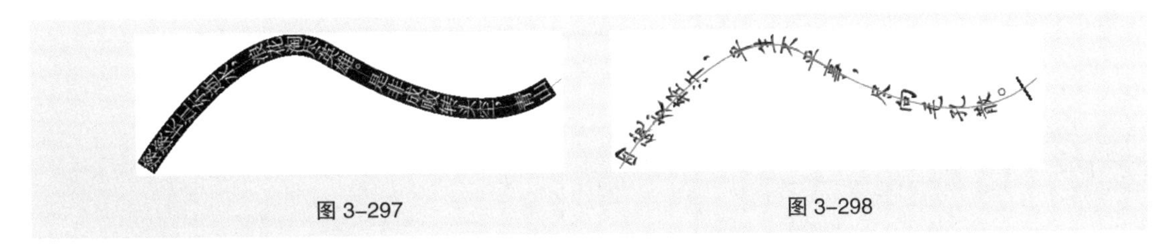
图 3-297　　图 3-298

2. 编辑路径文本

如果对创建的路径文本不满意，可以对其进行编辑。

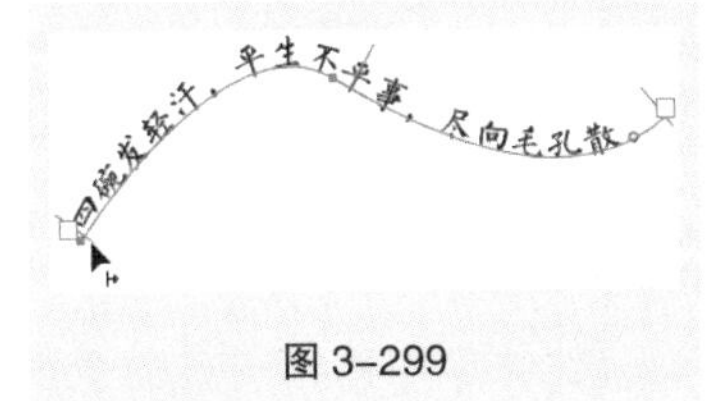

图 3-299

选择“选择”工具或“直接选择”工具，选取要编辑的路径文本。这时在文本的开始处会出现一个“I”形的符号，如图 3-299 所示。

拖曳“I”形符号，可沿路径移动文本，效果如图 3-300 所示。将“I”形符号向路径的相反方向拖曳，文本会翻转方向，效果如图 3-301 所示。

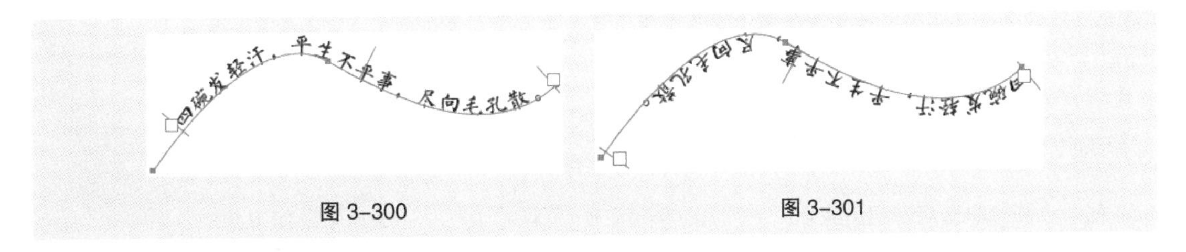

图 3-300　　图 3-301

3.5 设置字符格式

在 Illustrator 2020 中，可以设置字符的格式。这些格式包括文本的字体、字号、颜色和字符间距等。

选择“窗口 > 文字 > 字符”命令（组合键为 Ctrl+T），弹出“字符”面板，如图 3-302 所示。

图 3-302

“设置字体系列”选项：单击选项文本框右侧的按钮，可以从弹出的下拉列表中选择一种需要的字体。

“设置字体大小”选项：用于控制文本的大小，单击数值框左侧的上下微调按钮，可以逐级调整字号。

“设置行距”选项：用于控制文本的行距，定义文本中行与行之间的距离。

“垂直缩放”选项：可以使文本尺寸横向保持不变，纵向被缩放。缩放比例小于 100％表示文本被压扁，大于 100％表示文本被拉长。

“水平缩放”选项：可以使文本尺寸纵向保持不变，横向被缩放。缩放比例小于 100％表示文本被压扁，大于 100％表示文本被拉伸。

“设置两个字符间的字距微调”选项：用于细微地调整两个字符之间的水平间距。输入正值时，字距变大；输入负值时，字距变小。

“设置所选字符的字距调整”选项：用于调整字符与字符之间的距离。

“设置基线偏移”选项：用于调节文本的上下位置。可以通过此选项为文本制作上标或下标。正值表示文本上移，负值表示文本下移。

“字符旋转”选项：用于设置字符的旋转角度。

3.6 设置段落格式

“段落”面板提供了文本对齐、段落缩进、段落间距以及制表符等设置，可用于处理较长的文本。选择“窗口 > 文字 > 段落”命令（组合键为 Alt+Ctrl+T），弹出“段落”面板，如图 3-303 所示。

图 3-303

3.6.1 文本对齐

文本对齐是指所有的文本在段落中按一定的标准有序地排列。Illustrator 2020 提供了 7 种文本对齐方式，分别为左对齐、居中对齐、右对齐、两端对齐末行左对齐、两端对齐末行居中对齐、两端对齐末行右对齐和全部两端对齐。

选中要对齐的段落文本，单击“段落”面板中的各个对齐方式按钮，应用不同对齐方式的段落文本效果如图 3-304 所示。

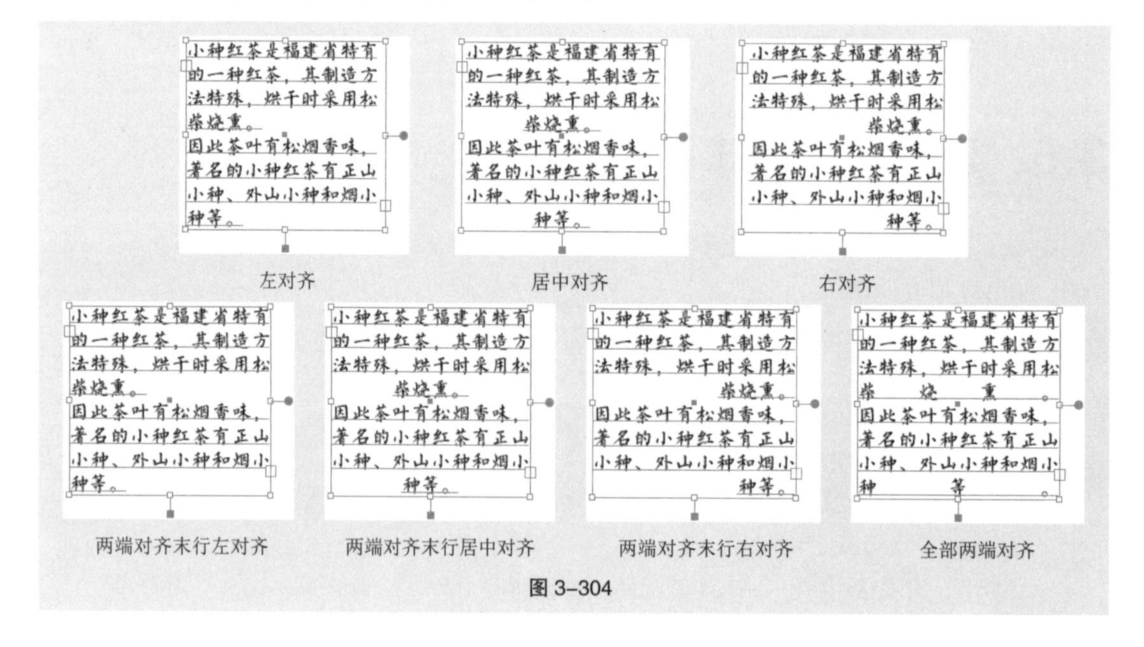

图 3-304

3.6.2 段落缩进

段落缩进是指在一个段落文本开始时需要空出的字符数。选定的段落文本可以是文本块、区域文本或路径文本。段落缩进有 5 种方式，分别为左缩进、右缩进、首行左缩进、段前间距和段后间距。

选中段落文本，单击“左缩进”按钮或“右缩进”按钮，在缩进数值框内输入合适的数值。单击一次“左缩进”按钮或“右缩进”按钮右边的上下微调按钮，可以调整 1pt。在缩进数值框内输入正值时，文本框和文本之间的距离会拉开；输入负值时，文本框和文本之间的距离会缩小。

单击“首行左缩进”按钮，在缩进数值框内输入数值可以设置首行缩进后空出的字符数。单击“段前间距”按钮和“段后间距”按钮，可以设置段落间的距离。

选中要缩进的段落文本，单击“段落”面板中的各个缩进按钮，应用不同缩进方式的段落文本效果如图 3-305 所示。

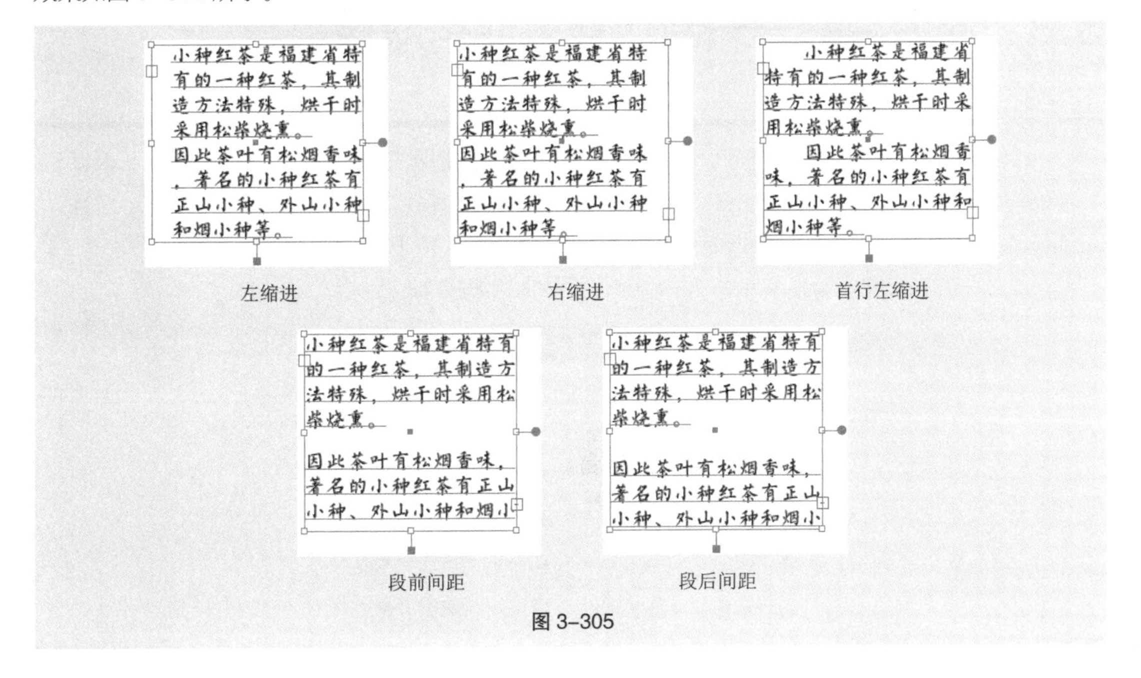

图 3-305

3.7 课堂练习——制作金融理财 App 弹窗

【练习知识要点】使用“矩形”工具、“椭圆”工具、“变换”命令、“路径查找器”命令和“渐变”工具制作红包，使用“圆角矩形”工具、“渐变”工具和“文本”工具绘制领取按钮。效果如图 3-306 所示。

【效果所在位置】云盘 \Ch03\ 效果 \ 制作金融理财 App 弹窗 .ai。

图 3-306

3.8 课后习题——制作夏装促销海报

【习题知识要点】使用“置入”命令置入素材图片，使用“直线段”工具、“描边”面板绘制装饰线条，使用“钢笔”工具、“路径文字”工具制作路径文本，使用“文字”工具、“直排文字”工具和“字符”面板添加海报内容。效果如图 3-307 所示。

【效果所在位置】云盘 \Ch03\ 效果 \ 制作夏装促销海报 .ai。

图 3-307

04

第4章 图层与蒙版

本章介绍

本章将重点讲解 Illustrator 2020 中图层和蒙版的使用方法。掌握图层和蒙版的功能，读者可以在图形设计中提高效率，快速、准确地设计和制作出精美的平面作品。

学习目标

- 了解图层的含义与“图层”面板。
- 掌握图层的基本操作方法。
- 掌握剪切蒙版的创建和编辑方法。
- 掌握“透明度”面板的使用方法。

慕课视频

第4章介绍

技能目标

- 掌握“礼券”的制作方法。
- 掌握“脐橙线下海报”的制作方法。
- 掌握“自驾游海报”的制作方法。

4.1 图层的使用

图 4-1

在平面设计中，特别是在包含复杂图形的设计中，需要在页面上创建多个对象，由于每个对象的大小不同，小的对象可能隐藏在大的对象下面。这样，选择和查看对象就很不方便。使用图层来管理对象，可以很好地解决这个问题。图层就像一个文件夹，它可包含多个对象。用户可以对图层进行多种编辑。

选择“窗口 > 图层”命令（快捷键为 F7），弹出“图层”面板，如图 4-1 所示。

4.1.1 课堂案例——制作礼券

【案例学习目标】学习使用“文字”工具和“图层”面板制作礼券。

【案例知识要点】使用“置入”命令置入底图，使用“椭圆”工具、“缩放”命令、“渐变”工具和“圆角矩形”工具制作装饰图形，使用“矩形”工具、建立剪切蒙版组合键制作图片的剪切蒙版效果，使用“文字”工具、“字符”面板和“段落”面板添加内页文字。礼券的效果如图 4-2 所示。

【效果所在位置】云盘 \Ch04\ 效果 \ 制作礼券 .ai。

图 4-2

1. 制作礼券正面

（1）按 Ctrl+N 组合键，弹出“新建文档”对话框，设置文档的宽度为 180mm，高度为 90mm，取向为横向，出血为 3mm，颜色模式为 CMYK 颜色，光栅效果为高（300ppi），单击“创建”按钮，新建一个文档。

（2）选择“窗口 > 图层”命令，弹出“图层”面板。双击“图层 1”，弹出“图层选项”对话框，选项的设置如图 4-3 所示，单击“确定”按钮，“图层”面板如图 4-4 所示。

（3）选择“文件 > 置入”命令，弹出“置入”对话框，选择云盘中的“Ch04 > 素材 > 制作礼券 > 01”文件，单击“置入”按钮；在页面中单击置入图片，单击属性栏中的“嵌入”按钮，嵌入图片。选择“选择”工具▶，拖曳图片到适当的位置，效果如图 4-5 所示。按 Ctrl+2 组合键锁定所选对象。

（4）选择“椭圆”工具◯，按住 Shift 键的同时，在适当的位置绘制一个圆形，设置描边色为土黄色（18、52、90、0），填充描边，效果如图 4-6 所示。

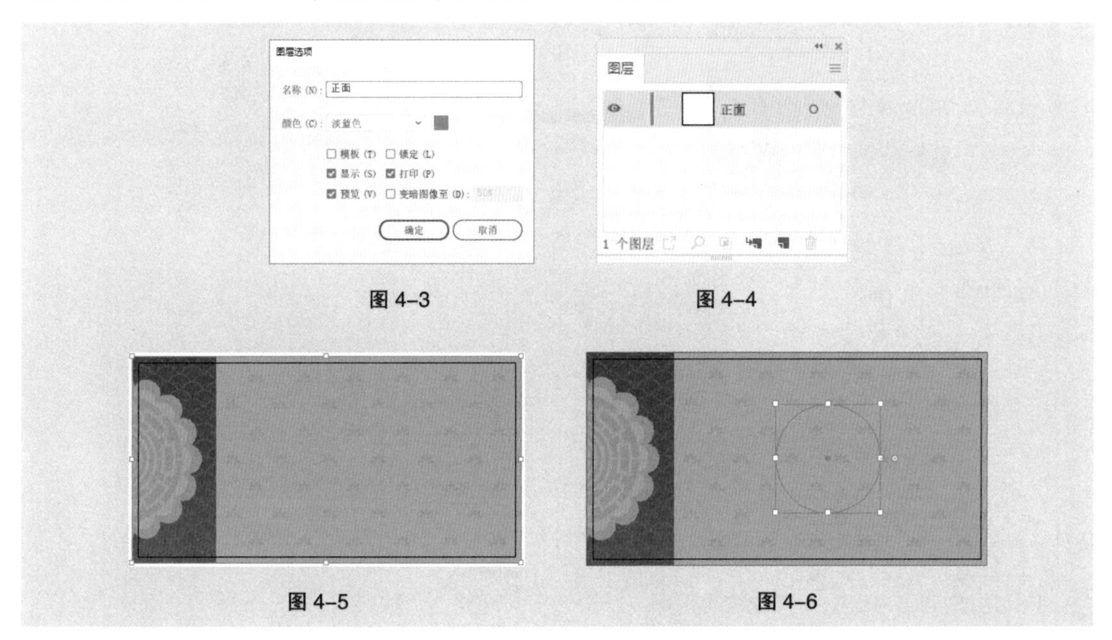

图 4-3　　图 4-4

图 4-5　　图 4-6

（5）选择“对象 > 变换 > 缩放”命令，在弹出的“比例缩放”对话框中进行设置，如图 4-7 所示；单击“复制”按钮，缩小并复制圆形，效果如图 4-8 所示。

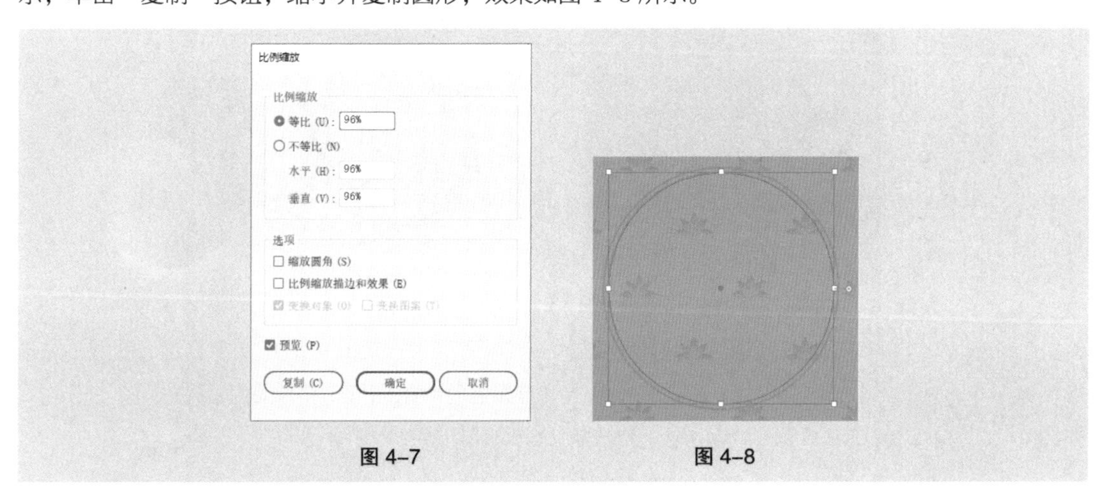

图 4-7　　图 4-8

（6）按 Ctrl+D 组合键，再复制出一个圆形，效果如图 4-9 所示。双击“渐变”工具■，弹出“渐变”面板，单击“线性渐变”按钮■，在色带上设置两个渐变滑块，分别将渐变滑块的位置设为 0、100，并分别设置 CMYK 值为（90、76、31、0）、（95、93、44、11），其他选项的设置如图 4-10 所示，图形被填充渐变色，并设置描边色为无，效果如图 4-11 所示。

（7）选择“圆角矩形”工具▢，在页面中单击，弹出“圆角矩形”对话框，选项的设置如图 4-12 所示，单击“确定”按钮，得到一个圆角矩形。选择“选择”工具▶，拖曳圆角矩形到适当的位置，效果如图 4-13 所示。设置填充色为深蓝色（90、76、31、0），填充图形，并设置描边色为无，效果如图 4-14 所示。

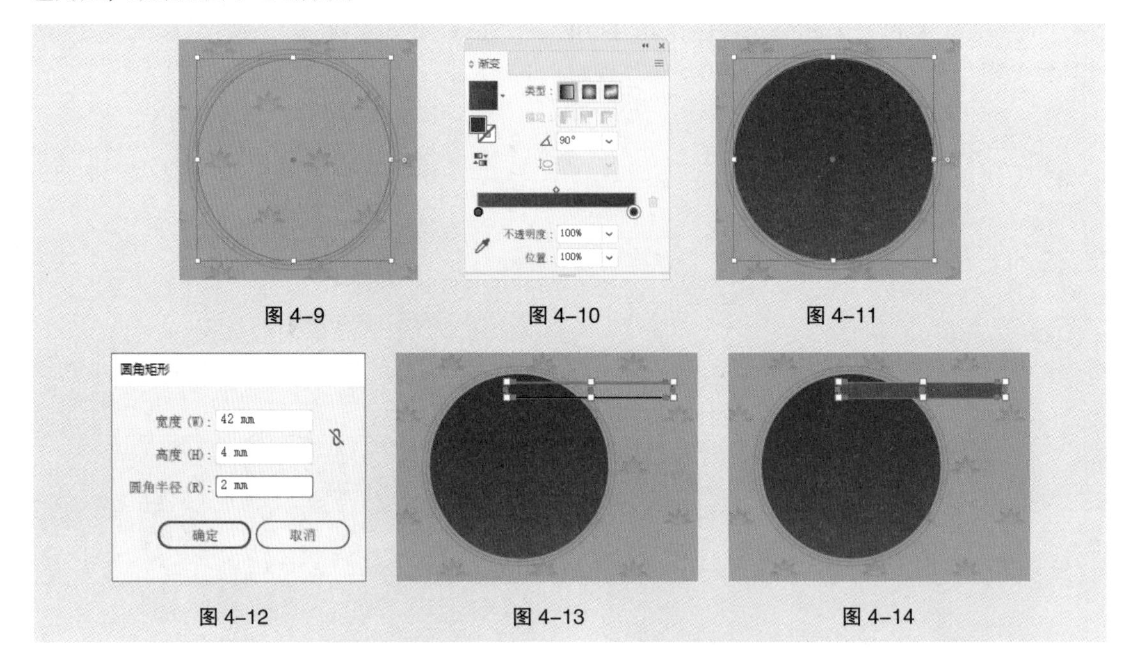

图 4-9　图 4-10　图 4-11

图 4-12　图 4-13　图 4-14

（8）用相同的方法绘制其他圆角矩形，并填充相同的颜色，效果如图 4-15 所示。选择“选择”工具▶，按住 Shift 键的同时，依次单击所有深蓝色圆角矩形将其同时选取，按 Ctrl+G 组合键，将其编组，如图 4-16 所示。

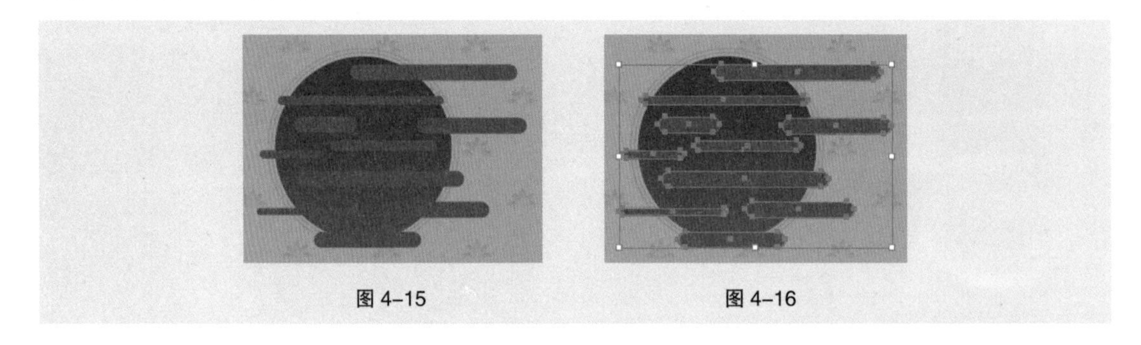

图 4-15　图 4-16

（9）选取下方的渐变圆形，按 Ctrl+C 组合键，复制圆形，按 Shift+Ctrl+V 组合键，就地粘贴圆形，如图 4-17 所示。按住 Shift 键的同时，单击下方深蓝色编组图形，将图形和编组图形同时选取，如图 4-18 所示，按 Ctrl+7 组合键，建立剪切蒙版，效果如图 4-19 所示。

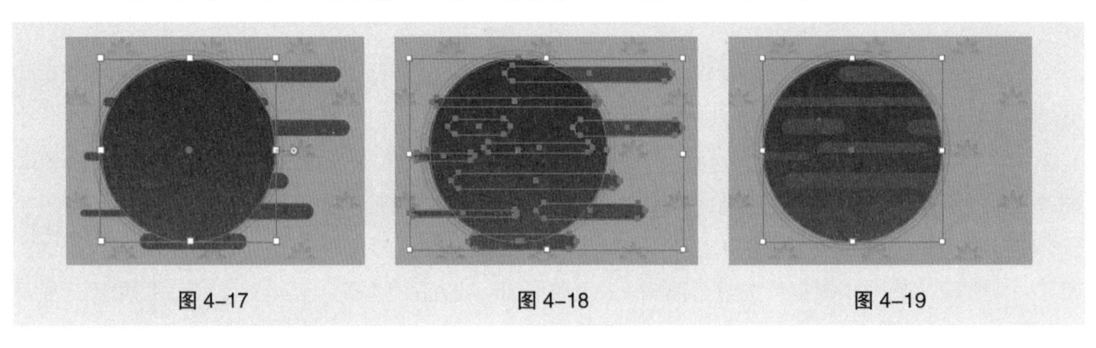

图 4-17　图 4-18　图 4-19

（10）按 Ctrl+O 组合键，打开云盘中的“Ch04 > 素材 > 制作礼券 > 02”文件。选择“选择”工具▶，选取需要的图形，按 Ctrl+C 组合键，复制图形。选择正在编辑的页面，按 Ctrl+V 组合键，将复制的图形粘贴到页面中，并拖曳复制得到的图形到适当的位置，效果如图 4-20 所示。

（11）选择“直排文字”工具↓T，在适当的位置输入需要的文字。选择“选择”工具▶，在属性栏中选择合适的字体并设置文字大小，如图 4-21 所示。设置填充色橘黄色（11、40、89、0），填充文字，效果如图 4-22 所示。

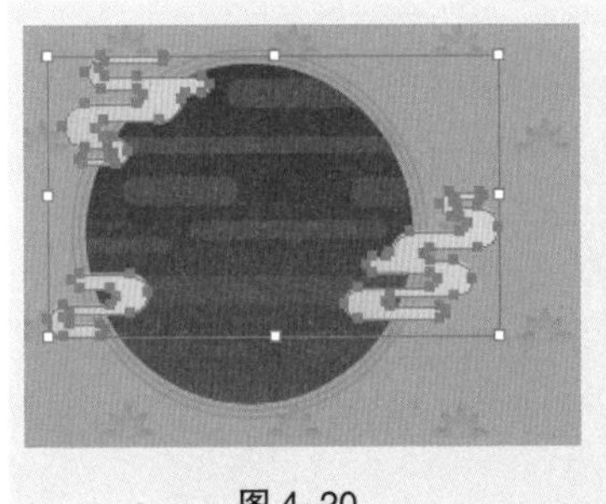

图 4-20

图 4-21

图 4-22

（12）选择“文件 > 置入”命令，弹出“置入”对话框，选择云盘中的“Ch04 > 素材 > 制作礼券 > 03”文件，单击“置入”按钮；在页面中单击置入图片，单击属性栏中的“嵌入”按钮，嵌入图片。选择“选择”工具▶，拖曳图片到适当的位置，效果如图 4-23 所示。

（13）选择“直排文字”工具↓T，在适当的位置输入需要的文字。选择“选择”工具▶，在属性栏中选择合适的字体并设置文字大小，如图 4-24 所示。设置填充色为红色（29、95、73、0），填充文字，效果如图 4-25 所示。

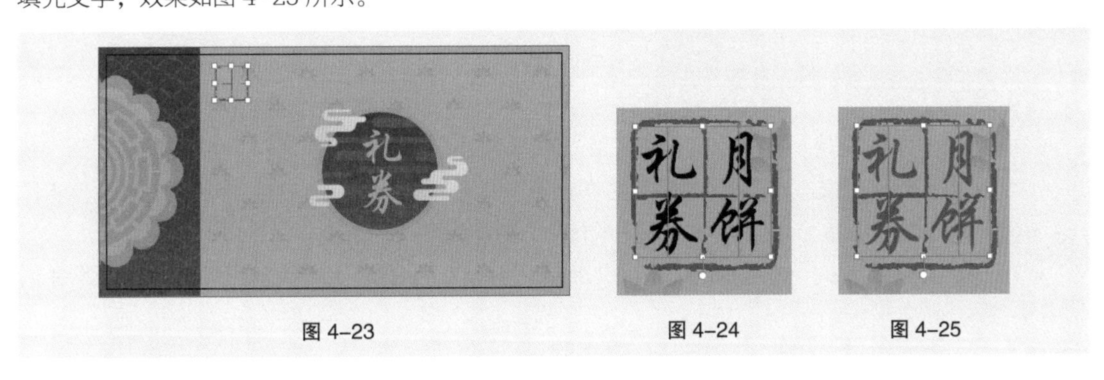

图 4-23　　图 4-24　　图 4-25

（14）按 Ctrl+T 组合键，弹出“字符”面板，将“设置所选字符的字距调整”选项设为 100，其他选项的设置如图 4-26 所示；按 Enter 键确定操作，效果如图 4-27 所示。

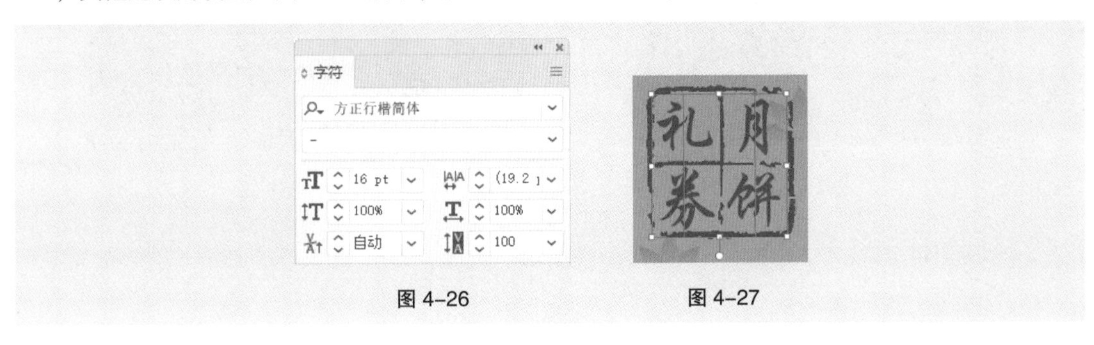

图 4-26　　图 4-27

（15）选择“文字”工具 T，在适当的位置分别输入需要的文字。选择“选择”工具 ▶，在属性栏中分别选择合适的字体并设置文字大小，效果如图 4-28 所示。

（16）选择“选择”工具 ▶，用框选的方法将需要的图形和文字同时选取，如图 4-29 所示，按 Ctrl+C 组合键，复制图形和文字。（此图形和文字作为备用。）

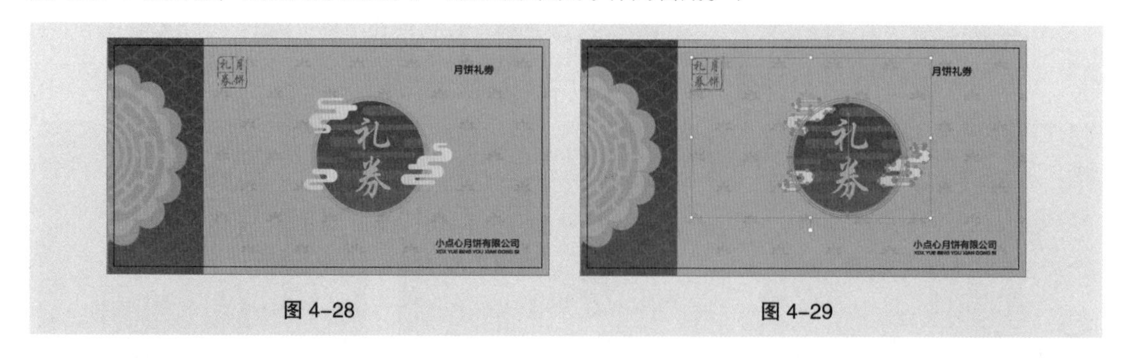

图 4-28　　图 4-29

2. 制作礼券背面

（1）单击“图层”面板下方的“创建新图层”按钮，创建新的图层并将其重命名为“背面”，如图 4-30 所示。单击“正面”图层左侧的眼睛图标，将“正面”图层隐藏，如图 4-31 所示。

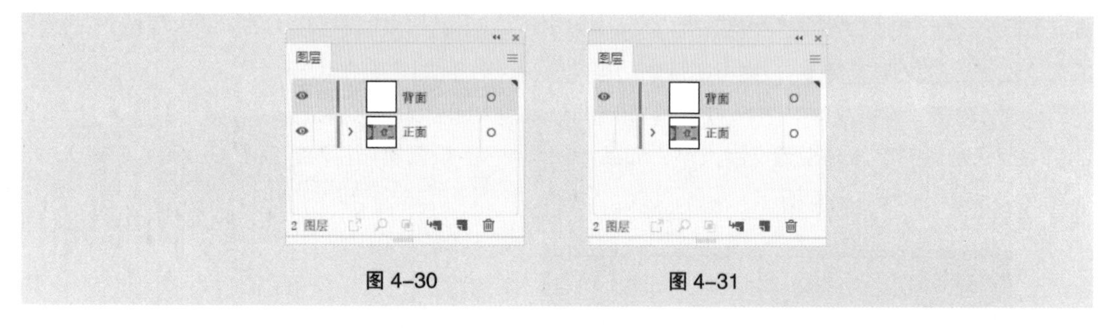

图 4-30　　图 4-31

（2）选择“文件 > 置入”命令，弹出“置入”对话框，选择云盘中的“Ch04 > 素材 > 制作礼券 > 04”文件，单击“置入”按钮；在页面中单击置入图片，单击属性栏中的“嵌入”按钮，嵌入图片。选择“选择”工具 ▶，拖曳图片到适当的位置，效果如图 4-32 所示。

（3）按 Ctrl+2 组合键，锁定所选对象。按 Shift+Ctrl+V 组合键，就地粘贴图形和文字（备用），如图 4-33 所示。

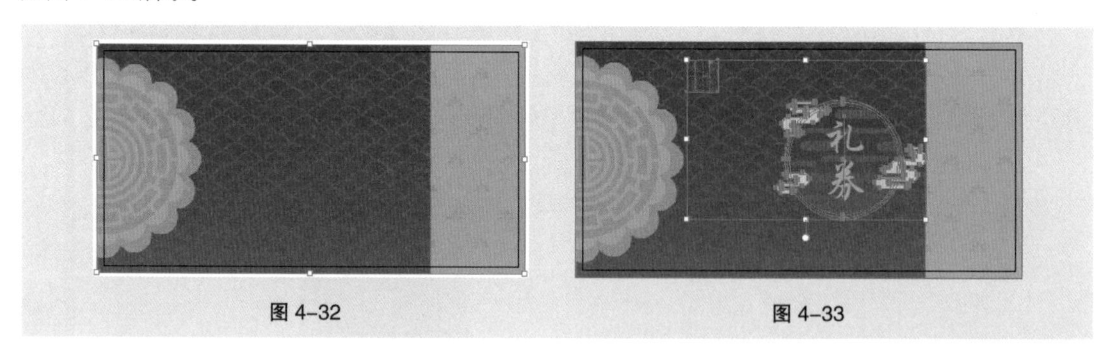

图 4-32　　图 4-33

（4）调整图形和文字的位置，效果如图 4-34 所示。选择“文字”工具 T，选取并重新输入文字，效果如图 4-35 所示。

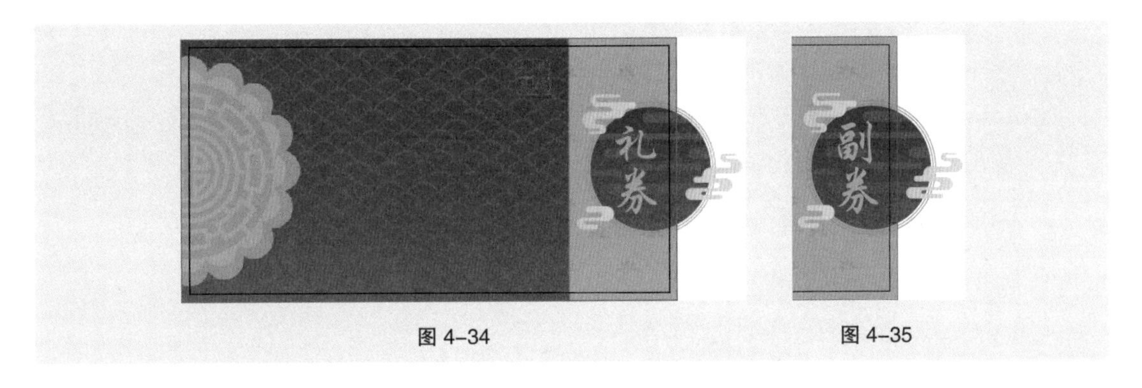

图 4-34　　图 4-35

（5）选择“选择”工具▶，用框选的方法将需要的图形和文字同时选取，按 Ctrl+G 组合键，将其编组，如图 4-36 所示。选择“矩形”工具□，在适当的位置绘制一个矩形，如图 4-37 所示。

（6）选择“选择”工具▶，按住 Shift 键的同时，单击下方编组图形，将矩形和编组图形同时选取，如图 4-38 所示，按 Ctrl+7 组合键，建立剪切蒙版，效果如图 4-39 所示。

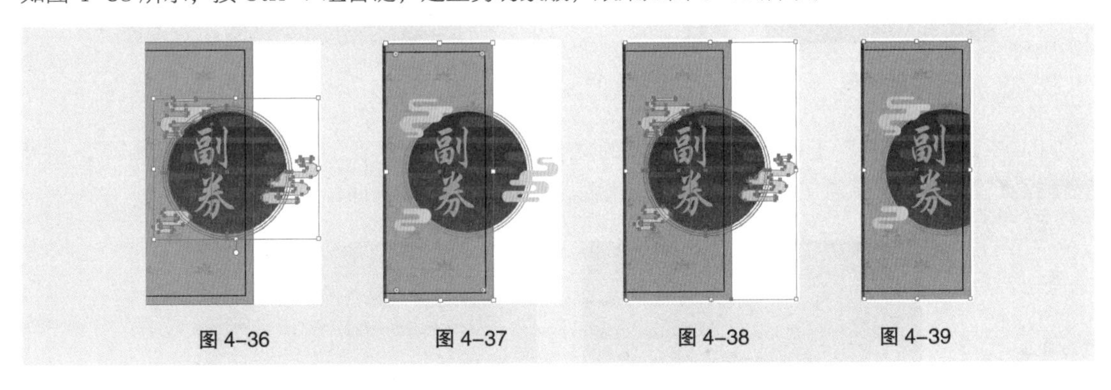

图 4-36　　图 4-37　　图 4-38　　图 4-39

（7）选择“文字”工具T，在适当的位置输入需要的文字。选择“选择”工具▶，在属性栏中选择合适的字体并设置文字大小，效果如图 4-40 所示。设置填充色橘黄色（11、40、89、0），填充文字，效果如图 4-41 所示。

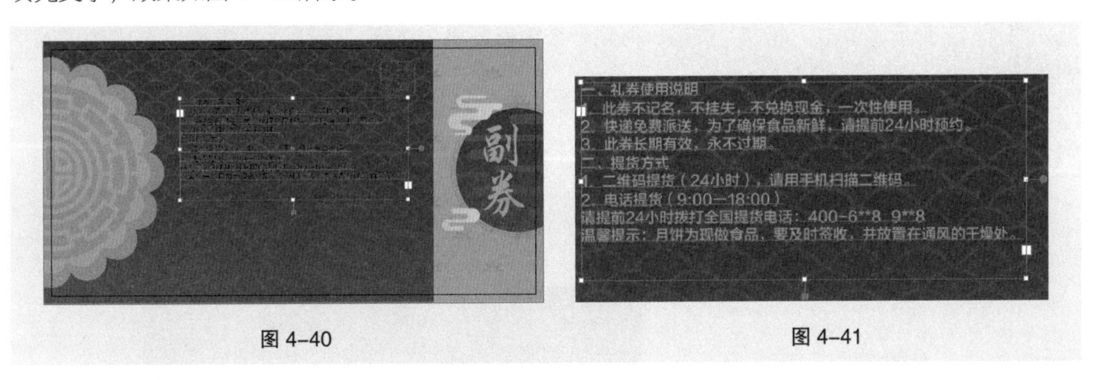

图 4-40　　图 4-41

（8）在“字符”面板中，将“设置行距”选项设为 12 pt，其他选项的设置如图 4-42 所示；按 Enter 键确定操作，效果如图 4-43 所示。

（9）选择“文字”工具T，选取需要的文字，在属性栏中选择合适的字体，效果如图 4-44 所示。选择“窗口 > 文字 > 段落”命令，弹出“段落”面板，将“左缩进”选项设为 -6 pt，其他选项的设置如图 4-45 所示；按 Enter 键确定操作，效果如图 4-46 所示。

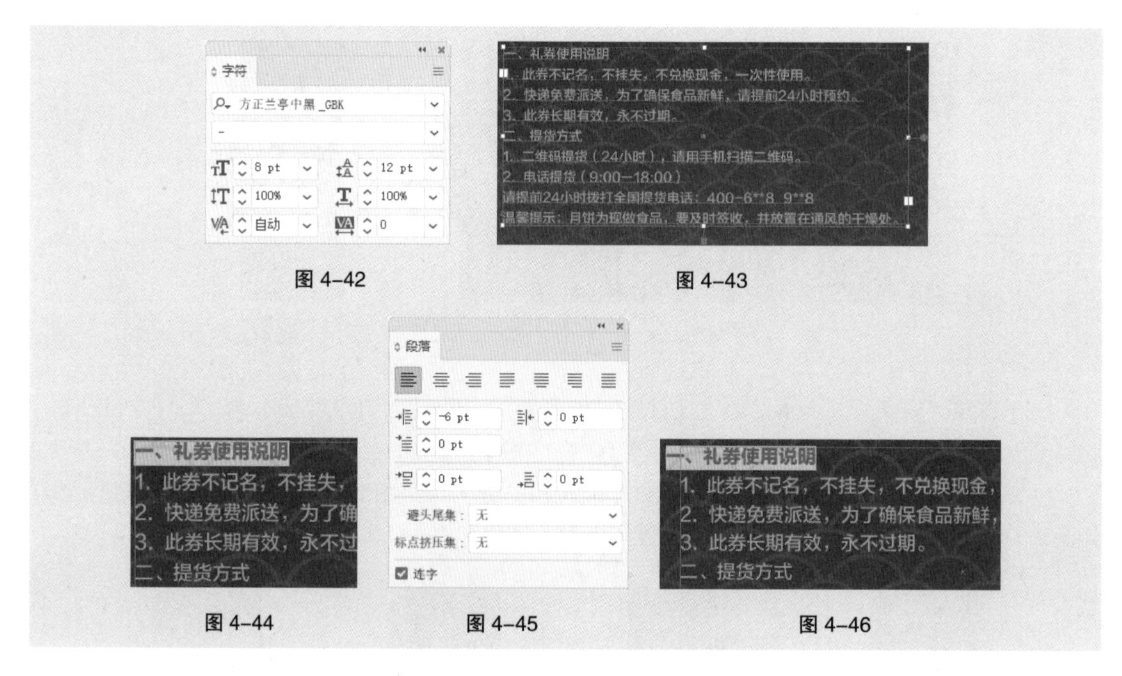

图 4-42　图 4-43

图 4-44　图 4-45　图 4-46

（10）选择“文字”工具T，选取需要的文字，如图 4-47 所示。选择“吸管”工具，将吸管图标放置在上方标题文字上，单击吸取属性，效果如图 4-48 所示。

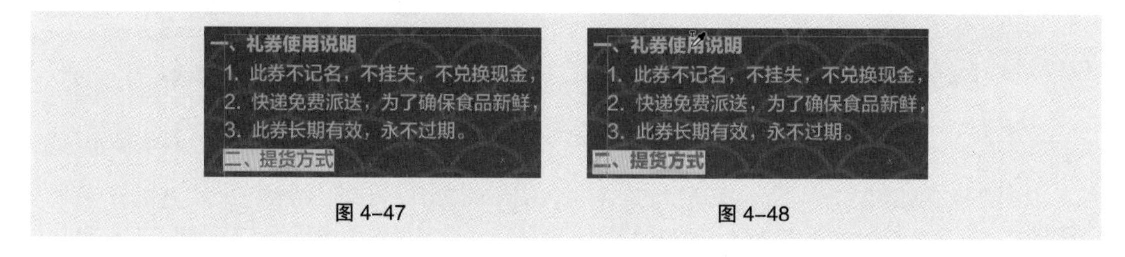

图 4-47　图 4-48

（11）选择“矩形网格”工具，在页面中单击，弹出“矩形网格工具选项”对话框，选项的设置如图 4-49 所示，单击“确定”按钮，得到一个矩形网格。选择“选择”工具，拖曳矩形网格到适当的位置，效果如图 4-50 所示。

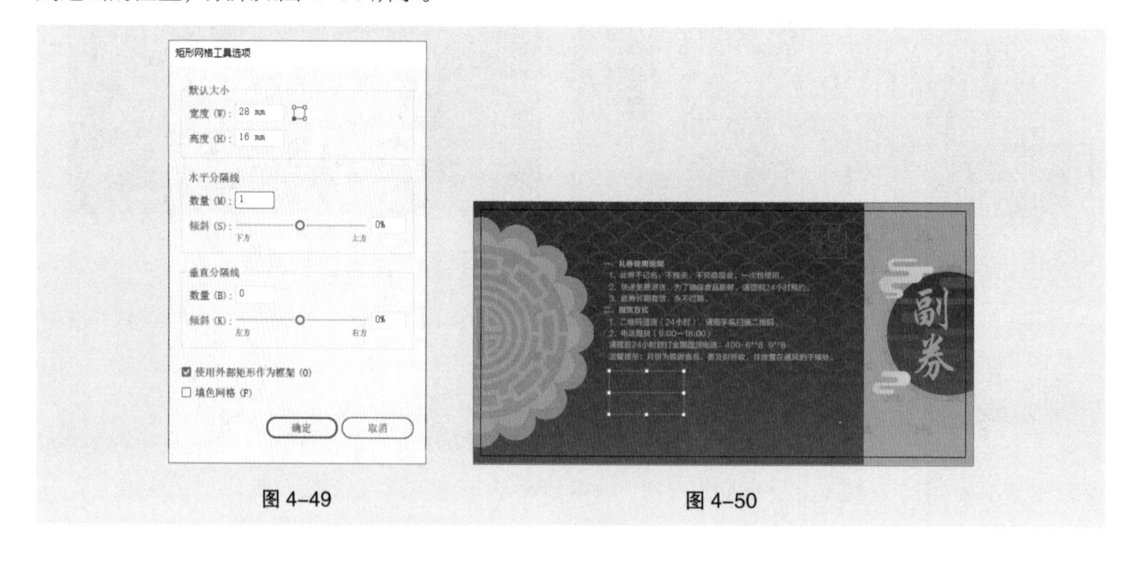

图 4-49　图 4-50

（12）保持网格处于选取状态。设置描边色为橘黄色（11、40、89、0），填充描边，效果如图 4-51 所示。

（13）选择“文字”工具 T，在适当的位置输入需要的文字。选择“选择”工具 ▶，在属性栏中选择合适的字体并设置文字大小，效果如图 4-52 所示。设置填充色为橘黄色（11、40、89、0），填充文字，效果如图 4-53 所示。

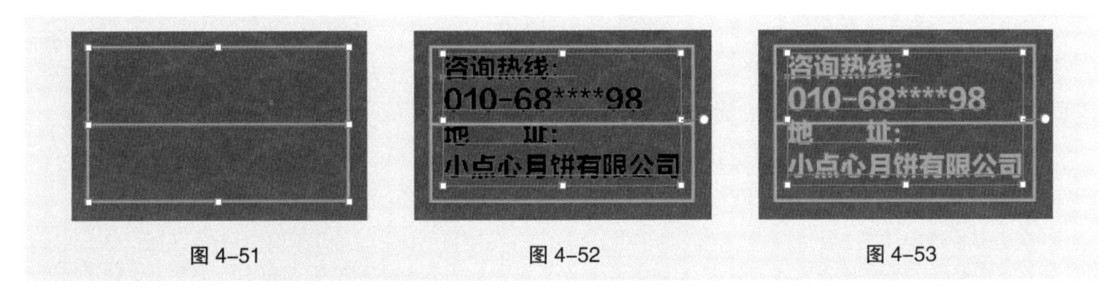

图 4-51　　图 4-52　　图 4-53

（14）在“字符”面板中，将“设置行距”选项设为 11 pt，其他选项的设置如图 4-54 所示；按 Enter 键确定操作，效果如图 4-55 所示。

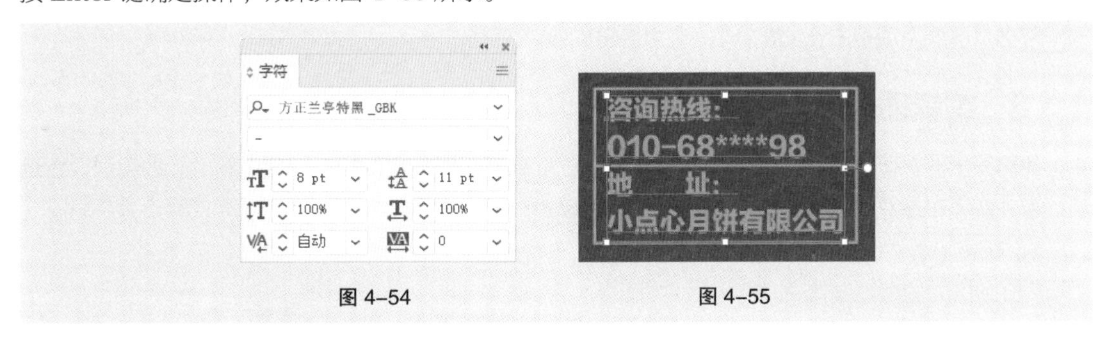

图 4-54　　图 4-55

（15）在页面空白处单击，取消文字的选取状态，礼券正面、背面制作完成，效果如图 4-56 所示。

图 4-56

4.1.2 “图层”面板

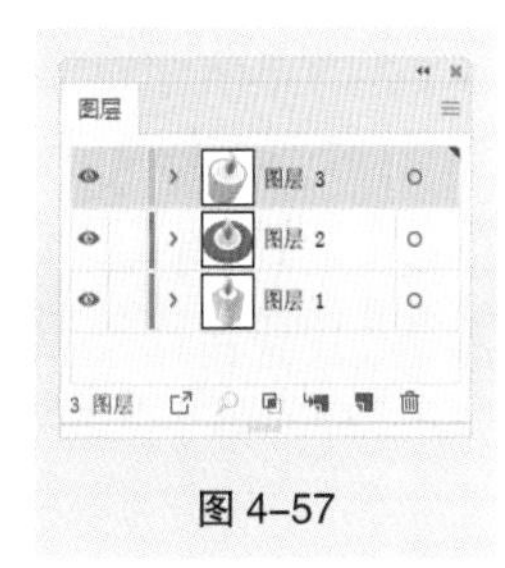

图 4-57

打开一个图像，选择“窗口 > 图层”命令，弹出“图层”面板，如图 4-57 所示。

“图层”面板的右上方有两个系统按钮 ‹‹ ✕，分别是“折叠为图标”按钮和“关闭”按钮。单击“折叠为图标”按钮，可以将“图层”面板折叠为图标；单击“关闭”按钮，可以关闭“图层”面板。

默认状态下，在新建图层时，如果未指定名称，系统将以递增的数字为图层指定名称，如图层 1、图层 2 等。用户可以根据需要为图层重新命名。

单击图层名称左侧的箭头按钮，可以展开或折叠图层。当按钮为时，表示图层中的内容未在“图层”面板中展示出来，单击此按钮可以展示当前图层中所有的内容；当按钮为时，表示展示了图层中的内容，单击此按钮，可以将图层中的内容折叠起来，这样可以节省“图层”面板的空间。

眼睛图标用于显示或隐藏图层；图层右上方有黑色三角形图标时，表示它为当前正在被编辑的图层；显示锁定图标表示当前图层和透明区域被锁定，不能被编辑。

“图层”面板的最下面有 6 个按钮，如图 4–58 所示，它们从左至右依次是：“收集以导出”按钮、“定位对象”按钮、“建立 / 释放剪切蒙版”按钮、“创建新子图层”按钮、“创建新图层”按钮和“删除所选图层”按钮。

图 4–58

“收集以导出”按钮：单击此按钮，打开“资源导出”面板，可以导出当前图层的内容。

“定位对象”按钮：单击此按钮，可以选中所选对象所在的图层。

“建立 / 释放剪切蒙版”按钮：单击此按钮，将在当前图层上建立或释放一个蒙版。

“创建新子图层”按钮：单击此按钮，可以为当前图层新建一个子图层。

“创建新图层”按钮：单击此按钮，可以在当前图层上面新建一个图层。

“删除所选图层”按钮：可以将不想要的图层拖到此处删除。

单击“图层”面板右上方的图标，将弹出菜单。

4.1.3　编辑图层

使用图层时，可以通过“图层”面板对图层进行编辑，如新建图层、新建子图层、为图层设置选项、合并图层和建立图层蒙版等，这些操作都可以通过选择“图层”面板的菜单中的命令来完成。

1．新建图层

（1）使用“图层”面板的菜单。

单击“图层”面板右上方的图标，在弹出的菜单中选择“新建图层”命令，弹出“图层选项”对话框，如图 4–59 所示。“名称”选项用于设置当前图层的名称；“颜色”选项用于设置新图层的颜色，设置完成后，单击“确定”按钮，可以得到一个新图层。

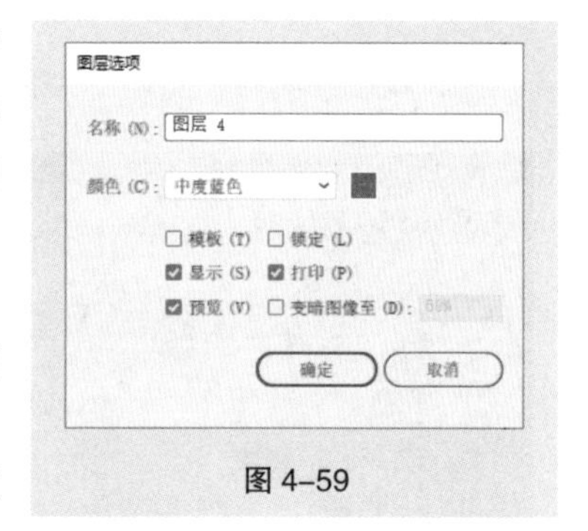

图 4–59

（2）使用“图层”面板的按钮。

单击“图层”面板下方的“创建新图层”按钮，可以创建一个新图层。

按住 Alt 键，单击“图层”面板下方的“创建新图层”按钮，将弹出“图层选项”对话框。

按住 Ctrl 键，单击“图层”面板下方的“创建新图层”按钮，不管当前选择的是哪一个图层，都会在图层列表的最上层新建一个图层。

如果要在当前选中的图层中新建一个子图层，可以单击“建立新子图层”按钮，或从“图层”面板的菜单中选择“新建子图层”命令，或按住 Alt 键，单击“建立新子图层”按钮，在弹出的“图层选项”对话框中进行设置。新建子图层的设置方法和新建图层是一样的。

2．选择图层

单击图层名称，图层会显示为深灰色，并且图层右上方会出现一个当前图层指示图标，即黑色三角形图标，表示此图层为当前图层。

按住 Shift 键，分别单击两个图层，即可选择这两个图层及它们之间的图层。

按住 Ctrl 键，逐个单击想要选择的图层，可以选择多个不连续的图层。

3. 复制图层

复制图层时会复制图层中所包含的所有对象，包括路径、编组。

（1）使用“图层”面板的菜单。

选择要复制的图层“图层 3”，如图 4-60 所示。单击“图层”面板右上方的≡图标，在弹出的菜单中选择“复制‘图层 3’”命令，复制出的图层在“图层”面板中会显示为被复制图层的副本。复制图层后，“图层”面板的效果如图 4-61 所示。

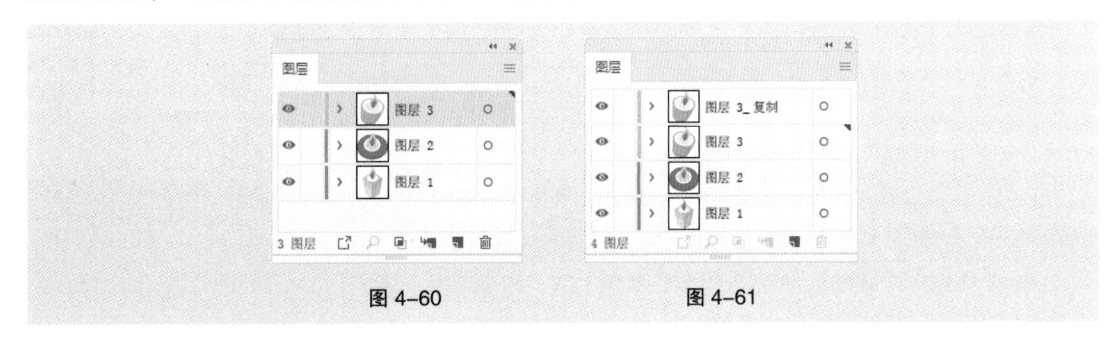

图 4-60　　图 4-61

（2）使用“图层”面板的按钮。

将“图层”面板中需要复制的图层拖曳到下方的“创建新图层”按钮 上，就可以复制出一个新图层。

4. 删除图层

（1）使用“图层”面板的菜单。

选择要删除的图层“图层 3_ 复制”，如图 4-62 所示。单击“图层”面板右上方的≡图标，在弹出的菜单中选择“删除‘图层 3_ 复制’”命令，如图 4-63 所示，图层即被删除。删除图层后的“图层”面板如图 4-64 所示。

图 4-62　　图 4-63　　图 4-64

（2）使用“图层”面板的按钮。

选择要删除的图层，单击“图层”面板下方的“删除所选图层”按钮 ，可以将图层删除。将需要删除的图层拖曳到“删除所选图层”按钮 上，也可以删除图层。

5. 隐藏或显示图层

隐藏一个图层时，此图层中的对象在绘图页面上不显示。在“图层”面板中可以隐藏或显示图层。在制作或设计复杂作品时，可以快速隐藏某个图层中的对象，以便对其他图层中的对象进行编辑。

（1）使用“图层”面板的菜单。

选中一个图层，如图 4-65 所示。单击“图层”面板右上方的≡图标，在弹出的菜单中选择“隐藏其它图层”命令，“图层”面板中除当前选中的图层外，其他图层都被隐藏，效果如图 4-66 所示。选择“显示所有图层”命令，可以显示所有隐藏图层。

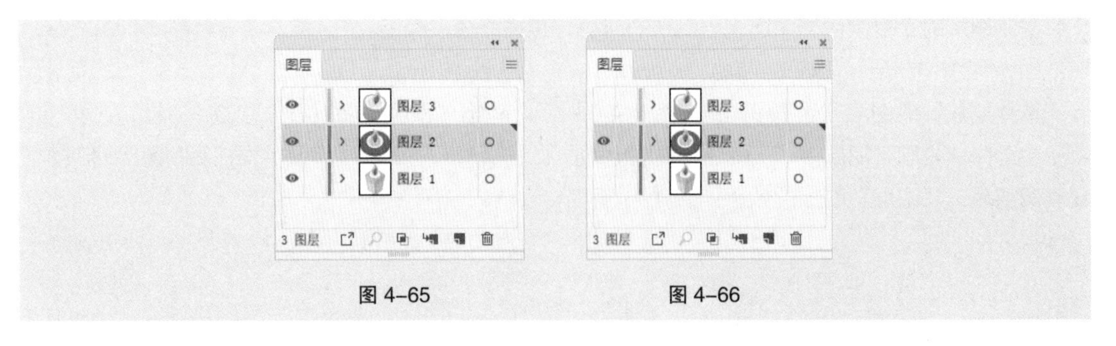

图 4-65　　图 4-66

（2）使用“图层”面板中的眼睛图标 。

在“图层”面板中，单击想要隐藏的图层左侧的眼睛图标 ，图层会被隐藏。再次单击眼睛图标所在位置的方框，会重新显示此图层。

在一个图层的眼睛图标 上按住鼠标左键不放，向上或向下拖曳，鼠标指针所经过的图层都会被隐藏，这样可以快速隐藏多个图层。

（3）使用“图层选项”对话框。

在“图层”面板中双击图层，弹出“图层选项”对话框，取消勾选“显示”复选框，单击“确定”按钮，图层被隐藏。

6. 锁定图层

当锁定图层后，此图层中的对象不能再被选择或编辑。使用“图层”面板能够快速锁定多个路径、编组和子图层。

（1）使用“图层”面板的菜单。

选中一个图层，如图 4-67 所示。单击“图层”面板右上方的 图标，在弹出的菜单中选择“锁定其它图层”命令，“图层”面板中除当前选中的图层外，其他所有图层都被锁定，效果如图 4-68 所示。选择“解锁所有图层”命令，可以解除所有图层的锁定状态。

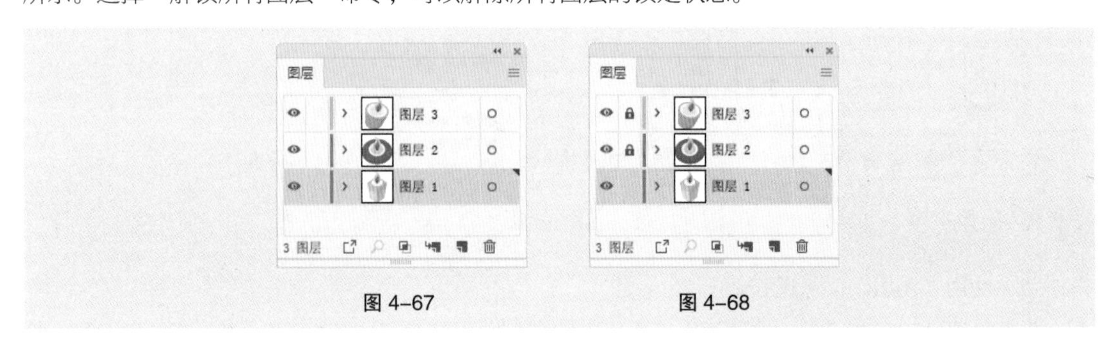

图 4-67　　图 4-68

（2）使用“对象”菜单中的命令。

选择“对象 > 锁定 > 其他图层”命令，可以锁定未被选中的图层。

（3）使用“图层”面板中的锁定图标 。

在想要锁定的图层左侧的方框中单击，出现锁定图标 ，表示图层被锁定了。单击锁定图标 ，图标消失，表示解除了对此图层的锁定状态。

在一个图层左侧的方框中按住鼠标左键不放，向上或向下拖曳，鼠标指针经过的图层都会被锁定，这样可以快速锁定多个图层。

（4）使用“图层选项”对话框。

在“图层”面板中双击图层，弹出“图层选项”对话框，勾选“锁定”复选框，单击“确定”按钮，图层被锁定。

7. 合并图层

在“图层”面板中选择需要合并的图层，如图 4–69 所示，单击“图层”面板右上方的≡图标，在弹出的菜单中选择“合并所选图层”命令，选择的所有图层将合并到最后一个选择的图层或编组中，效果如图 4–70 所示。

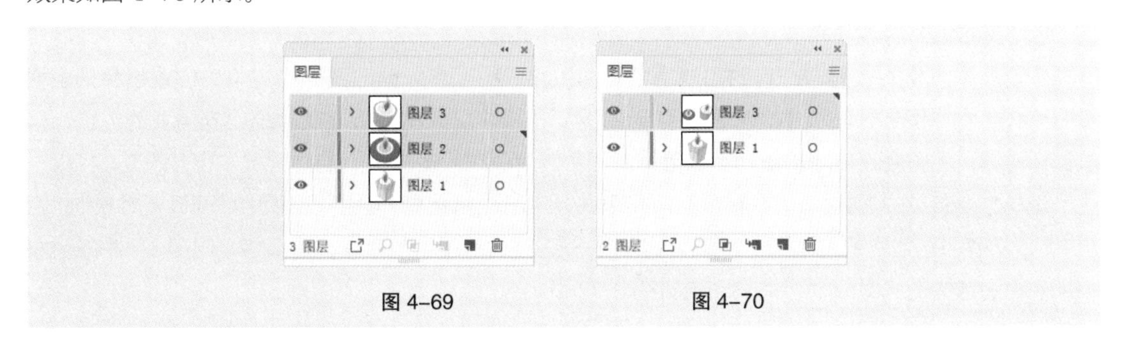

图 4–69　　图 4–70

选择“拼合图稿”命令，所有可见的图层将合并为一个图层。合并图层时，不会改变对象在绘图页面上的堆叠顺序。

4.1.4　选择和移动对象

使用“图层”面板可以选择或移动图像窗口中的对象，还可以切换对象的显示模式。

1. 选择对象

（1）使用“图层”面板中的目标图标○。

在同一图层中的几个图形对象处于未选取状态时，如图 4–71 所示，单击“图层”面板中要选择对象所在图层右侧的目标图标○，目标图标变为◎，如图 4–72 所示。此时，图层中的对象被全部选中，效果如图 4–73 所示。

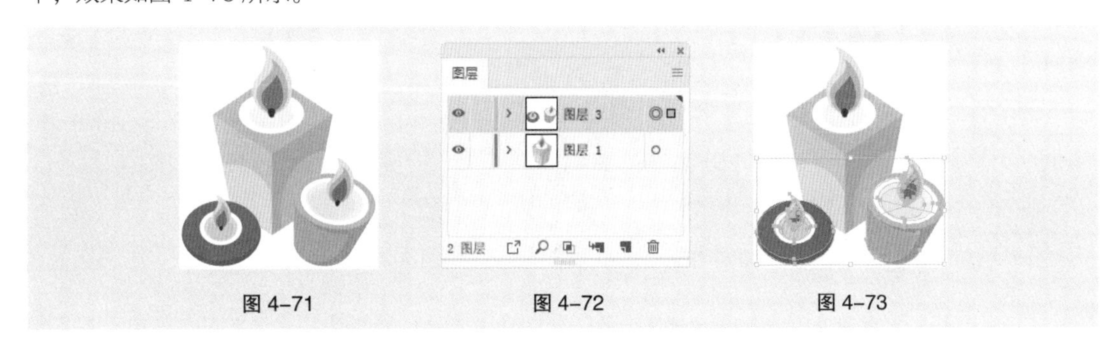

图 4–71　　图 4–72　　图 4–73

（2）结合按键并使用“图层”面板。

按住 Alt 键的同时，单击“图层”面板中的图层名称，此图层中的对象将被全部选中。

（3）使用“选择”菜单下的命令。

使用“选择”工具▶选中图层中的一个对象，如图 4–74 所示。选择“选择 > 对象 > 同一图层上的所有对象”命令，该对象所在图层中的对象会被全部选中，如图 4–75 所示。

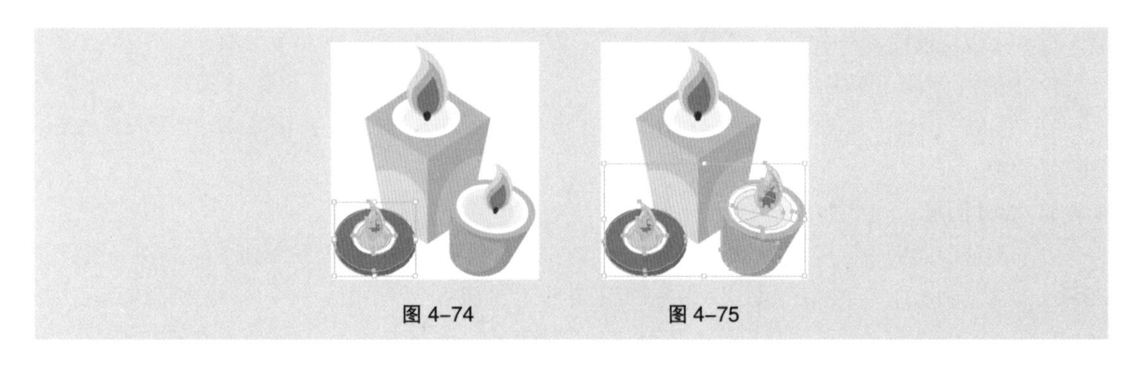

图 4-74　　图 4-75

2. 移动对象

在设计和制作的过程中，有时需要调整各图层之间的顺序，此时图层中对象的位置也会相应地发生变化。在“图层”面板中选择需要移动的图层，按住鼠标左键将该图层拖曳到需要的位置，释放鼠标左键，图层会被移动。移动图层后，图层中的对象在绘图页面上的排列次序也会改变。

选择想要移动的“图层 1”中的对象，如图 4-76 所示，再选择“图层”面板中需要放置对象的“图层 3”，如图 4-77 所示，选择“对象 > 排列 > 发送至当前图层”命令，可以将“图层 1”中的对象移动到当前选中的“图层 3”中，效果如图 4-78 所示。

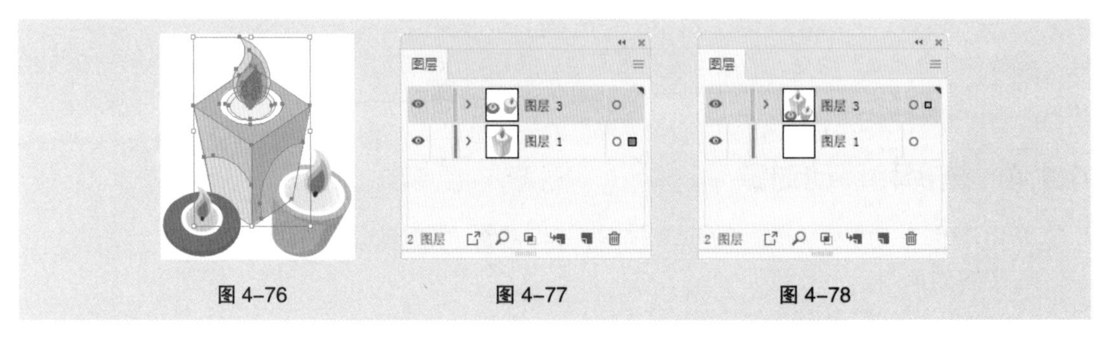

图 4-76　　图 4-77　　图 4-78

单击“图层 3”右侧的方形图标，按住鼠标左键将该图标拖曳到“图层 1”中，如图 4-79 所示，可以将“图层 3”中的对象移动到“图层 1”中，效果如图 4-80 所示。

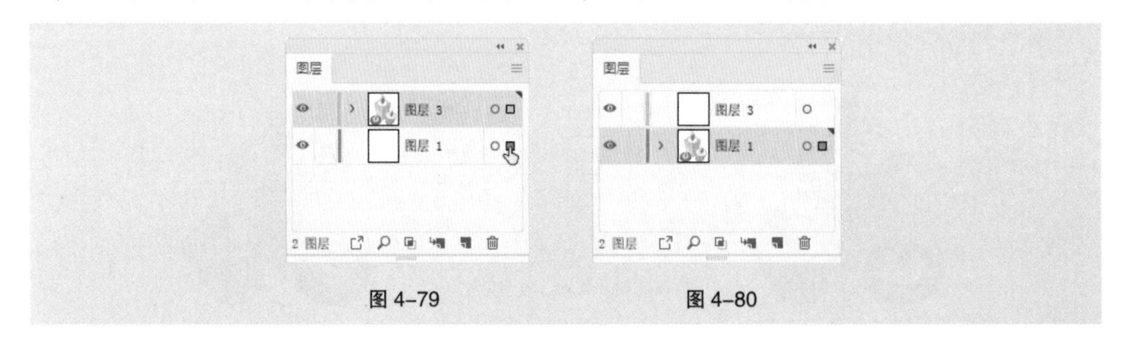

图 4-79　　图 4-80

4.2 剪切蒙版

将一个对象制作为蒙版后，对象的内部会变得完全透明，这样就可以显示下面的被蒙版的对象，同时也可以遮挡不需要显示或打印的部分。

4.2.1 课堂案例——制作脐橙线下海报

【案例学习目标】学习使用“文字”工具、“置入”命令和建立剪切蒙版组合键制作脐橙线下海报。

【案例知识要点】使用“矩形”工具、“钢笔”工具、“置入”命令和建立剪切蒙版组合键制作海报底图，使用“文字”工具、“字符”面板添加宣传文字。脐橙线下海报的效果如图 4–81 所示。

【效果所在位置】云盘 \Ch04\ 效果 \ 制作脐橙线下海报 .ai。

图 4–81

（1）按 Ctrl+N 组合键，弹出“新建文档”对话框，设置文档的宽度为 150 mm，高度为 223 mm，取向为竖向，颜色模式为 CMYK 颜色，光栅效果为高（300 ppi），单击“创建”按钮，新建一个文档。

（2）选择“矩形”工具，绘制一个与页面大小相等的矩形。设置填充色为浅绿色（15、4、16、0），填充图形，并设置描边色为无，效果如图 4–82 所示。

（3）选择“钢笔”工具，在适当的位置绘制一个不规则图形，如图 4–83 所示。设置填充色为橙色（0、60、77、0），填充图形，并设置描边色为无，效果如图 4–84 所示。

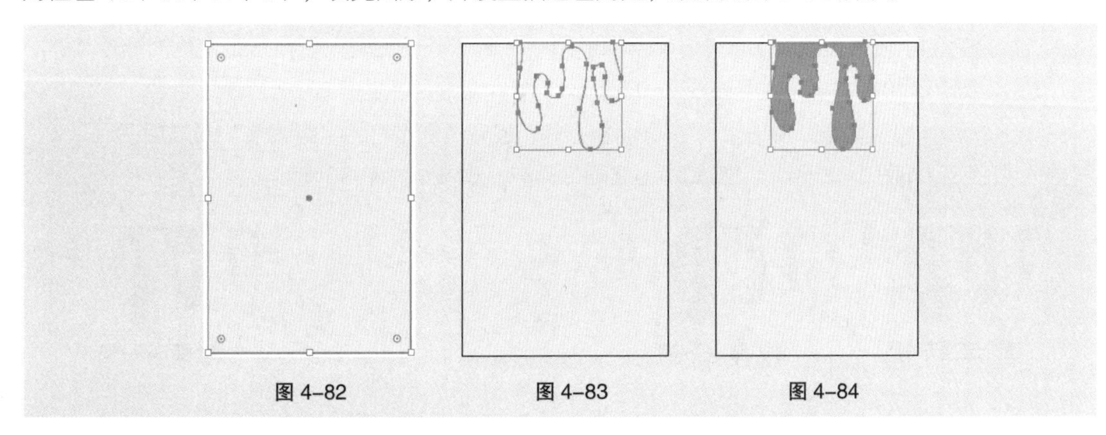

图 4–82　　图 4–83　　图 4–84

（4）选择“钢笔”工具，在适当的位置分别绘制不规则图形，如图 4–85 所示。选择“选择”工具，按住 Shift 键的同时，依次单击将绘制的图形同时选取，填充图形为黑色，并设置描边色为无，效果如图 4–86 所示。

（5）用相同的方法绘制其他图形，并填充相应的颜色，效果如图 4-87 所示。选择“选择”工具，按住 Shift 键的同时，依次单击将所绘制的图形同时选取，按 Ctrl+G 组合键，将其编组，如图 4-88 所示。

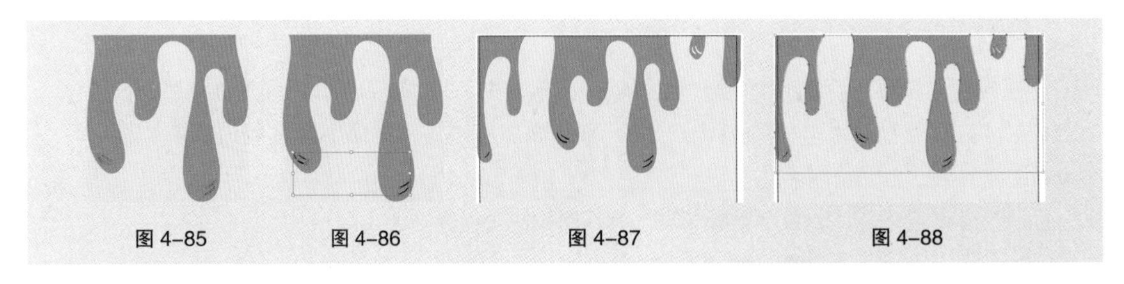

图 4-85　　图 4-86　　图 4-87　　图 4-88

（6）选择“文件 > 置入”命令，弹出“置入”对话框，选择云盘中的“Ch04 > 素材 > 制作脐橙线下海报 > 01”文件，单击“置入”按钮，将图片置入页面中。单击属性栏中的“嵌入”按钮，嵌入图片。选择“选择”工具，拖曳图片到适当的位置，效果如图 4-89 所示。选取下方的背景矩形，按 Ctrl+C 组合键，复制图形，按 Shift+Ctrl+V 组合键，就地粘贴图形，如图 4-90 所示。

（7）选择“选择”工具，按住 Shift 键的同时，依次单击将所绘制的图形同时选取，如图 4-91 所示。按 Ctrl+7 组合键，建立剪切蒙版，效果如图 4-92 所示。

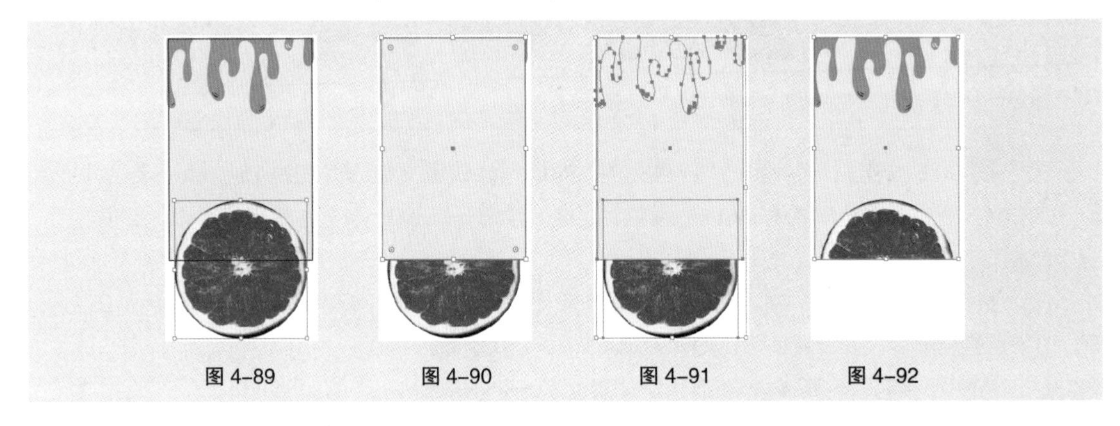

图 4-89　　图 4-90　　图 4-91　　图 4-92

（8）选择“文字”工具，在适当的位置输入需要的文字。选择“选择”工具，在属性栏中选择合适的字体并设置文字大小，效果如图 4-93 所示。设置填充色和描边色均为绿色（91、55、100、28），填充文字，效果如图 4-94 所示。

（9）按 Ctrl+T 组合键，弹出“字符”面板，将“设置所选字符的字距调整”选项设为 -60，其他选项的设置如图 4-95 所示；按 Enter 键确定操作，效果如图 4-96 所示。

图 4-93　　图 4-94　　图 4-95　　图 4-96

（10）选择“文字”工具 T，在适当的位置分别输入需要的文字。选择“选择”工具▶，在属性栏中分别选择合适的字体并设置文字大小，效果如图 4-97 所示。将输入的文字同时选取，设置填充色均为橙色（6、52、93、0），填充文字，效果如图 4-98 所示。

图 4-97

图 4-98

（11）选取文字“果香浓郁”，在“字符”面板中，将“设置所选字符的字距调整”VA选项设为 200，其他选项的设置如图 4-99 所示；按 Enter 键确定操作，效果如图 4-100 所示。

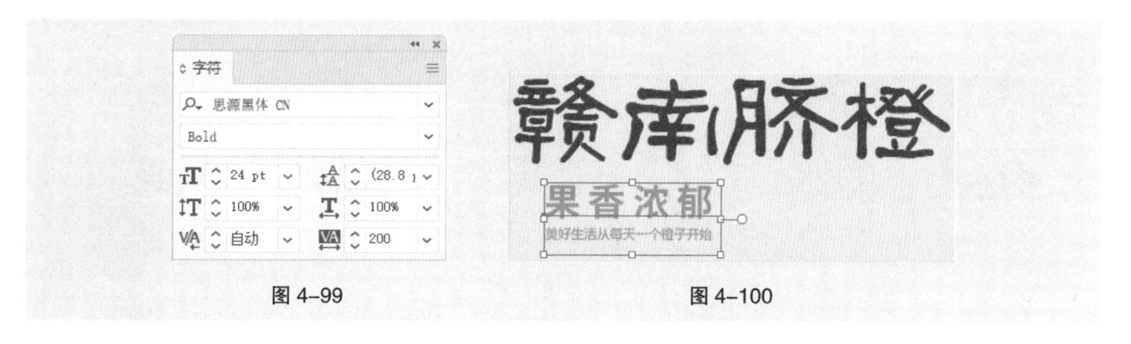

图 4-99　　图 4-100

（12）选择“矩形”工具▭，在适当的位置绘制一个矩形，设置填充色为橙色（6、52、93、0），填充图形，并设置描边色为无，效果如图 4-101 所示。

（13）选择“窗口 > 变换”命令，弹出“变换”面板，在“矩形属性”选项组中，将“圆角半径”选项设为 1 mm，如图 4-102 所示，按 Enter 键确定操作，效果如图 4-103 所示。

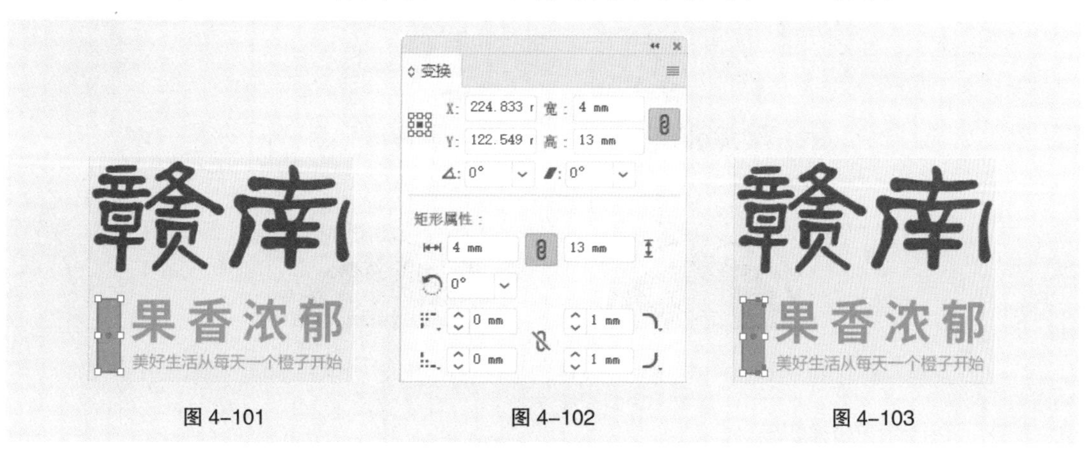

图 4-101　　图 4-102　　图 4-103

（14）选择“椭圆”工具◯，按住 Shift 键的同时，在适当的位置绘制一个圆形，设置填充色为橙色（6、52、93、0），填充图形，并设置描边色为无，效果如图 4-104 所示。

（15）选择“选择”工具▶，按住 Alt+Shift 组合键的同时，水平向右拖曳圆形到适当的位置，复制圆形，效果如图 4-105 所示。

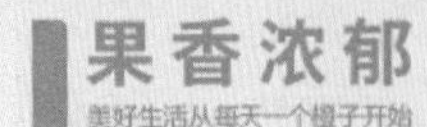
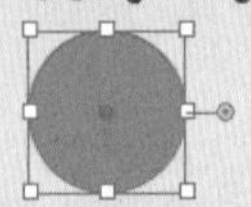
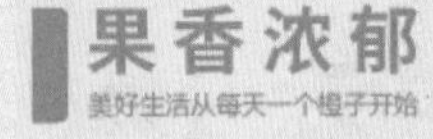
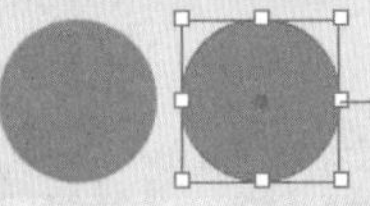

图 4-104　　图 4-105

（16）选择“文字”工具T，在适当的位置输入需要的文字。选择“选择”工具▶，在属性栏中选择合适的字体并设置文字大小，填充文字为白色，效果如图 4-106 所示。在“字符”面板中，将“设置所选字符的字距调整”VA选项设为 540，其他选项的设置如图 4-107 所示；按 Enter 键确定操作，效果如图 4-108 所示。

图 4-106　　图 4-107　　图 4-108

（17）按 Ctrl+O 组合键，打开云盘中的“Ch04 > 素材 > 制作脐橙线下海报 > 02”文件，选择“选择”工具▶，选取需要的图形，按 Ctrl+C 组合键，复制图形。选择正在编辑的页面，按 Ctrl+V 组合键，将复制的图形粘贴到页面中，并拖曳复制得到的图形到适当的位置，效果如图 4-109 所示。脐橙线下海报制作完成，效果如图 4-110 所示。

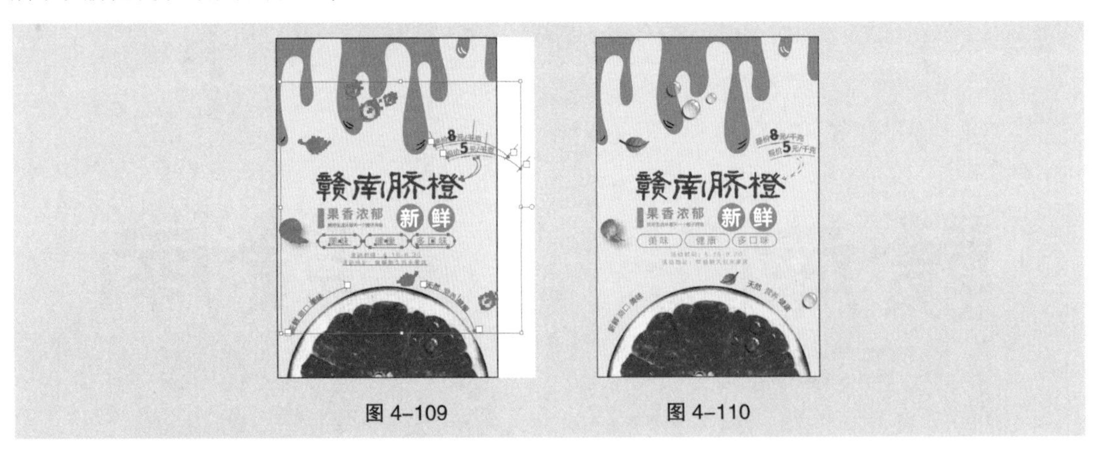

图 4-109　　图 4-110

4.2.2 创建剪切蒙版

创建剪切蒙版的方法有以下几种。

（1）使用“建立”命令。

打开素材图片，如图 4-111 所示。选择“椭圆”工具◯，在图像上绘制一个椭圆形作为蒙版，如图 4-112 所示。

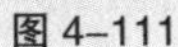
图 4-111

图 4-112

使用“选择”工具选择图像和椭圆形，如图 4-113 所示（作为蒙版的图形必须在图像的上面）。选择“对象 > 剪切蒙版 > 建立”命令（组合键为 Ctrl+7），制作出蒙版效果，如图 4-114 所示。图像在椭圆形蒙版外面的部分会被隐藏，取消选取状态，蒙版效果如图 4-115 所示。

图 4-113　　图 4-114　　图 4-115

（2）使用快捷菜单中的命令。

使用“选择”工具选择图像和椭圆形，在选中的对象上单击鼠标右键，在弹出的快捷菜单中选择“建立剪切蒙版”命令，制作出蒙版效果。

（3）用“图层”面板中的命令。

使用“选择”工具选择图像和椭圆形，单击“图层”面板右上方的图标，在弹出的菜单中选择“建立剪切蒙版”命令，制作出蒙版效果。

4.2.3　编辑剪切蒙版

创建蒙版后，还可以对蒙版进行编辑，如查看蒙版、锁定蒙版、添加对象到蒙版和删除被蒙版的对象等操作。

1. 查看蒙版

使用“选择”工具选中蒙版，如图 4-116 所示。单击“图层”面板右上方的图标，在弹出的菜单中选择“定位对象”命令，“图层”面板如图 4-117 所示。在“图层”面板中可以查看蒙版状态，也可以编辑蒙版。

2. 锁定蒙版

使用“选择”工具选中需要锁定的蒙版，如图 4-118 所示。选择“对象 > 锁定 > 所选对象”命令，可以锁定蒙版，效果如图 4-119 所示。

3. 添加对象到蒙版

选中要添加的对象，如图 4-120 所示。选择“编辑 > 剪切”命令，剪切该对象。使用“直接选择”工具选中被蒙版的对象，如图 4-121 所示。选择“编辑 > 贴在前面 / 贴在后面”命令，就可以将要添加的对象粘贴到相应的蒙版的前面或后面，并成为图形的一部分，贴在前面的效果如图 4-122 所示。

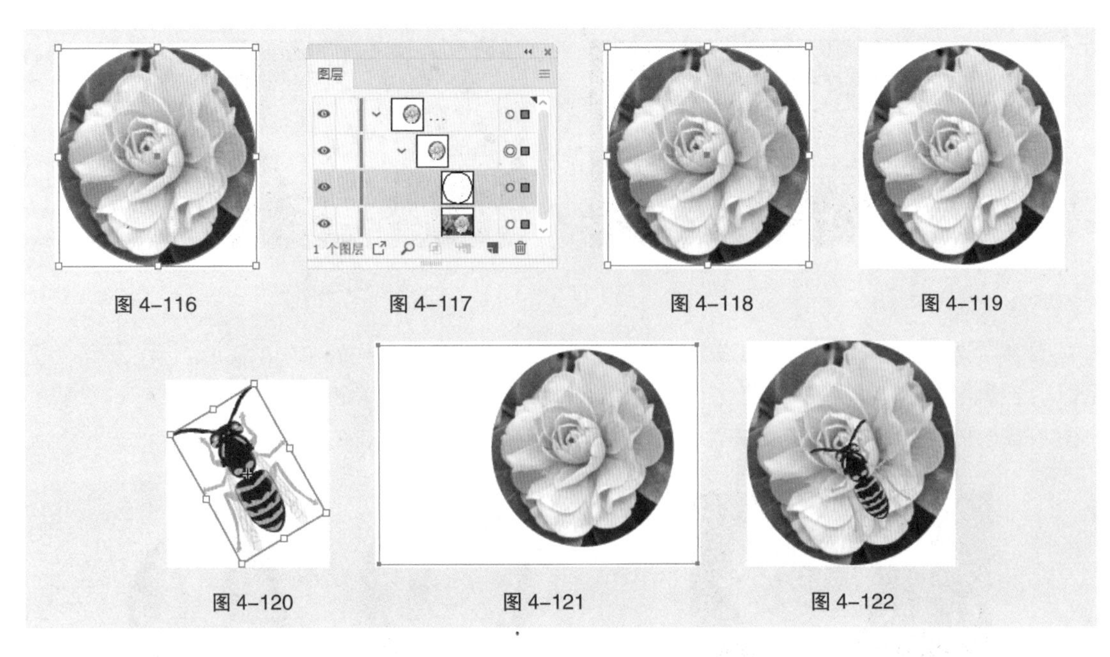

图 4-116　　图 4-117　　图 4-118　　图 4-119

图 4-120　　图 4-121　　图 4-122

4．删除被蒙版的对象

选中被蒙版的对象，选择“编辑 > 清除”命令或按 Delete 键，即可删除被蒙版的对象。

在“图层”面板中选中被蒙版的对象所在的图层，再单击“图层”面板下方的“删除所选图层”按钮 🗑，也可删除被蒙版的对象。

4.3 “透明度”面板

在“透明度”面板中，可以设置对象的不透明度，还可以改变混合模式，从而制作出新的效果。

4.3.1 课堂案例——制作自驾游海报

【案例学习目标】学习使用“透明度”面板制作海报背景。

【案例知识要点】使用“矩形”工具、“钢笔”工具和“旋转”工具制作海报背景，使用“透明度”面板调整图形的混合模式和不透明度。自驾游海报的效果如图 4-123 所示。

【效果所在位置】云盘 \Ch04\ 效果 \ 制作自驾游海报 .ai。

图 4-123

（1）按 Ctrl+N 组合键，弹出“新建文档”对话框，设置文档的宽度为 600 px，高度为 800 px，取向为竖向，颜色模式为 RGB 颜色，光栅效果为屏幕（72 ppi），单击“创建”按钮，新建一个文档。

（2）选择“矩形”工具，绘制一个与页面大小相等的矩形。设置填充色为浅黄色（255、211、133），填充图形，并设置描边色为无，效果如图 4-124 所示。

（3）选择“矩形”工具，在页面中绘制一个矩形，如图 4-125 所示。选择“钢笔”工具，在矩形下边中间的位置单击，添加一个锚点，如图 4-126 所示。删除左右两侧不需要的锚点，效果如图 4-127 所示。

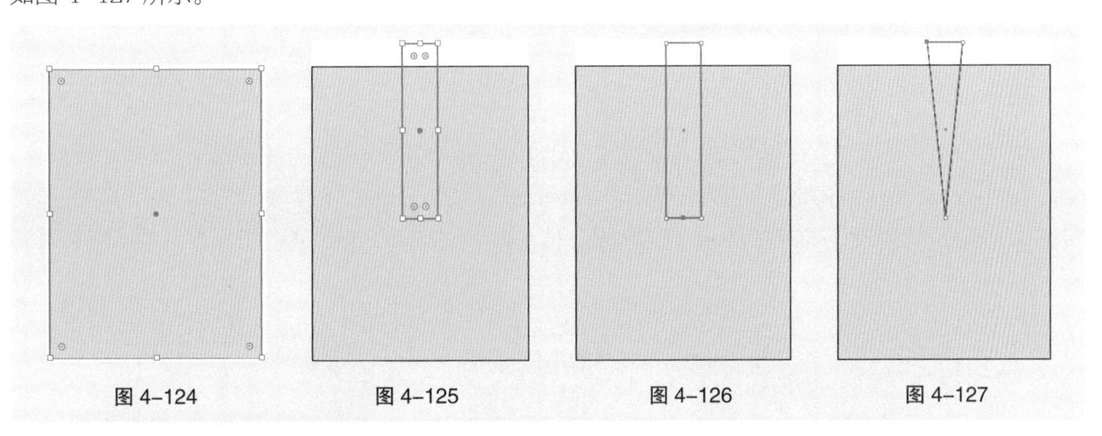
图 4-124　图 4-125　图 4-126　图 4-127

（4）选择“选择”工具，选取图形。选择“旋转”工具，按住 Alt 键的同时，在三角形底部锚点上单击，如图 4-128 所示，弹出“旋转”对话框，选项的设置如图 4-129 所示；单击“复制”按钮，旋转并复制图形，效果如图 4-130 所示。

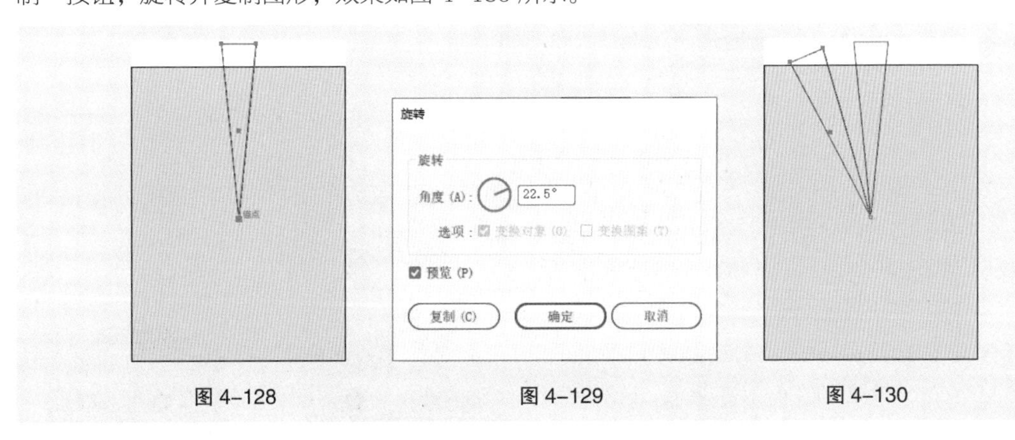

图 4-128　图 4-129　图 4-130

（5）连续按 Ctrl+D 组合键，复制出多个三角形，效果如图 4-131 所示。选择“选择”工具，按住 Shift 键的同时，单击所有的三角形将其同时选取，按 Ctrl+G 组合键，将其编组，如图 4-132 所示。

（6）填充图形为白色，并设置描边色为无，效果如图 4-133 所示。选择“窗口 > 透明度”命令，弹出“透明度”面板，将混合模式设为“柔

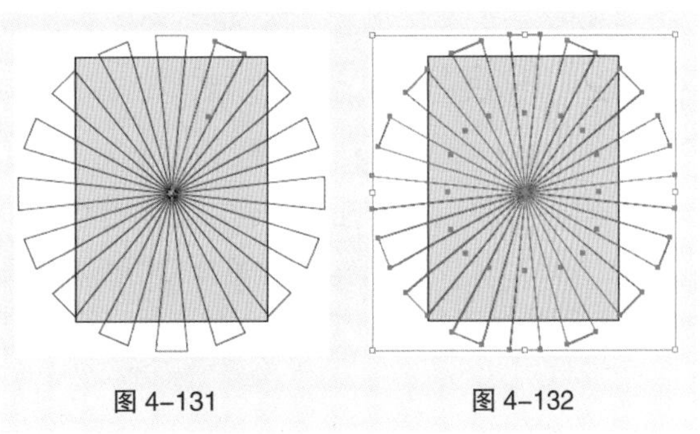
图 4-131　图 4-132

光”，其他选项的设置如图 4-134 所示；按 Enter 键确定操作，效果如图 4-135 所示。

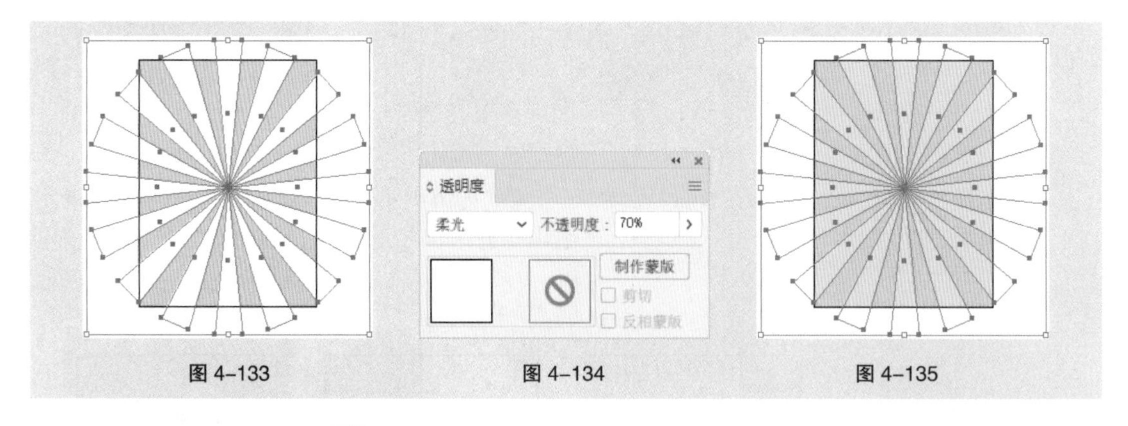

图 4-133　图 4-134　图 4-135

（7）选择“选择”工具▶，选取下方的浅黄色矩形，按 Ctrl+C 组合键，复制矩形，按 Shift+Ctrl+V 组合键，就地粘贴矩形，如图 4-136 所示。按住 Shift 键的同时，单击下方白色编组图形，将矩形和编组图形同时选取，如图 4-137 所示，按 Ctrl+7 组合键，建立剪切蒙版，效果如图 4-138 所示。

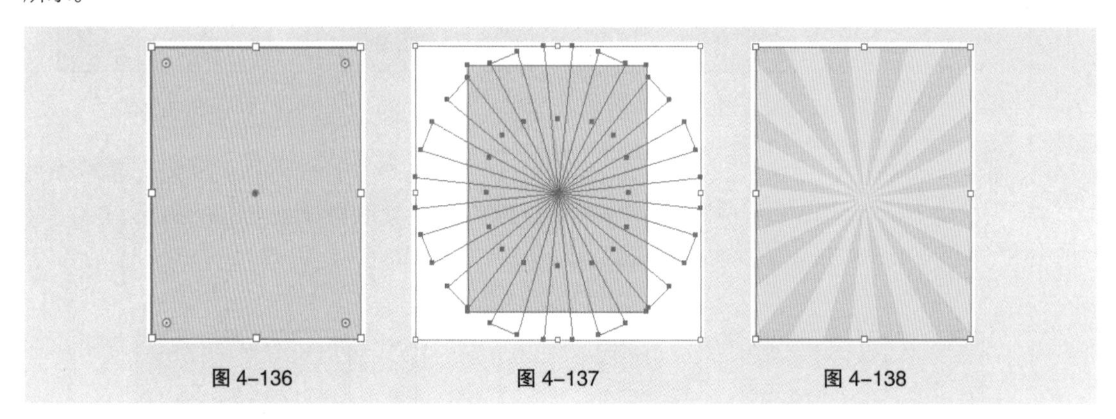

图 4-136　图 4-137　图 4-138

（8）按 Ctrl+O 组合键，打开云盘中的“Ch04 > 素材 > 制作自驾游海报 > 01”文件，选择“选择”工具▶，选取需要的图形，按 Ctrl+C 组合键，复制图形。选择正在编辑的页面，按 Ctrl+V 组合键，将复制的图形粘贴到页面中，并拖曳复制得到的图形到适当的位置，效果如图 4-139 所示。自驾游海报制作完成，效果如图 4-140 所示。

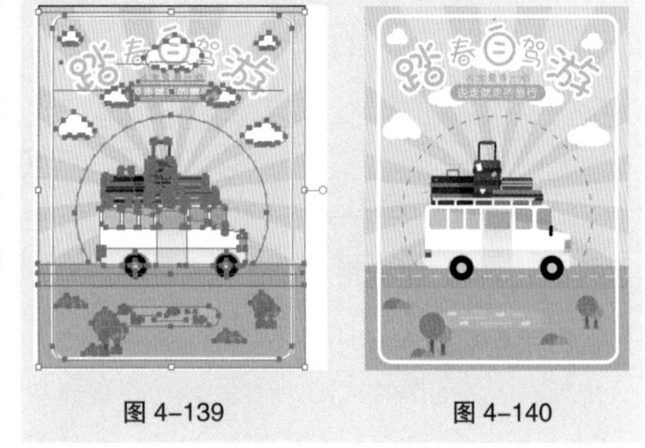

图 4-139　图 4-140

4.3.2　混合模式

选择“窗口 > 透明度”命令（组合键为 Shift+Ctrl+ F10），弹出“透明度”面板，面板提供了 16 种混合模式，如图 4-141 所示。打开一个图像，如图 4-142 所示。在图像上选择需要的图形，如图 4-143 所示。

分别选择不同的混合模式，观察图像的不同变化，效果如图 4-144 所示。

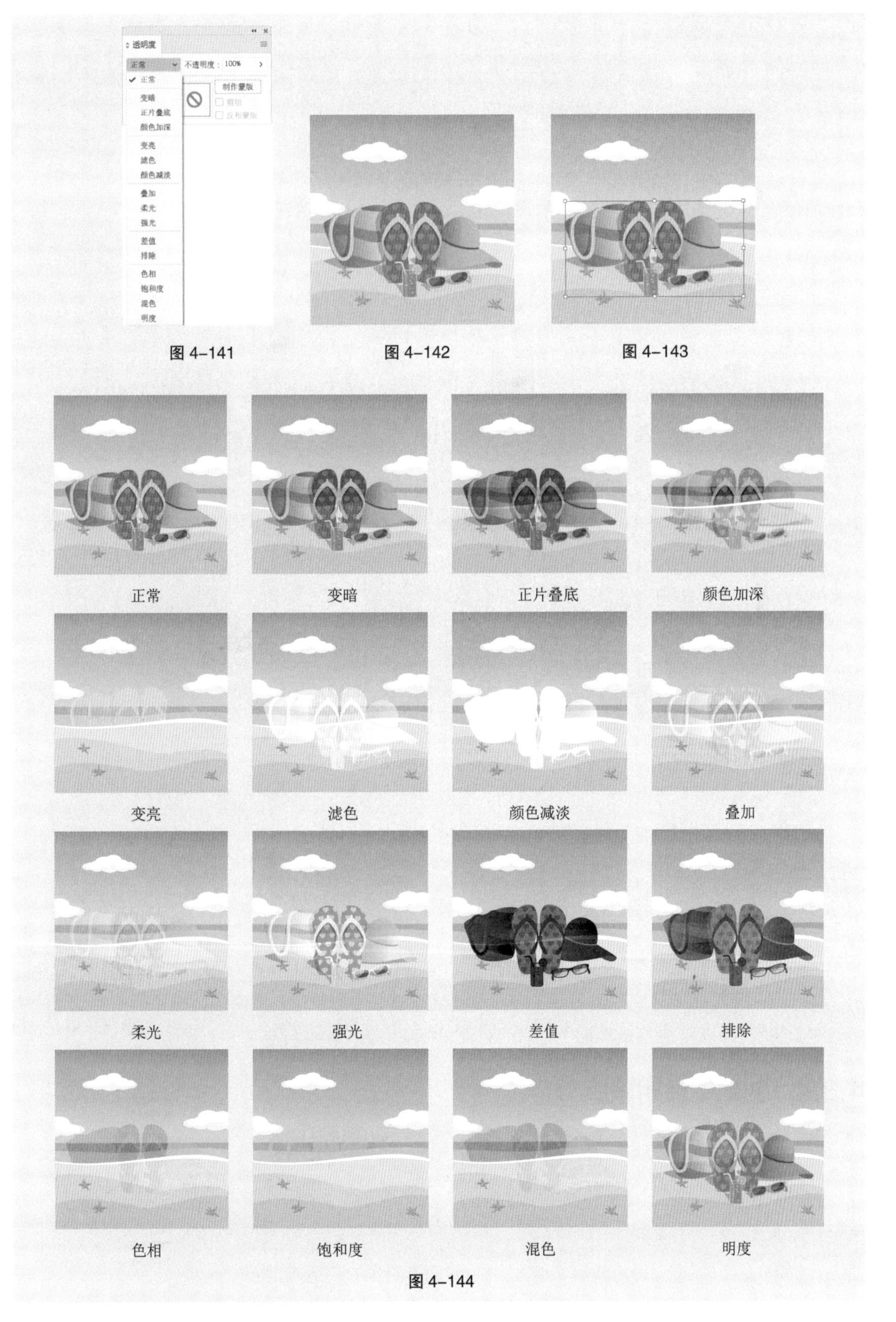

图 4-141　　图 4-142　　图 4-143

图 4-144

4.3.3 不透明度

不透明度是 Illustrator 2020 中对象的一个重要外观属性。绘图页面上的对象有完全透明、半透明或者不透明 3 种状态。

选择“窗口 > 透明度”命令，弹出“透明度”面板，如图 4-145 所示。单击面板右上方的≡图标，在弹出的菜单中选择“显示缩览图”命令，可以将“透明度”面板中的缩览图显示出来，如图 4-146 所示。在弹出的菜单中选择“显示选项”命令，可以将“透明度”面板中的选项显示出来，如图 4-147 所示。

图 4-145　图 4-146　图 4-147

在图 4-147 所示的“透明度”面板中，当前选中对象的缩览图出现在其中。将“不透明度”设置为不同的数值，效果如图 4-148 所示（默认状态下，对象是完全不透明的）。

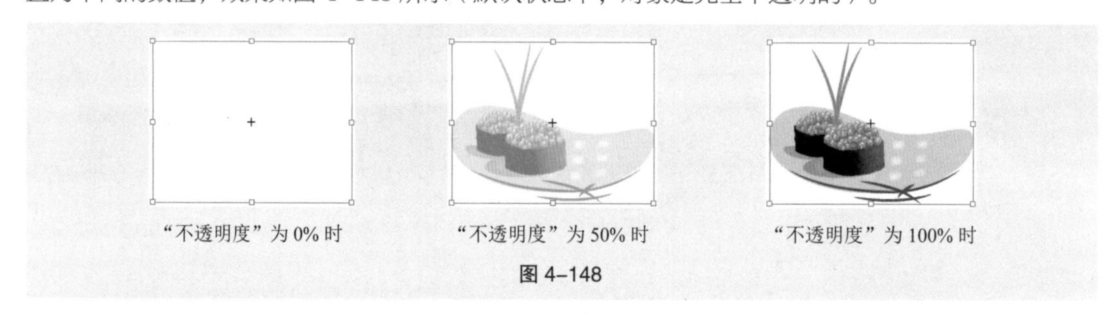

“不透明度”为 0% 时　“不透明度”为 50% 时　“不透明度”为 100% 时

图 4-148

勾选“隔离混合”复选框，可以使不透明度设置只影响当前组合或图层中的其他对象。

勾选“挖空组”复选框，可以使不透明度设置不影响当前组合或图层中的其他对象，但背景对象仍然受影响。

勾选“不透明度和蒙版用来定义挖空形状”复选框，可以使用不透明蒙版来定义对象的不透明度所产生的效果。

选中“图层”面板中要改变不透明度的图层，单击图层右侧的目标图标○，将图层设置为目标图层。在“透明度”面板的“不透明度”选项中调整不透明度的数值，此时的调整会影响到该图层中所有对象的不透明度，包括此图层中已有的对象和将来绘制的任何对象。

4.3.4 创建不透明蒙版

单击“透明度”面板右上方的≡图标，弹出菜单，如图 4-149 所示。

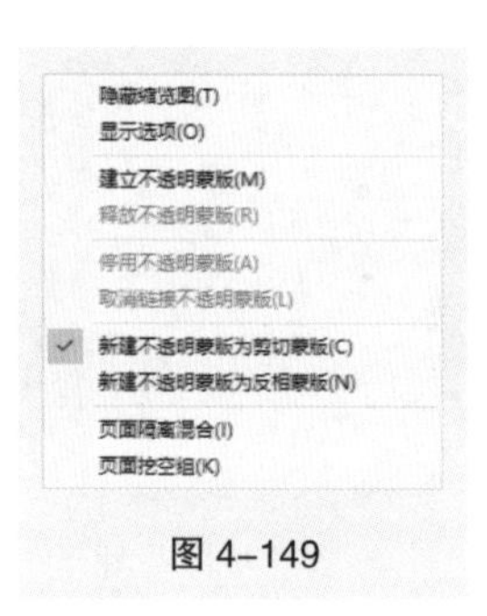

图 4-149

选择“建立不透明蒙版”命令可以将蒙版的不透明度设置应用到它所覆盖的所有对象中。

在绘图页面中选中两个对象，如图 4-150 所示，选择“建立不透明蒙版”命令，“透明度”面板的显示效果如图 4-151 所示，制作的不透明蒙版的效果如图 4-152 所示。

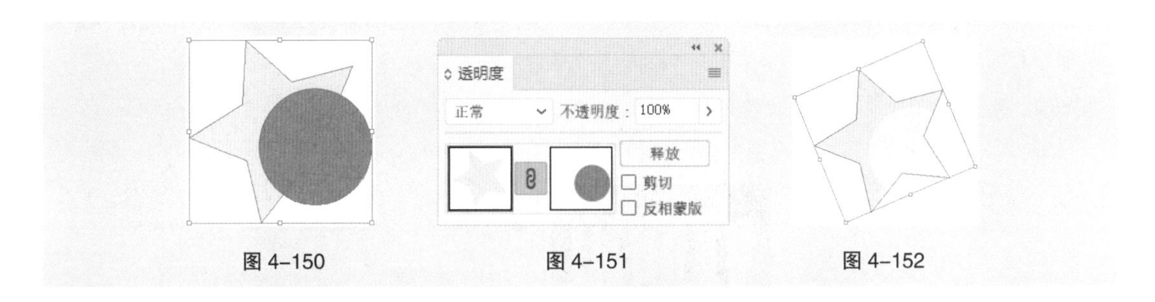

图 4-150　图 4-151　图 4-152

4.3.5　编辑不透明蒙版

选择“释放不透明蒙版”命令，制作的不透明蒙版将被释放，对象将恢复为原来的效果。选中制作的不透明蒙版，选择“停用不透明蒙版”命令，不透明蒙版将被禁用，此时“透明度”面板如图 4-153 所示。

选中制作的不透明蒙版，选择“取消链接不透明蒙版”命令，蒙版对象和被蒙版对象之间的链接关系会被取消。在“透明度”面板中，蒙版对象和被蒙版对象缩览图之间的“指示不透明蒙版链接到图稿”按钮将转变为“单击可将不透明蒙版链接到图稿”按钮，如图 4-154 所示。

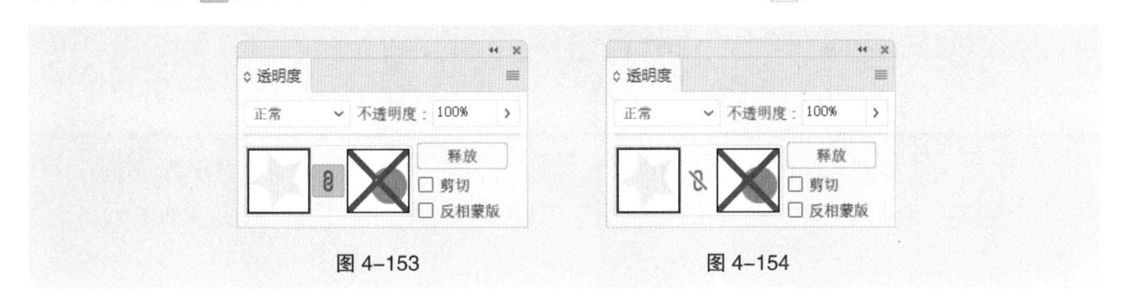

图 4-153　图 4-154

选中制作的不透明蒙版，勾选“透明度”面板中的“剪切”复选框，如图 4-155 所示，不透明蒙版的效果如图 4-156 所示。勾选“透明度”面板中的“反相蒙版”复选框，如图 4-157 所示，不透明蒙版的效果如图 4-158 所示。

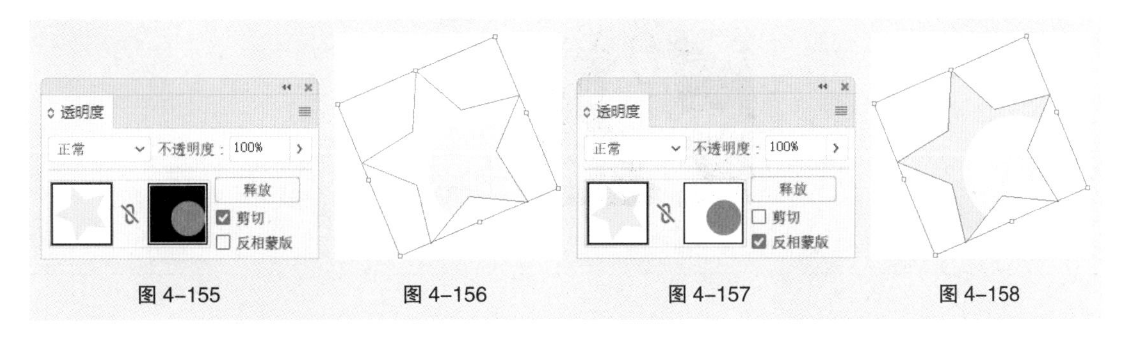

图 4-155　图 4-156　图 4-157　图 4-158

4.4　课堂练习——制作钢琴演奏海报

【练习知识要点】使用“矩形”工具、“置入”命令、“透明度”面板和“锁定”命令制作海报底图，使用“矩形”工具、“倾斜”工具、“编组”命令和“镜像”工具制作琴键，使用“文字”工具和“字符”面板添加内容。效果如图 4–159 所示。

【效果所在位置】云盘 \Ch04\ 效果 \ 制作钢琴演奏海报 .ai。

图 4–159

4.5 课后习题——制作时尚杂志封面

【习题知识要点】使用“置入”命令、“矩形”工具和“剪切蒙版”命令制作杂志背景，使用“椭圆”工具、“直线段”工具、“文字”工具添加杂志名称和栏目信息。效果如图 4–160 所示。

【效果所在位置】云盘 \Ch04\ 效果 \ 制作时尚杂志封面 .ai。

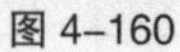
图 4–160

05

第 5 章 绘图

本章介绍

本章将讲解线条和网格的绘制方法，以及 Illustrator 2020 中基本图形工具的使用方法，还将详细讲解使用“路径查找器”面板编辑对象的方法。认真学习本章的内容，读者可以掌握 Illustrator 2020 的绘图功能和其特点，以及编辑对象的方法，为进一步学习 Illustrator 2020 打好基础。

学习目标

- 掌握绘制线条和网格的方法。
- 熟练掌握基本图形的绘制技巧。
- 熟练掌握对象的编辑技巧。

技能目标

- 掌握“线性图标”的绘制方法。
- 掌握“奖杯图标”的绘制方法。
- 掌握“可口冰激凌插图”的绘制方法。

5.1 绘制线条和网格

在平面设计中，直线、弧线和螺旋线是经常使用的线条。使用“直线段”工具、“弧形”工具和“螺旋线”工具可以绘制任意的直线、弧线和螺旋线，还可以对其进行编辑和变形，以得到复杂的图形对象。在设计时，还会用到“矩形网格”工具。下面将详细讲解这些工具的使用方法。

5.1.1 课堂案例——绘制线性图标

【案例学习目标】学习使用网格工具绘制线性图标。

【案例知识要点】使用“矩形”工具、“缩放”命令绘制装饰框，使用“极坐标网格”工具绘制圆环，使用“矩形网格”工具绘制网格，使用“形状生成器”工具制作线性图标。效果如图 5-1 所示。

【效果所在位置】云盘 \Ch05\ 效果 \ 绘制线性图标 .ai。

图 5-1

（1）按 Ctrl+N 组合键，弹出“新建文档”对话框，设置文档的宽度为 800 px，高度为 600 px，取向为横向，颜色模式为 RGB 颜色，光栅效果为屏幕（72 ppi），单击“创建”按钮，新建一个文档。

（2）选择“矩形”工具，在页面中单击，弹出“矩形”对话框，选项的设置如图 5-2 所示，单击“确定”按钮，得到一个正方形。选择“选择”工具，拖曳正方形到适当的位置，在属性栏中将“描边粗细”选项设置为 6 pt，按 Enter 键确定操作，效果如图 5-3 所示。

（3）保持图形处于选取状态。设置描边色为红色（234、85、20），填充描边，效果如图 5-4 所示。

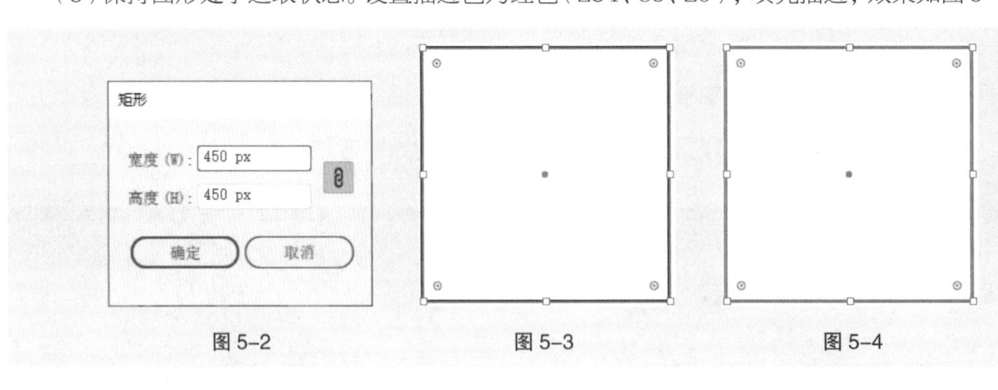

图 5-2　　图 5-3　　图 5-4

（4）选择“对象 > 变换 > 缩放”命令，在弹出的“比例缩放”对话框中进行设置，如图 5-5 所示；单击“复制”按钮，缩小并复制正方形，效果如图 5-6 所示。设置填充色为蓝色（31、144、254），填充图形，并设置描边色为无，效果如图 5-7 所示。

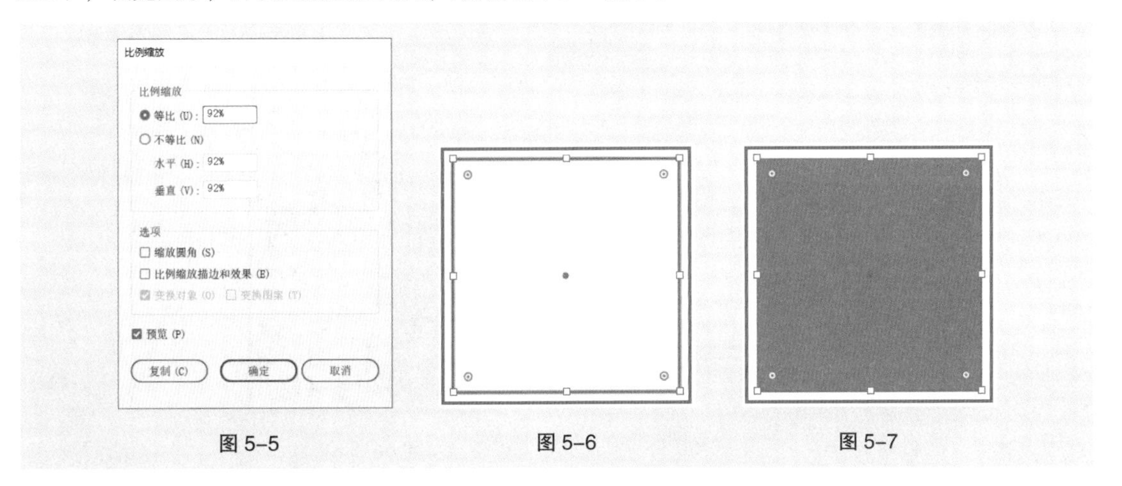

图 5-5　　图 5-6　　图 5-7

（5）选择“极坐标网格”工具，在页面中单击，弹出“极坐标网格工具选项”对话框，选项的设置如图 5-8 所示，单击“确定”按钮，得到一个极坐标网格。选择“选择”工具，拖曳极坐标网格到适当的位置，填充描边为白色，效果如图 5-9 所示。

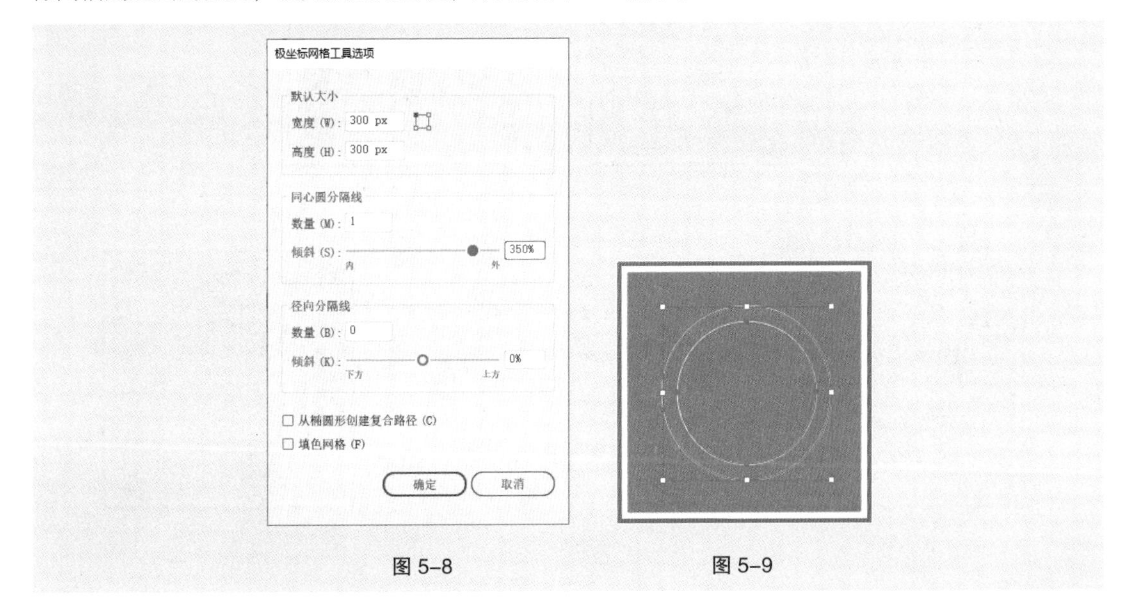

图 5-8　　图 5-9

（6）选择“矩形网格”工具，在页面中单击，弹出“矩形网格工具选项”对话框，选项的设置如图 5-10 所示，单击“确定”按钮，得到一个矩形网格。选择“选择”工具，拖曳矩形网格到适当的位置，填充描边为白色，效果如图 5-11 所示。

（7）选择“编组选择”工具，按住 Shift 键的同时，依次单击选取不需要的线条，如图 5-12 所示，按 Delete 键将其删除，效果如图 5-13 所示。

（8）选择“选择”工具，选取需要的线条，如图 5-14 所示。双击“旋转”工具，弹出“旋转”对话框，选项的设置如图 5-15 所示；单击“复制”按钮，旋转并复制线条，效果如图 5-16 所示。

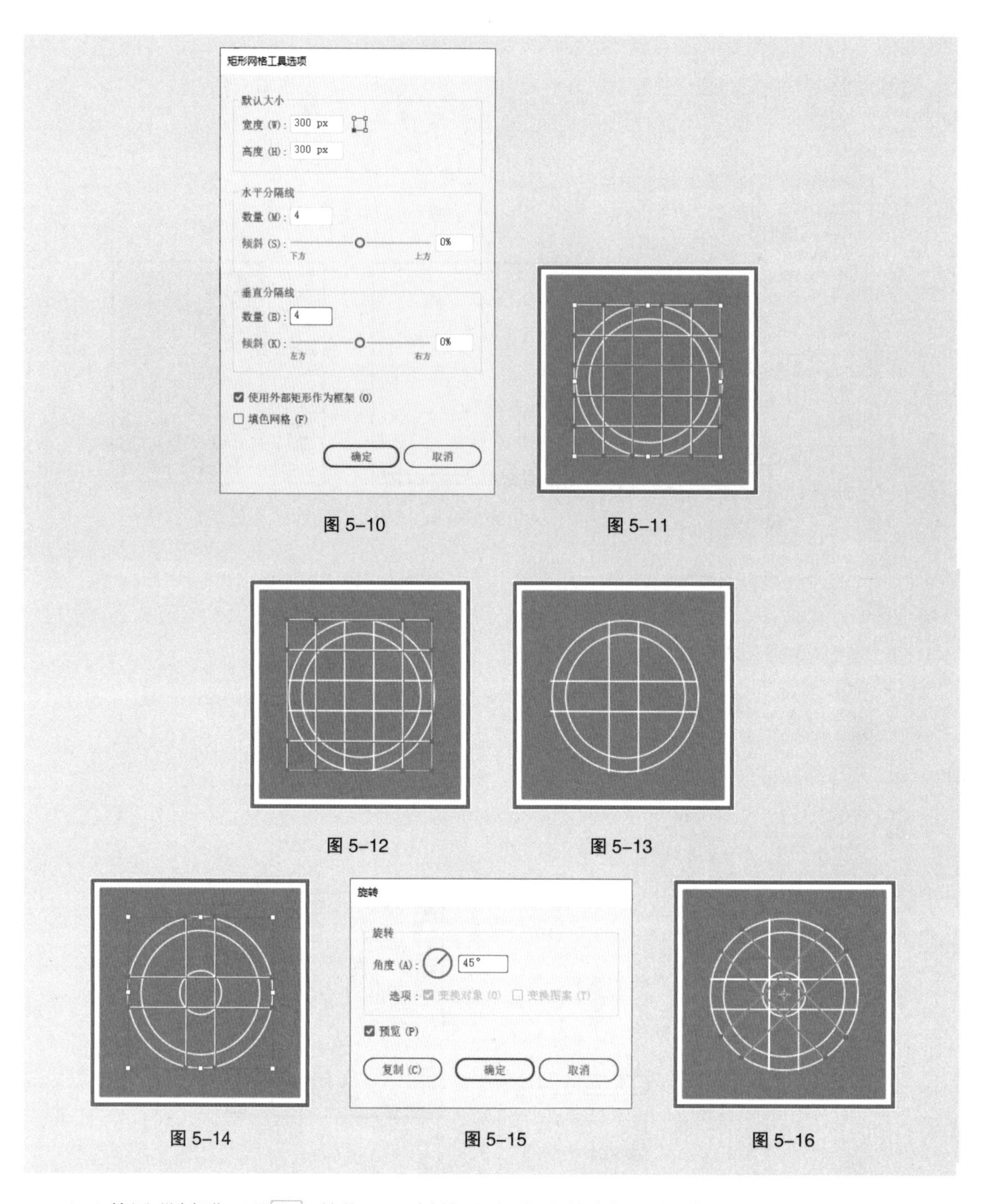

图 5-10　图 5-11

图 5-12　图 5-13

图 5-14　图 5-15　图 5-16

（9）使用“选择”工具▶，按住 Shift 键的同时，依次单击将所绘制的图形同时选取，如图 5-17 所示。选择“形状生成器”工具，在适当的位置拖曳绘制虚线，如图 5-18 所示，释放鼠标左键后，会生成新的对象，效果如图 5-19 所示。

（10）选择“选择”工具▶，按住 Shift 键的同时，依次单击选取不需要的图形，如图 5-20 所示，按 Delete 键将其删除，效果如图 5-21 所示。

（11）选择“编组选择”工具，按住 Shift 键的同时，依次单击选取不需要的图形，如图 5-22 所示，按 Delete 键将其删除，效果如图 5-23 所示。

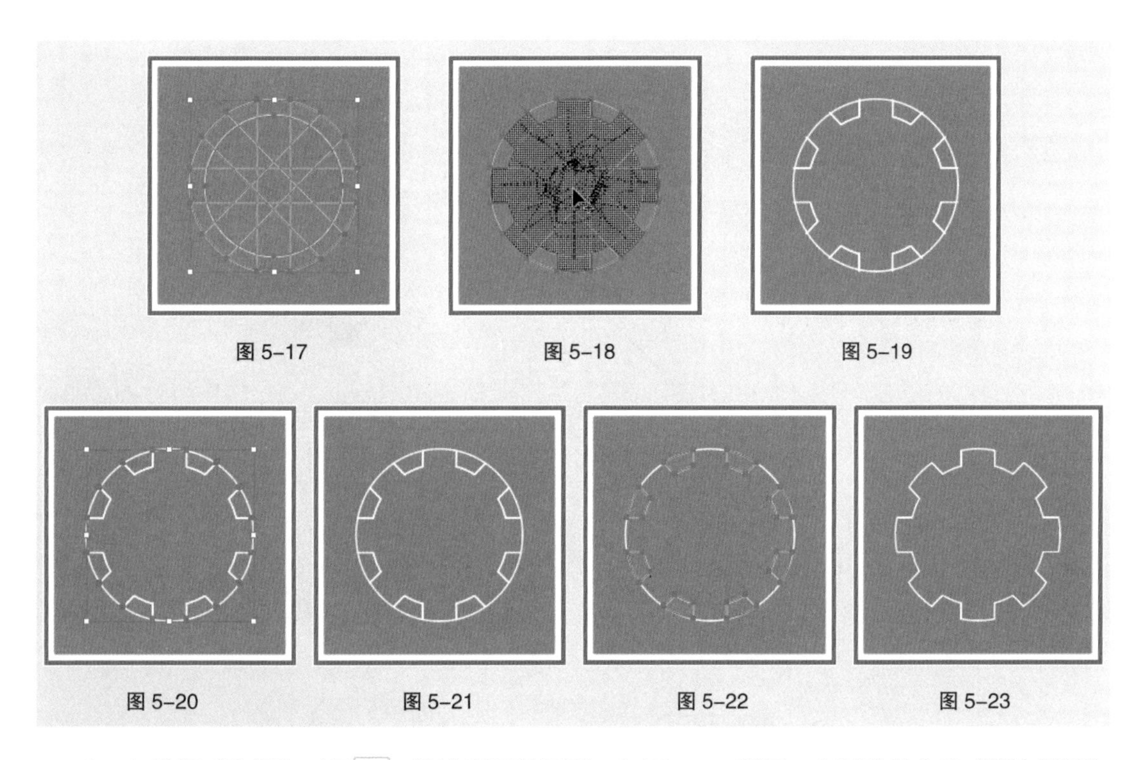

图 5-17　　图 5-18　　图 5-19

图 5-20　　图 5-21　　图 5-22　　图 5-23

（12）选择“选择”工具，选取需要的图形，如图 5-24 所示，在属性栏中将“描边粗细”选项设置为 16 pt，按 Enter 键确定操作，效果如图 5-25 所示。

（13）选择“椭圆”工具，按住 Alt+Shift 组合键的同时，以图形中心为中点绘制一个圆形，填充描边为白色，并在属性栏中将“描边粗细”选项设置为 16 pt，按 Enter 键确定操作，效果如图 5-26 所示。线性图标绘制完成，效果如图 5-27 所示。

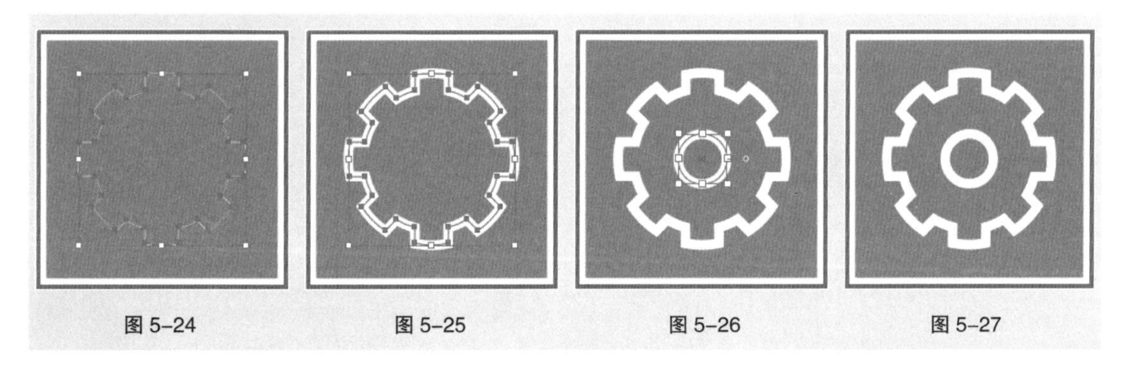

图 5-24　　图 5-25　　图 5-26　　图 5-27

5.1.2 “直线段”工具

1. 拖曳鼠标绘制直线段

选择“直线段”工具，在页面中需要的位置按住鼠标左键，拖曳鼠标到需要的位置，释放鼠标左键，即可绘制出直线段，效果如图 5-28 所示。

选择“直线段”工具，按住 Shift 键，在页面中需要的位置按住鼠标左键，拖曳鼠标到需要的位置，释放鼠标左键，即可绘制出水平、垂直、45° 角及其倍数的直线段，效果如图 5-29 所示。

选择“直线段”工具，按住 Alt 键，在页面中需要的位置按住鼠标左键，拖曳鼠标到需要的位置，释放鼠标左键，即可绘制出以单击点为中心的直线段（由单击点向两边扩展）。

选择“直线段”工具，按住～键，在页面中需要的位置按住鼠标左键，拖曳鼠标到需要的位置，释放鼠标左键，即可绘制出多条直线段（系统自动设置），效果如图 5-30 所示。

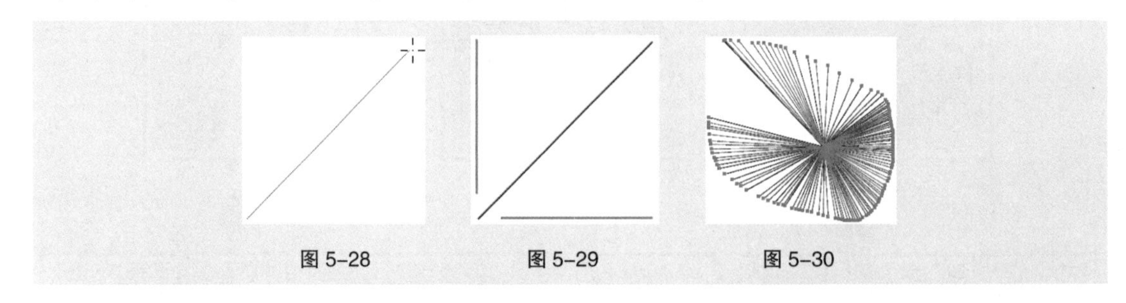

图 5-28　图 5-29　图 5-30

2. 精确绘制直线段

选择“直线段”工具，在页面中需要的位置单击，或双击“直线段”工具，都将弹出“直线段工具选项”对话框，如图 5-31 所示。在对话框中，“长度”选项用于设置直线段的长度，“角度”选项用于设置直线段的倾斜角度，勾选“线段填色”复选框可以填充的直线段组成的图形。设置完成后，单击“确定”按钮，可得到图 5-32 所示的直线段。

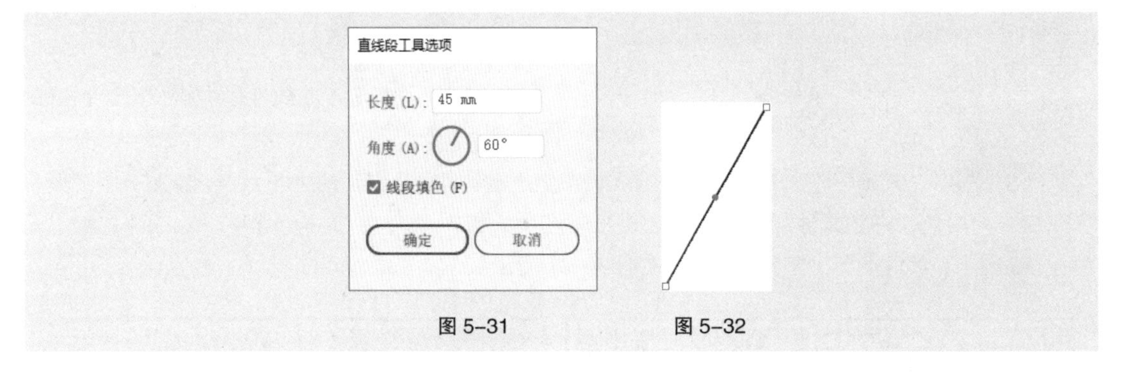

图 5-31　图 5-32

5.1.3 “弧形”工具

1. 拖曳鼠标绘制弧线

选择“弧形”工具，在页面中需要的位置按住鼠标左键，拖曳鼠标到需要的位置，释放鼠标左键，即可绘制出一条弧线，效果如图 5-33 所示。

选择“弧形”工具，按住 Shift 键，在页面中需要的位置按住鼠标左键，拖曳鼠标到需要的位置，释放鼠标左键，即可绘制出在水平方向和垂直方向上长度相等的弧线，效果如图 5-34 所示。

选择“弧形”工具，按住～键，在页面中需要的位置按住鼠标左键，拖曳鼠标到需要的位置，释放鼠标左键，即可绘制出多条弧线，效果如图 5-35 所示。

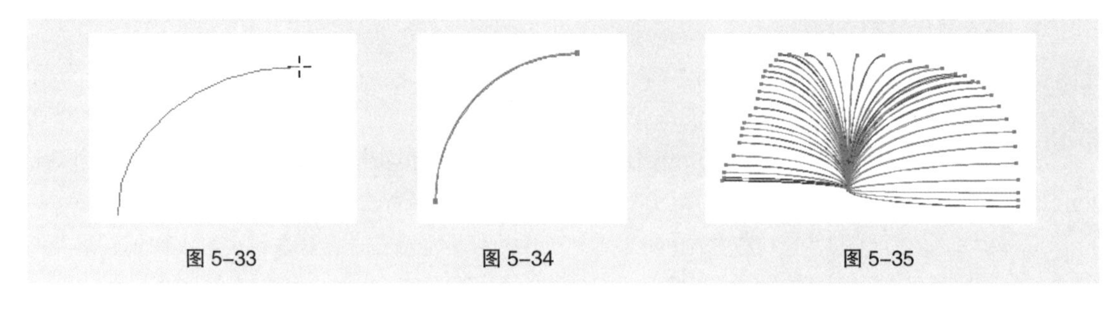

图 5-33　图 5-34　图 5-35

2. 精确绘制弧线

选择“弧形”工具，在页面中需要的位置单击，或双击“弧形”工具，都将弹出“弧线段工具选项”对话框，如图 5-36 所示。在对话框中，“X 轴长度”选项用于设置弧线水平方向的长度，“Y 轴长度”选项用于设置弧线垂直方向的长度，“类型”选项用于设置弧线类型，“基线轴”选项用于设置坐标轴，勾选“弧线填色”复选框可以填充的弧线组成的图形。设置完成后，单击“确定”按钮，可得到图 5-37 所示的图形。设置不同的数值，将会得到不同的图形，效果如图 5-38 所示。

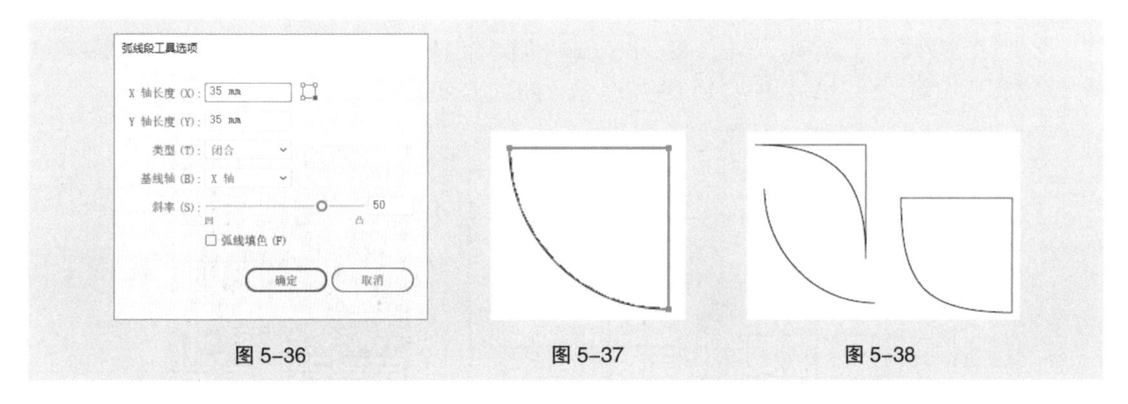

图 5-36 图 5-37 图 5-38

5.1.4 “螺旋线”工具

1. 拖曳鼠标绘制螺旋线

选择“螺旋线”工具，在页面中需要的位置按住鼠标左键，拖曳鼠标到需要的位置，释放鼠标左键，即可绘制出螺旋线，如图 5-39 所示。

选择“螺旋线”工具，按住 Shift 键，在页面中需要的位置按住鼠标左键，拖曳鼠标到需要的位置，释放鼠标左键，即可绘制出螺旋线。绘制的螺旋线转动的角度将是强制角度（默认设置为 45°）的整倍数。

选择“螺旋线”工具，按住～键，在页面中需要的位置按住鼠标左键，拖曳鼠标到需要的位置，释放鼠标左键，即可绘制出多条螺旋线，效果如图 5-40 所示。

2. 精确绘制螺旋线

选择“螺旋线”工具，在页面中需要的位置单击，弹出“螺旋线”对话框，如图 5-41 所示。在对话框中，“半径”选项用于设置螺旋线的半径，螺旋线的半径指的是从螺旋线的中心点到螺旋线终点的距离；“衰减”选项用于设置螺旋形内部线条的螺旋圈数；“段数”选项用于设置螺旋线的螺旋段数；“样式”选项用于设置螺旋线的旋转方向。设置完成后，单击“确定”按钮，可得到图 5-42 所示的螺旋线。

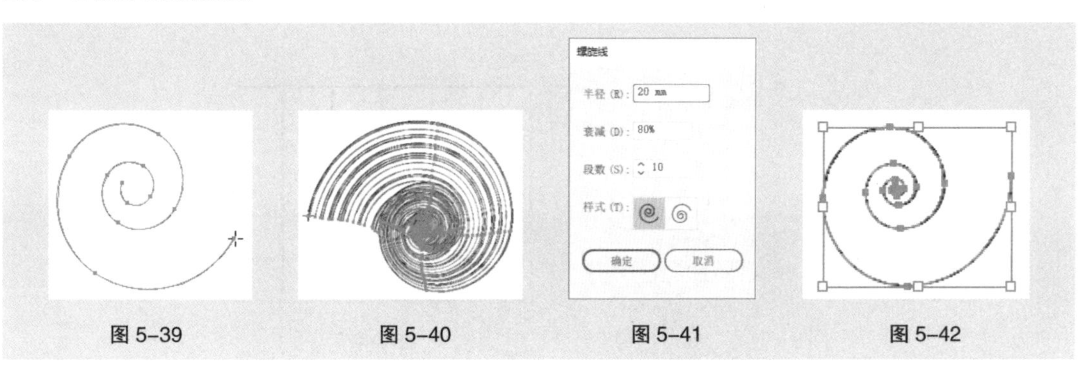

图 5-39 图 5-40 图 5-41 图 5-42

5.1.5 “矩形网格”工具

1. 拖曳鼠标绘制矩形网格

选择“矩形网格”工具，在页面中需要的位置按住鼠标左键，拖曳鼠标到需要的位置，释放鼠标左键，即可绘制出一个矩形网格，效果如图 5-43 所示。

选择“矩形网格”工具，按住 Shift 键，在页面中需要的位置按住鼠标左键，拖曳鼠标到需要的位置，释放鼠标左键，即可绘制出一个正方形网格，效果如图 5-44 所示。

选择“矩形网格”工具，按住～键，在页面中需要的位置按住鼠标左键，拖曳鼠标到需要的位置，释放鼠标左键，即可绘制出多个矩形网格，效果如图 5-45 所示。

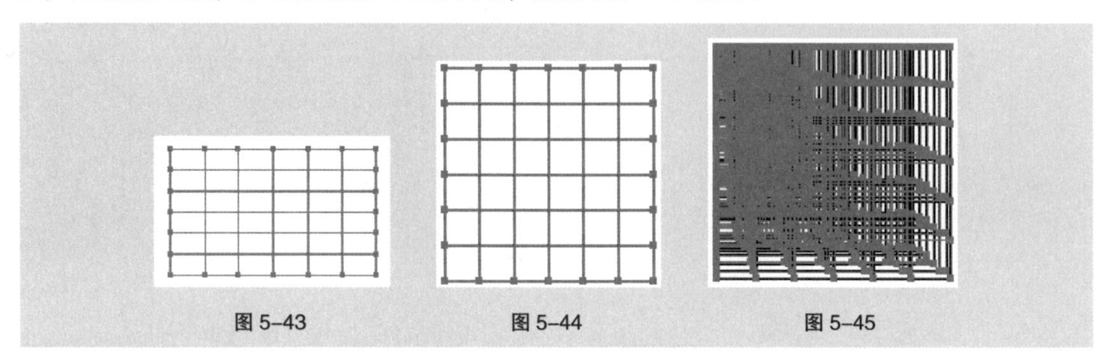

图 5-43　图 5-44　图 5-45

提示　选择“矩形网格”工具，在页面中需要的位置按住鼠标左键，拖曳鼠标到需要的位置，再按↑方向键，可以增加矩形网格的行数。如果按↓方向键，则可以减少矩形网格的行数。此方法在使用“极坐标网格”工具、“多边形”工具、“星形”工具时同样适用。

2. 精确绘制矩形网格

选择“矩形网格”工具，在页面中需要的位置单击，弹出“矩形网格工具选项”对话框，如图 5-46 所示。在对话框的“默认大小”选项组中，“宽度”选项用于设置矩形网格的宽度，“高度”选项用于设置矩形网格的高度；在“水平分隔线”选项组中，“数量”选项用于设置矩形网格中水平网格线的数量，“下方倾斜”“上方倾斜”选项用于设置水平网格的倾向；在“垂直分隔线”选项组中，“数量”选项用于设置矩形网格中垂直网格线的数量，“左方倾斜”“右方倾斜”选项用于设置垂直网格的倾向。设置完成后，单击“确定”按钮，可得到图 5-47 所示的矩形网格。

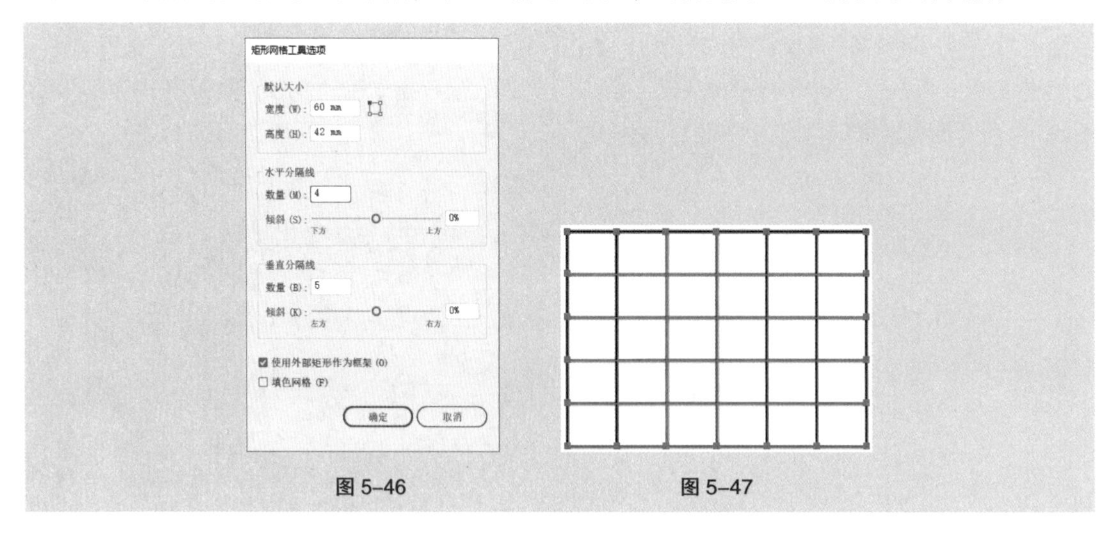

图 5-46　图 5-47

5.2 绘制基本图形

矩形、圆形、多边形和星形是非常简单、基本和重要的图形。在 Illustrator 2020 中，“矩形”工具、“圆角矩形”工具、“椭圆”工具、“多边形”工具和“星形”工具的使用方法比较相似，通过使用这些工具，可以很方便地在绘图页面上绘制出各种形状，还能够通过设置相应的参数精确绘制图形。

5.2.1 课堂案例——绘制奖杯图标

【案例学习目标】学习使用基本图形工具绘制奖杯图标。

【案例知识要点】使用“矩形”工具、“变换”面板、“圆角矩形”工具、“镜像”工具和“星形”工具绘制奖杯杯体，使用“直接选择”工具调整矩形的锚点，使用“圆角矩形”工具、“矩形”工具、“直线段”工具、“描边”面板绘制奖杯底座。奖杯图标的效果如图 5-48 所示。

【效果所在位置】云盘 \Ch05\ 效果 \ 绘制奖杯图标 .ai。

图 5-48

1. 绘制奖杯杯体

（1）按 Ctrl+N 组合键，弹出“新建文档”对话框，设置文档的宽度为 128 px，高度为 128 px，取向为横向，颜色模式为 RGB 颜色，光栅效果为屏幕（72 ppi），单击“创建”按钮，新建一个文档。

（2）选择“矩形”工具，按住 Shift 键的同时，绘制一个与页面大小相等的正方形，设置填充色为浅蓝色（235、245、255），填充图形，并设置描边色为无，效果如图 5-49 所示。按 Ctrl+2 组合键锁定所选对象。

（3）使用“矩形”工具，在适当的位置绘制一个矩形，填充图形为白色，并设置描边色为黑色，效果如图 5-50 所示。

（4）选择“窗口 > 变换”命令，弹出“变换”面板，在“矩形属性”选项组中，将“圆角半径”选项设为 0 px 和 23 px，如图 5-51 所示；按 Enter 键确定操作，效果如图 5-52 所示。

（5）选择“圆角矩形”工具，在页面中单击，弹出“圆角矩形”对话框，选项的设置如图 5-53 所示，单击“确定”按钮，得到一个圆角矩形。选择“选择”工具，拖曳圆角矩形到适当的位置，效果如图 5-54 所示。

（6）选择“矩形”工具，在适当的位置绘制一个矩形，设置描边色为灰色（191、191、196），填充描边，效果如图 5-55 所示。在属性栏中将“描边粗细”选项设为 4 pt；按 Enter 键确定操作，效果如图 5-56 所示。

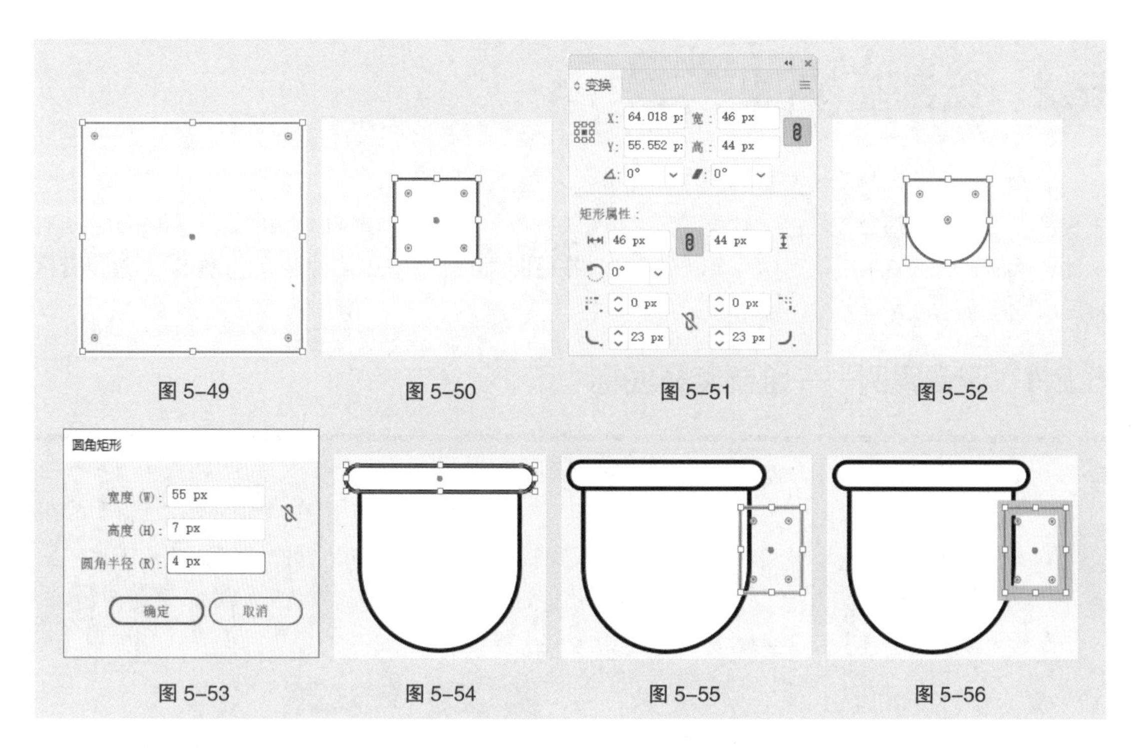

图 5-49　图 5-50　图 5-51　图 5-52

图 5-53　图 5-54　图 5-55　图 5-56

（7）在“变换”面板中，将“圆角半径”选项设为 4 px 和 16 px，如图 5-57 所示；按 Enter 键确定操作，效果如图 5-58 所示。选择“对象 > 路径 > 轮廓化描边”命令，创建图形的描边轮廓，效果如图 5-59 所示。

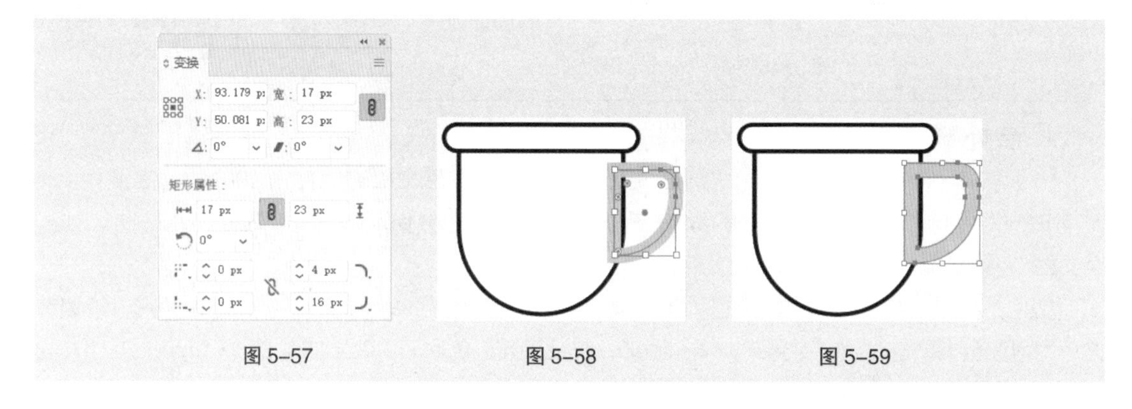

图 5-57　图 5-58　图 5-59

（8）保持图形的选取状态。设置描边色为黑色，效果如图 5-60 所示。连续按 Ctrl+ [组合键，将图形向后移至适当的位置，效果如图 5-61 所示。

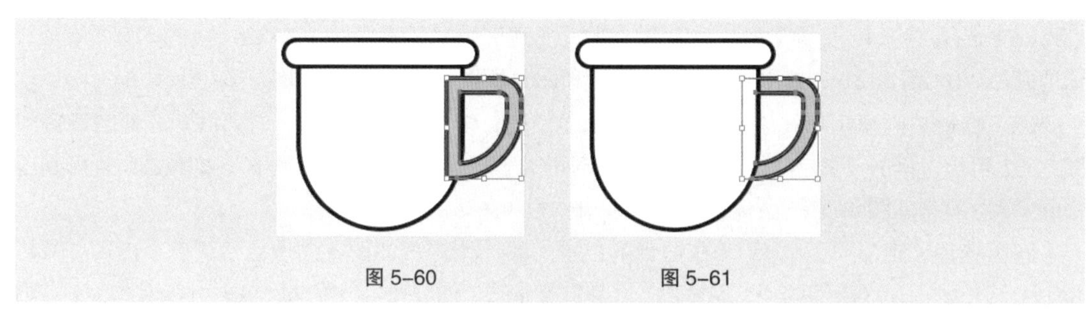

图 5-60　图 5-61

（9）双击“镜像”工具，弹出“镜像”对话框，选项的设置如图 5-62 所示；单击“复制”按钮，镜像并复制图形；选择“选择”工具，按住 Shift 键的同时，水平向左拖曳复制得到的图形到适当的位置，效果如图 5-63 所示。

（10）选择“星形”工具，在页面中单击，弹出“星形”对话框，选项的设置如图 5-64 所示，单击“确定”按钮，得到一个五角星。选择“选择”工具，拖曳五角星到适当的位置，设置填充色为蓝色（0、79、255），填充图形，并设置描边色为黑色，效果如图 5-65 所示。

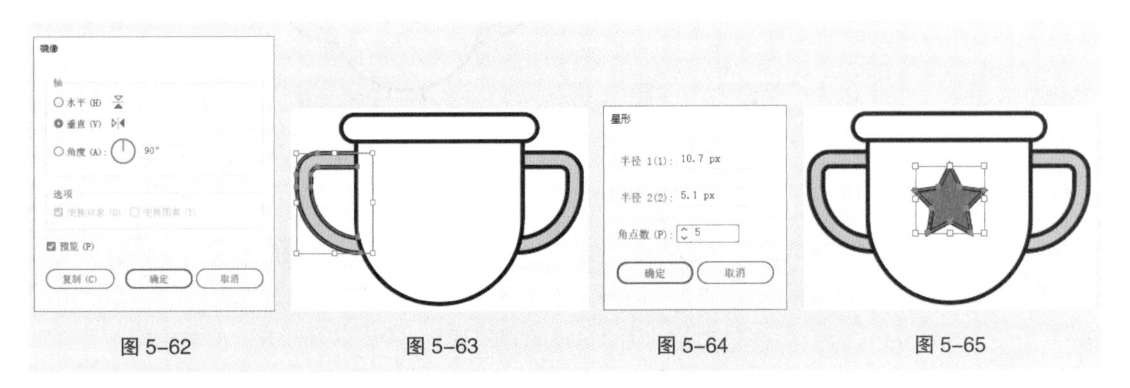

图 5-62　　图 5-63　　图 5-64　　图 5-65

2．绘制奖杯底座

（1）选择“矩形”工具，在适当的位置绘制一个矩形，填充图形为白色，并设置描边色为黑色，效果如图 5-66 所示。连续按 Ctrl+ [组合键，将图形向后移至适当的位置，效果如图 5-67 所示。

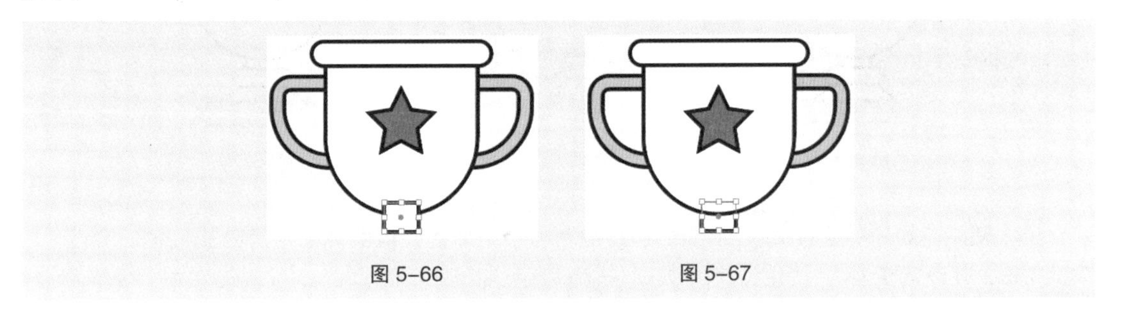

图 5-66　　图 5-67

（2）选择“选择”工具，按住 Alt+Shift 组合键的同时，垂直向下拖曳矩形到适当的位置，复制矩形，效果如图 5-68 所示。选择“直接选择”工具，水平向左拖曳复制出的矩形的左下角锚点到适当的位置，如图 5-69 所示。用相同的方法拖曳右下角的锚点到适当的位置，效果如图 5-70 所示。

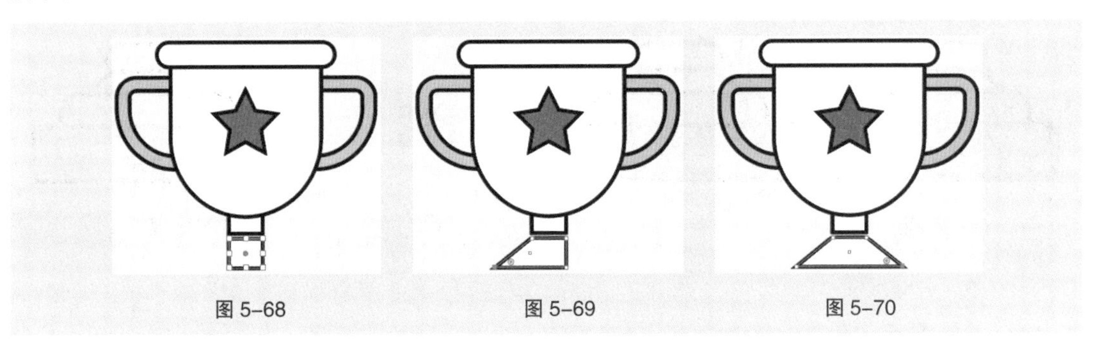

图 5-68　　图 5-69　　图 5-70

（3）选择“圆角矩形”工具，在页面中单击，弹出“圆角矩形”对话框，选项的设置如图 5-71 所示，单击“确定”按钮，得到一个圆角矩形。选择“选择”工具，拖曳圆角矩形到适当的位置，效果如图 5-72 所示。

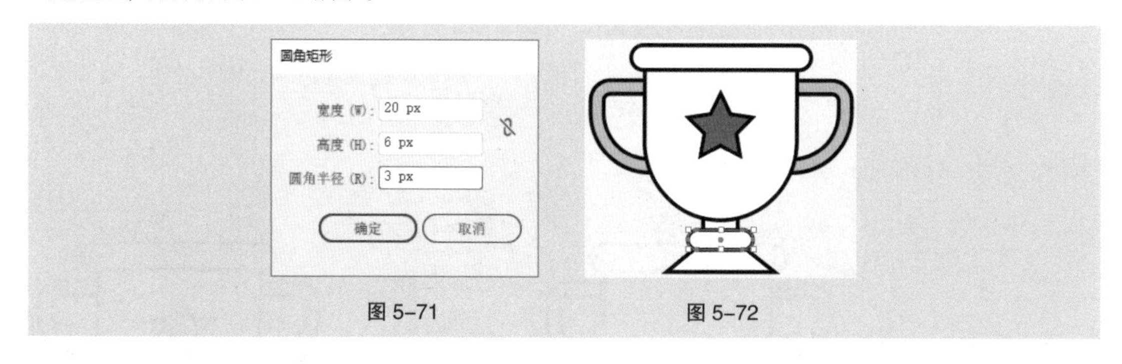

图 5-71　　图 5-72

（4）选择“矩形”工具，在适当的位置绘制一个矩形，设置填充色为灰色（191、191、196），填充图形，并设置描边色为黑色，效果如图 5-73 所示。在“变换”面板中，将“圆角半径”选项设为 4 px 和 0 px，如图 5-74 所示；按 Enter 键确定操作，效果如图 5-75 所示。

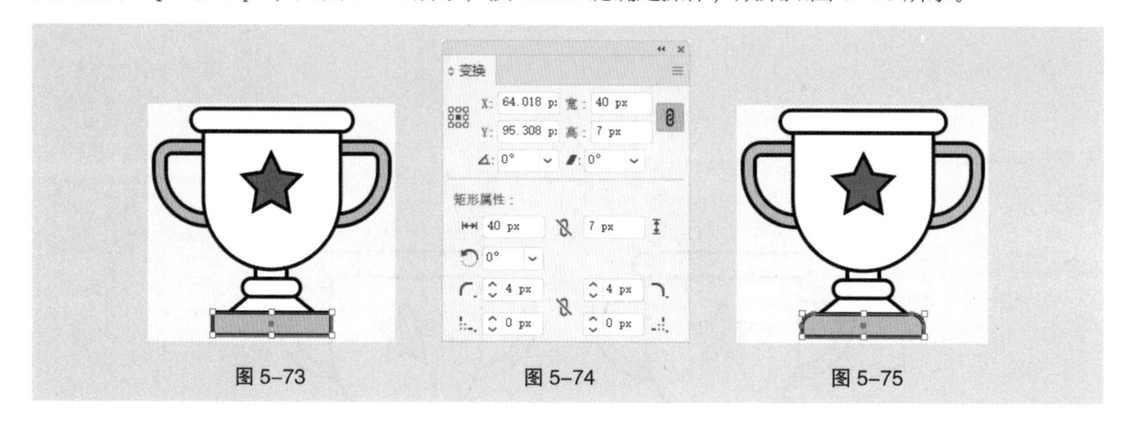

图 5-73　　图 5-74　　图 5-75

（5）使用“矩形”工具在适当的位置绘制一个矩形，设置填充色为蓝色（0、79、255），填充图形，并设置描边色为黑色，效果如图 5-76 所示。

（6）选择“直线段”工具，按住 Shift 键的同时，在适当的位置绘制一条直线段，设置描边色为白色，效果如图 5-77 所示。

（7）选择“窗口 > 描边”命令，弹出“描边”面板，单击“端点”选项组中的“圆头端点”按钮，其他选项的设置如图 5-78 所示，效果如图 5-79 所示。

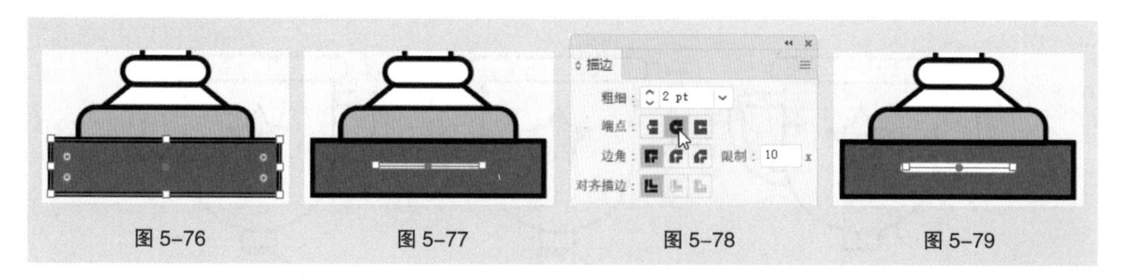

图 5-76　　图 5-77　　图 5-78　　图 5-79

（8）按 Ctrl+O 组合键，打开云盘中的“Ch05 > 素材 > 绘制奖杯图标 > 01”文件，按 Ctrl+A 组合键，全选图形。按 Ctrl+C 组合键，复制图形。选择正在编辑的页面，按 Ctrl+V 组合键，将复制的图形粘贴到页面中。选择“选择”工具▶，拖曳复制得到的图形到适当的位置，效果如图 5-80 所示。连续按 Ctrl+ [组合键，将图形向后移至适当的位置，效果如图 5-81 所示。

（9）奖杯图标绘制完成，效果如图 5-82 所示。将图标应用到手机中，图标会自动应用圆角遮罩，呈现出圆角效果，如图 5-83 所示。

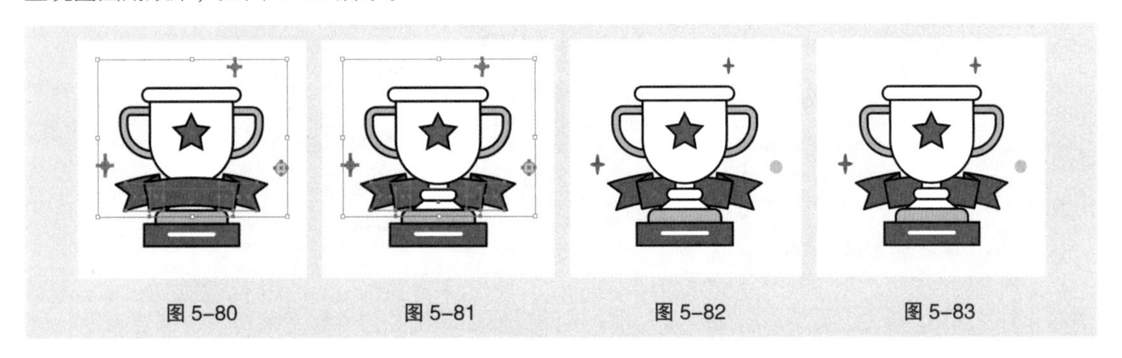

图 5-80　图 5-81　图 5-82　图 5-83

5.2.2 “矩形”工具和“圆角矩形”工具

1．拖曳鼠标绘制矩形

选择“矩形”工具▢，在页面中需要的位置按住鼠标左键，拖曳鼠标到需要的位置，释放鼠标左键，即可绘制出一个矩形，效果如图 5-84 所示。

选择“矩形”工具▢，按住 Shift 键，在页面中需要的位置按住鼠标左键，拖曳鼠标到需要的位置，释放鼠标左键，即可绘制出一个正方形，效果如图 5-85 所示。

选择“矩形”工具▢，按住～键，在页面中需要的位置按住鼠标左键，拖曳鼠标到需要的位置，释放鼠标左键，即可绘制出多个矩形，效果如图 5-86 所示。

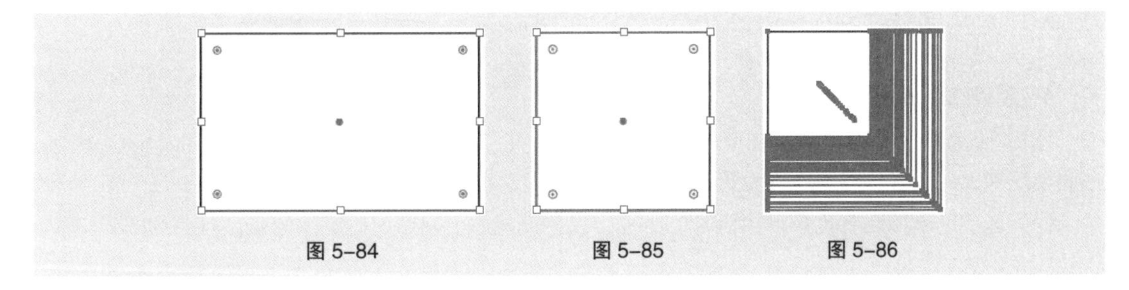

图 5-84　图 5-85　图 5-86

提示　选择“矩形”工具▢，按住 Alt 键，在页面中需要的位置按住鼠标左键，拖曳鼠标到需要的位置，释放鼠标左键，可以绘制一个以单击点为中心的矩形。

选择“矩形”工具▢，按住 Alt+Shift 组合键，在页面中需要的位置按住鼠标左键，拖曳鼠标到需要的位置，释放鼠标左键，可以绘制一个以单击点为中心的正方形。

选择“矩形”工具▢，在页面中需要的位置按住鼠标左键，拖曳鼠标到需要的位置，再按住 Space 键，可以暂停绘制工作而在页面上任意移动未绘制完成的矩形，释放 Space 键后可继续绘制矩形。

上述方法在使用“圆角矩形”工具▢、“椭圆”工具◯、“多边形”工具⬡、“星形”工具☆时同样适用。

2．精确绘制矩形

选择“矩形”工具▢，在页面中需要的位置单击，弹出“矩形”对话框，如图 5-87 所示。在对话框中，“宽度”选项用于设置矩形的宽度，“高度”选项用于设置矩形的高度。设置完成后，单击“确定”按钮，可得到图 5-88 所示的矩形。

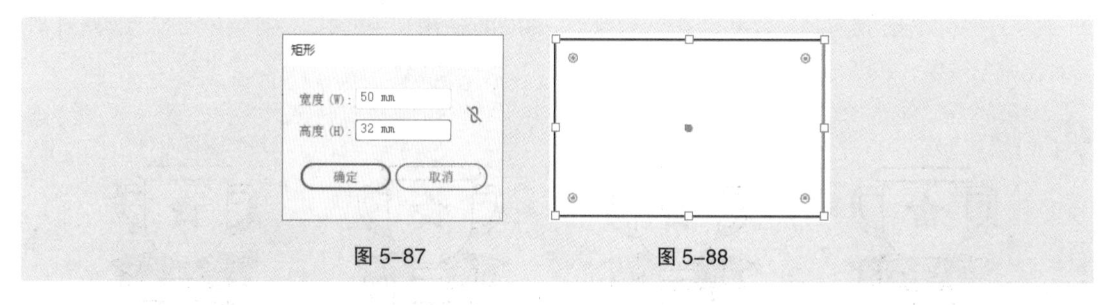

图 5-87　　图 5-88

3. 拖曳鼠标绘制圆角矩形

选择“圆角矩形”工具，在页面中需要的位置按住鼠标左键，拖曳鼠标到需要的位置，释放鼠标左键，即可绘制出一个圆角矩形，效果如图 5-89 所示。

选择“圆角矩形”工具，按住 Shift 键，在页面中需要的位置按住鼠标左键，拖曳鼠标到需要的位置，释放鼠标左键，可以绘制出一个宽度和高度相等的圆角矩形，效果如图 5-90 所示。

选择“圆角矩形”工具，按住~键，在页面中需要的位置按住鼠标左键，拖曳鼠标到需要的位置，释放鼠标左键，即可绘制出多个圆角矩形，效果如图 5-91 所示。

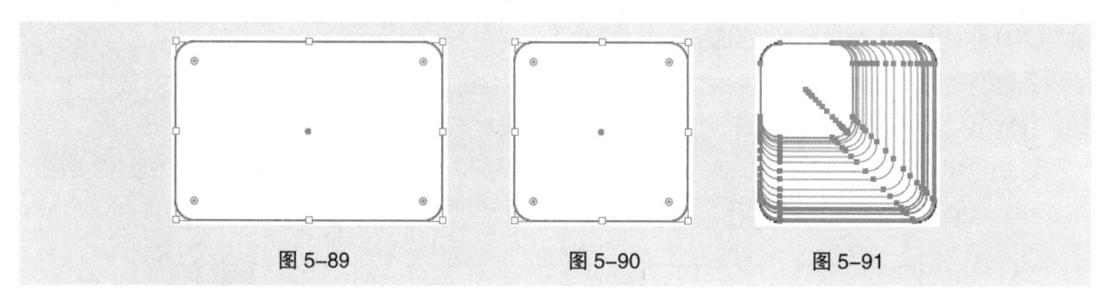

图 5-89　　图 5-90　　图 5-91

4. 精确绘制圆角矩形

选择“圆角矩形”工具，在页面中需要的位置单击，弹出“圆角矩形”对话框，如图 5-92 所示。在对话框中，“宽度”选项用于设置圆角矩形的宽度，“高度”选项用于设置圆角矩形的高度，“圆角半径”选项用于控制圆角矩形中圆角的半径；设置完成后，单击“确定”按钮，可得到图 5-93 所示的圆角矩形。

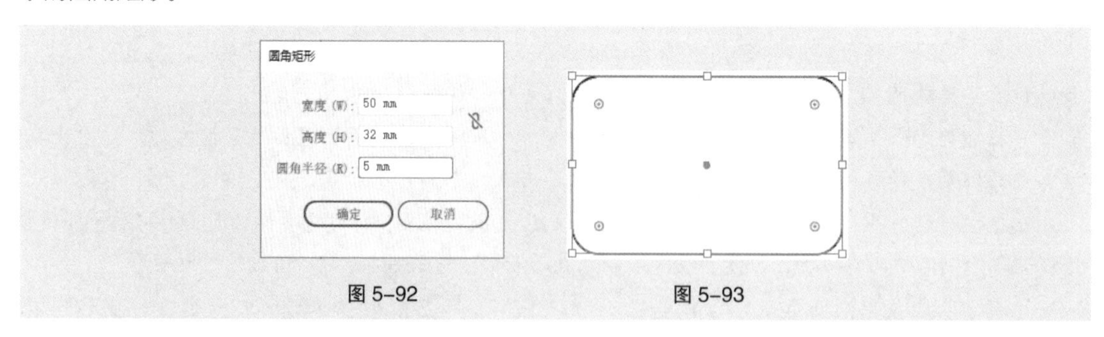

图 5-92　　图 5-93

5. 使用“变换”面板制作实时转角

选择“选择”工具，选取绘制好的矩形。选择“窗口 > 变换”命令（组合键为 Shift+F8），弹出“变换”面板，如图 5-94 所示。

在“矩形属性”选项组中，“边角类型”按钮用于设置边角的类型，包括“圆角”“反向圆角”“倒角”3种；在“圆角半径”选项的数值框中可以输入圆角半径值；单击按钮可以链接圆角半径，以便同时设置圆角半径值；单击按钮可以取消圆角半径的链接，以便分别设置圆角半径值。

单击按钮，其他选项的设置如图 5-95 所示；按 Enter 键，可得到图 5-96 所示的效果。单击按钮，其他选项的设置如图 5-97 所示；按 Enter 键，可得到图 5-98 所示的效果。

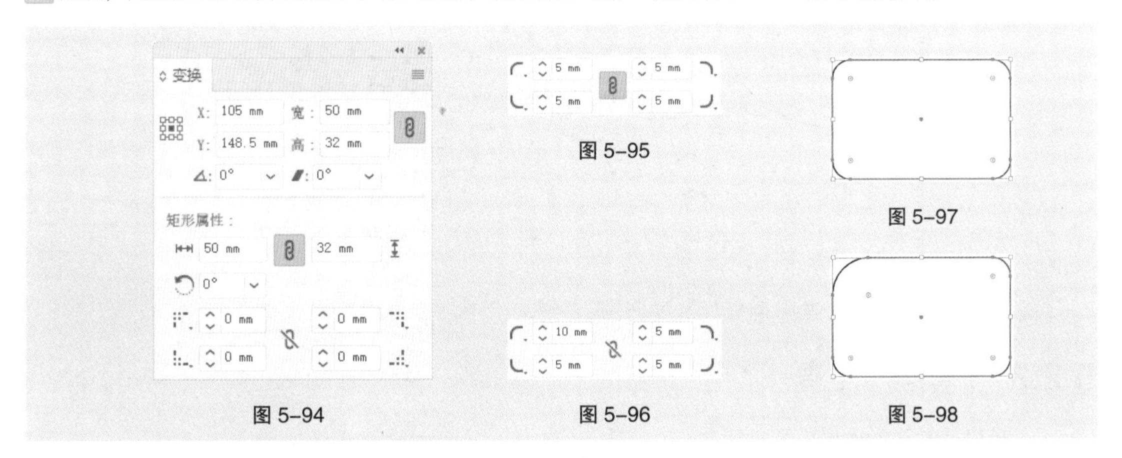

图 5-94　图 5-95　图 5-96　图 5-97　图 5-98

6. 使用边角构件制作实时转角

选择“选择”工具，选取绘制好的矩形，此时，4 个边角构件处于可编辑状态，如图 5-99 所示。向内拖曳其中任意一个边角构件，如图 5-100 所示，可对矩形角进行变形，释放鼠标左键，效果如图 5-101 所示。

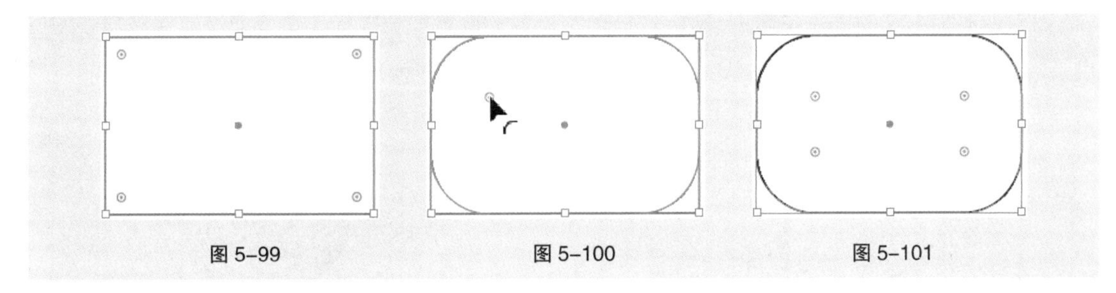

图 5-99　图 5-100　图 5-101

提示　选择“视图 > 隐藏边角构件”命令，可以将边角构件隐藏。选择“视图 > 显示边角构件”命令，可以显示出边角构件。

当将鼠标指针移动到任意一个实心边角构件上时，鼠标指针会变为图标，如图 5-102 所示；单击将实心边角构件变为空心边角构件，鼠标指针会变为图标，如图 5-103 所示；此时拖曳鼠标可单独对选取的边角进行变形，如图 5-104 所示。

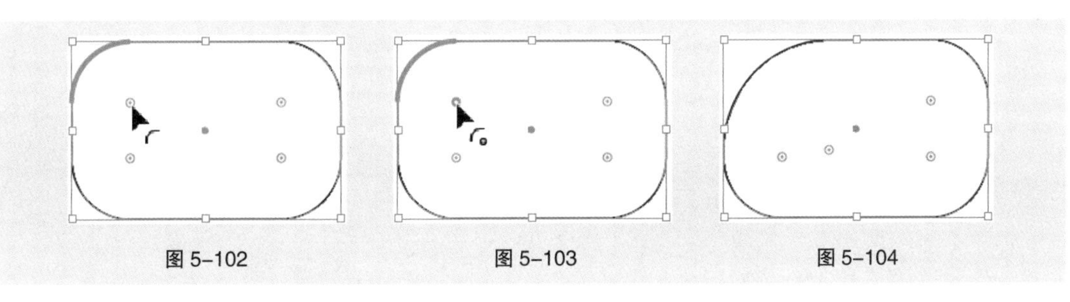

图 5-102　图 5-103　图 5-104

按住 Alt 键的同时，单击任意一个边角构件，或在拖曳边角构件的同时，按↑方向键或↓方向键，可在 3 种边角中交替转换，如图 5-105 所示。

按住 Ctrl 键的同时，双击其中一个边角构件，弹出“边角”对话框，如图 5-106 所示，在其中可以设置边角类型、边角半径和圆角类型。

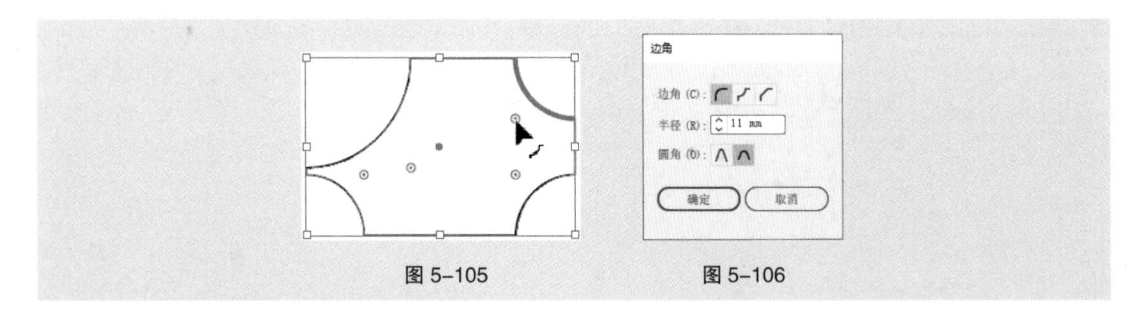

图 5-105　　图 5-106

提示　拖曳边角构件至圆角矩形呈红色显示，表示圆角半径已达到最大值。

5.2.3 “椭圆”工具

1. 拖曳鼠标绘制椭圆形

选择“椭圆”工具，在页面中需要的位置按住鼠标左键，拖曳鼠标到需要的位置，释放鼠标左键，即可绘制出一个椭圆形，如图 5-107 所示。

选择“椭圆”工具，按住 Shift 键，在页面中需要的位置按住鼠标左键，拖曳鼠标到需要的位置，释放鼠标左键，即可绘制出一个圆形，效果如图 5-108 所示。

选择“椭圆”工具，按住～键，在页面中需要的位置按住鼠标左键，拖曳鼠标到需要的位置，释放鼠标左键，可以绘制多个椭圆形，效果如图 5-109 所示。

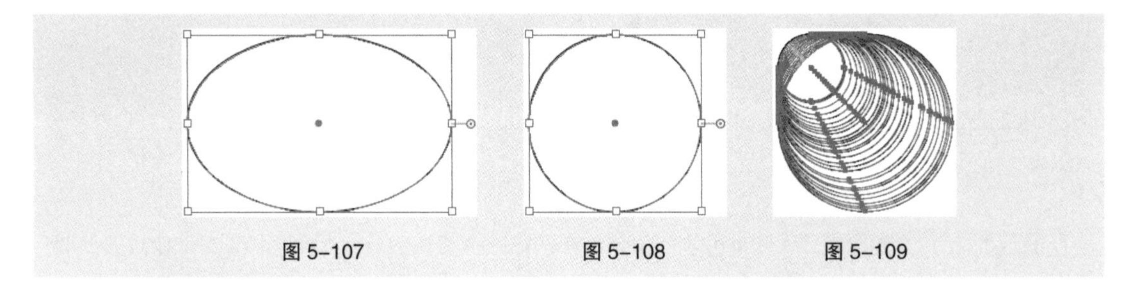
图 5-107　　图 5-108　　图 5-109

2. 精确绘制椭圆形

选择“椭圆”工具，在页面中需要的位置单击，弹出“椭圆”对话框，如图 5-110 所示。在对话框中，“宽度”选项用于设置椭圆形的宽度，“高度”选项用于设置椭圆形的高度。设置完成后，单击“确定”按钮，可得到图 5-111 所示的椭圆形。

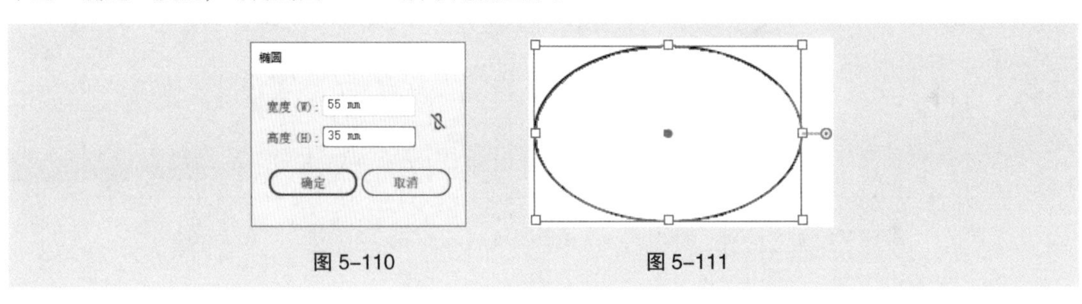

图 5-110　　图 5-111

3. 使用“变换”面板制作饼图

选择“选择”工具▶，选取绘制好的椭圆形。选择“窗口 > 变换”命令（组合键为 Shift+F8），弹出“变换”面板，如图 5-112 所示。在“椭圆属性”选项组中，“饼图起点角度”选项 0° 用于设置饼图的起点角度；“饼图终点角度”选项 0° 用于设置饼图的终点角度；单击按钮可以链接饼图的起点角度和终点角度，以便同时设置；单击按钮，可以取消链接饼图的起点角度和终点角度，以便分别设置；单击“反转饼图”按钮⇄可以互换饼图的起点角度和终点角度。

将“饼图起点角度”选项 0° 设置为 45°，效果如图 5-113 所示；将此选项设置为 180°，效果如图 5-114 所示。

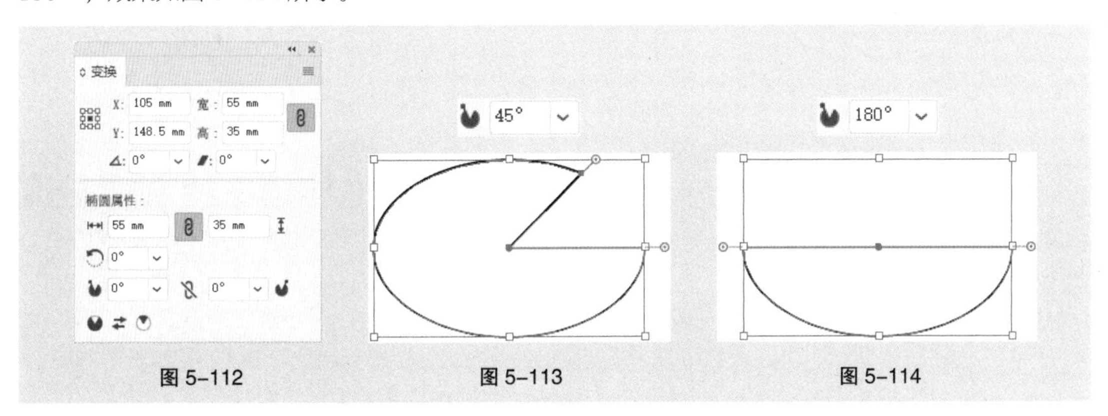

图 5-112　图 5-113　图 5-114

将“饼图终点角度”选项 0° 设置为 45°，效果如图 5-115 所示；将此选项设置为 180°，效果如图 5-116 所示。

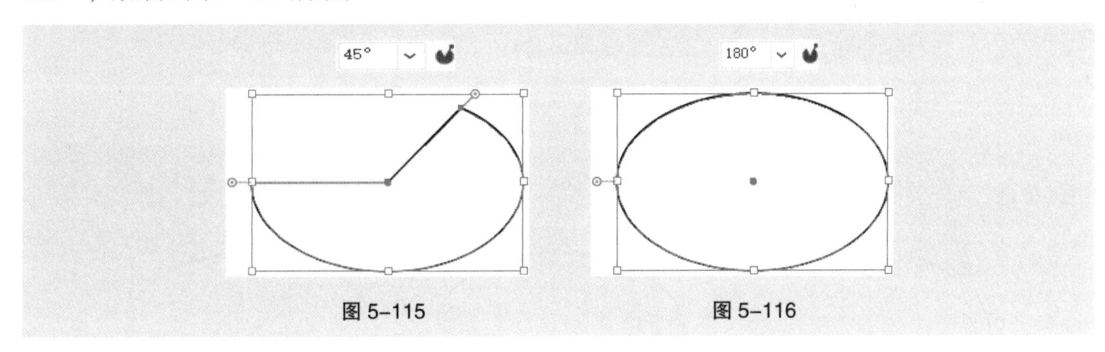

图 5-115　图 5-116

将“饼图起点角度”选项 0° 设置为 60°，“饼图终点角度”选项 0° 设置为 30°，效果如图 5-117 所示。单击“反转饼图”按钮⇄，将饼图的起点角度和终点角度互换，效果如图 5-118 所示。

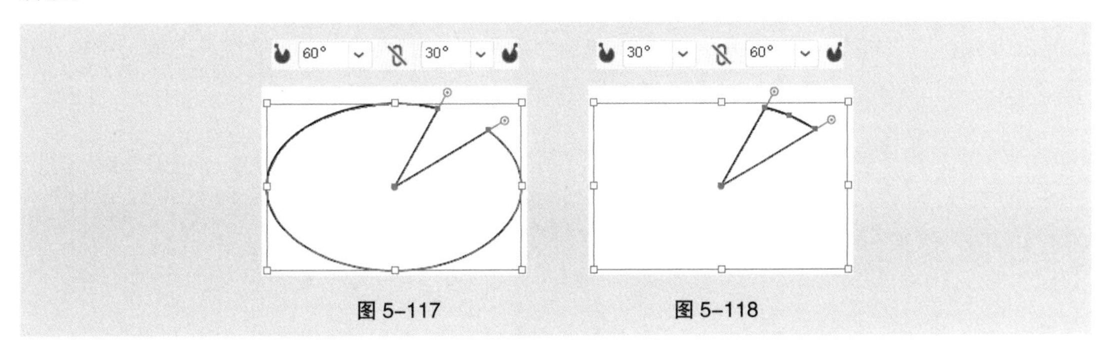

图 5-117　图 5-118

4. 拖曳饼图构件制作饼图

选择“选择”工具▶，选取绘制好的椭圆形。将鼠标指针放置在饼图构件上，鼠标指针变为▶图标时，如图 5-119 所示，向上拖曳饼图构件，可以改变饼图的起点角度，如图 5-120 所示；向下拖曳饼图构件，可以改变饼图的终点角度，如图 5-121 所示。

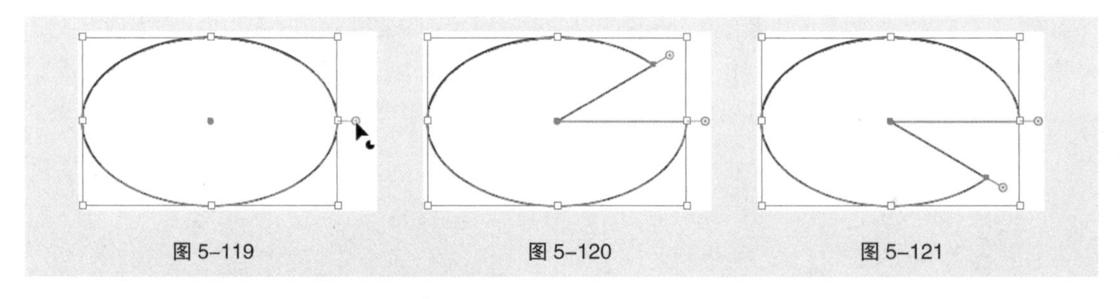

图 5-119　　图 5-120　　图 5-121

5. 使用“直接选择”工具调整饼图转角

选择“直接选择”工具▷，选取绘制好的饼图，此时边角构件处于可编辑状态，如图 5-122 所示，向内拖曳其中任意一个边角构件，如图 5-123 所示，对饼图角进行变形，确认后释放鼠标左键，效果如图 5-124 所示。

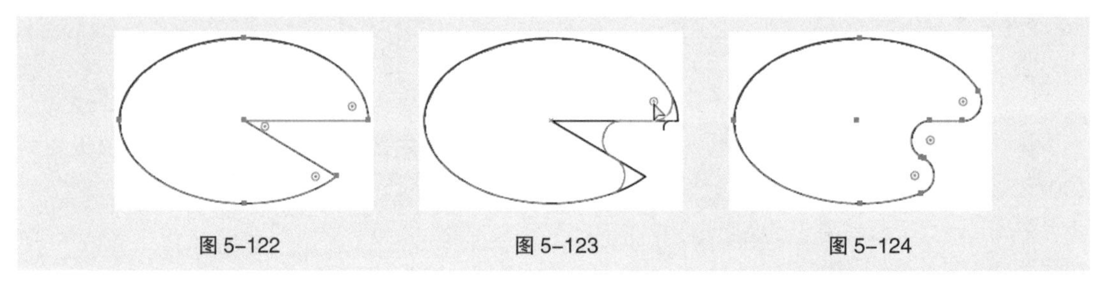

图 5-122　　图 5-123　　图 5-124

当将鼠标指针移动到任意一个实心边角构件上时，鼠标指针会变为▷图标，如图 5-125 所示；单击将实心边角构件变为空心边角构件，鼠标指针会变为▷图标，如图 5-126 所示；拖曳对选取的饼图角进行单独变形，确认后释放鼠标左键后，效果如图 5-127 所示。

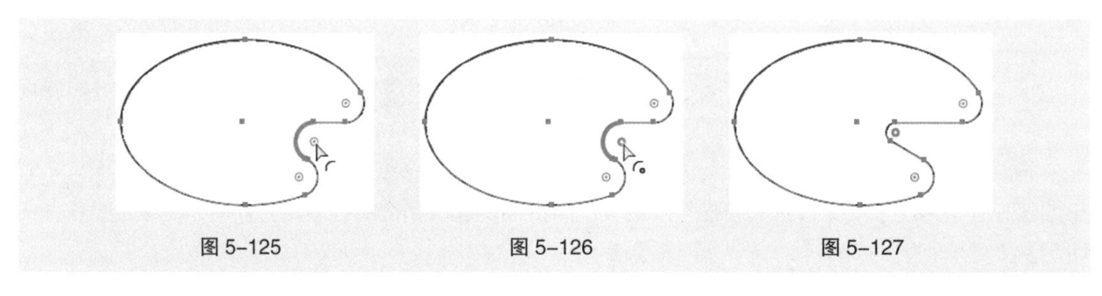

图 5-125　　图 5-126　　图 5-127

按住 Alt 键的同时，单击任意一个边角构件，或在拖曳边角构件的同时，按↑方向键或↓方向键，可在 3 种边角中交替转换，如图 5-128 所示。

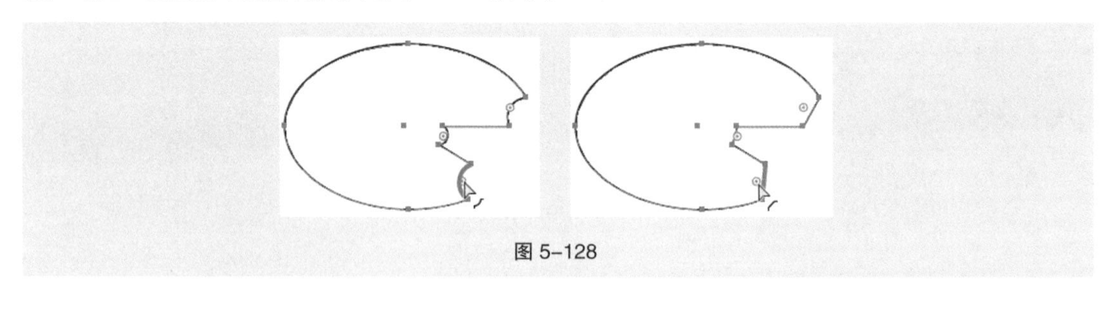

图 5-128

提示　双击任意一个边角构件，弹出“边角”对话框，可以设置边角类型、边角半径和圆角类型。

5.2.4 “多边形”工具

1. 拖曳鼠标绘制多边形

选择“多边形”工具，在页面中需要的位置按住鼠标左键，拖曳鼠标到需要的位置，释放鼠标左键，即可绘制出一个任意角度的正多边形，如图 5-129 所示。

选择“多边形”工具，按住 Shift 键，在页面中需要的位置按住鼠标左键，拖曳鼠标到需要的位置，释放鼠标左键，即可绘制出一个无角度的正多边形，效果如图 5-130 所示。

选择“多边形”工具，按住～键，在页面中需要的位置按住鼠标左键，拖曳鼠标到需要的位置，释放鼠标左键，即可绘制出多个多边形，效果如图 5-131 所示。

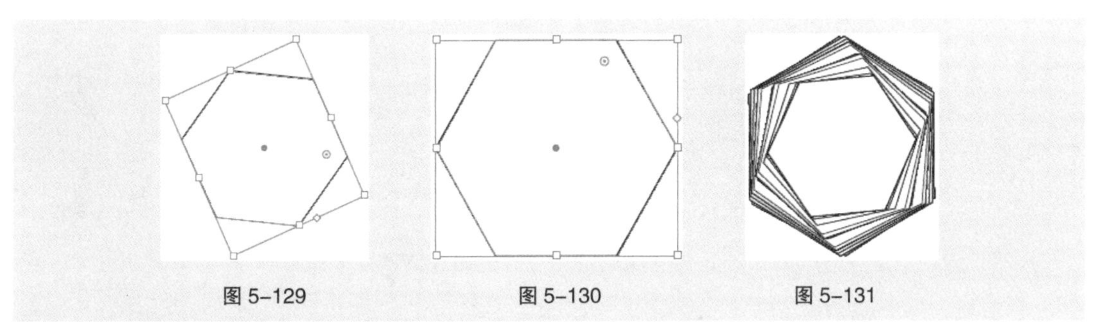

图 5-129　　图 5-130　　图 5-131

2. 精确绘制多边形

选择“多边形”工具，在页面中需要的位置单击，弹出“多边形”对话框，如图 5-132 所示。在对话框中，“半径”选项用于设置多边形的半径，半径指的是从多边形中心点到多边形顶点的距离，而中心点一般为多边形的重心；“边数”选项用于设置多边形的边数。设置完成后，单击“确定”按钮，可得到图 5-133 所示的多边形。

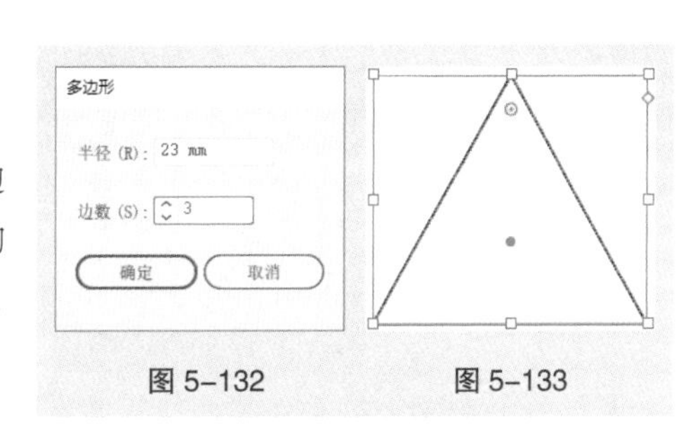

图 5-132　　图 5-133

3. 拖曳多边形构件增加或减少多边形边数

选择“选择”工具，选取绘制好的多边形，将鼠标指针放置在多边形构件上，鼠标指针变为+/-图标时，如图 5-134 所示，向上拖曳多边形构件，可以减少多边形的边数，如图 5-135 所示；向下拖曳多边形构件，可以增加多边形的边数，如图 5-136 所示。

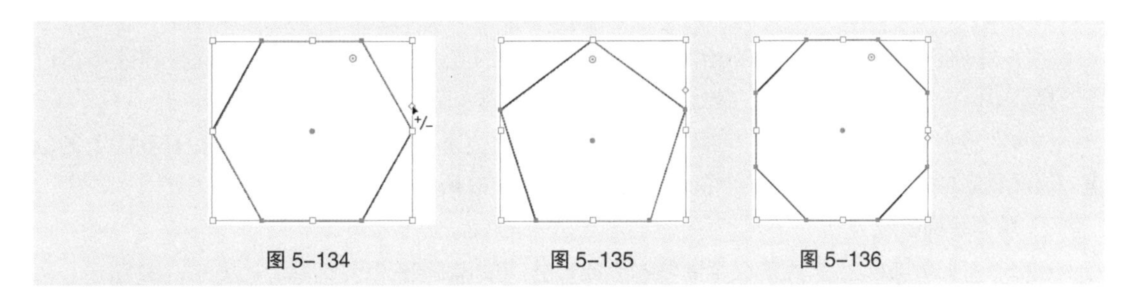

图 5-134　　图 5-135　　图 5-136

提示　多边形“边数”的取值范围为 3 ～ 11，最少边数为 3，最多边数为 11。

4. 使用“变换”面板制作实时转角

选择“选择”工具，选取绘制好的正六边形。选择“窗口 > 变换”命令，弹出“变换”面板，如图 5-137 所示。在“多边形属性”选项组中，“多边形边数计算”选项 用于设置多边形的边数，“边角类型”按钮 用于设置任意角的转角类型，“圆角半径”选项 用于设置多边形各个圆角的半径，“多边形半径”选项 用于设置多边形的半径，“多边形边长度”选项 用于设置多边形每一边的长度。

“多边形边数计算”选项的取值范围为 3 ～ 20。当数值为 3 时，效果如图 5-138 所示；当数值为 20 时，效果如图 5-139 所示。

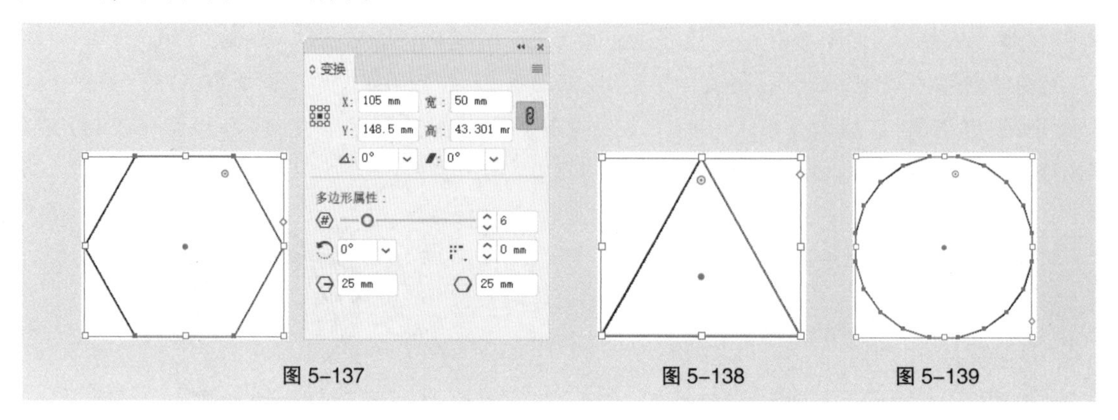

图 5-137　图 5-138　图 5-139

设置“边角类型”分别为“圆角”“反向圆角”“倒角”的效果如图 5-140 所示。

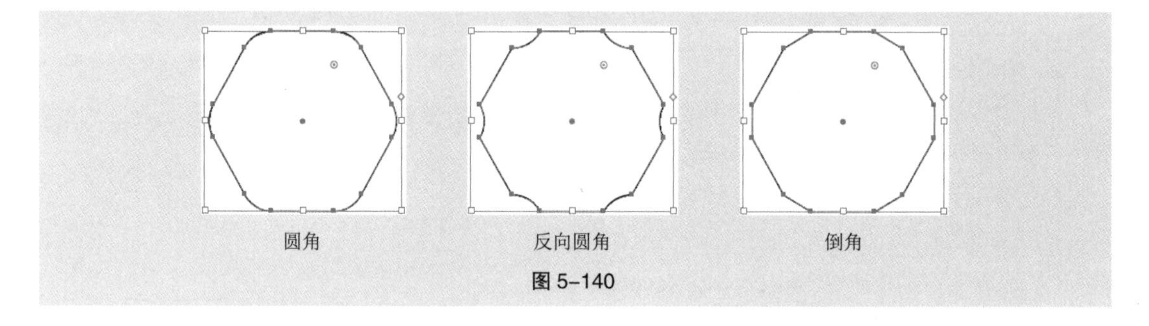

圆角　反向圆角　倒角

图 5-140

5.2.5 “星形”工具

1. 拖曳鼠标绘制星形

选择“星形”工具 ，在页面中需要的位置按住鼠标左键，拖曳鼠标到需要的位置，释放鼠标左键，即可绘制出一个任意角度的正星形，效果如图 5-141 所示。

选择“星形”工具 ，按住 Shift 键，在页面中需要的位置按住鼠标左键，拖曳鼠标到需要的位置，释放鼠标左键，即可绘制出一个无角度的正星形，效果如图 5-142 所示。

选择“星形”工具 ，按住～键，在页面中需要的位置按住鼠标左键，拖曳鼠标到需要的位置，释放鼠标左键，即可绘制出多个星形，效果如图 5-143 所示。

2. 精确绘制星形

选择“星形”工具 ，在页面中需要的位置单击，弹出“星形”对话框，如图 5-144 所示。在对话框中，“半径 1”选项用于设置从星形中心点到各外部角的顶点的距离，“半径 2”选项用于设置从星形中心点到各内部角的顶点的距离，“角点数”选项用于设置星形的边角数量。设置完成后，单击“确定”按钮，可得到图 5-145 所示的星形。

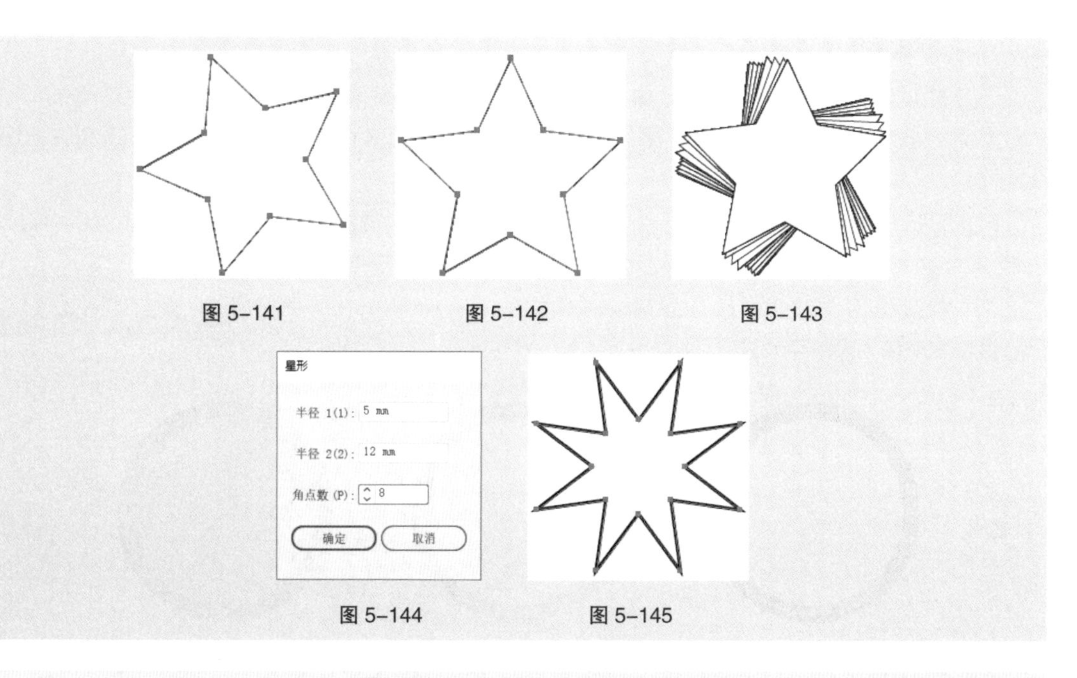

图 5-141　　图 5-142　　图 5-143

图 5-144　　图 5-145

提示　使用“直接选择”工具 调整多边形和星形的实时转角的方法与调整饼图转角的方法相同，这里不赘述。

5.3 编辑对象

在 Illustrator 2020 中编辑图形时，“路径查找器”面板是最常用的工具之一。它包含许多功能强大的路径编辑按钮。使用“路径查找器”面板经过特定的运算可以将许多简单的路径变成各种复杂的路径。

5.3.1 课堂案例——绘制可口冰激凌插图

【案例学习目标】学习使用“钢笔”工具、“路径查找器”面板绘制可口冰激凌插图。

【案例知识要点】使用“椭圆”工具、“路径查找器”面板和“钢笔”工具绘制冰激凌球，使用“矩形”工具、“变换”面板、“镜像”工具、“直接选择”工具和“直线段”工具绘制冰激凌筒。可口冰激凌插图的效果如图 5-146 所示。

【效果所在位置】云盘 \Ch05\ 效果 \ 绘制可口冰激凌插图 .ai。

图 5-146

慕课视频

课堂案例——绘制可口冰激凌插图 1

慕课视频

课堂案例——绘制可口冰激凌插图 2

扩展案例

绘制猫头鹰

1. 绘制冰激凌球

（1）按 Ctrl+N 组合键，弹出“新建文档”对话框，设置文档的宽度为 800 px，高度为 600 px，取向为横向，颜色模式为 RGB 颜色，光栅效果为屏幕（72 ppi），单击“创建”按钮，新建一个文档。

（2）选择“椭圆”工具，按住 Shift 键的同时，在适当的位置绘制一个圆形，在属性栏中将“描边粗细”选项设置为 13 pt，按 Enter 键确定操作，效果如图 5-147 所示。

（3）保持图形的选取状态。设置描边色为紫色（83、35、85），填充描边，效果如图 5-148 所示。设置填充色为淡粉色（235、147、187），填充图形，效果如图 5-149 所示。

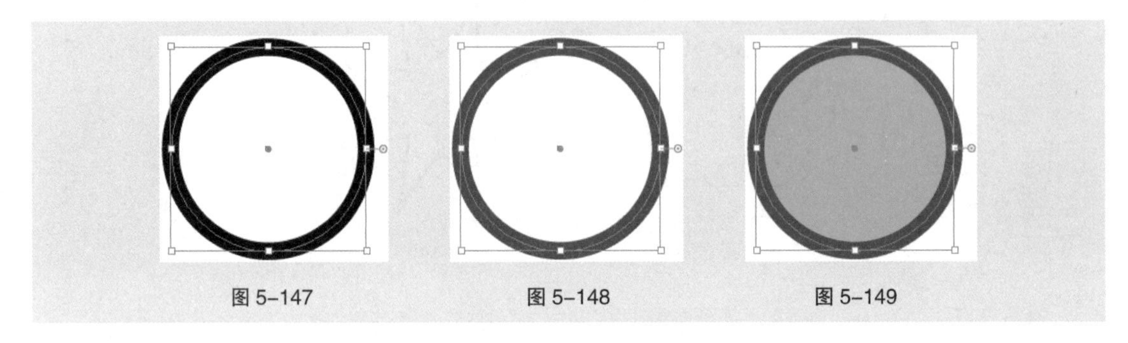

图 5-147　　图 5-148　　图 5-149

（4）选择“椭圆”工具，按住 Shift 键的同时，在适当的位置绘制一个圆形，效果如图 5-150 所示。选择“选择”工具，按住 Alt 键的同时，向右拖曳圆形到适当的位置，复制圆形，效果如图 5-151 所示。

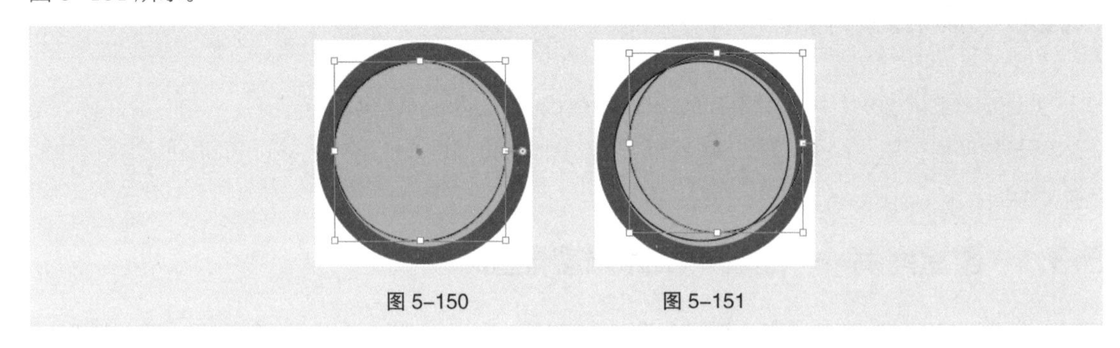

图 5-150　　图 5-151

（5）选择“选择”工具，按住 Shift 键的同时，单击左侧圆形，将两个圆形同时选取，如图 5-152 所示。选择“窗口 > 路径查找器”命令，弹出“路径查找器”面板，单击“减去顶层”按钮，如图 5-153 所示；生成新的对象，效果如图 5-154 所示。设置填充色为粉红色（220、120、170），填充图形，并设置描边色为无，效果如图 5-155 所示。

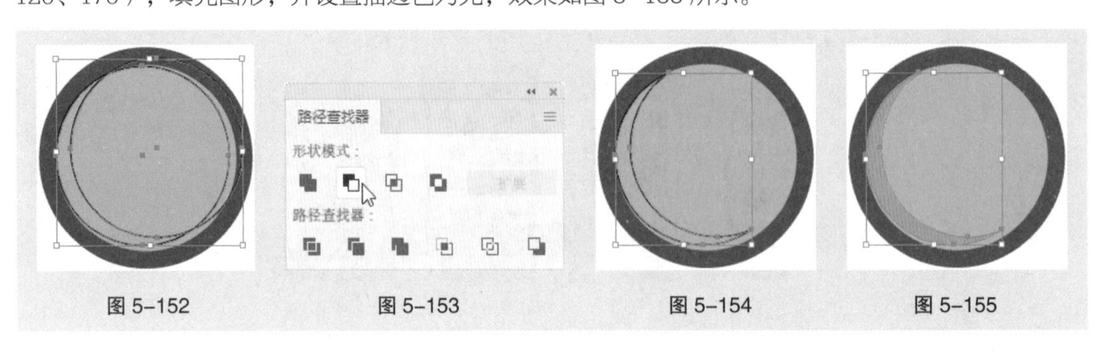

图 5-152　　图 5-153　　图 5-154　　图 5-155

（6）选择“椭圆”工具，按住 Shift 键的同时，在适当的位置绘制一个圆形，设置填充色为粉红色（220、120、170），填充图形，并设置描边色为无，效果如图 5-156 所示。

（7）选择“选择”工具，按住 Alt 键的同时，向右拖曳圆形到适当的位置，复制圆形，效果如图 5-157 所示。用相同的方法再复制出两个圆形，效果如图 5-158 所示。

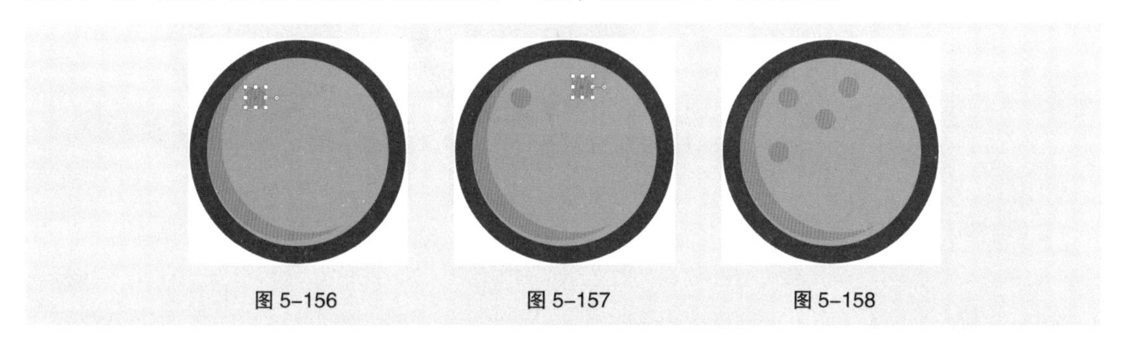

图 5-156　　图 5-157　　图 5-158

（8）选择“椭圆”工具，按住 Shift 键的同时，在适当的位置绘制一个圆形，填充图形为白色，并设置描边色为无，效果如图 5-159 所示。

（9）选择“窗口 > 透明度”命令，弹出“透明度”面板，选项的设置如图 5-160 所示，效果如图 5-161 所示。

图 5-159　　图 5-160　　图 5-161

（10）选择“选择”工具，按住 Alt 键的同时，向右下方拖曳圆形到适当的位置，复制圆形，效果如图 5-162 所示。

（11）选择“钢笔”工具，在适当的位置分别绘制不规则图形，如图 5-163 所示。选择“选择”工具，按住 Shift 键的同时，将所绘制的图形同时选取，填充图形为白色，并设置描边色为无，效果如图 5-164 所示。

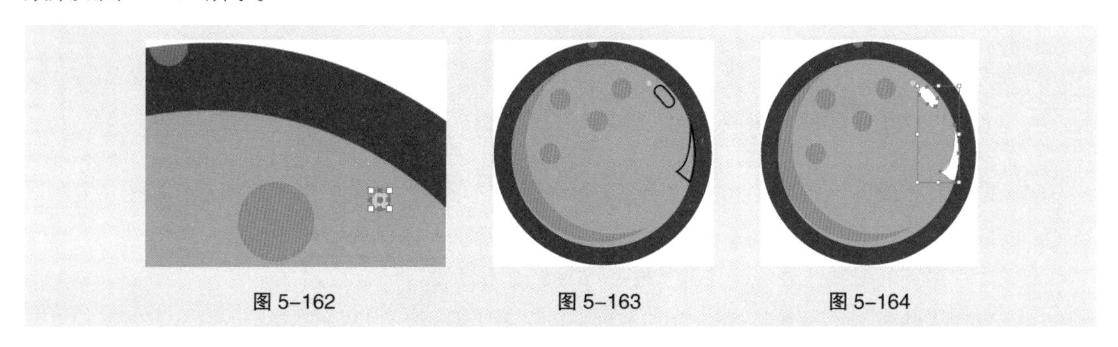

图 5-162　　图 5-163　　图 5-164

（12）在“透明度”面板中，将混合模式设为“柔光”，其他选项的设置如图 5-165 所示，效果如图 5-166 所示。用相同的方法再制作一个红色冰激凌球，效果如图 5-167 所示。

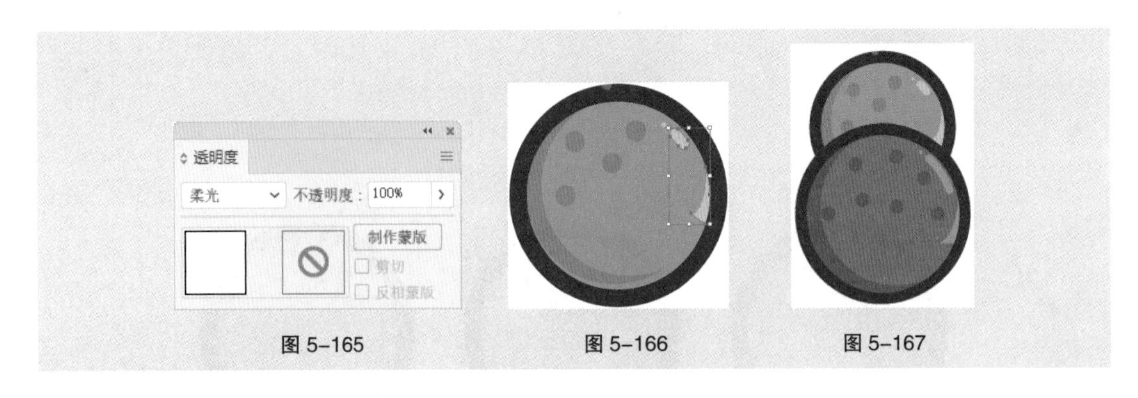

图 5-165　图 5-166　图 5-167

2. 绘制冰激凌筒

（1）选择“矩形”工具，在适当的位置绘制一个矩形，如图 5-168 所示。选择“直接选择”工具，选取左下角的锚点，并向右拖曳锚点到适当的位置，效果如图 5-169 所示。向内拖曳左下角的边角构件，如图 5-170 所示，释放鼠标左键后的效果如图 5-171 所示。

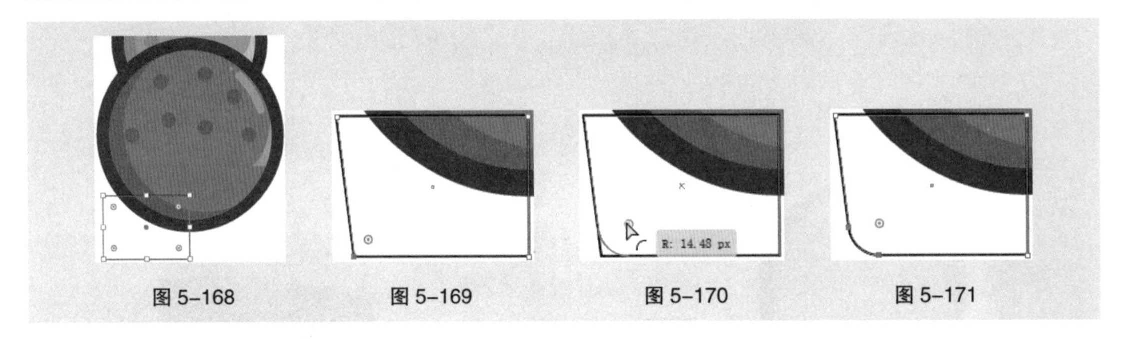

图 5-168　图 5-169　图 5-170　图 5-171

（2）用相同的方法再绘制一个图形，效果如图 5-172 所示。选择“选择”工具，按住 Shift 键的同时，将所绘制的图形同时选取，如图 5-173 所示。在“路径查找器”面板中，单击“联集”按钮，如图 5-174 所示；生成新的对象，效果如图 5-175 所示。

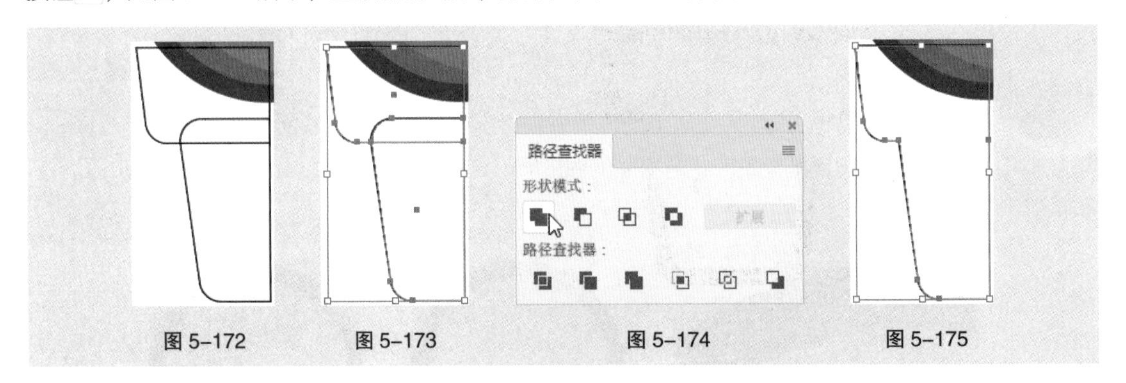

图 5-172　图 5-173　图 5-174　图 5-175

（3）双击“镜像”工具，弹出“镜像”对话框，选项的设置如图 5-176 所示；单击“复制”按钮，镜像并复制图形，效果如图 5-177 所示。选择“选择”工具，按住 Shift 键的同时，水平向右拖曳复制得到的图形到适当的位置，效果如图 5-178 所示。

（4）选择“选择”工具，按住 Shift 键的同时，单击原图形将两个图形同时选取，如图 5-179 所示。在“路径查找器”面板中，单击“联集”按钮，生成新的对象，效果如图 5-180 所示。

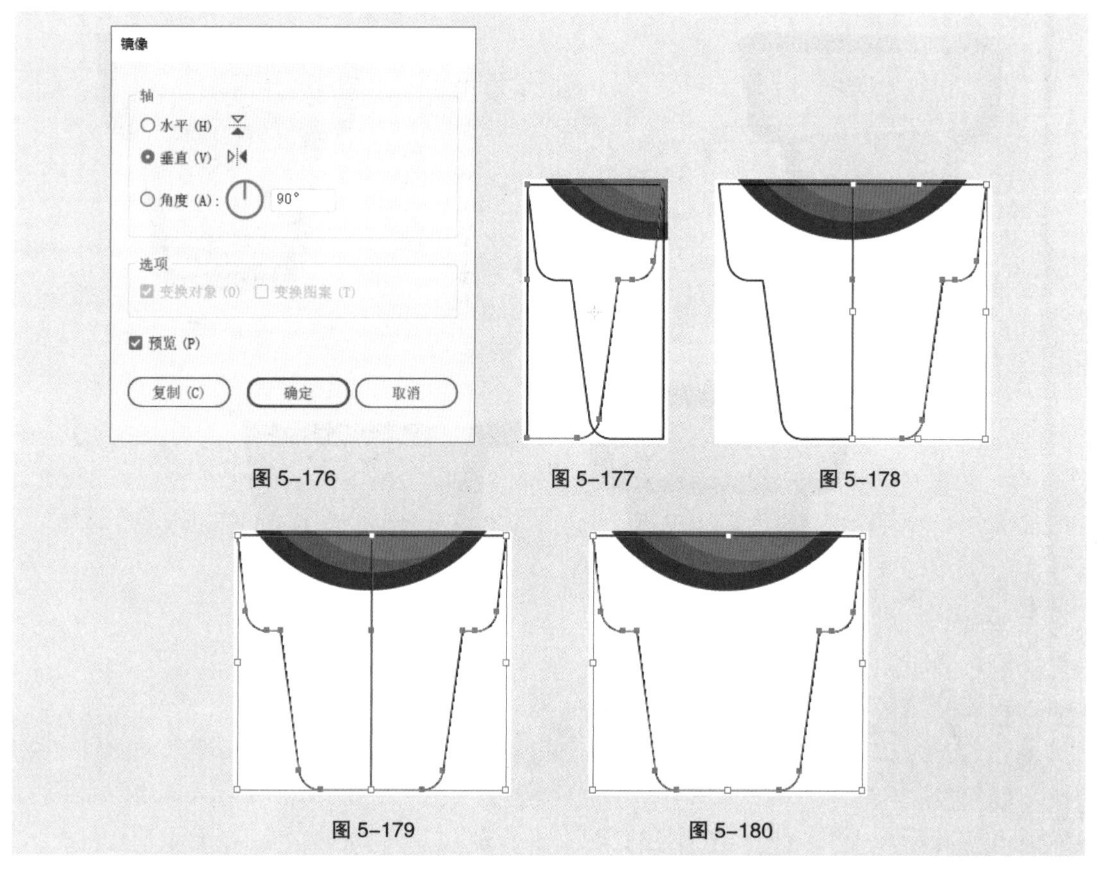

图 5-176　　图 5-177　　图 5-178

图 5-179　　图 5-180

（5）保持图形的选取状态。在属性栏中将“描边粗细”选项设置为 13 pt，按 Enter 键确定操作，效果如图 5-181 所示。设置描边色为紫色（83、35、85），填充描边；设置填充色为橘黄色（236、175、70），填充图形，效果如图 5-182 所示。

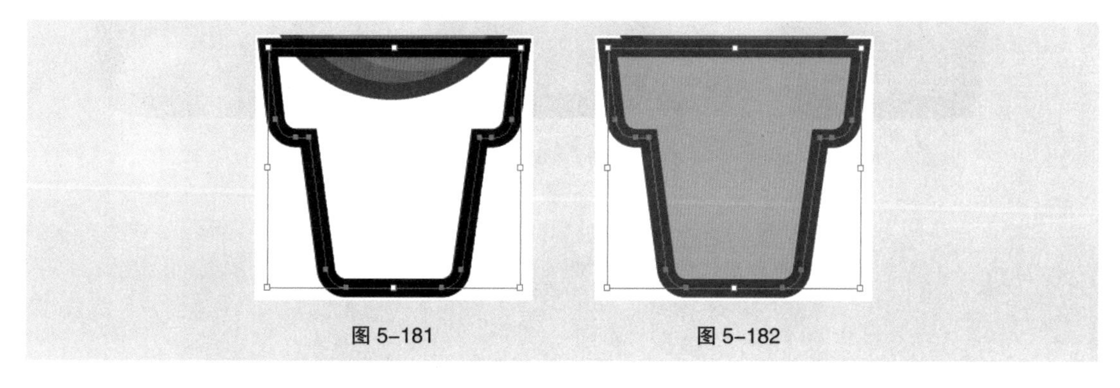

图 5-181　　图 5-182

（6）选择“直线段”工具，按住 Shift 键的同时，在适当的位置绘制一条直线段，设置描边色为紫色（83、35、85），填充描边，效果如图 5-183 所示。

（7）选择“窗口 > 描边”命令，弹出“描边”面板，单击“端点”选项组中的“圆头端点”按钮，其他选项的设置如图 5-184 所示，效果如图 5-185 所示。

（8）选择“矩形”工具，在适当的位置绘制一个矩形，如图 5-186 所示。选择“直接选择”工具，选取矩形右下角的锚点，并向左拖曳锚点到适当的位置，效果如图 5-187 所示。

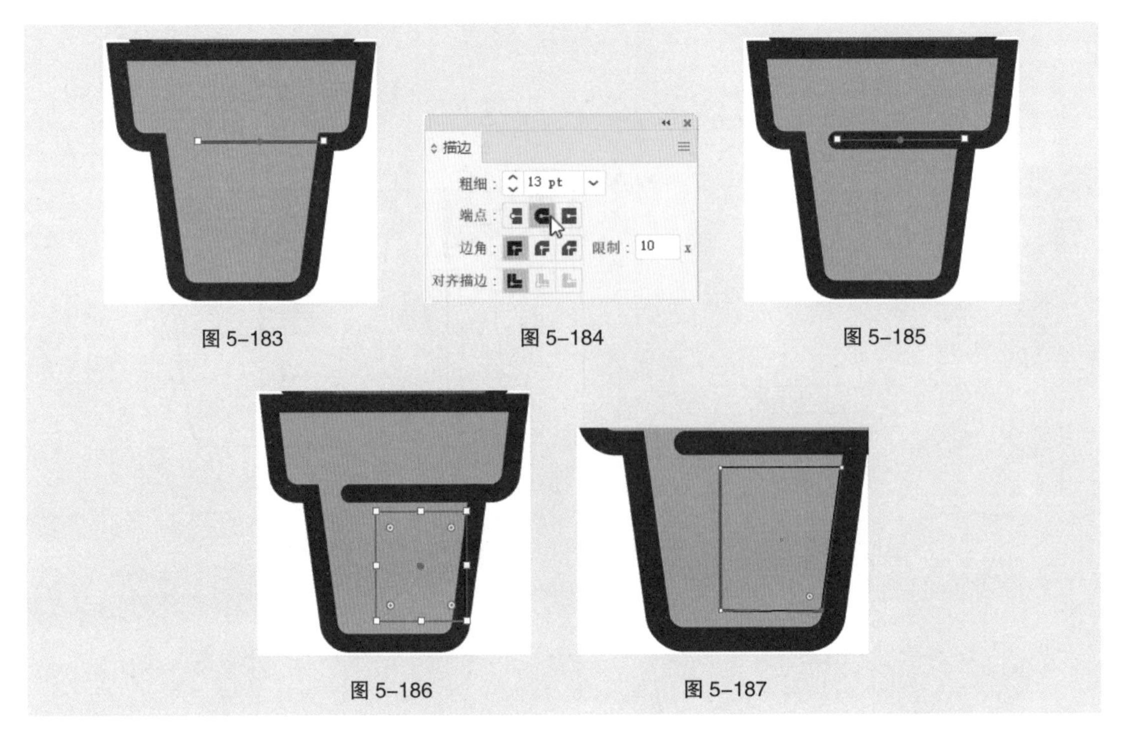

图 5-183　　图 5-184　　图 5-185

图 5-186　　图 5-187

（9）选取左下角的锚点，并向右拖曳锚点到适当的位置，效果如图 5-188 所示。向内拖曳左下角的边角构件，释放鼠标左键后的效果如图 5-189 所示。用相同的方法调整左上角的边角构件，效果如图 5-190 所示。

图 5-188　　图 5-189　　图 5-190

（10）选择“选择”工具▶，选取图形，设置填充色为浅黄色（245、197、92），填充图形，并设置描边色为无，效果如图 5-191 所示。用相同的方法绘制另一个图形，并填充相应的颜色，效果如图 5-192 所示。

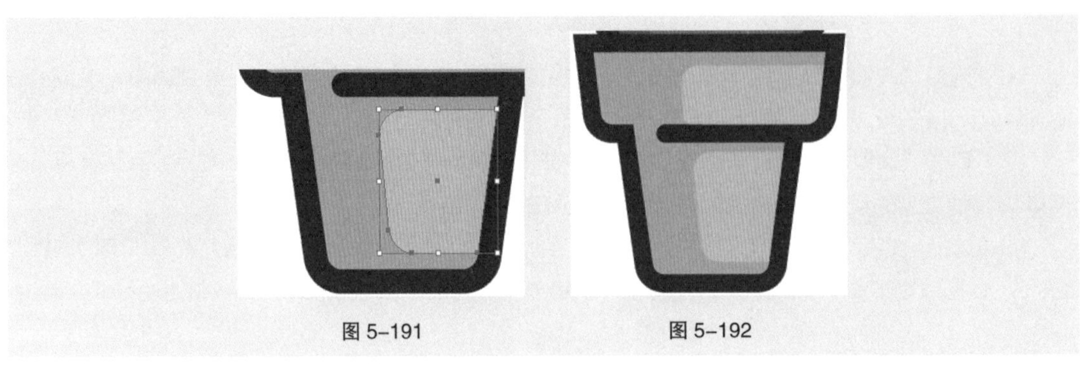

图 5-191　　图 5-192

（11）选择“矩形”工具▭，在适当的位置绘制一个矩形，如图 5-193 所示。在属性栏中将“描边粗细”选项设置为 13 pt，按 Enter 键确定操作，效果如图 5-194 所示。

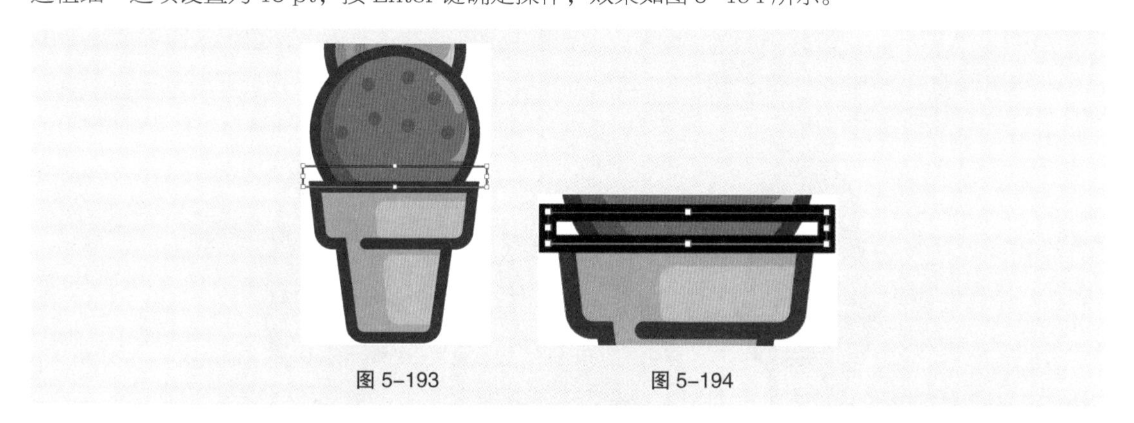
图 5-193　　图 5-194

（12）选择“窗口 > 变换”命令，弹出“变换”面板，在“矩形属性”选项组中，将“圆角半径”选项均设为 11 px，如图 5-195 所示，按 Enter 键确定操作，效果如图 5-196 所示。设置描边色为紫色（83、35、85），填充描边，设置填充色为橘黄色（236、175、70），填充图形，效果如图 5-197 所示。

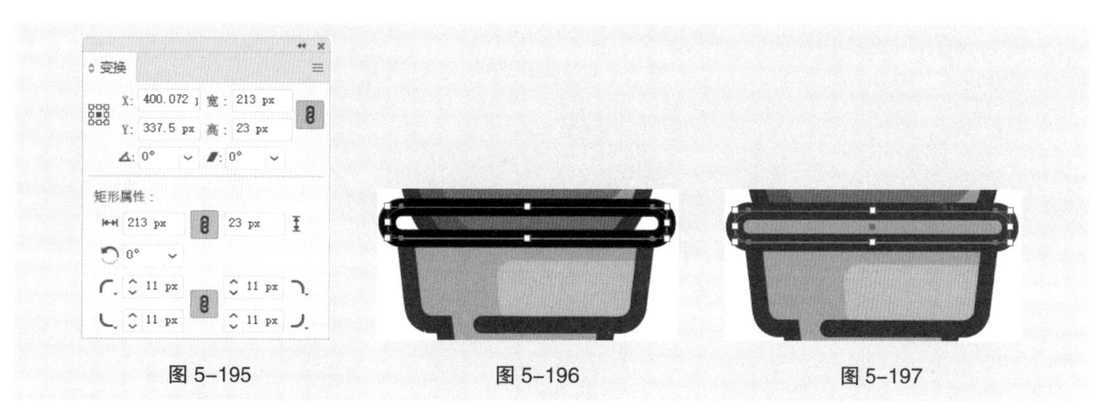

图 5-195　　图 5-196　　图 5-197

（13）选择“直线段”工具／，按住 Shift 键的同时，在适当的位置绘制一条直线段，设置描边色为浅黄色（245、197、92），填充描边，效果如图 5-198 所示。

（14）选择“窗口 > 描边”命令，弹出“描边”面板，单击“端点”选项组中的“圆头端点”按钮◖，其他选项的设置如图 5-199 所示，效果如图 5-200 所示。

图 5-198　　图 5-199　　图 5-200

（15）按 Ctrl+O 组合键，打开云盘中的“Ch05 > 素材 > 绘制可口冰激凌 > 01”文件，按 Ctrl+A 组合键，全选图形，按 Ctrl+C 组合键，复制图形。选择正在编辑的页面，按 Ctrl+V 组合键，将复制的图形粘贴到页面中。选择“选择”工具，拖曳复制得到的图形到适当的位置，效果如图 5-201 所示。

（16）选取右上角的蓝莓，连续按 Ctrl+ [组合键，将图形向后移至适当的位置，效果如图 5-202 所示。用相同的方法调整其他图形的顺序，效果如图 5-203 所示。可口冰激凌插图绘制完成。

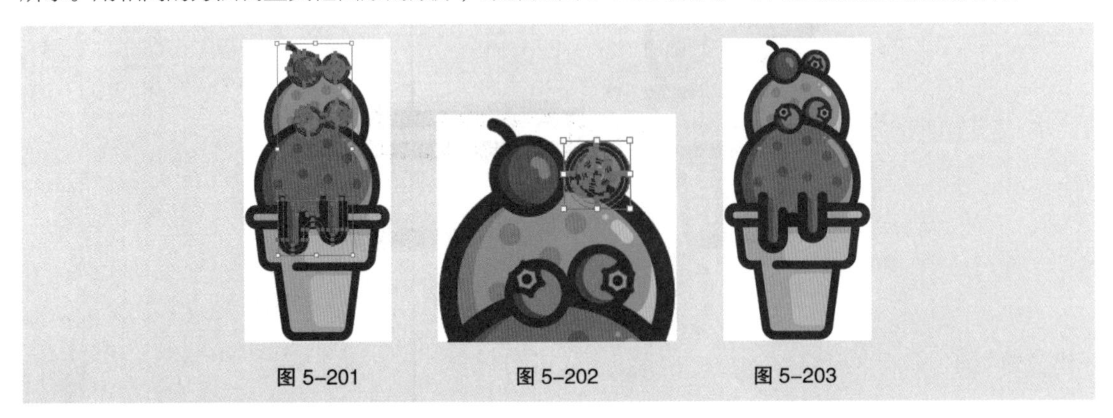

图 5-201　　图 5-202　　图 5-203

5.3.2 “路径查找器”面板

选择“窗口 > 路径查找器”命令（组合键为 Shift+Ctrl+F9），弹出“路径查找器”面板，如图 5-204 所示。

图 5-204

1. 认识“路径查找器”面板中的按钮

“路径查找器”面板的“形状模式”选项组中有 5 个按钮，从左至右分别是“联集”按钮、“减去顶层”按钮、“交集”按钮、“差集”按钮和“扩展”按钮。前 4 个按钮可以通过不同的组合方式将多个图形制作成一个复合图形，而“扩展”按钮则可以把复合图形转变为复合路径。

“路径查找器”选项组中有 6 个按钮，从左至右分别是“分割”按钮、“修边”按钮、“合并”按钮、“裁剪”按钮、“轮廓”按钮和“减去后方对象”按钮。这组按钮主要用于把对象分解成各个独立的部分，或者删除对象中不需要的部分。

2. 使用“路径查找器”面板

（1）使用“联集”按钮。在绘图页面中选择绘制的两个图形对象，如图 5-205 所示。单击“联集”按钮，生成新的对象，新对象的填充和描边属性与位于顶部的对象的填充和描边属性相同，效果如图 5-206 所示。

（2）使用“减去顶层”按钮。在绘图页面中选择绘制的两个图形对象，如图 5-207 所示。

单击“减去顶层”按钮，从而生成新的对象，效果如图 5-208 所示。单击该按钮可以在最下层对象的基础上，将被上层对象挡住的部分和上层的所有对象同时删除，只剩下最下层对象的剩余部分。

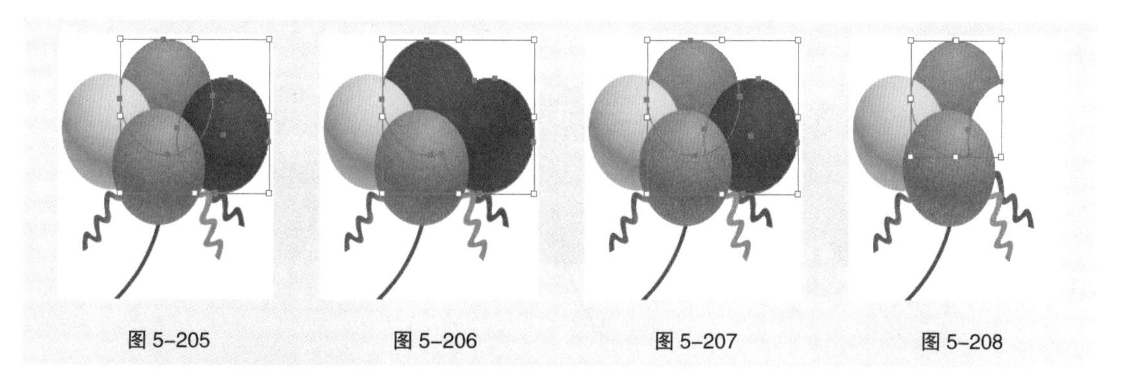

图 5-205　图 5-206　图 5-207　图 5-208

（3）使用“交集”按钮。在绘图页面中选择绘制的两个图形对象，如图 5-209 所示。单击“交集”按钮，生成新的对象，效果如图 5-210 所示。单击该按钮可以将图形没有重叠的部分删除，而仅保留重叠部分。新对象的填充和描边属性与位于顶部的对象的填充和描边属性相同。

（4）使用“差集”按钮。在绘图页面中选择绘制的两个图形对象，如图 5-211 所示。单击“差集”按钮，从而生成新的对象，效果如图 5-212 所示。单击该按钮可以删除对象间重叠的部分。新对象的填充和描边属性与位于顶部的对象的填充和描边属性相同。

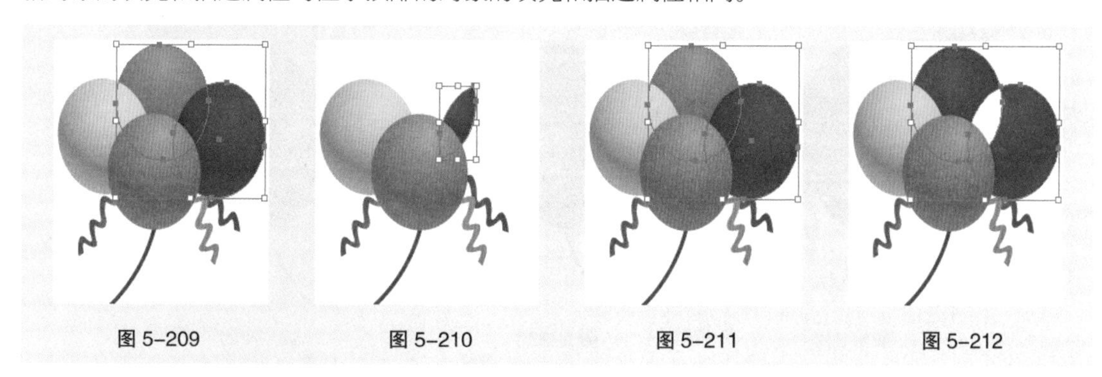

图 5-209　图 5-210　图 5-211　图 5-212

（5）使用“分割”按钮。在绘图页面中选择绘制的两个图形对象，如图 5-213 所示。单击“分割”按钮，分割对象，效果如图 5-214 所示。单击该按钮可以分离相互重叠的图形，从而得到多个独立的对象。移动中间部分，取消选取状态后的效果如图 5-215 所示。

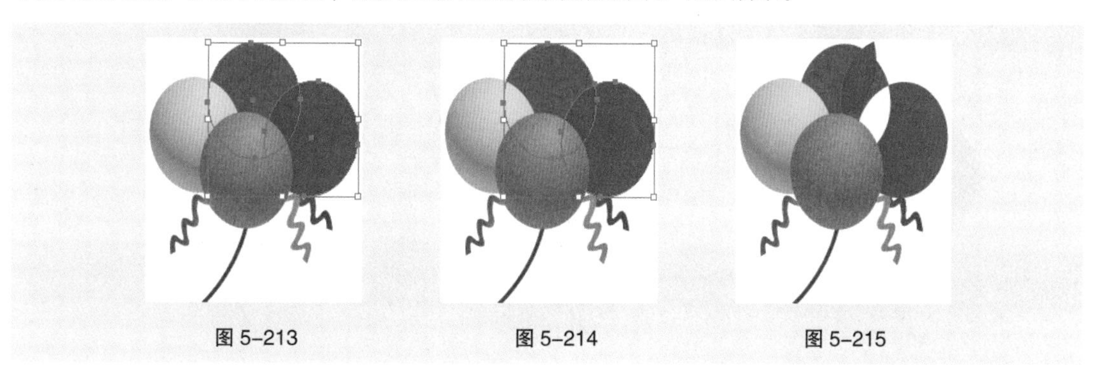

图 5-213　图 5-214　图 5-215

（6）使用“修边”按钮 。在绘图页面中选择绘制的两个图形对象，如图 5-216 所示。单击“修边”按钮 ，生成新的对象，效果如图 5-217 所示。单击该按钮可以删除所有对象的描边属性和被上层对象挡住的部分，新生成的对象会保留原来的填充属性。移动红色部分，取消选取状态后的效果如图 5-218 所示。

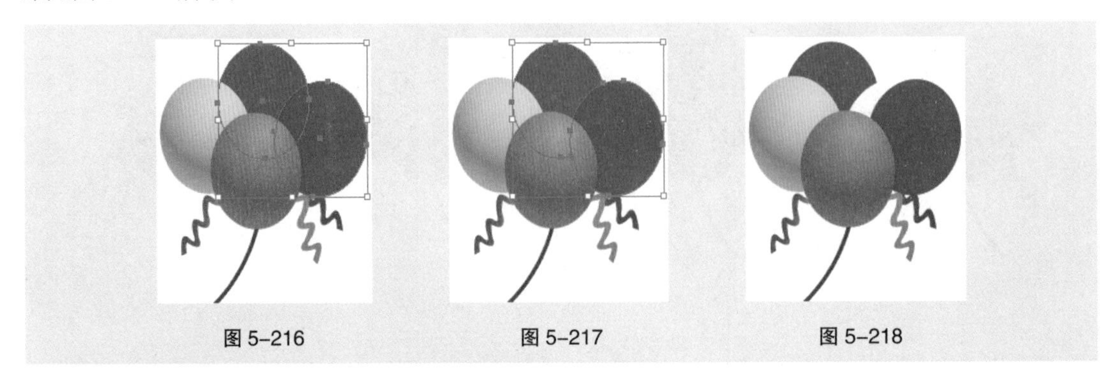

图 5-216　　图 5-217　　图 5-218

（7）使用“合并”按钮 。在绘图页面中选择绘制的两个图形对象，如图 5-219 所示。单击“合并”按钮 ，生成新的对象，效果如图 5-220 所示。如果两个图形对象的填充属性相同，单击该按钮可以删除所有对象的描边，且合并具有相同颜色的整体对象。如果两个图形对象的填充属性不同，单击该按钮可以删除所有对象的描边属性和被上层对象挡住的部分，相当于单击“修边”按钮 。移动红色部分，取消选取状态后的效果如图 5-221 所示。

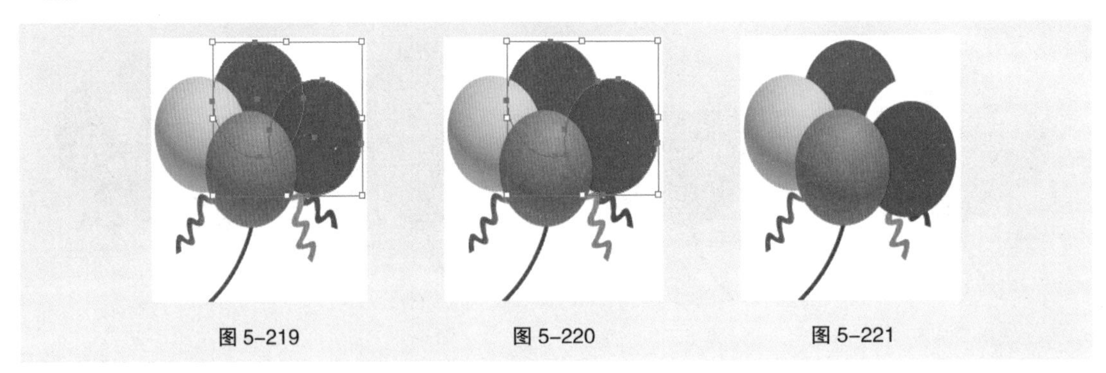

图 5-219　　图 5-220　　图 5-221

（8）使用“裁剪”按钮 。在绘图页面中选择绘制的两个图形对象，如图 5-222 所示。单击“裁剪”按钮 ，生成新的对象，效果如图 5-223 所示。该按钮的工作原理和蒙版相似，对重叠的图形来说，单击该按钮可以把所有放在最前面对象之外的图形部分修剪掉，同时最前面的对象本身将消失。取消选取状态后的效果如图 5-224 所示。

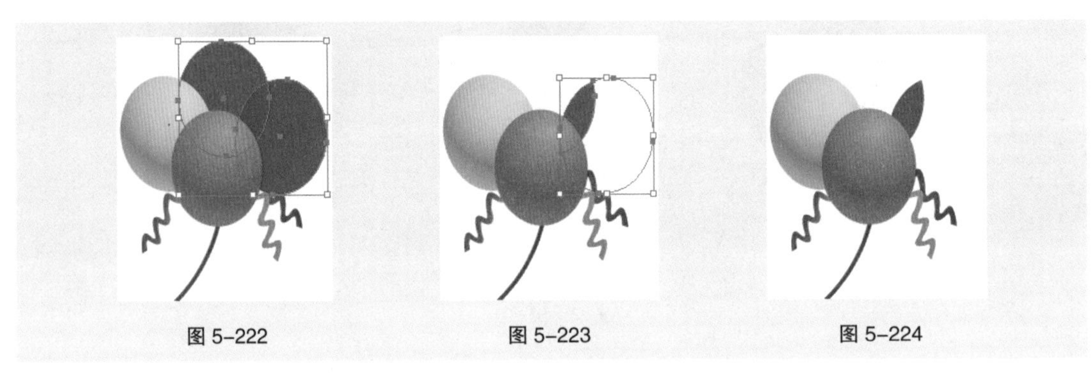

图 5-222　　图 5-223　　图 5-224

（9）使用“轮廓”按钮 。在绘图页面中选择绘制的两个图形对象，如图 5-225 所示。单击“轮廓”按钮 ，生成新的对象，效果如图 5-226 所示。单击该按钮将勾勒出所有对象的轮廓。取消选取状态后的效果如图 5-227 所示。

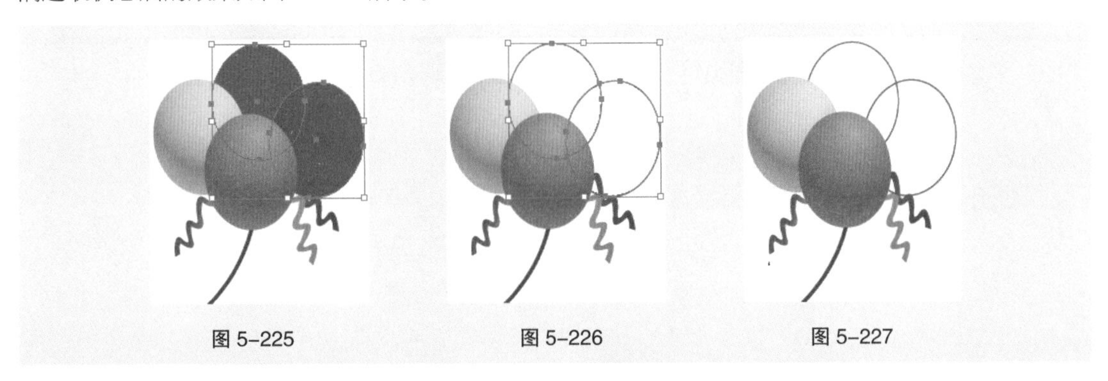

图 5-225　　图 5-226　　图 5-227

（10）使用“减去后方对象”按钮 。在绘图页面中选择绘制的两个图形对象，如图 5-228 所示。单击“减去后方对象”按钮 ，生成新的对象，效果如图 5-229 所示。单击该按钮可以从最前面的对象中减去后面的对象。取消选取状态后的效果如图 5-230 所示。

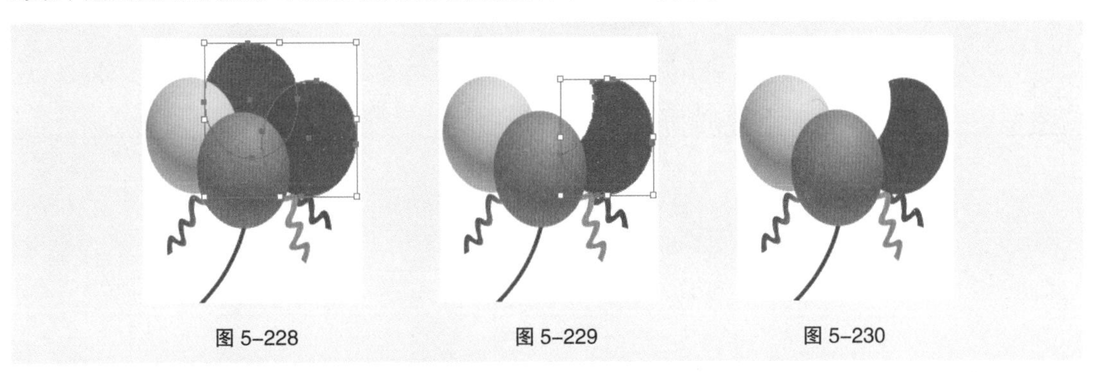

图 5-228　　图 5-229　　图 5-230

5.4 课堂练习——绘制校车插图

【练习知识要点】使用“圆角矩形”工具、“星形”工具、“椭圆”工具绘制图形，使用“镜像”工具制作图形对称效果。效果如图 5-231 所示。

【效果所在位置】云盘 \Ch05\ 效果 \ 绘制校车插图 .ai。

图 5-231

5.5 课后习题——绘制动物挂牌

【习题知识要点】使用“圆角矩形”工具、“椭圆”工具绘制挂环，使用“椭圆”工具、“旋转”工具、“路径查找器”面板、“缩放”命令和“钢笔”工具绘制动物头像。效果如图 5-232 所示。

【效果所在位置】云盘 \Ch05\ 效果 \ 绘制动物挂牌 .ai。

图 5-232

06

第6章 高级绘图

本章介绍

本章将讲解 Illustrator 2020 中手绘图形工具的使用方法、对路径进行绘制与编辑的方法、符号的添加技巧，以及对象的编组、对齐与分布。认真学习本章的内容，读者可以掌握 Illustrator 2020 的手绘图形工具和路径工具的功能，以及控制对象的方法，使工作更加得心应手。

学习目标

- 掌握手绘图形工具的使用方法。
- 掌握路径的绘制与编辑技巧。
- 掌握符号的添加与编辑技巧。
- 掌握编组、对齐与分布对象的方法。

技能目标

- 掌握“麦田插画”的绘制方法。
- 掌握“卡通文具网页 Banner”的绘制方法。
- 掌握“科技航天插画”的绘制方法。
- 掌握“美食宣传海报”的制作方法。

6.1 手绘图形

Illustrator 2020 提供了“铅笔”工具和“画笔”工具，用户可以使用这些工具绘制各式各样的图形和路径。

6.1.1 课堂案例——绘制麦田插画

【案例学习目标】学习使用“画笔”工具、“画笔”面板绘制麦田插画。

【案例知识要点】使用“椭圆”工具、“直线段”工具、“锚点”工具、“变换”面板、“镜像”工具和“路径查找器”面板绘制麦穗图形，使用“画笔”面板、“画笔”工具新建和应用画笔。麦田插画的效果如图 6-1 所示。

【效果所在位置】云盘 \Ch06\ 效果 \ 绘制麦田插画 .ai。

慕课视频

课堂案例——绘制麦田插画

图 6-1

（1）按 Ctrl+O 组合键，打开云盘中的“Ch06 > 素材 > 绘制麦田插画 > 01”文件，如图 6-2 所示。

（2）选择“直线段”工具，按住 Shift 键的同时，在页面外绘制一条竖线，设置描边色为草绿色（85、112、9），填充描边；在属性栏中将“描边粗细”选项设为 2.5 pt；按 Enter 键确定操作，效果如图 6-3 所示。选择“对象 > 路径 > 轮廓化描边”命令，创建对象的描边轮廓，效果如图 6-4 所示。

图 6-2

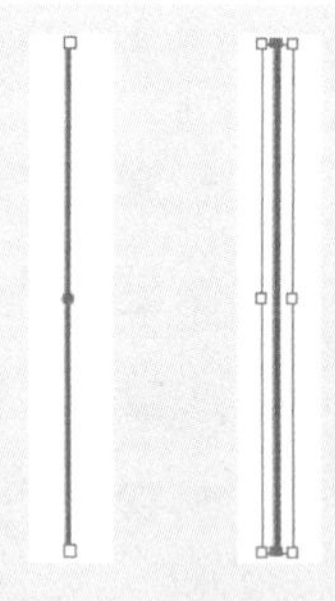

图 6-3　图 6-4

（3）选择“椭圆”工具，在页面中单击，弹出“椭圆”对话框，选项的设置如图 6-5 所示，单击“确定”按钮，得到一个椭圆形。选择“选择”工具，拖曳椭圆形到适当的位置，设置填充色为草绿色（85、112、9），填充图形，并设置描边色为无，效果如图 6-6 所示。

（4）选择“锚点”工具，将鼠标指针放置在椭圆形下方锚点处，如图 6-7 所示，单击，将锚点转换为角点，如图 6-8 所示。用相同的方法将椭圆形上方锚点转换为角点，如图 6-9 所示。

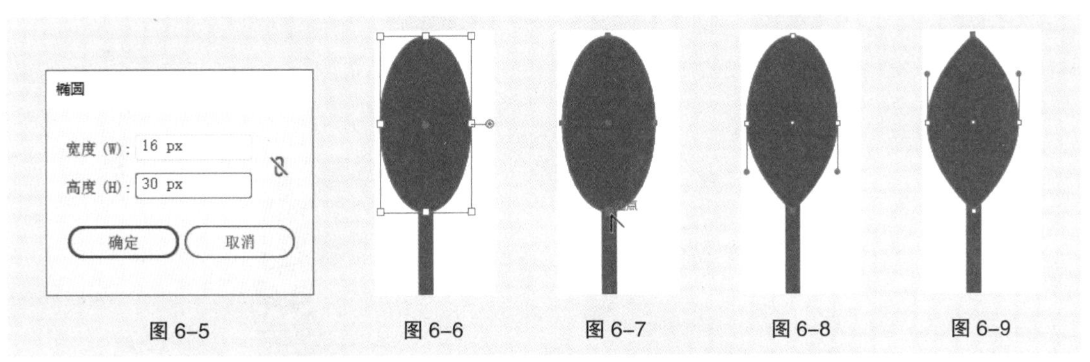

图 6-5　　图 6-6　　图 6-7　　图 6-8　　图 6-9

（5）选择“选择”工具▶，按 Ctrl+C 组合键，复制图形，按 Ctrl+F 组合键，将复制的图形粘贴在前面。选择“窗口 > 变换”命令，弹出“变换”面板，将“旋转”选项设为 45° ，如图 6-10 所示；按 Enter 键确定操作，效果如图 6-11 所示。拖曳旋转后的图形到适当的位置，效果如图 6-12 所示。

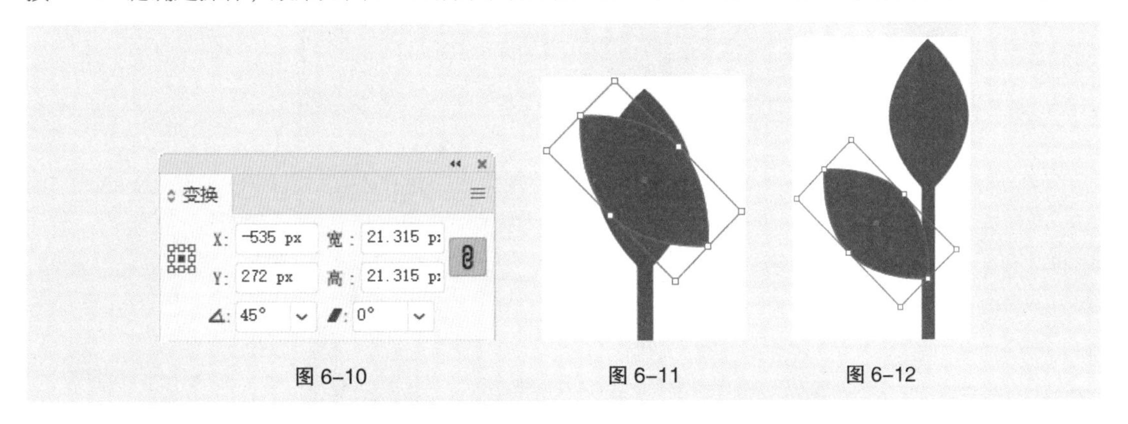

图 6-10　　图 6-11　　图 6-12

（6）选择“效果 > 扭曲和变换 > 变换”命令，在弹出的对话框中进行设置，如图 6-13 所示；单击“确定”按钮，效果如图 6-14 所示。选择“对象 > 扩展外观”命令，扩展对象外观，效果如图 6-15 所示。

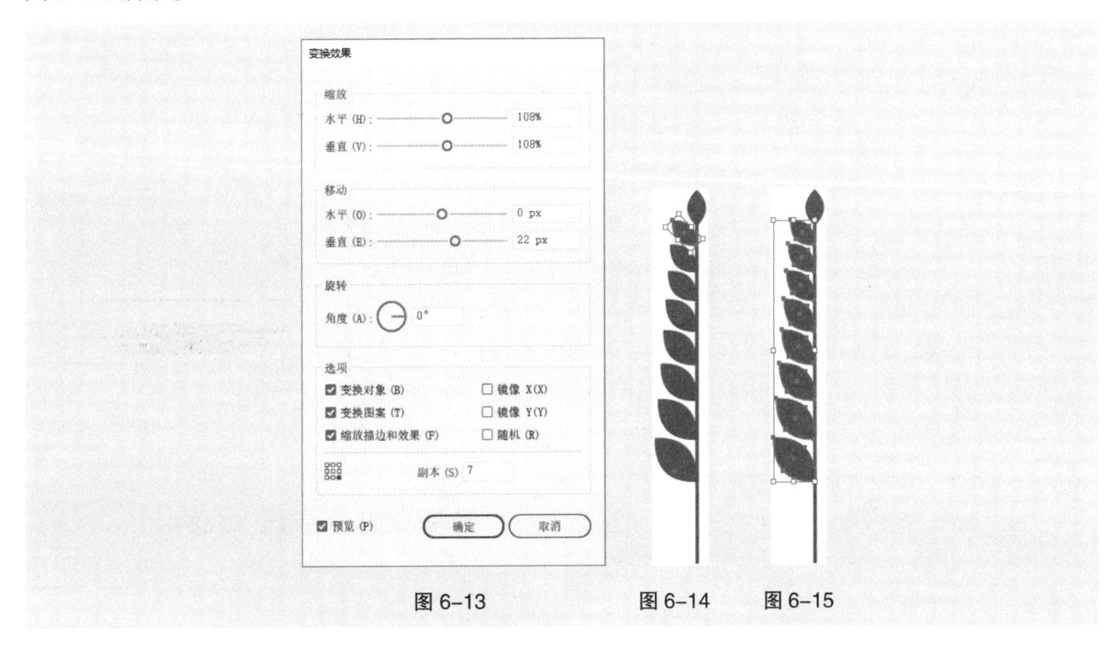

图 6-13　　图 6-14　　图 6-15

（7）选择“镜像”工具，按住 Alt 键的同时，在下方适当的位置单击，如图 6–16 所示，弹出“镜像”对话框，选项的设置如图 6–17 所示，单击“复制”按钮，镜像并复制图形，效果如图 6–18 所示。

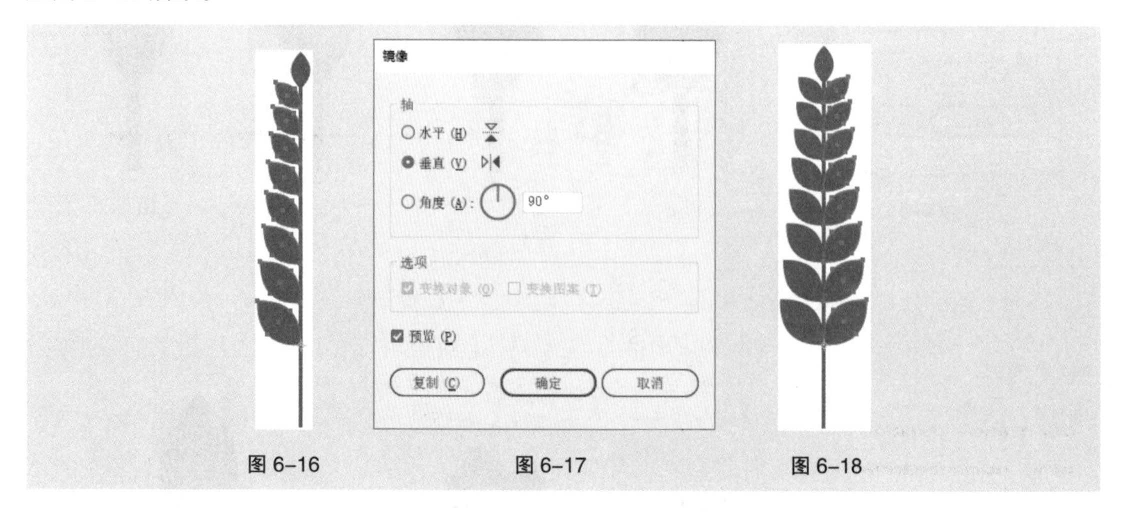

图 6–16　　图 6–17　　图 6–18

（8）选择“选择”工具，用框选的方法将所绘制的图形同时选取，如图 6–19 所示。选择“窗口 > 路径查找器”命令，弹出“路径查找器”面板，单击“联集”按钮，如图 6–20 所示；生成新的对象，效果如图 6–21 所示。

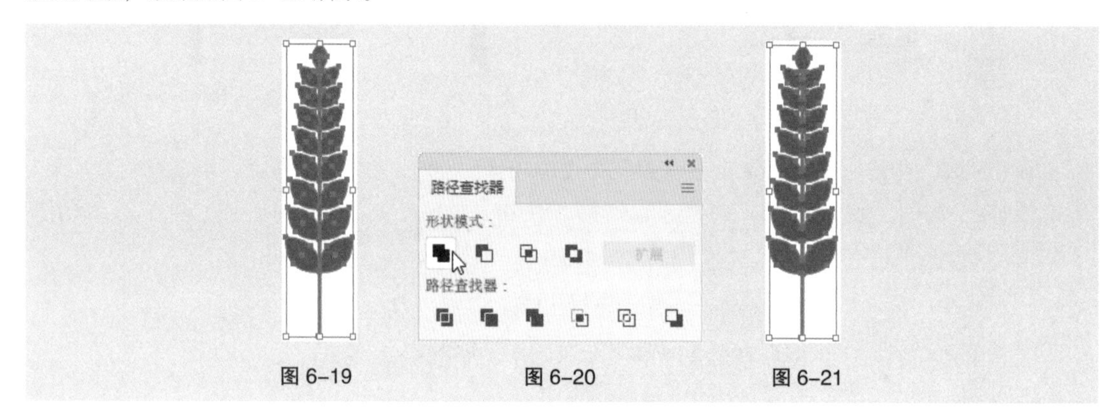

图 6–19　　图 6–20　　图 6–21

（9）选择“窗口 > 画笔”命令，弹出“画笔”面板，如图 6–22 所示。单击“画笔”面板下方的“新建画笔”按钮，弹出“新建画笔”对话框，选择“艺术画笔”单选项，如图 6–23 所示，单击“确定”按钮，弹出“艺术画笔选项”对话框，选项的设置如图 6–24 所示，单击“确定”按钮，选取的麦穗会被定义为画笔，如图 6–25 所示。

图 6–22

（10）在“画笔”面板中选择设置的新画笔，如图 6–26 所示。在工具箱中设置描边色为草绿色（85、112、9），选择“画笔”工具，在页面中绘制麦穗图形，效果如图 6–27 所示。

（11）选择“选择”工具，选取左侧的麦穗图形，设置描边色为黄绿色（243、223、72），填充描边，效果如图 6–28 所示。选取右侧的麦穗图形，设置描边色为柳绿色（185、194、0），填充描边，效果如图 6–29 所示。

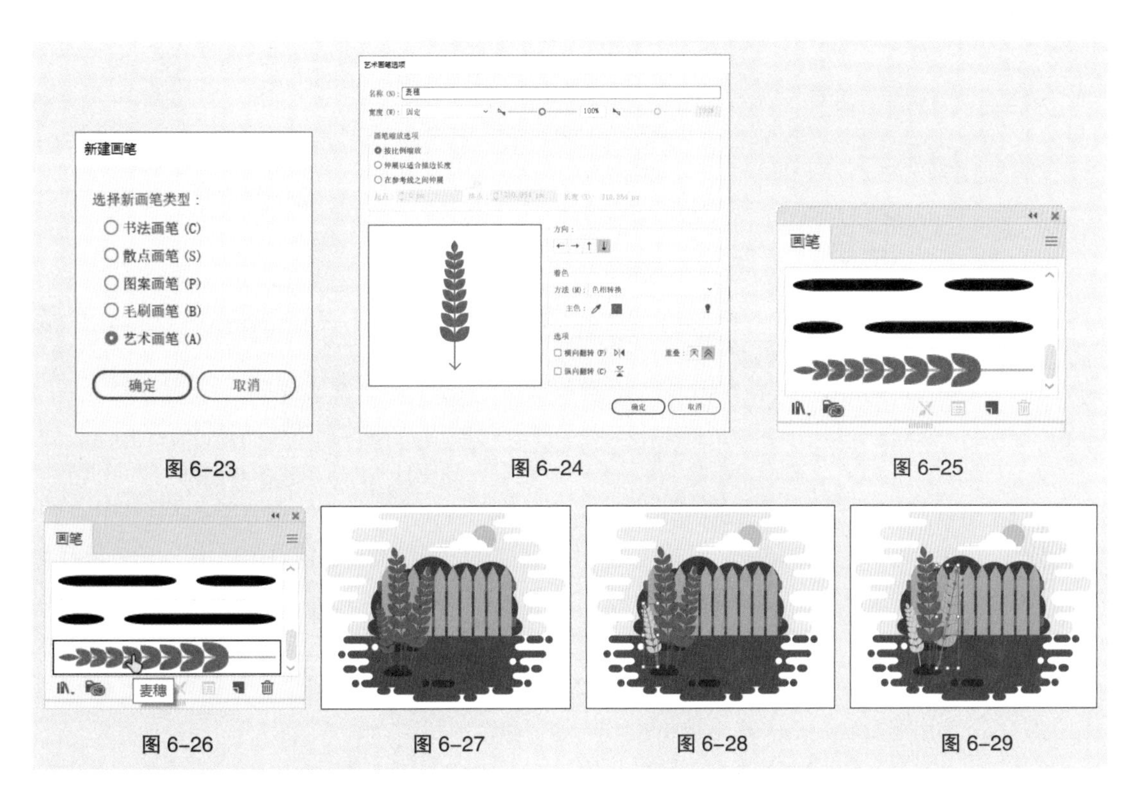

图 6-23　图 6-24　图 6-25

图 6-26　图 6-27　图 6-28　图 6-29

（12）选择“选择”工具，按住 Shift 键的同时，依次单击将所绘制的麦穗图形同时选取，按 Ctrl+G 组合键，将其编组，连续按 Ctrl+ [组合键，将麦穗图形向后移至适当的位置，效果如图 6-30 所示。用相同的方法绘制其他麦穗图形，效果如图 6-31 所示。麦田插画绘制完成。

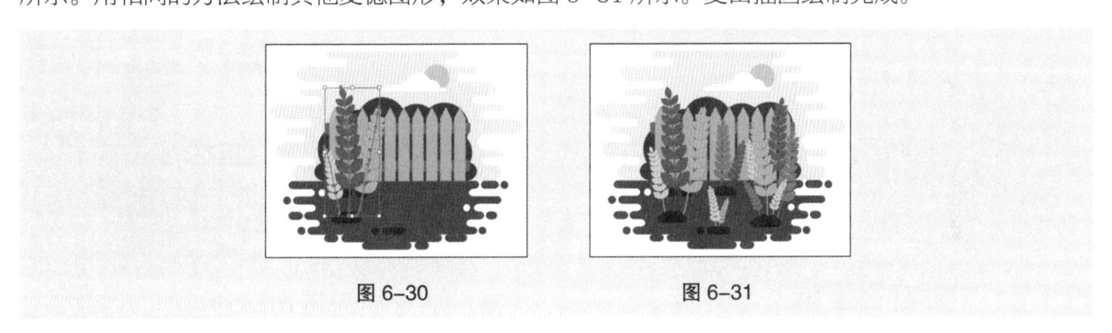

图 6-30　图 6-31

6.1.2 “铅笔”工具

使用“铅笔”工具可以随意绘制出自由的曲线路径，在绘制过程中，Illustrator 2020 会自动依据鼠标指针的轨迹来设置锚点并生成路径。使用“铅笔”工具既可以绘制闭合路径，又可以绘制开放路径，还可以将已经存在的曲线的锚点作为起点，延伸绘制出新的曲线，从而达到修改曲线的目的。

选择“铅笔”工具，在页面中需要的位置拖曳，可以绘制出一条路径，如图 6-32 所示。释放鼠标左键，绘制出的效果如图 6-33 所示。

选择“铅笔”工具，在页面中需要的位置拖曳，如图 6-34 所示，按住 Alt 键，将鼠标指针拖曳到起点上，再释放鼠标左键和 Alt 键，可以得到一条闭合路径，如图 6-35 所示。

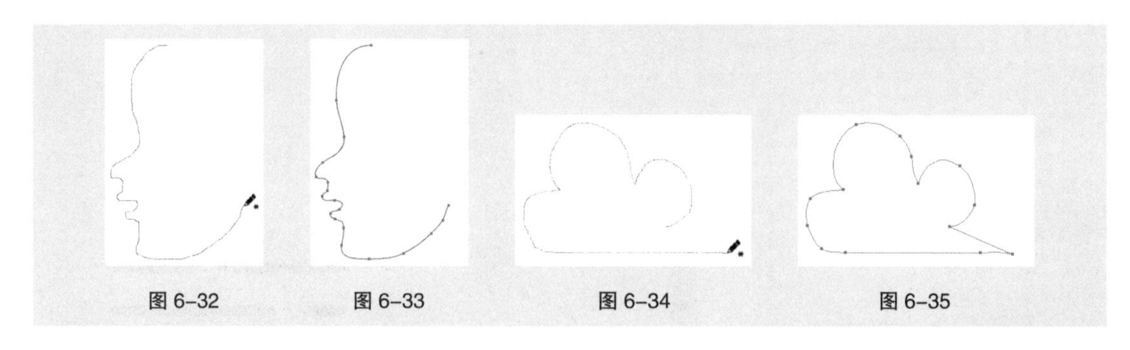

图 6-32　图 6-33　图 6-34　图 6-35

绘制一个闭合的图形并选中这个图形，再选择“铅笔”工具，在闭合图形上的两个锚点之间拖曳，如图 6-36 所示，可以修改图形的形状，释放鼠标左键，得到的图形效果如图 6-37 所示。

双击“铅笔”工具，弹出“铅笔工具选项”对话框，如图 6-38 所示。在对话框的“保真度”选项组中，“精确”选项用于调节绘制曲线上的锚点的精确度，“平滑”选项用于调节绘制曲线的平滑度。在“选项”选项组中，勾选“填充新铅笔描边”复选框，如果当前设置了填充色，绘制出的路径将使用该颜色；勾选“保持选定”复选框，绘制出的曲线处于选取状态；勾选“Alt 键切换到平滑工具”复选框，可以在按住 Alt 键的同时，将“铅笔”工具切换为“平滑”工具；勾选“当终端在此范围内时闭合路径”复选框，可以在设置的预定义像素内自动闭合绘制的路径；勾选“编辑所选路径”复选框，可以使用“铅笔”工具对选中的路径进行编辑。

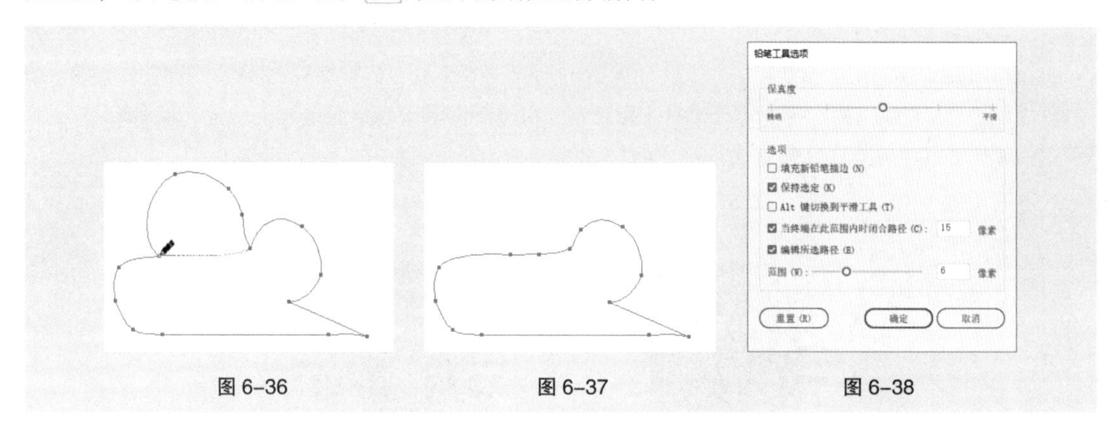

图 6-36　图 6-37　图 6-38

6.1.3 “画笔”工具

使用“画笔”工具可以绘制出样式繁多的精美线条和图形，还可以调节不同的刷头以达到不同的绘制效果。利用不同的画笔样式，可以绘制出风格迥异的图形。

选择“画笔”工具，选择“窗口 > 画笔”命令，弹出“画笔”面板，如图 6-39 所示。在面板中选择任意一种画笔，在页面中需要的位置按住鼠标左键，向右拖曳进行线条的绘制，释放鼠标左键，线条绘制完成，如图 6-40 所示。

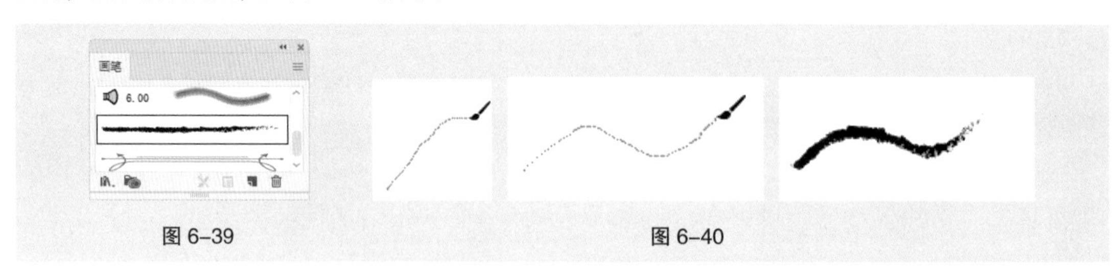

图 6-39　图 6-40

选取绘制的线条，如图 6-41 所示，选择“窗口 > 描边”命令，弹出“描边”面板，在面板的“粗细”选项的下拉列表中选择需要的描边大小，如图 6-42 所示，线条的效果如图 6-43 所示。

双击“画笔”工具，弹出“画笔工具选项”对话框，如图 6-44 所示。在对话框的“保真度”选项组中，“精确”选项用于调节绘制曲线上锚点的精确度，“平滑”选项用于调节绘制曲线的平滑度。在“选项”选项组中，勾选“填充新画笔描边”复选框，则每次使用“画笔”工具绘制图形时，系统都会自动以默认颜色来绘制；勾选“保持选定”复选框，绘制的曲线处于选取状态；勾选“编辑所选路径”复选框，可以使用“画笔”工具对选中的路径进行编辑。

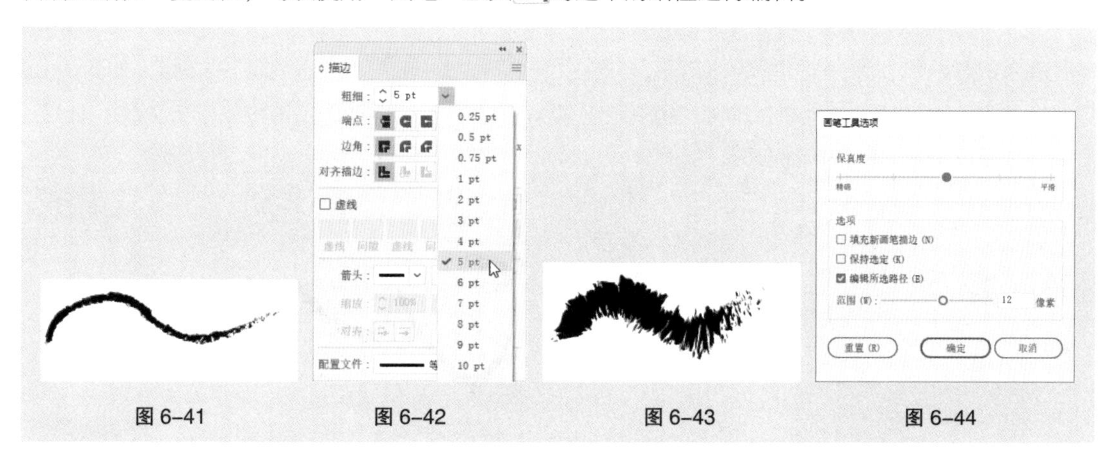

图 6-41　图 6-42　图 6-43　图 6-44

6.1.4 “画笔”面板

选择“窗口 > 画笔”命令，弹出“画笔”面板。“画笔”面板中包含许多内容，下面进行详细讲解。

1. 画笔类型

Illustrator 2020 包括了 5 种类型的画笔，即散点画笔、书法画笔、毛刷画笔、图案画笔、艺术画笔。

（1）散点画笔。

单击“画笔”面板右上角的图标，将弹出菜单，在系统默认状态下“显示散点画笔”命令为灰色。选择“打开画笔库”命令，弹出子菜单，如图 6-45 所示。在其中选择任意一种散点画笔，会弹出相应的面板，如图 6-46 所示。在面板中单击画笔，画笔就会被加载到“画笔”面板中，如图 6-47 所示。选择任意一种散点画笔，选择“画笔”工具，在页面上连续单击或拖曳鼠标，就可以绘制出需要的图形，效果如图 6-48 所示。

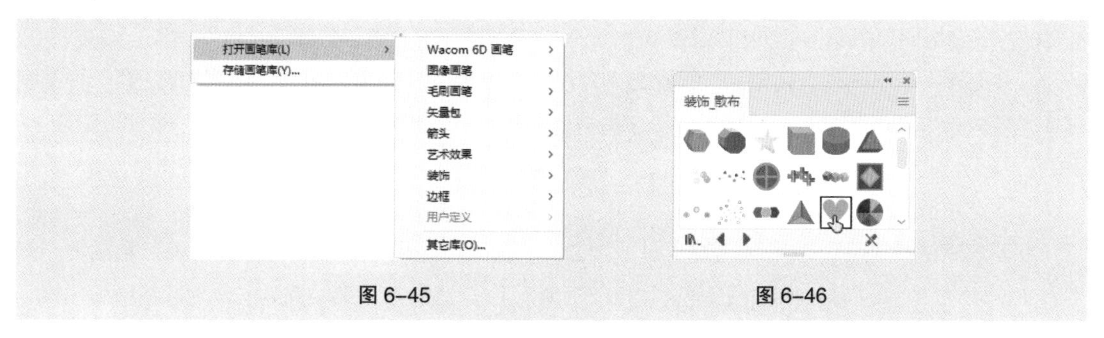

图 6-45　图 6-46

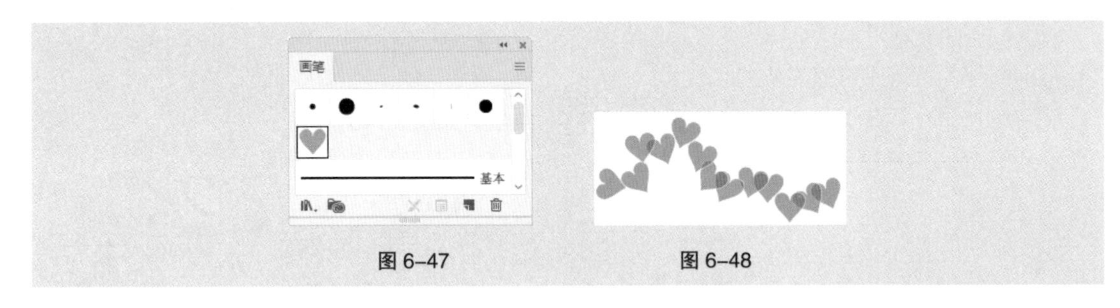

图 6-47　　图 6-48

（2）书法画笔。

在系统默认状态下，书法画笔处于显示状态，“画笔”面板中的第 1 排画笔为书法画笔，如图 6-49 所示。选择任意一种书法画笔，选择“画笔”工具，在页面中需要的位置按住鼠标左键，拖曳鼠标进行线条的绘制，释放鼠标左键，线条绘制完成，效果如图 6-50 所示。

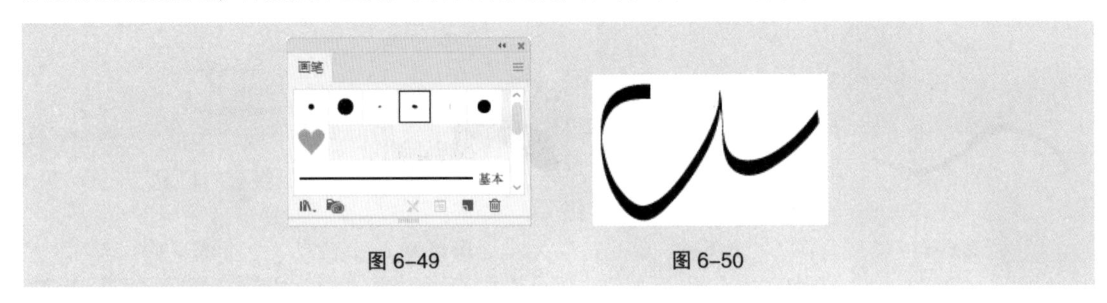

图 6-49　　图 6-50

（3）毛刷画笔。

在系统默认状态下，毛刷画笔处于显示状态，“画笔”面板中的第 3 排画笔为毛刷画笔，如图 6-51 所示。选择任意一种笔刷画笔，选择“画笔”工具，在页面中需要的位置按住鼠标左键，拖曳鼠标进行线条的绘制，释放鼠标左键，线条绘制完成，效果如图 6-52 所示。

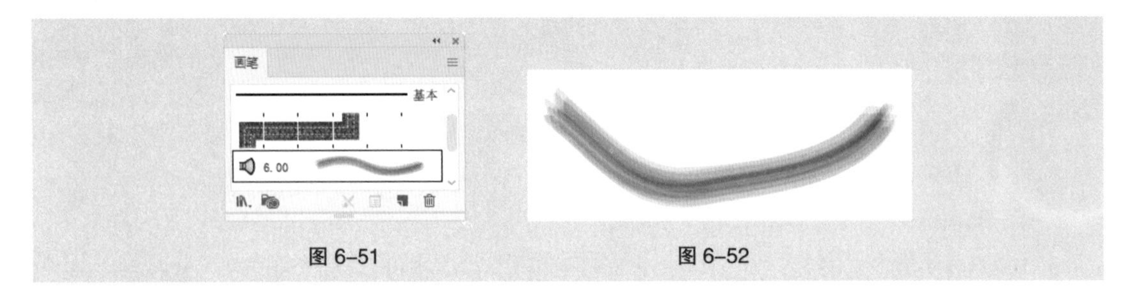

图 6-51　　图 6-52

（4）图案画笔。

单击“画笔”面板右上角的图标，将弹出菜单，在系统默认状态下“显示图案画笔”命令为灰色。选择“打开画笔库”命令，在弹出的子菜单中选择任意一种图案画笔，会弹出相应的面板，如图 6-53 所示。在面板中单击画笔，画笔即会被加载到“画笔”面板中，如图 6-54 所示。选择任意一种图案画笔，选择“画笔”工具，在页面上连续单击或拖曳鼠标，就可以绘制出需要的图形，效果如图 6-55 所示。

（5）艺术画笔。

在系统默认状态下，艺术画笔处于显示状态，“画笔”面板中的最后一排画笔为艺术画笔，如图 6-56 所示。选择任意一种艺术画笔，选择“画笔”工具，在页面中需要的位置按住鼠标左键，拖曳鼠标进行线条的绘制，释放鼠标左键，线条绘制完成，效果如图 6-57 所示。

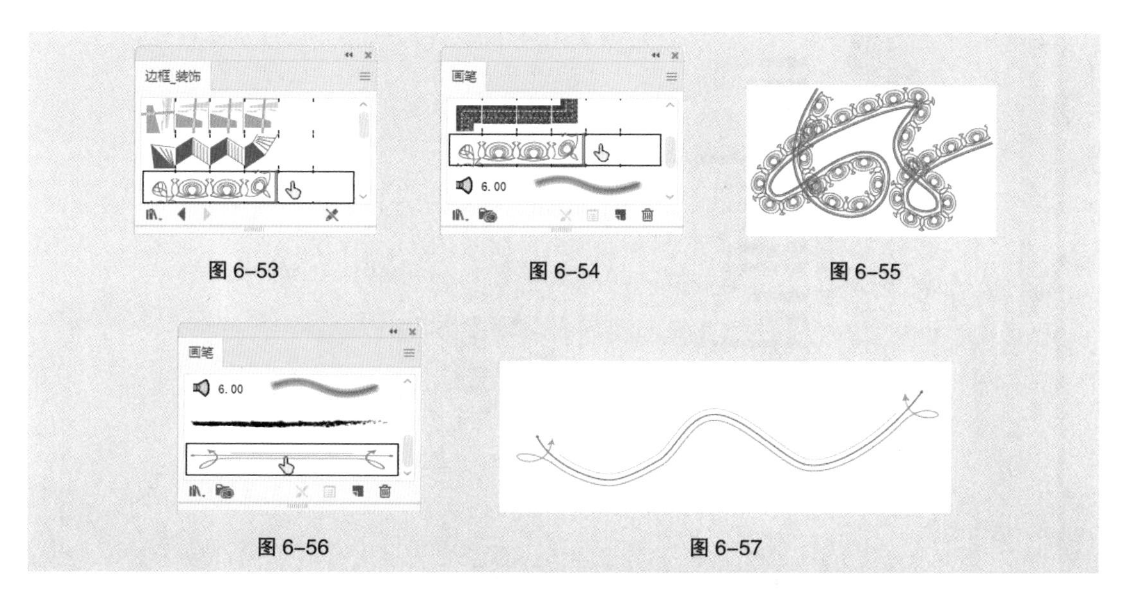

图 6-53　图 6-54　图 6-55

图 6-56　图 6-57

2. 更改画笔类型

选中想要更改画笔类型的图形，如图 6-58 所示，在“画笔”面板中单击需要的画笔，如图 6-59 所示，更改画笔类型后的图形效果如图 6-60 所示。

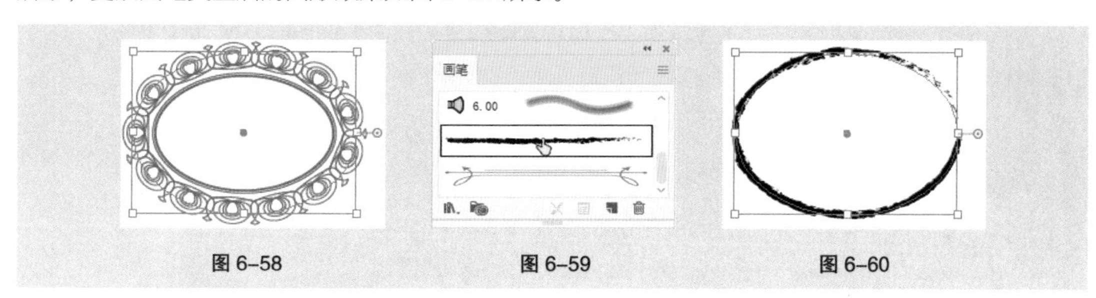

图 6-58　图 6-59　图 6-60

3. “画笔”面板的按钮

“画笔”面板下面有 4 个按钮，从左到右依次是“移去画笔描边”按钮、“所选对象的选项”按钮、“新建画笔”按钮和“删除画笔”按钮。

“移去画笔描边”按钮：可以将当前选中的图形上的描边删除，而留下原始路径。

“所选对象的选项”按钮：可以打开应用到选中图形上的画笔的选项对话框，在对话框中可以编辑画笔。

“新建画笔”按钮：可以创建新的画笔。

“删除画笔”按钮：可以删除选定的画笔。

4. “画笔”面板的菜单

单击“画笔”面板右上角的图标，弹出菜单，如图 6-61 所示。

“新建画笔”命令、“删除画笔”命令、“移去画笔描边”命令和“所选对象的选项”命令与相应按钮的功能是一样的。选择“复制画笔”命令可以复制选定的画笔。选择“选择所有未使用的画笔”命令将选中在当前文档中还没有使用过的所有画笔。选择“列表视图”命令可以以列表的方式将所有的画笔按照名称顺序排列，在显示小图标的同时还可以显示画笔的种类，如图 6-62 所示。选择“画笔选项”命令可以打开相关的选项对话框对画笔进行编辑。

图 6-61　　图 6-62

5．编辑画笔

Illustrator 2020 提供了对画笔进行编辑的功能，如改变画笔的外观、大小、颜色、角度，以及箭头方向等。对于不同类型的画笔，编辑的参数也有所不同。

选中“画笔”面板中需要编辑的画笔，如图 6-63 所示。单击面板右上角的≡图标，在弹出的菜单中选择“画笔选项”命令，弹出“散点画笔选项”对话框，如图 6-64 所示。在对话框中，“名称”选项用于设置画笔的名称，“大小”选项用于设置画笔图案与原图案的比例范围，“间距”选项用于设置沿路径分布的图案之间的距离，“分布”选项用于设置路径两侧分布的图案之间的距离，“旋转”选项用于设置各个画笔图案的旋转角度，“旋转相对于”选项用于设置画笔图案是相对于页面还是相对于路径来旋转。“着色”选项组中的“方法”选项用于设置着色的方法；“主色”选项右侧的“吸管“工具 用于选择颜色，其右侧的色块即选择的颜色；单击“提示”按钮 ，会弹出“着色提示”对话框，如图 6-65 所示。设置完成后，单击“确定”按钮，即可完成画笔的编辑。

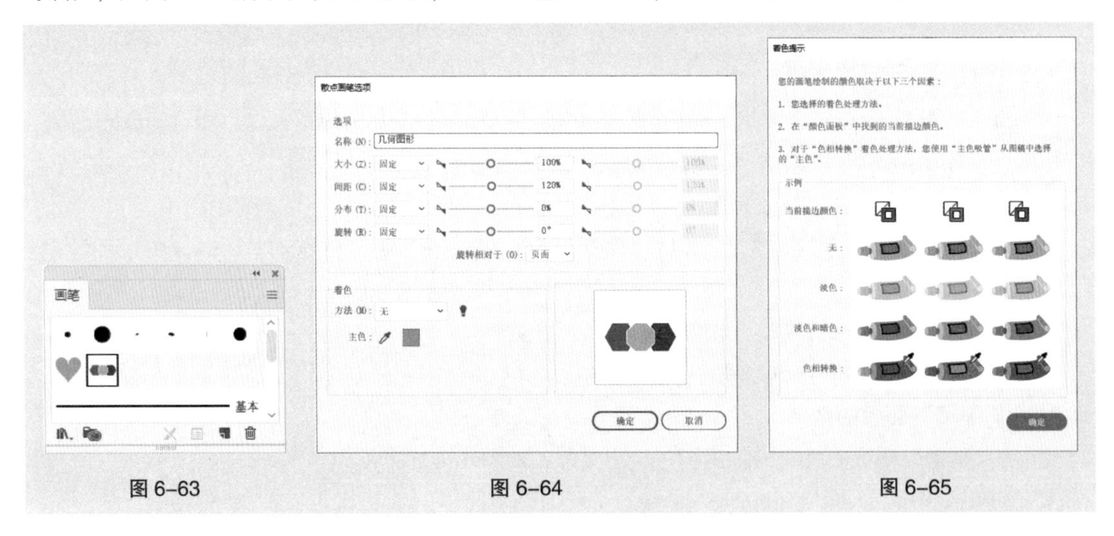

图 6-63　　图 6-64　　图 6-65

6．自定义画笔

除了利用系统预设的画笔和编辑已有的画笔，还可以自定义画笔。不同类型的画笔，定义的方法类似。如果新建散点画笔，那么作为散点画笔的图形对象中就不能包含图案、渐变填充等属性。如果新建书法画笔和艺术画笔，就不需要事先制作好图案，只需要在其相应的画笔选项对话框中进行设置。

选中想要制作成画笔的对象，如图 6-66 所示。单击“画笔”面板下面的“新建画笔”按钮 ，或单击面板右上角的≡按钮，在弹出的菜单中选择“新建画笔”命令，弹出“新建画笔”对话框，选择“图案画笔”单选项，如图 6-67 所示。

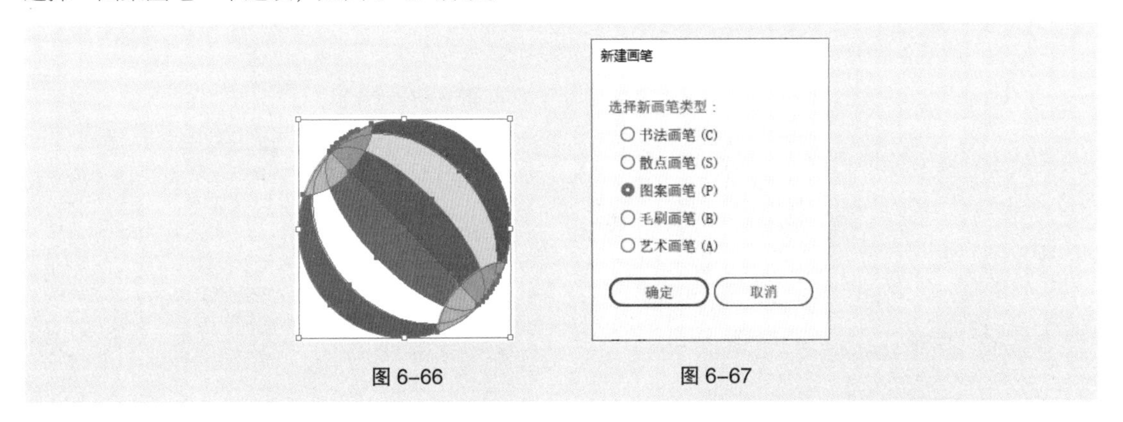

图 6-66　　图 6-67

单击“确定”按钮，弹出“图案画笔选项”对话框，如图 6-68 所示。在对话框中，“名称”选项用于设置图案画笔的名称，“缩放”选项用于设置图案画笔的缩放比例，“间距”选项用于设置图案之间的距离， 选项用于设置画笔的外角拼贴、边线拼贴、内角拼贴、起点拼贴和终点拼贴，“翻转”选项组用于设置图案的翻转方向，“适合”选项组用于设置图案与图形的适合关系，“着色”选项组用于设置图案画笔的着色方法和主色调。单击“确定”按钮，制作的画笔将被添加到“画笔”面板中，如图 6-69 所示。使用新定义的画笔在绘图页面上绘制图形，如图 6-70 所示。

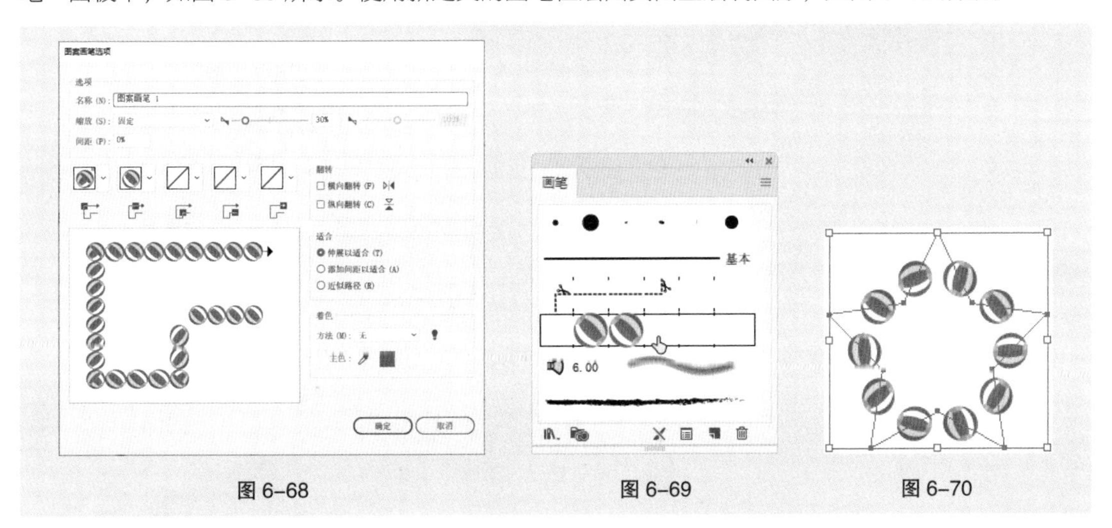

图 6-68　　图 6-69　　图 6-70

6.2 绘制与编辑路径

Illustrator 2020 提供了多种绘制与编辑路径的工具，可以应用这些工具对路径进行变换，还可以应用“路径”子菜单中的命令对路径进行编辑。

6.2.1 课堂案例——绘制卡通文具网页 Banner

【案例学习目标】学习使用“钢笔”工具、“整形”工具绘制卡通文具网页 Banner。

【案例知识要点】使用“钢笔”工具、“渐变”工具、“直线段”工具、“整形”工具、“描边”面板绘制卡通文具网页 Banner。效果如图 6-71 所示。

【效果所在位置】云盘 \Ch06\ 效果 \ 绘制卡通文具网页 Banner.ai。

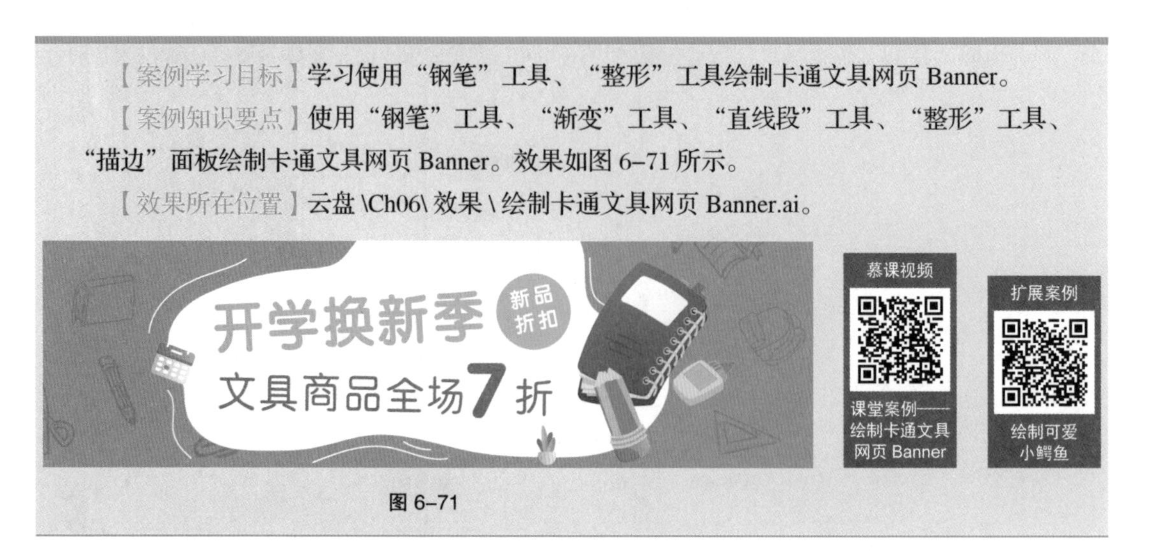

图 6-71

（1）按 Ctrl+O 组合键，打开云盘中的“Ch06 > 素材 > 绘制卡通文具网页 Banner > 01”文件，如图 6-72 所示。

图 6-72

（2）选择“钢笔”工具，在页面外绘制一个不规则图形，如图 6-73 所示。双击“渐变”工具，弹出“渐变”面板，单击“线性渐变”按钮，在色带上设置两个渐变滑块，分别将渐变滑块的位置设为 0、100，并分别设置 RGB 值为（43、36、125）、（53、88、158），其他选项的设置如图 6-74 所示，图形被填充渐变色，设置描边色为无，效果如图 6-75 所示。

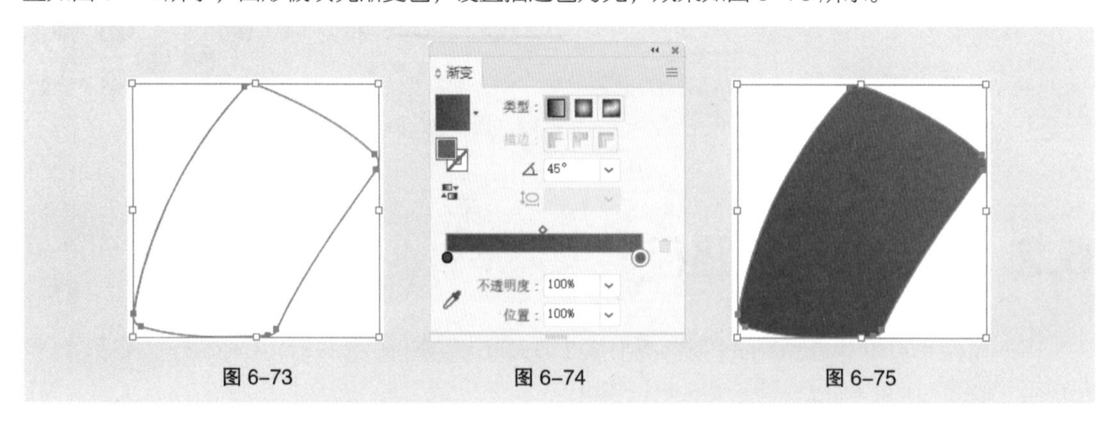

图 6-73　　图 6-74　　图 6-75

（3）选择“选择”工具，选取图形，按 Ctrl+C 组合键，复制图形，按 Ctrl+B 组合键，将复制的图形粘贴在后面。按↓和→方向键，微调复制得到的图形到适当的位置，效果如图 6-76 所示。设置填充色为蓝色（43、36、125），填充图形，效果如图 6-77 所示。

（4）选择“钢笔”工具，在适当的位置绘制一个不规则图形，设置填充色为浅黄色（245、222、197），填充图形，并设置描边色为无，效果如图 6-78 所示。使用“钢笔”工具再绘制一个不规则图形，设置填充色为藏蓝色（26、63、122），填充图形，并设置描边色为无，效果如图 6-79 所示。

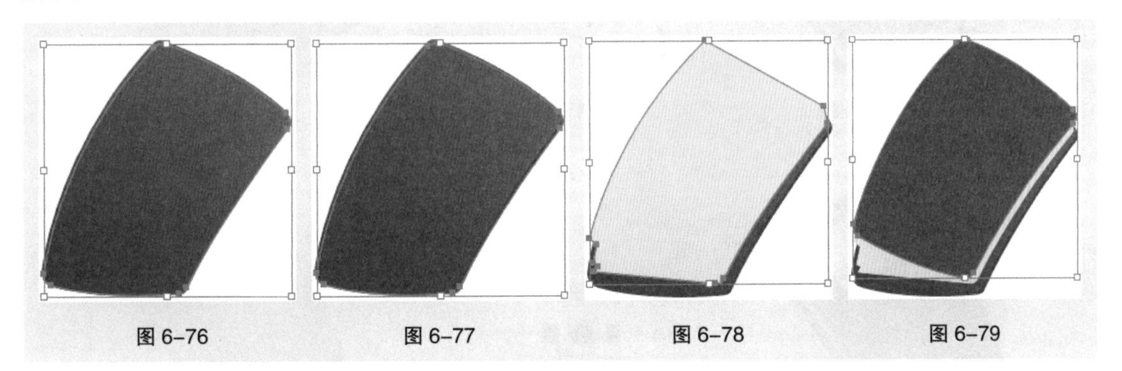

图 6-76　图 6-77　图 6-78　图 6-79

（5）选择“选择”工具，选取图形，按 Ctrl+C 组合键，复制图形，按 Ctrl+F 组合键，将复制的图形粘贴在前面。按↑和←方向键，微调复制得到的图形到适当的位置，效果如图 6-80 所示。双击“渐变”工具，弹出“渐变”面板，单击“线性渐变”按钮，在色带上设置两个渐变滑块，分别将渐变滑块的位置设为 0、100，并分别设置 RGB 值为（53、66、158）、（46、111、186），其他选项的设置如图 6-81 所示，图形被填充渐变色，效果如图 6-82 所示。

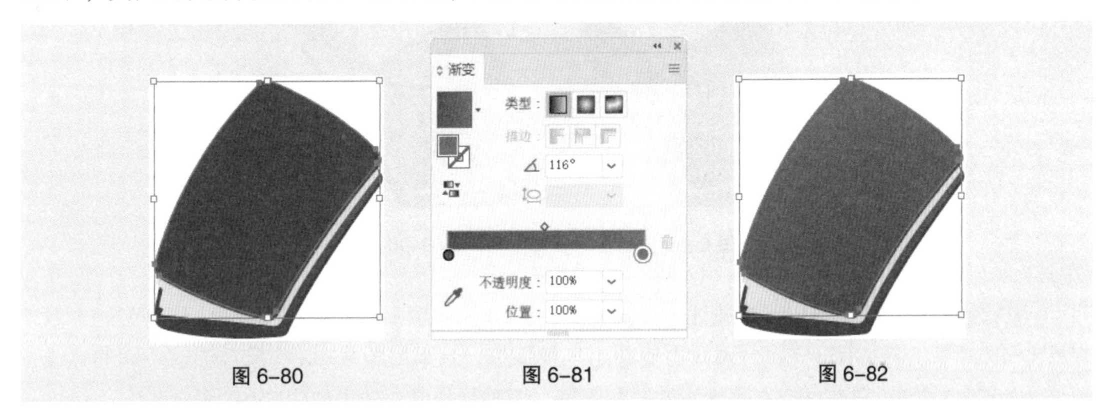

图 6-80　图 6-81　图 6-82

（6）选择“钢笔”工具，在适当的位置绘制一个不规则图形，如图 6-83 所示。双击“渐变”工具，弹出“渐变”面板，单击“线性渐变”按钮，在色带上设置两个渐变滑块，分别将渐变滑块的位置设为 0、100，并设置 RGB 值为（234、246、249）、（255、255、255），其他选项的设置如图 6-84 所示，图形被填充为渐变色，设置描边色为无，效果如图 6-85 所示。

（7）选择“直线段”工具，在适当的位置绘制一条斜线段，设置描边色为深蓝色（39、71、138），效果如图 6-86 所示。选择“窗口 > 描边”命令，弹出“描边”面板，单击“端点”选项组中的“圆头端点”按钮，其他选项的设置如图 6-87 所示，按 Enter 键确定操作，效果如图 6-88 所示。

（8）选择“整形”工具，将鼠标指针放置在斜线段中间位置，如图 6-89 所示，单击并向下拖曳到适当的位置；释放鼠标左键，效果如图 6-90 所示。

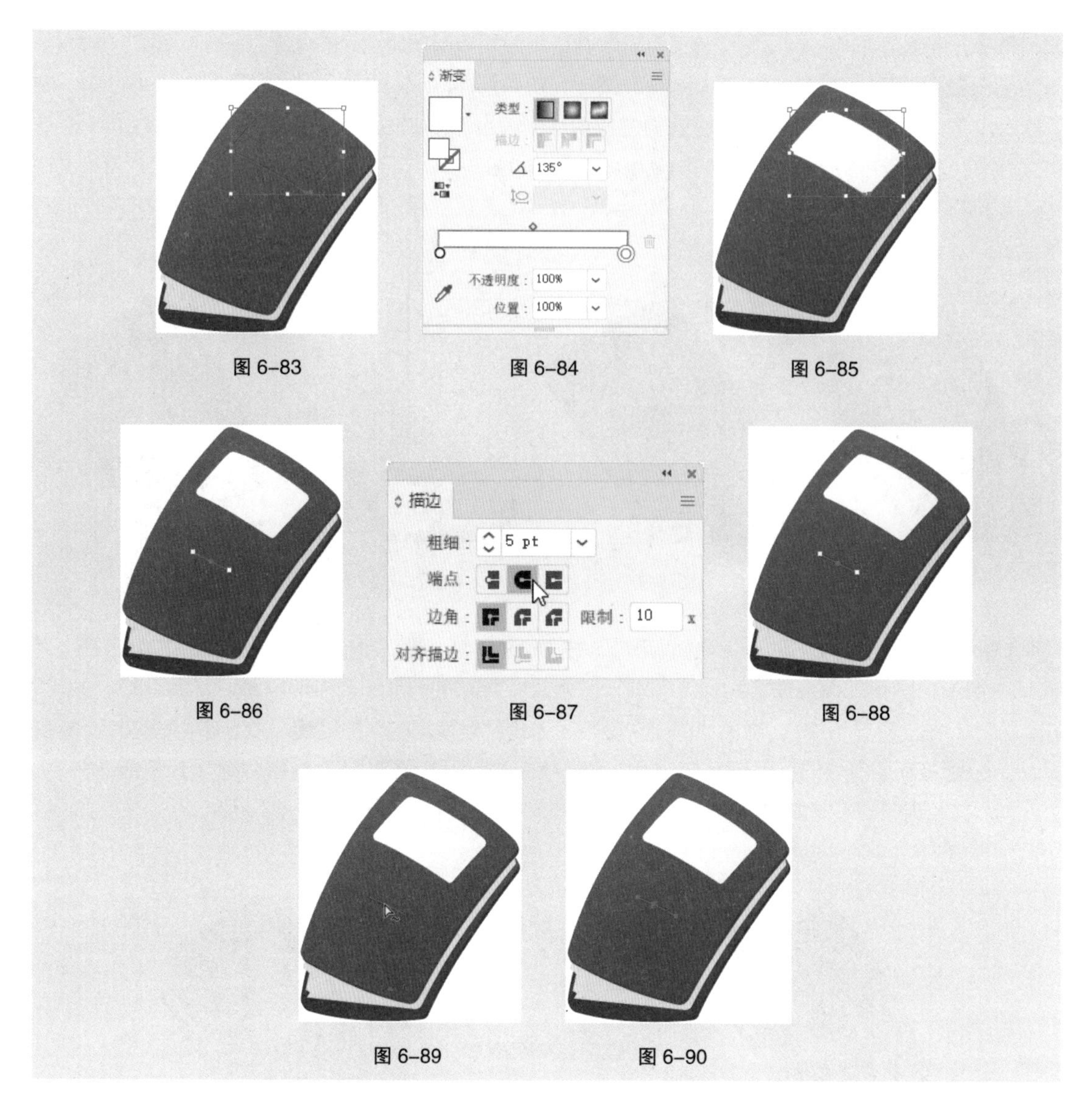

图 6-83　图 6-84　图 6-85
图 6-86　图 6-87　图 6-88
图 6-89　图 6-90

（9）选择“选择”工具▶，按住 Alt 键的同时，向下拖曳弧线到适当的位置，复制弧线，效果如图 6-91 所示。按 Ctrl+D 组合键，再复制出一条弧线，效果如图 6-92 所示。选取中间的弧线，按住 Alt 键的同时，向右拖曳右侧中间的控制手柄，调整其长度，效果如图 6-93 所示。

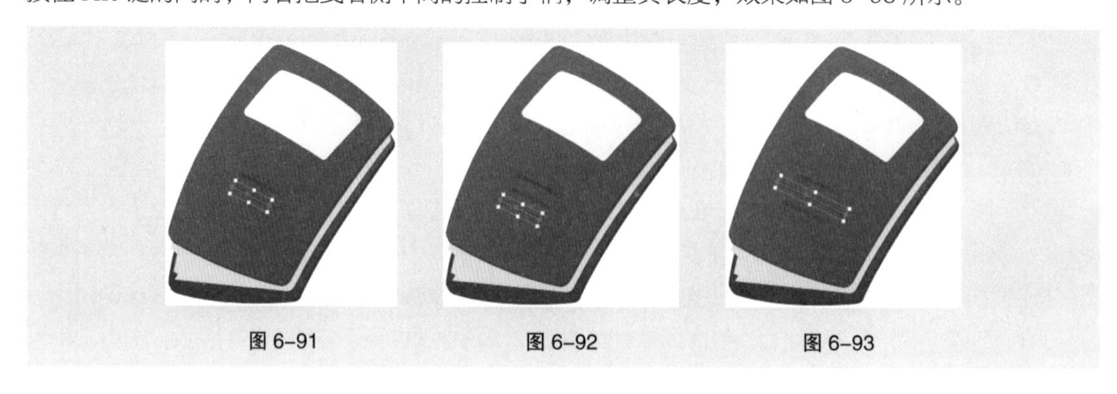
图 6-91　图 6-92　图 6-93

（10）选择“钢笔”工具，在适当的位置分别绘制不规则图形，如图 6–94 所示。选择“选择”工具，分别选取需要的图形，填充图形为橘黄色（255、159、6）、紫色（152、94、209）、粉红色（248、74、79），并设置描边色为无，效果如图 6–95 所示。

（11）使用“选择”工具，按住 Shift 键的同时，依次单击需要的图形将其同时选取，连续按 Ctrl+ [组合键，将图形向后移至适当的位置，效果如图 6–96 所示。用相同的方法绘制其他图形，并填充相应的颜色，效果如图 6–97 所示。

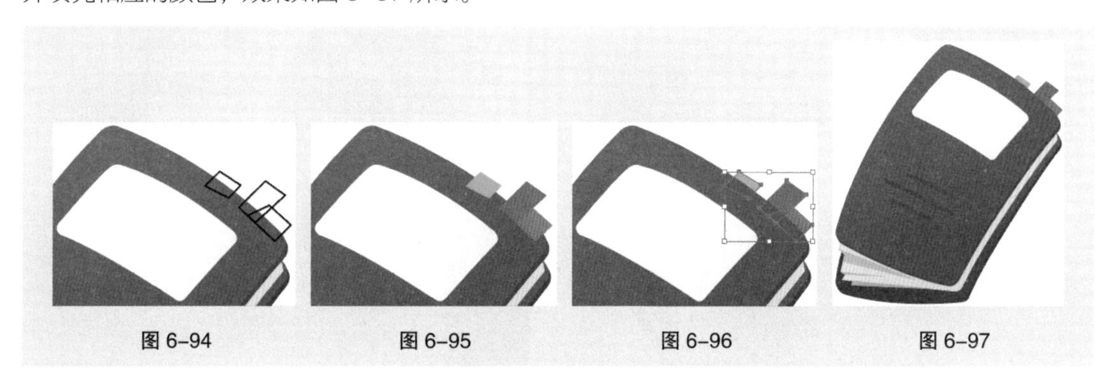

图 6–94　　图 6–95　　图 6–96　　图 6–97

（12）选择“椭圆”工具，在适当的位置绘制一个椭圆形，设置填充色为灰色（195、202、219），填充图形，并设置描边色为无，效果如图 6–98 所示。

（13）选择“选择”工具，按 Ctrl+C 组合键，复制图形，按 Ctrl+F 组合键，将复制的图形粘贴在前面。按住 Shift 键的同时，拖曳右上角的控制手柄，等比例缩小图形，设置填充色为深灰色（34、53、59），填充图形，效果如图 6–99 所示。

（14）按住 Shift 键的同时，单击下方的灰色椭圆形，将两个椭圆形同时选取，拖曳右上角的控制手柄将图形旋转到适当的角度，效果如图 6–100 所示。

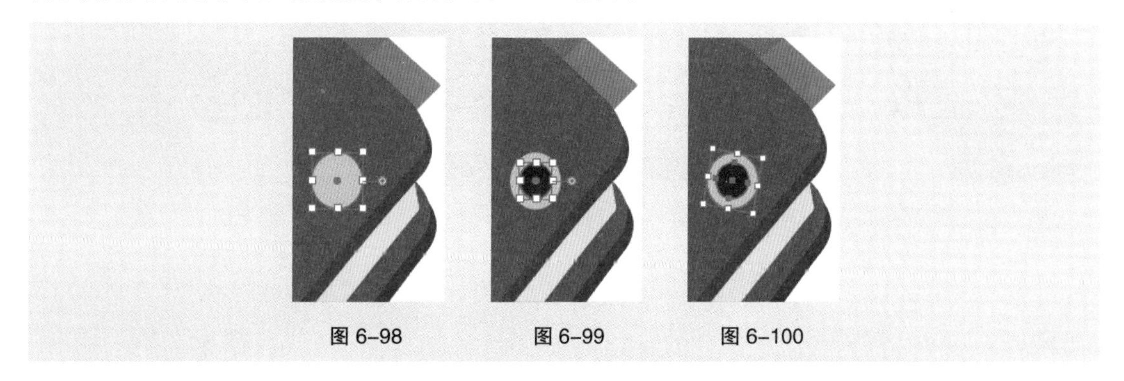

图 6–98　　图 6–99　　图 6–100

（15）选择“钢笔”工具，在适当的位置绘制一条路径，设置描边色为灰色（195、202、219），填充描边，效果如图 6–101 所示。

（16）在“描边”面板中，单击“端点”选项组中的“圆头端点”按钮，其他选项的设置如图 6–102 所示；按 Enter 键确定操作，效果如图 6–103 所示。选择“选择”工具，按住 Shift 键的同时依次单击需要的图形将其同时选取，按 Ctrl+G 组合键，将其编组，如图 6–104 所示。

（17）选择“选择”工具，按住 Alt 键的同时，向下拖曳编组图形到适当的位置，复制编组图形，效果如图 6–105 所示。连续按 Ctrl+D 组合键，按需要再复制出多个编组图形，效果如图 6–106 所示。

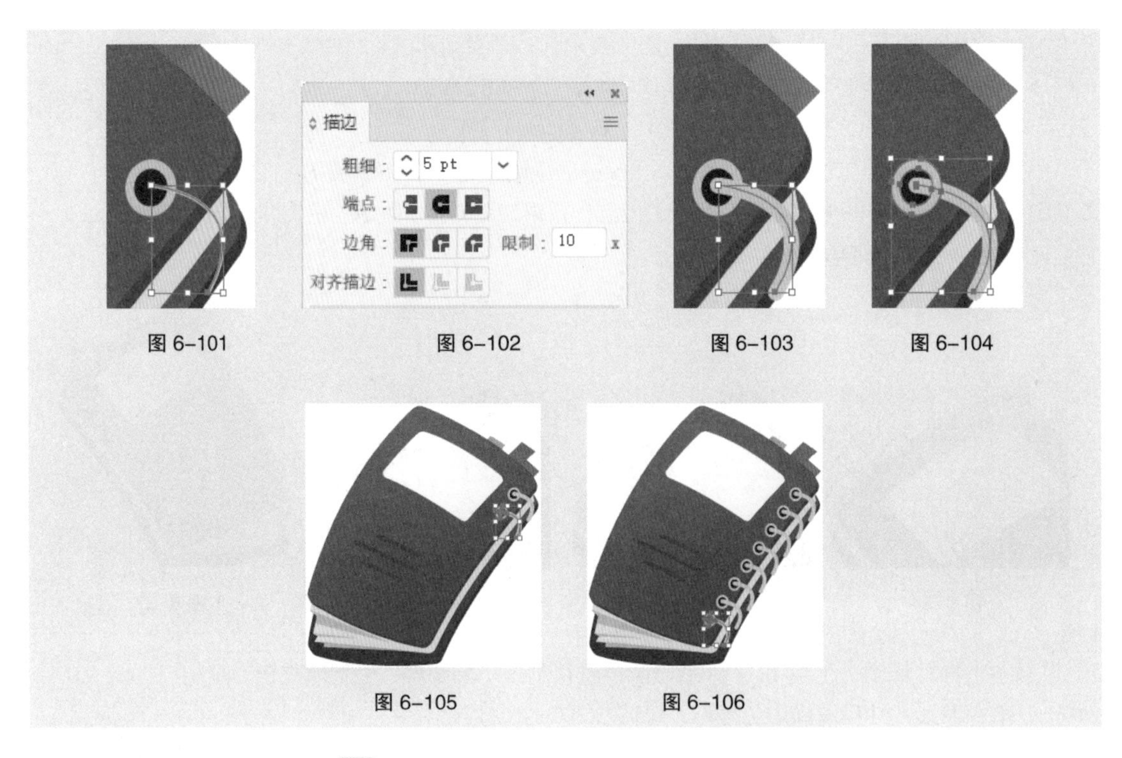

图 6-101 图 6-102 图 6-103 图 6-104

图 6-105 图 6-106

（18）选择“选择”工具▶，用框选的方法将所绘制的图形全部选取，按 Ctrl+G 组合键，将其编组，如图 6-107 所示。拖曳编组图形到页面中适当的位置，效果如图 6-108 所示。

图 6-107 图 6-108

（19）用相同的方法绘制“铅笔”和“橡皮擦”图形，效果如图 6-109 所示。卡通文具网页 Banner 绘制完成，效果如图 6-110 所示。

图 6-109 图 6-110

6.2.2 “钢笔”工具

Illustrator 2020 中的“钢笔”工具是一个非常重要的工具。使用“钢笔”工具可以绘制直线段、曲线和任意形状的路径，还可以对线条进行精确的调整，使其更加完美。

1. 绘制直线段

选择“钢笔”工具，在页面中单击确定直线段的起点，如图 6-111 所示。移动鼠标指针到需要的位置，再次单击确定直线段的终点，如图 6-112 所示。

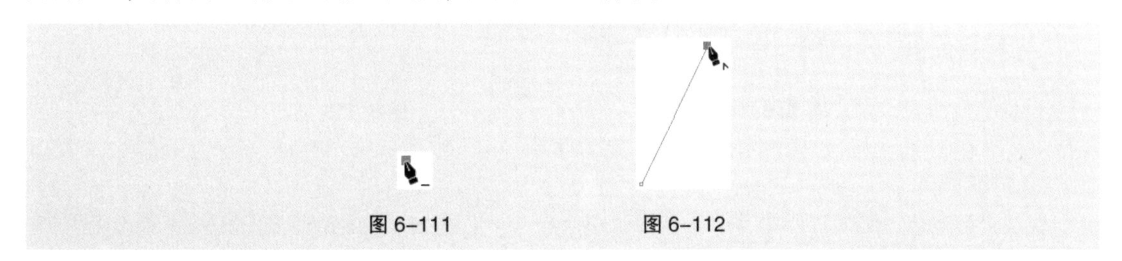

图 6-111　　图 6-112

在需要的位置继续单击确定其他的锚点，就可以绘制出折线，如图 6-113 所示。双击折线上的锚点，该锚点会被删除，折线上与该锚点相邻的另外两个锚点将自动连接，如图 6-114 所示。

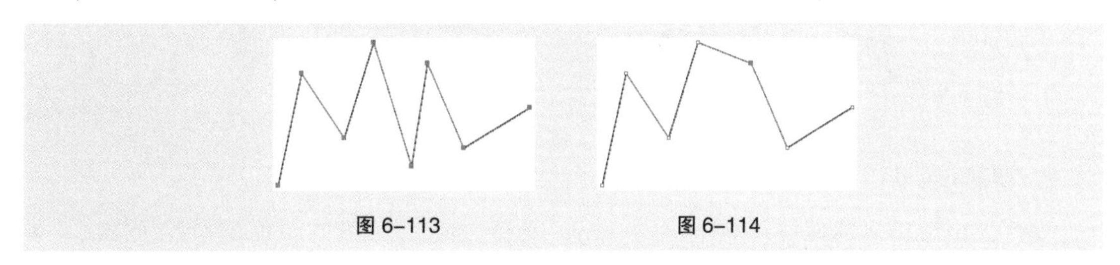

图 6-113　　图 6-114

2. 绘制曲线

选择“钢笔”工具，在页面中单击并按住鼠标左键拖曳来确定曲线的起点。起点的两侧都会出现控制手柄，释放鼠标左键，如图 6-115 所示。

移动鼠标指针到需要的位置，再次单击并按住鼠标左键拖曳，页面中出现一条曲线。拖曳的同时，第 2 个锚点的两侧也出现了控制手柄。按住鼠标左键，随着鼠标指针的移动，曲线的形状会随之发生变化，如图 6-116 所示。释放鼠标左键，继续绘制。

如果连续地单击并拖曳鼠标，则可以绘制出连续且平滑的曲线，如图 6-117 所示。

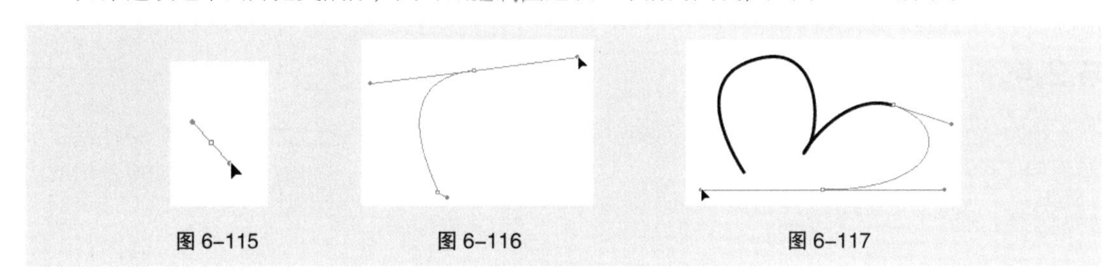

图 6-115　　图 6-116　　图 6-117

6.2.3 编辑路径

Illustrator 2020 的工具箱中包含很多路径编辑工具，可以应用这些工具对路径进行变形、转换和剪切等编辑操作。

1. 添加锚点

绘制一条路径，如图 6-118 所示。选择“添加锚点”工具，在路径上的任意位置单击，该位置上就会增加一个新的锚点，如图 6-119 所示。

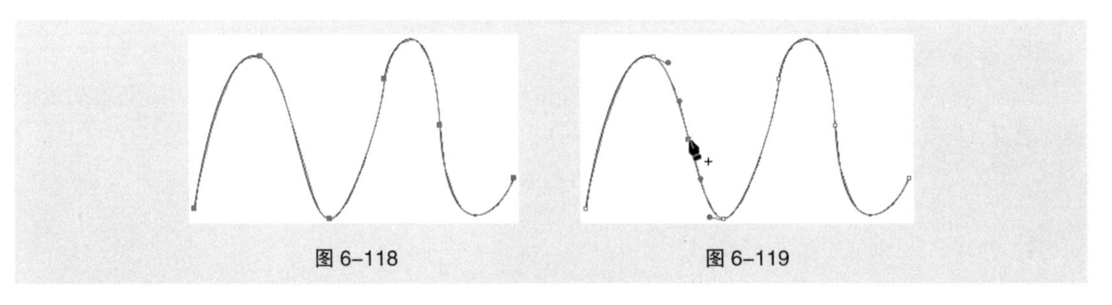

图 6-118　　图 6-119

2. 删除锚点

绘制一条路径，如图 6-120 所示。选择“删除锚点”工具，在路径上的任意一个锚点上单击，该锚点就会被删除，如图 6-121 所示。

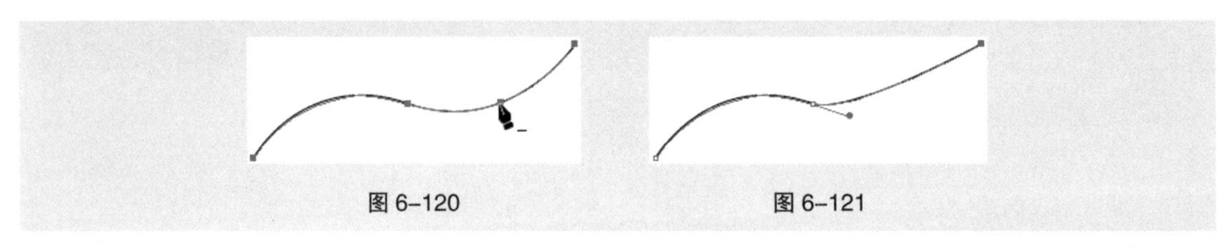

图 6-120　　图 6-121

3. 转换锚点

绘制一条闭合的星形路径，如图 6-122 所示。选择“锚点”工具，单击路径上的锚点，如图 6-123 所示，锚点就会被转换为平滑点。拖曳锚点可以改变路径的形状，效果如图 6-124 所示。

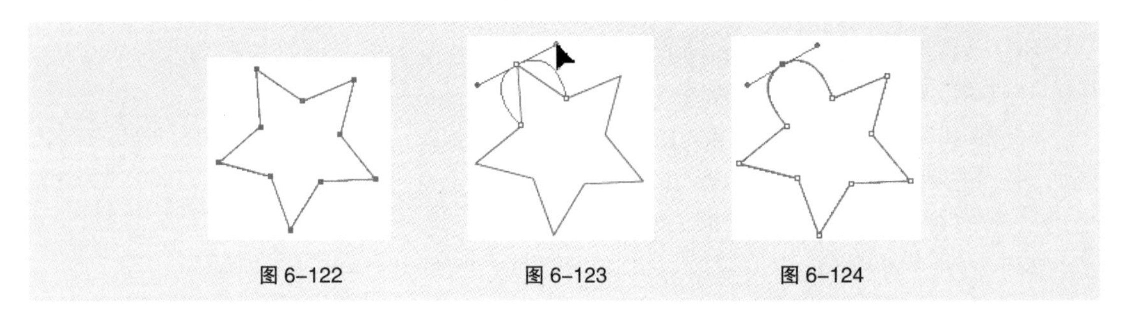

图 6-122　　图 6-123　　图 6-124

6.2.4 “剪刀”工具

绘制一条路径，如图 6-125 所示。选择“剪刀”工具，单击路径上的任意一点，路径就会从单击的地方被剪切为两条路径，如图 6-126 所示。按↓方向键，移动下半部分路径，即可看到剪切后的效果，如图 6-127 所示。

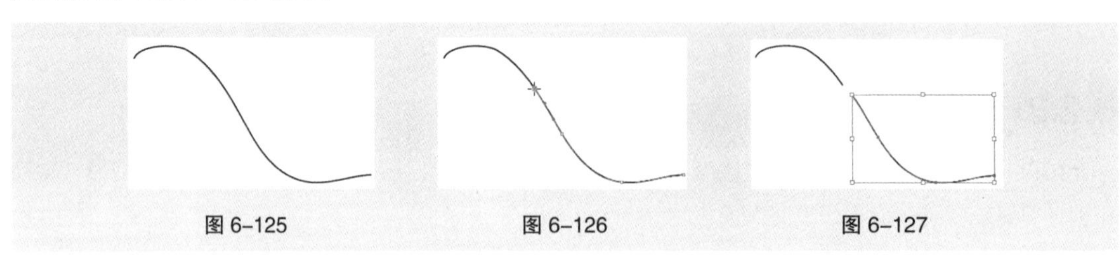

图 6-125　　图 6-126　　图 6-127

6.2.5 偏移路径

使用“偏移路径”命令可以围绕已有路径的外部或内部勾画出一条新的路径，新路径与原路径之间的偏移距离可以按需要设置。

选中要偏移的对象，如图 6-128 所示。选择“对象 > 路径 > 偏移路径”命令，弹出“偏移路径”对话框，如图 6-129 所示。“位移”选项用来设置偏移的距离。设置的数值为正，新路径在原路径的外部；设置的数值为负，新路径在原路径的内部。“连接”选项用于设置新路径拐角的不同连接方式。“斜接限制”选项会影响到连接区域的大小。

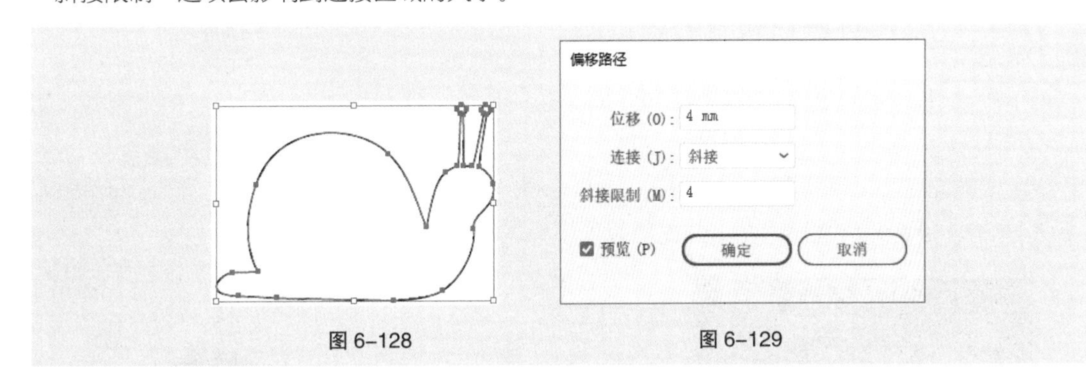

图 6-128　　图 6-129

设置“位移”选项中的数值为正时，偏移效果如图 6-130 所示。设置“位移”选项中的数值为负时，偏移效果如图 6-131 所示。

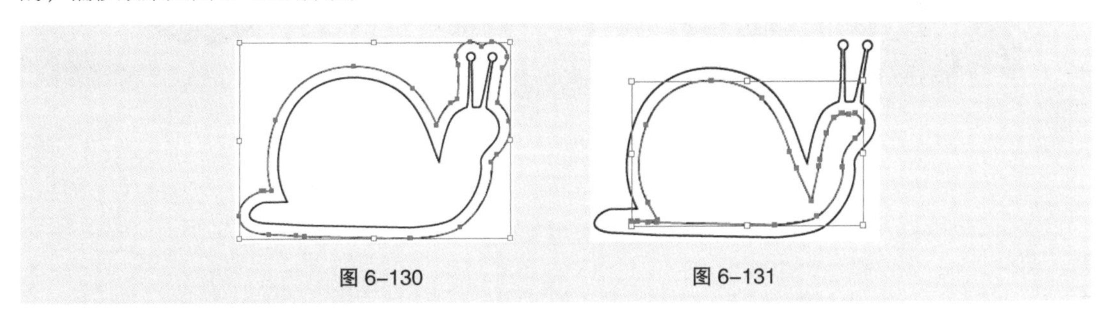

图 6-130　　图 6-131

6.3 使用符号

符号是一种能存储在“符号”面板中，并且可以在一个插图中重复使用的对象。Illustrator 2020 提供了“符号”面板，专门用来创建、存储和编辑符号。

6.3.1 课堂案例——绘制科技航天插画

【案例学习目标】学习使用“符号库”命令绘制科技航天插画。

【案例知识要点】使用“疯狂科学”面板、“徽标元素”面板添加符号，使用“断开链接”按钮、“渐变”工具、“比例缩放”工具、“镜像”工具编辑符号。科技航天插画的效果如图 6-132 所示。

【效果所在位置】云盘 \Ch06\ 效果 \ 绘制科技航天插画 .ai。

图 6-132

（1）按 Ctrl+O 组合键，打开云盘中的“Ch06 > 素材 > 绘制科技航天插画 > 01”文件，如图 6-133 所示。

（2）选择“窗口 > 符号库 > 疯狂科学”命令，弹出“疯狂科学”面板，选取“月球”符号，如图 6-134 所示，拖曳符号到页面外，效果如图 6-135 所示。

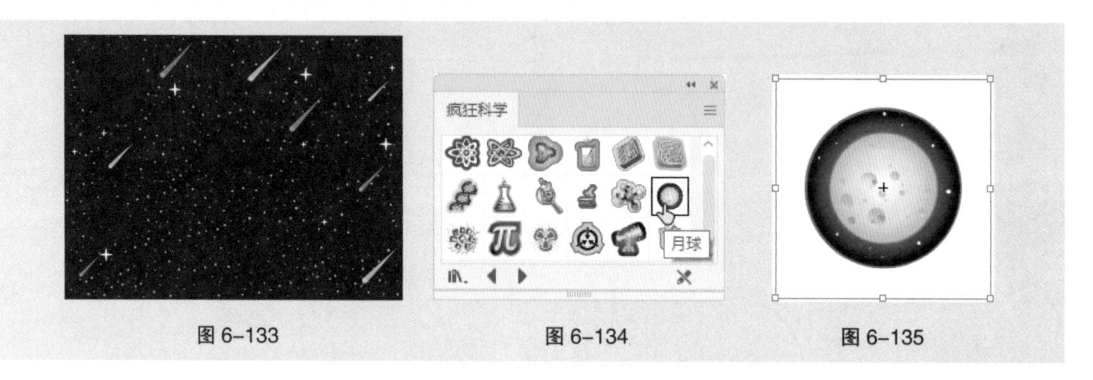

图 6-133　　图 6-134　　图 6-135

（3）在属性栏中单击“断开链接”按钮，断开符号链接，效果如图 6-136 所示。选择“选择”工具▶，按住 Shift 键的同时，依次单击不需要的图形将其同时选取，如图 6-137 所示，按 Delete 键，将其删除，效果如图 6-138 所示。

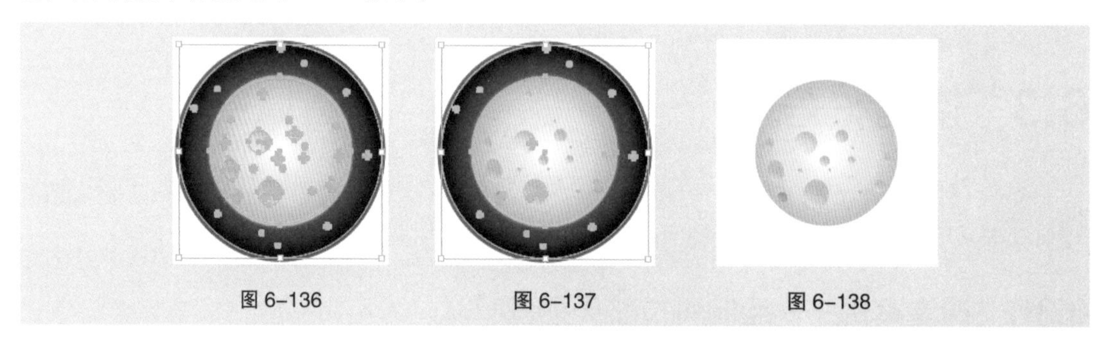

图 6-136　　图 6-137　　图 6-138

（4）选取需要的渐变图形，如图 6-139 所示。选择“选择 > 相同 > 填充颜色”命令，相同填充色的图形被选中，如图 6-140 所示。

（5）双击“渐变”工具■，弹出“渐变”面板，如图 6-141 所示，在色带上设置 4 个渐变滑块，分别将渐变滑块的位置为 0、37、69、100，并分别设置 RGB 值为（255、255、255）、（248、176、204）、（230、144、187）、（230、91、197），其他选项的设置如图 6-142 所示；图形被填充渐变色，效果如图 6-143 所示。

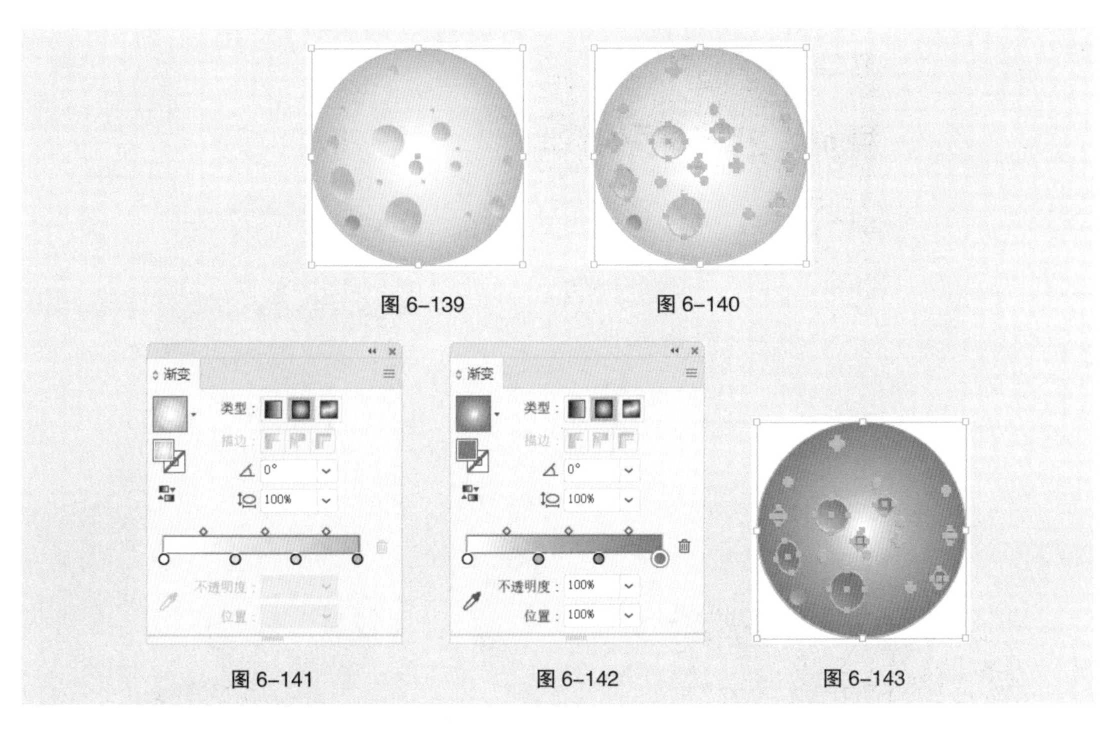

图 6-139　图 6-140

图 6-141　图 6-142　图 6-143

（6）选择“选择”工具，选取左下角的渐变图形，如图 6-144 所示。选择“吸管”工具，将鼠标指针放在粉色渐变图形上，如图 6-145 所示，单击，吸取粉色渐变图形的属性，并应用到选取的渐变图形上，效果如图 6-146 所示。

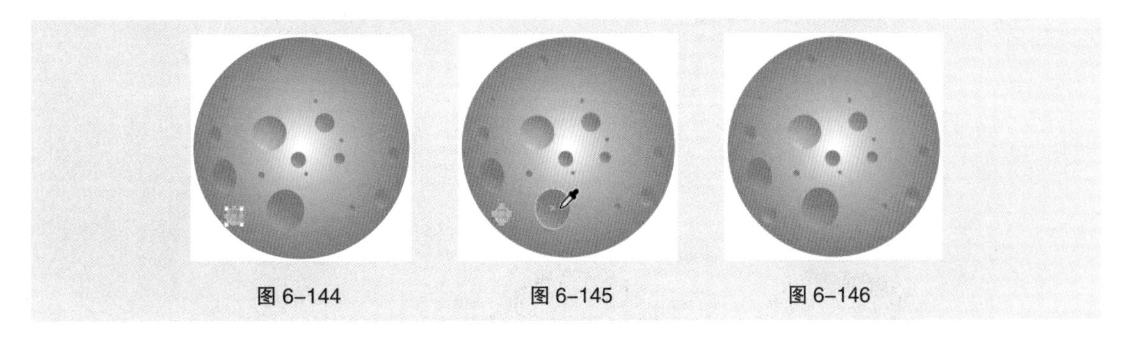

图 6-144　图 6-145　图 6-146

（7）选择“选择”工具，选取需要的渐变图形，如图 6-147 所示。双击“比例缩放”工具，弹出“比例缩放”对话框，选项的设置如图 6-148 所示；单击“复制”按钮，放大并复制图形，效果如图 6-149 所示。

（8）在属性栏中将“不透明度”选项设为 20%；按 Enter 键确定操作，效果如图 6-150 所示。按 Ctrl+D 组合键，复制出一个图形，效果如图 6-151 所示。在属性栏中将“不透明度”选项设为 10%；按 Enter 键确定操作，效果如图 6-152 所示。

（9）选择“选择”工具，用框选的方法将绘制的图形同时选取，按 Ctrl+G 组合键，编组图形，如图 6-153 所示。双击“镜像”工具，弹出“镜像”对话框，选项的设置如图 6-154 所示；单击“复制”按钮，镜像并复制图形，效果如图 6-155 所示。

（10）选择“选择”工具，拖曳编组图形到页面中适当的位置，并调整其大小，效果如图 6-156 所示。选择“矩形”工具，绘制一个与页面大小相等的矩形，如图 6-157 所示。

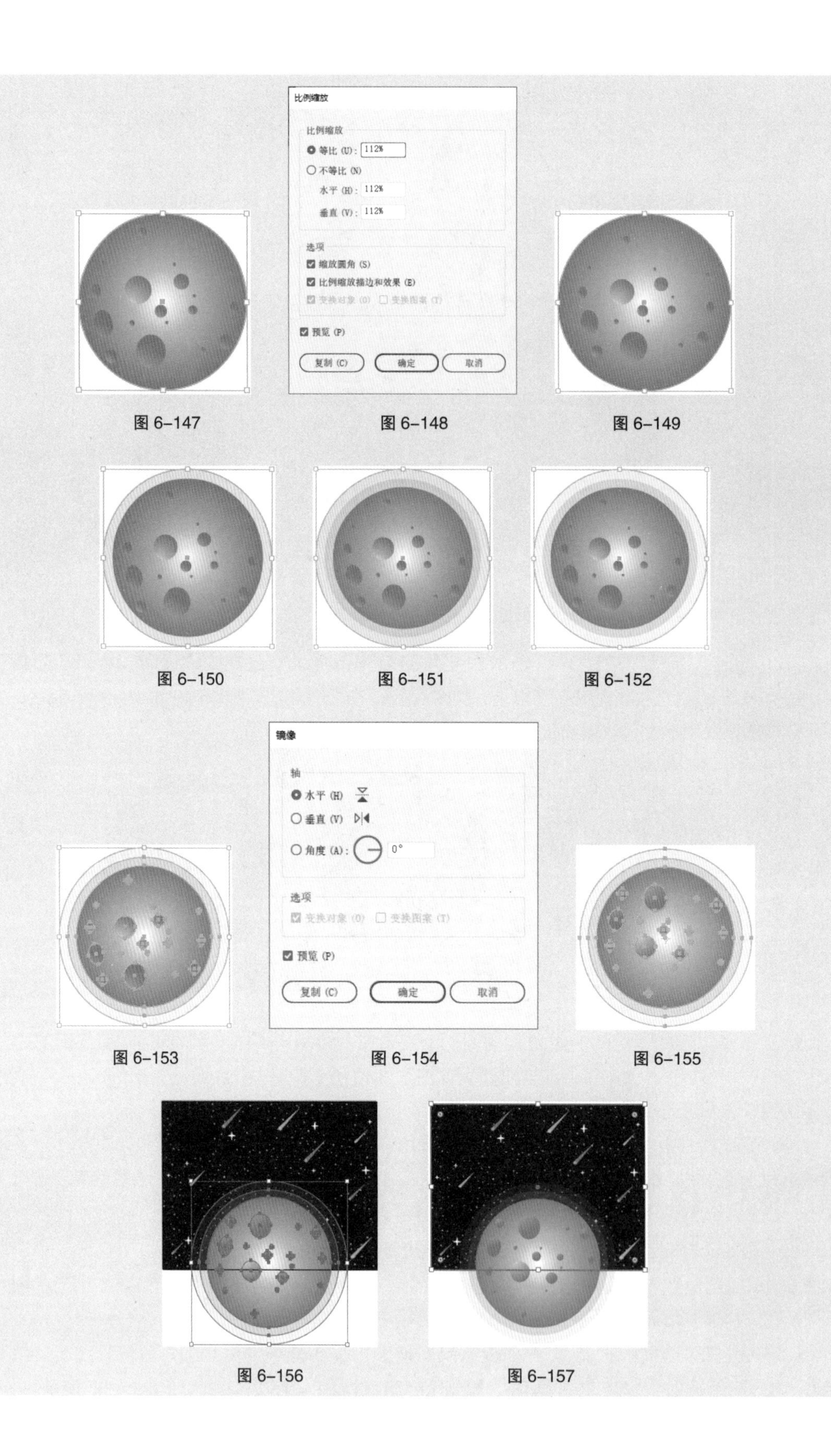

图 6–147 图 6–148 图 6–149

图 6–150 图 6–151 图 6–152

图 6–153 图 6–154 图 6–155

图 6–156 图 6–157

（11）选择“选择”工具▶，按住 Shift 键的同时，单击下方图形，将下方图形和矩形同时选取，如图 6-158 所示，按 Ctrl+7 组合键，建立剪切蒙版，效果如图 6-159 所示。用相同的方法制作其他颜色的星球，效果如图 6-160 所示。

图 6-158　　图 6-159　　图 6-160

（12）选择“窗口 > 符号库 > 徽标元素”命令，弹出“徽标元素”面板，选取“火箭”符号，如图 6-161 所示，分别拖曳符号到页面中适当的位置，并调整其大小，效果如图 6-162 所示。

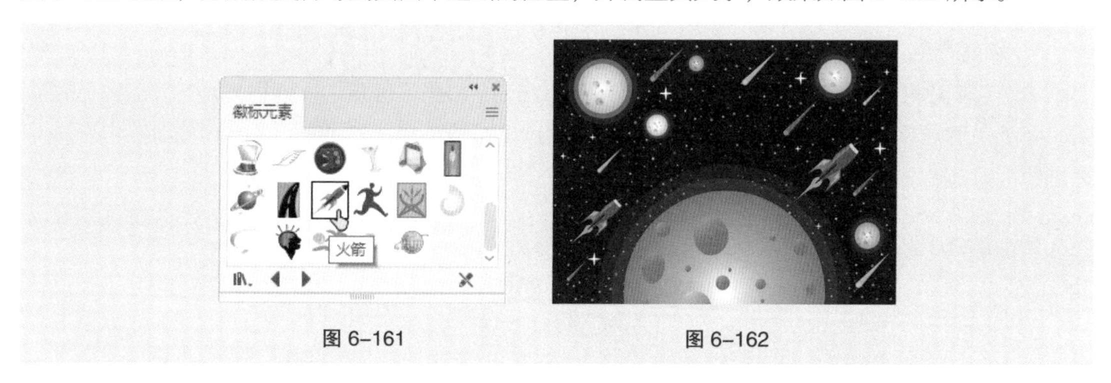

图 6-161　　图 6-162

（13）按 Ctrl+O 组合键，打开云盘中的“Ch06 > 素材 > 绘制科技航天插画 > 02”文件，选择“选择”工具▶，选取需要的图形，按 Ctrl+C 组合键，复制图形。选择正在编辑的页面，按 Ctrl+V 组合键，将复制的图形粘贴到页面中，并拖曳复制得到的图形到适当的位置，效果如图 6-163 所示。科技航天插画绘制完成，效果如图 6-164 所示。

图 6-163　　图 6-164

6.3.2 “符号”面板

“符号”面板具有创建、编辑和存储符号的功能。单击面板右上方的≡图标，弹出菜单，如

图 6-165 所示。

“符号”面板下边有 6 个按钮。

“符号库菜单”按钮 ：单击该按钮会弹出下拉列表，其中包含多种符号库，可以选择调用。

“置入符号实例”按钮 ：单击该按钮可以将当前选中的符号范例放置在页面的中心。

“断开符号链接”按钮 ：单击该按钮可以将添加到插图中的符号范例与“符号”面板断开链接。

“符号选项”按钮 ：单击该按钮可以打开“符号选项”对话框。

“新建符号”按钮 ：单击该按钮可以将选中的对象添加到“符号”面板中作为符号。

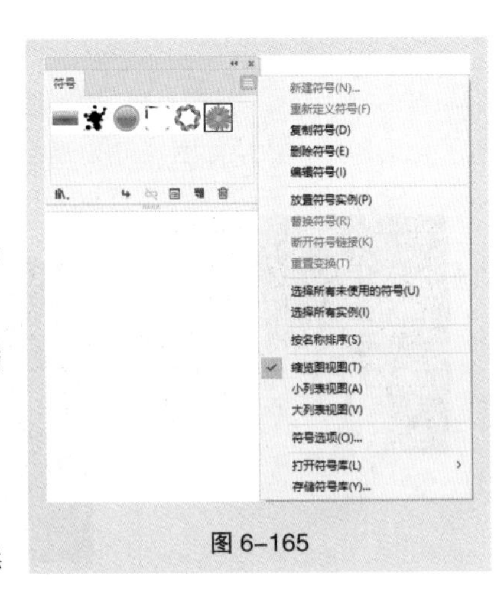

图 6-165

“删除符号”按钮 ：单击该按钮可以删除“符号”面板中被选中的符号。

6.3.3 创建和应用符号

1. 创建符号

单击“新建符号”按钮 可以将选中的对象添加到“符号”面板中作为符号。

将选中的对象直接拖曳到“符号”面板中，弹出“符号选项”对话框，单击“确定”按钮，可以创建符号，如图 6-166 所示。

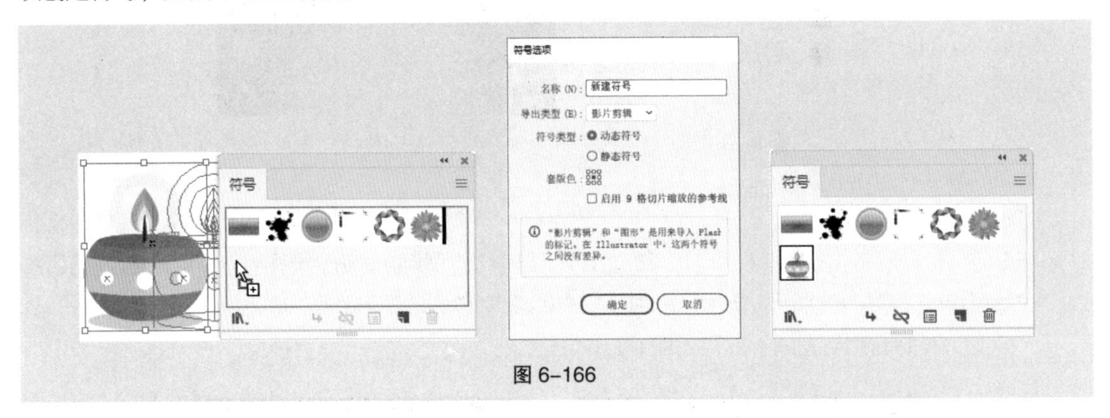

图 6-166

2. 应用符号

在“符号”面板中选中符号，直接将其拖曳到当前插图中，会得到一个符号范例，如图 6-167 所示。

使用“符号喷枪”工具 可以同时创建多个符号范例，并且它们将组成一个符号集合。

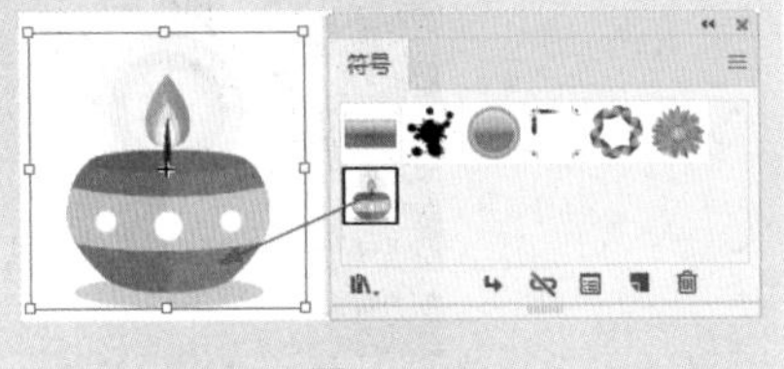

图 6-167

6.3.4 符号工具

Illustrator 2020 工具箱的符号工具组提供了 8 个符号工具，展开的符号工具组如图 6-168 所示。

“符号喷枪”工具 ：创建符号集合，可以将“符号”面板中的符号应用到插图中。

“符号移位器”工具 ：移动符号范例。

“符号紧缩器”工具：对符号范例进行缩紧变形。

“符号缩放器”工具：对符号范例进行放大操作；按住 Alt 键，可以对符号范例进行缩小操作。

“符号旋转器”工具：对符号范例进行旋转操作。

“符号着色器”工具：使用当前颜色为符号范例填色。

“符号滤色器”工具：增大符号范例的透明度；按住 Alt 键，可以减小符号范例的透明度。

“符号样式器”工具：将当前样式应用到符号范例中。

双击任意一个符号工具都会弹出“符号工具选项”对话框，如图 6-169 所示。

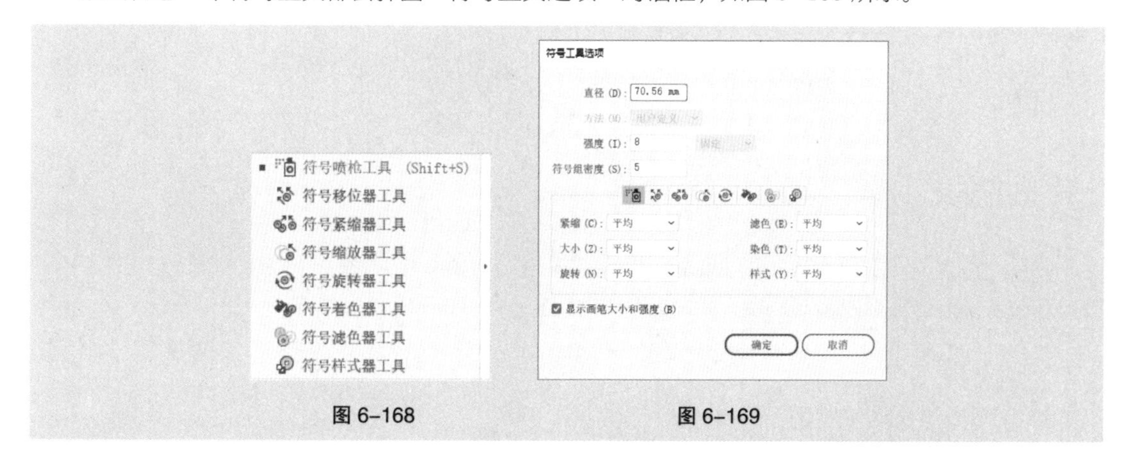

图 6-168　　图 6-169

“直径”选项：设置笔刷直径，这里的笔刷指的是选取符号工具后，鼠标指针的形状。

“强度”选项：设置拖曳鼠标时，符号范例变化的速度。数值越大，被操作的符号范例变化越快。

“符号组密度”选项：设置符号集合中包含符号范例的密度。数值越大，符号集合所包含的符号范例的数目就越多。

“显示画笔大小及强度”复选框：勾选该复选框，在使用符号工具时可以看到笔刷，不勾选该复选框则隐藏笔刷。

使用符号工具应用符号的具体操作如下。

选择“符号喷枪”工具，鼠标指针将变成一个中间有喷壶的圆形，如图 6-170 所示。在“符号”面板中选取一种符号，如图 6-171 所示。

在页面上按住鼠标左键并拖曳，“符号喷枪”工具将沿着拖曳的轨迹喷射出多个符号范例，这些符号范例将组成一个符号集合，如图 6-172 所示。

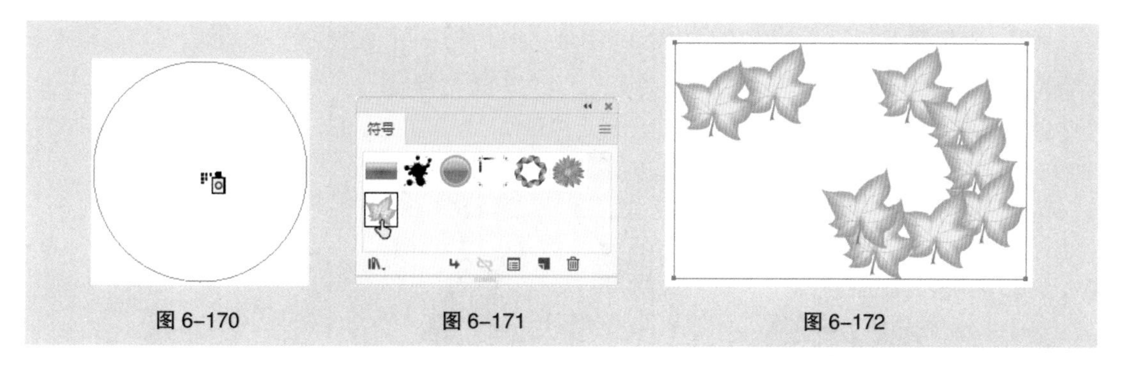

图 6-170　　图 6-171　　图 6-172

使用“选择”工具选中符号集合，选择“符号移位器”工具，将鼠标指针移到要移动的符号范例上，按住鼠标左键并拖曳，符号范例将随之移动，如图 6-173 所示。

使用“选择”工具选中符号集合，选择“符号紧缩器”工具，将鼠标指针移到要紧缩的符号范例上，按住鼠标左键并拖曳，符号范例将紧缩，如图 6-174 所示。

使用“选择”工具选中符号集合，选择“符号缩放器”工具，将鼠标指针移到要调整的符号范例上，按住鼠标左键并拖曳，符号范例将变大，如图 6-175 所示。在操作时按住 Alt 键，则可缩小符号范例。

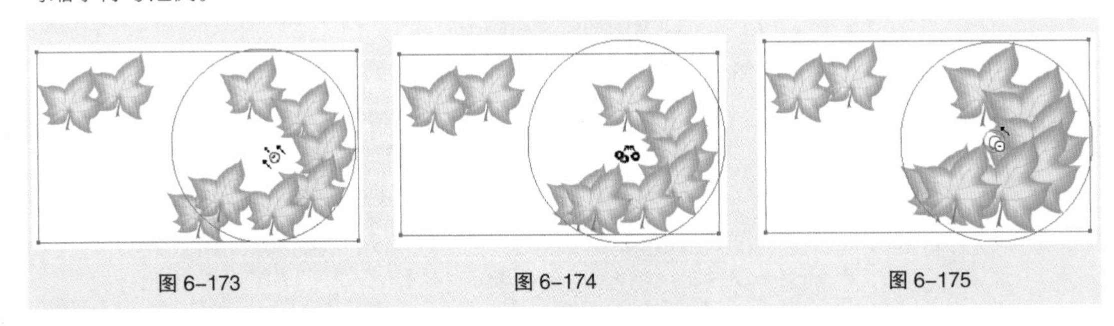

图 6-173　　图 6-174　　图 6-175

使用“选择”工具选中符号集合，选择“符号旋转器”工具，将鼠标指针移到要旋转的符号范例上，按住鼠标左键并拖曳，符号范例将发生旋转，如图 6-176 所示。

在“色板”面板或“颜色”面板中设置一种颜色作为当前色，使用“选择”工具选中符号集合，选择“符号着色器”工具，将鼠标指针移到要填充颜色的符号范例上，按住鼠标左键并拖曳，符号范例会被填充上当前色，如图 6-177 所示。

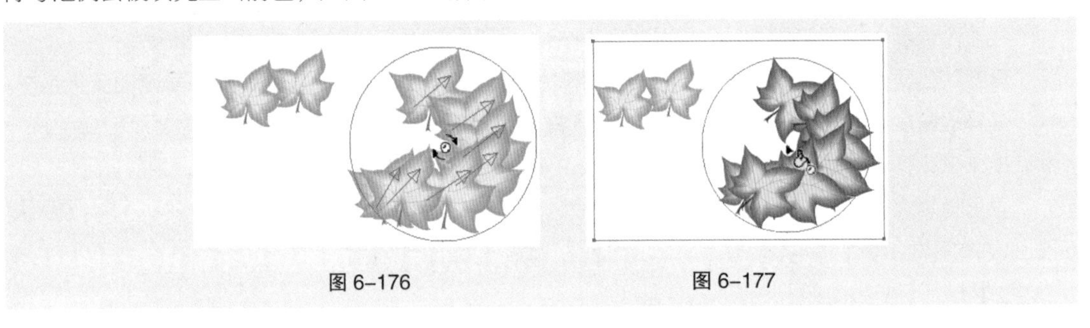

图 6-176　　图 6-177

使用“选择”工具选中符号集合，选择“符号滤色器”工具，将鼠标指针移到要改变透明度的符号范例上，按住鼠标左键并拖曳，符号范例的透明度将增大，如图 6-178 所示。在操作时按住 Alt 键，可以减小符号范例的透明度。

使用“选择”工具选中符号集合，选择“符号样式器”工具，在“图形样式”面板中选中一种样式，将鼠标指针移到要改变样式的符号范例上，按住鼠标左键并拖曳，符号范例的样式将被改变，如图 6-179 所示。

使用“选择”工具选中符号集合，选择“符号喷枪”工具，按住 Alt 键，在要删除的符号范例上按住鼠标左键并拖曳，鼠标指针经过的区域中的符号范例被删除，如图 6-180 所示。

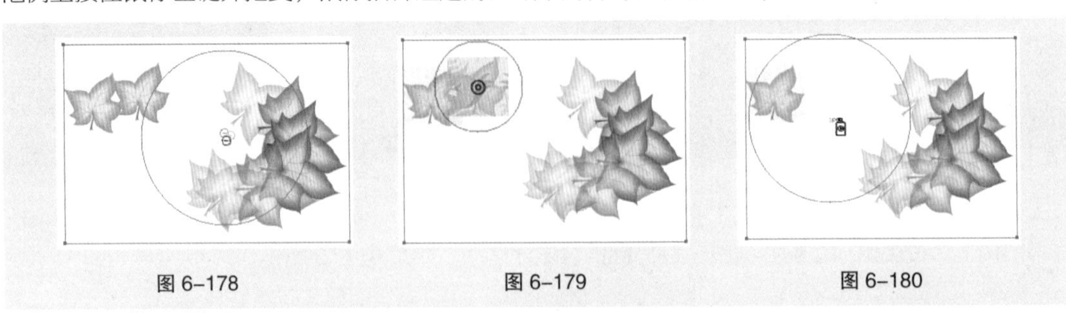

图 6-178　　图 6-179　　图 6-180

6.4 编组、对齐与分布对象

在绘制图形的过程中，可以将多个图形编组，从而组合成一个图形组；还可以通过“对齐”面板快速、有效地对齐或分布多个图形对象。

6.4.1 课堂案例——制作美食宣传海报

【案例学习目标】学习使用“置入”命令、“对齐”面板、“锁定”命令制作美食宣传海报。

【案例知识要点】使用“置入”命令置入素材图片，使用“矩形”工具、“添加锚点”工具、“锚点”工具和建立剪切蒙版组合键制作海报背景，使用“对齐”面板将图片对齐，使用“文字”工具和“字符”面板添加文字。美食宣传海报的效果如图 6-181 所示。

【效果所在位置】云盘 \Ch06\ 效果 \ 制作美食宣传海报 .ai。

图 6-181

（1）按 Ctrl+N 组合键，弹出“新建文档”对话框，设置文档的宽度为 150 mm，高度为 200 mm，取向为竖向，颜色模式为 CMYK 颜色，光栅效果为高（300 ppi），单击“创建”按钮，新建一个文档。

（2）选择“矩形”工具，绘制一个与页面大小相等的矩形，设置填充色为浅粉色（13、22、38、0），填充图形，并设置描边色为无，效果如图 6-182 所示。按 Ctrl+C 组合键，复制图形，按 Ctrl+F 组合键，将复制的图形粘贴在前面。选择“选择”工具，向下拖曳矩形上边中间的控制手柄到适当的位置，调整其大小，效果如图 6-183 所示。

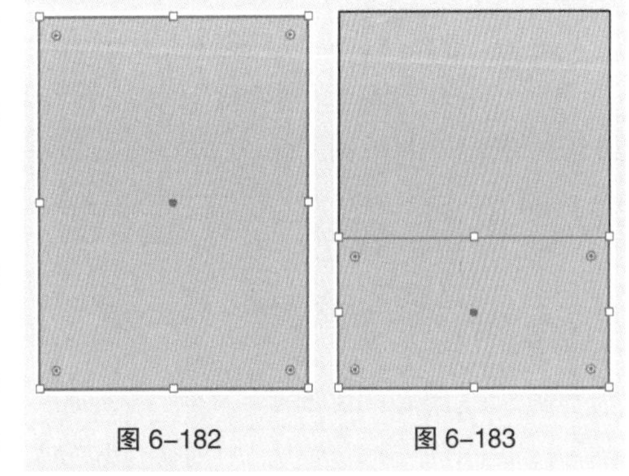

图 6-182　　图 6-183

（3）选择“添加锚点”工具，在矩形上边中间的位置单击，添加一个锚点，如图 6-184 所示。选择“直接选择”工具，向上拖曳添加的锚点到适当的位置，如图 6-185 所示。选择“锚点”工具，拖曳锚点的控制手柄，将所选锚点转换为平滑点，效果如图 6-186 所示。

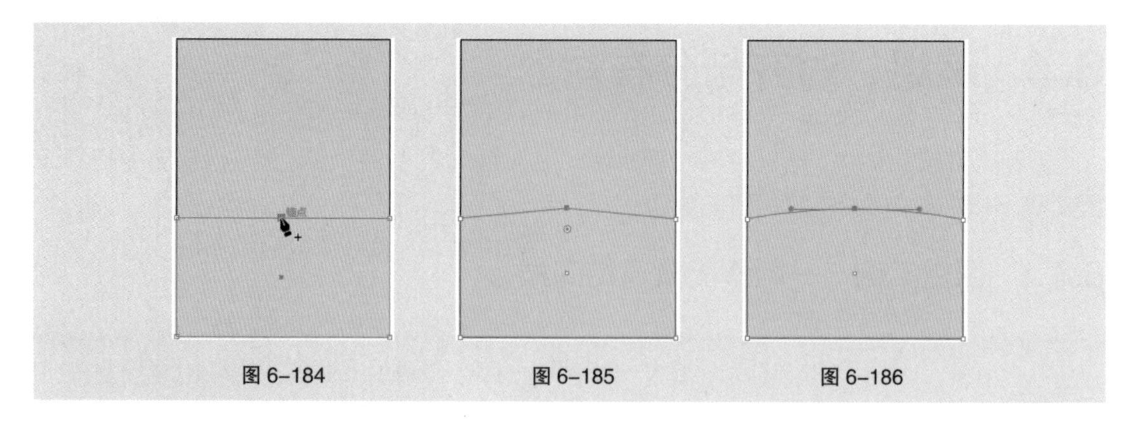

图 6-184　图 6-185　图 6-186

（4）选择“文件 > 置入”命令，弹出“置入”对话框，选择云盘中的“Ch06 > 素材 > 制作美食宣传海报 > 01”文件，单击“置入”按钮，在页面中单击置入图片，单击属性栏中的“嵌入”按钮，嵌入图片。选择“选择”工具，拖曳图片到适当的位置并调整其大小，效果如图 6-187 所示。按 Ctrl+ [组合键，将图片后移一层，效果如图 6-188 所示。

（5）选择“选择”工具，按住 Shift 键的同时，单击需要的图形将其同时选取，如图 6-189 所示，按 Ctrl+7 组合键，建立剪切蒙版，效果如图 6-190 所示。

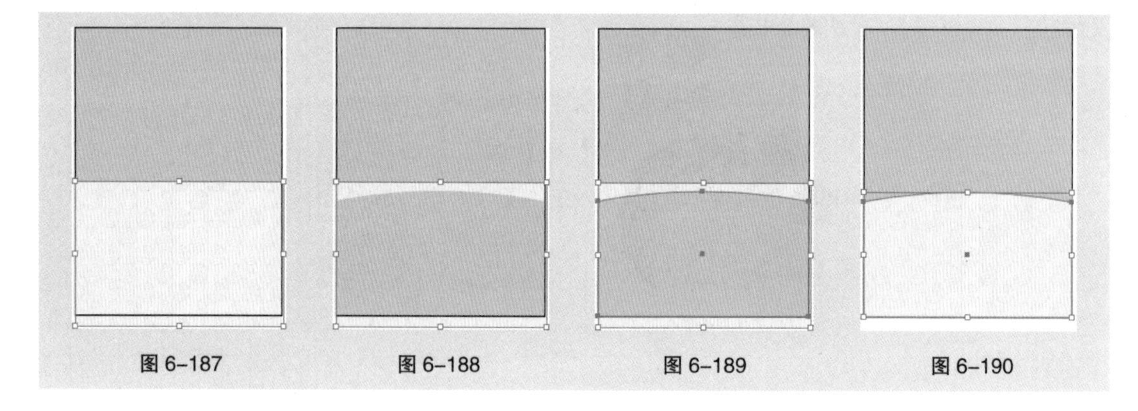

图 6-187　图 6-188　图 6-189　图 6-190

（6）选择“文件 > 置入”命令，弹出“置入”对话框，选择云盘中的“Ch06 > 素材 > 制作美食宣传海报 > 02”文件，单击“置入”按钮，在页面中单击置入图片，单击属性栏中的“嵌入”按钮，嵌入图片。选择“选择”工具，拖曳图片到适当的位置并调整其大小，效果如图 6-191 所示。

（7）选择“窗口 > 透明度”命令，弹出“透明度”面板，将混合模式设为“正片叠底”，其他选项的设置如图 6-192 所示；按 Enter 键确定操作，效果如图 6-193 所示。

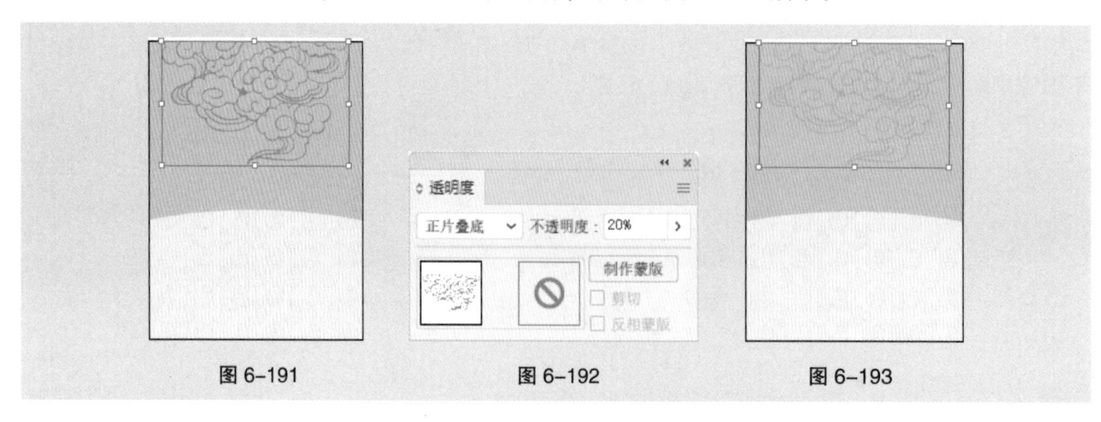

图 6-191　图 6-192　图 6-193

（8）选择“文件 > 置入”命令，弹出“置入”对话框，选择云盘中的“Ch06 > 素材 > 制作美食宣传海报 > 03、04”文件，单击“置入”按钮，在页面中分别单击置入图片，单击属性栏中的“嵌入”按钮，嵌入图片。选择“选择”工具，分别拖曳图片到适当的位置并调整其大小，效果如图 6-194 所示。

（9）选取下方的背景矩形，按 Ctrl+C 组合键，复制图形，按 Shift+Ctrl+V 组合键，就地粘贴图形，如图 6-195 所示。按住 Shift 键的同时，依次单击置入的图片将其同时选取，如图 6-196 所示，按 Ctrl+7 组合键，建立剪切蒙版，效果如图 6-197 所示。按 Ctrl+A 组合键全选图形，按 Ctrl+2 组合键锁定所选对象。

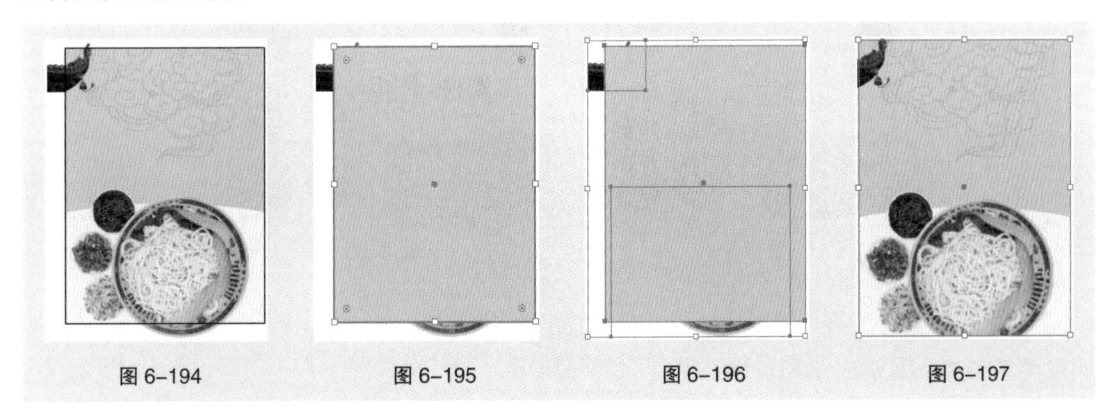

图 6-194　图 6-195　图 6-196　图 6-197

（10）选择“文件 > 置入”命令，弹出“置入”对话框，选择云盘中的“Ch06 > 素材 > 制作美食宣传海报 > 05 ～ 07”文件，单击“置入”按钮，在页面中分别单击置入图片，单击属性栏中的“嵌入”按钮，嵌入图片。选择“选择”工具，分别拖曳图片到适当的位置并调整其大小，效果如图 6-198 所示。按住 Shift 键的同时，依次单击置入的图片将其同时选取，如图 6-199 所示。

（11）选择“窗口 > 对齐”命令，弹出“对齐”面板，单击“水平居中对齐”按钮，如图 6-200 所示，对齐效果如图 6-201 所示。

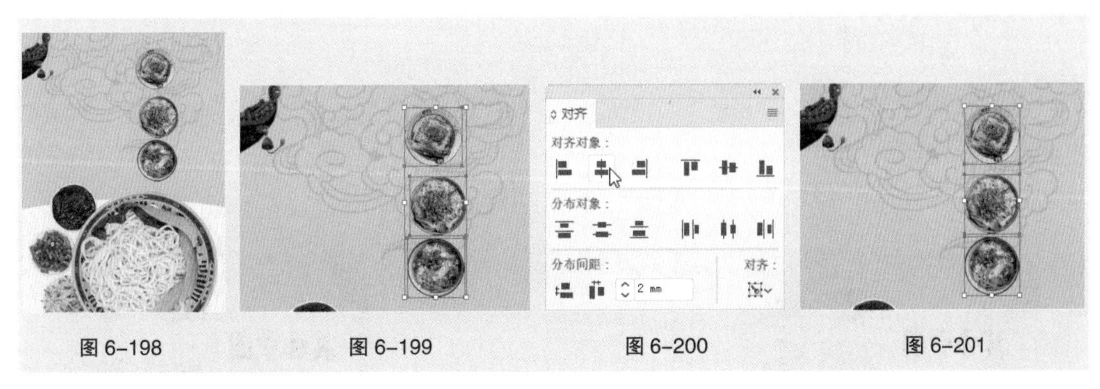

图 6-198　图 6-199　图 6-200　图 6-201

（12）单击第一张图片将其作为参照对象，如图 6-202 所示，在“对齐”面板下方的数值框中输入 5mm，再单击“垂直分布间距”按钮，如图 6-203 所示，将图片等距离垂直分布，效果如图 6-204 所示。

（13）用相同的方法置入其他图片并对齐，效果如图 6-205 所示。选择“文字”工具，在页面中分别输入需要的文字。选择“选择”工具，在属性栏中选择合适的字体并设置文字大小，效果如图 6-206 所示。

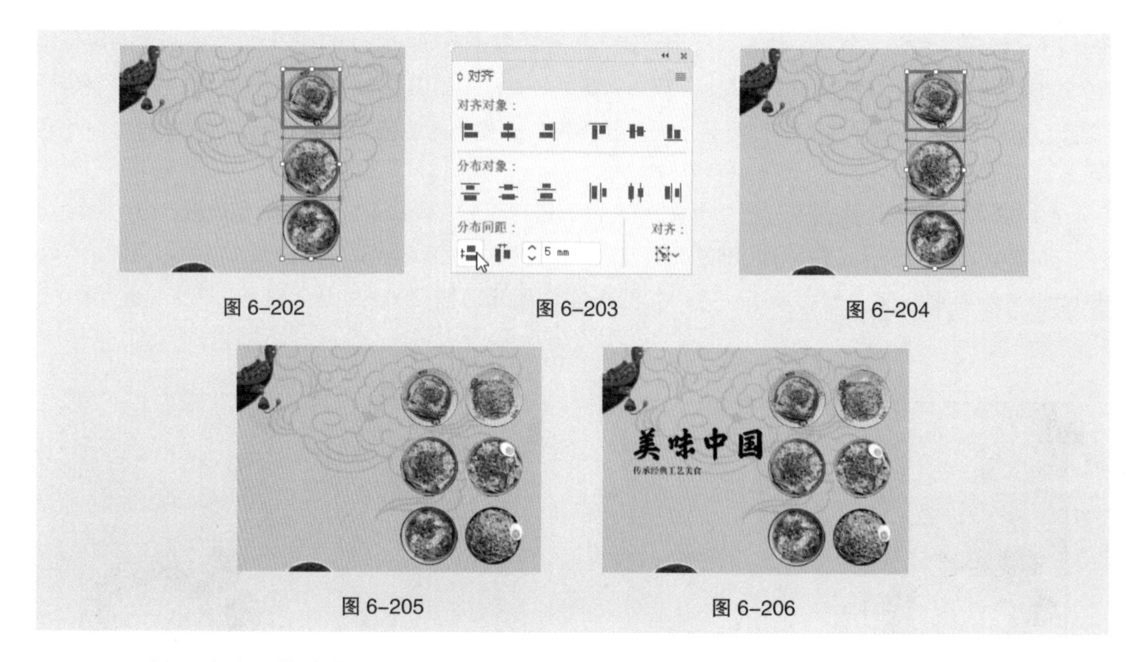

图 6-202　图 6-203　图 6-204

图 6-205　图 6-206

（14）选取文字“美味中国”，设置填充色为深棕色（67、96、97、66），填充文字，效果如图 6-207 所示。按 Ctrl+T 组合键，弹出“字符”面板，将“设置所选字符的字距调整”选项设为 -200，其他选项的设置如图 6-208 所示；按 Enter 键确定操作，效果如图 6-209 所示。

图 6-207　图 6-208　图 6-209

（15）选取文字“传承……美食”，设置填充色为红色（10、95、96、0），填充文字，效果如图 6-210 所示。在“字符”面板中，将“设置所选字符的字距调整”选项设为 660，其他选项的设置如图 6-211 所示；按 Enter 键确定操作，效果如图 6-212 所示。

图 6-210　图 6-211　图 6-212

（16）按 Ctrl+O 组合键，打开云盘中的“Ch06 > 素材 > 制作美食宣传海报 > 11”文件。选择“选择”工具，选取需要的图形，按 Ctrl+C 组合键，复制图形。选择正在编辑的页面，按

Ctrl+V 组合键，将复制的图形粘贴到页面中，并拖曳复制得到的图形到适当的位置，效果如图 6-213 所示。美食宣传海报制作完成，效果如图 6-214 所示。

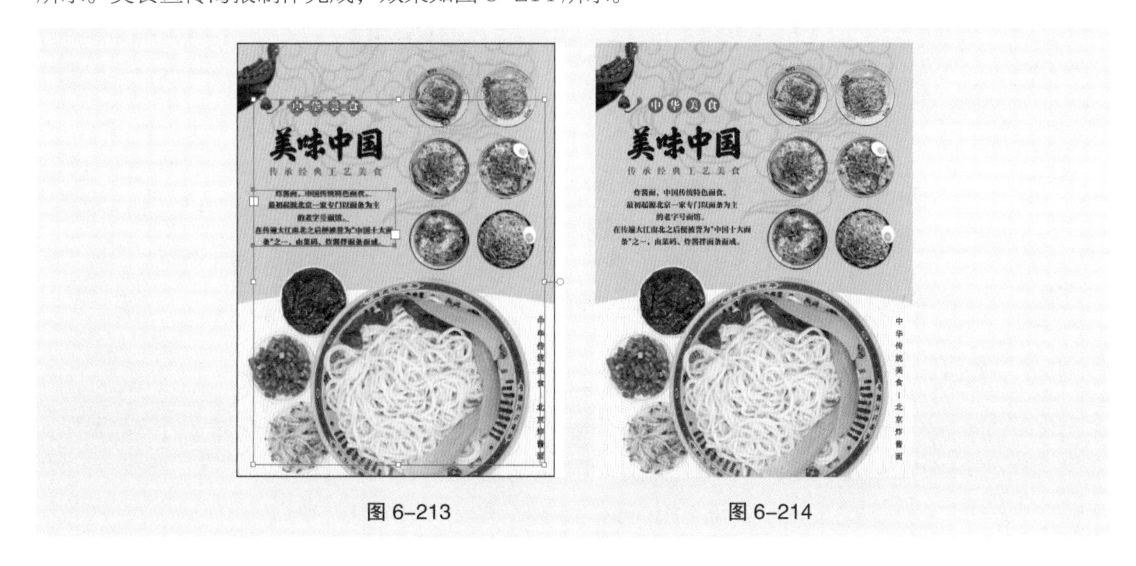

图 6-213　　图 6-214

6.4.2　编组对象

使用“编组”命令可以将多个对象组合在一起，使其成为一个对象。

1. 编组

选取要编组的对象，选择“对象 > 编组”命令（组合键为 Ctrl+G），将选取的对象编组，编组后，选择其中的任何一个对象，同一编组的其他对象也会同时被选取，如图 6-215 所示。

将多个对象编组后，其外观并没有变化，当对任何一个对象进行编辑时，同一编组的其他对象会随之产生相应的变化。如果需要单独编辑编组中的个别对象，而不改变其他对象的状态，可以应用“编组选择”工具进行选取。选择“编组选择”工具，单击要移动的对象并按住鼠标左键，拖曳对象到合适的位置，效果如图 6-216 所示，其他的对象并没有变化。

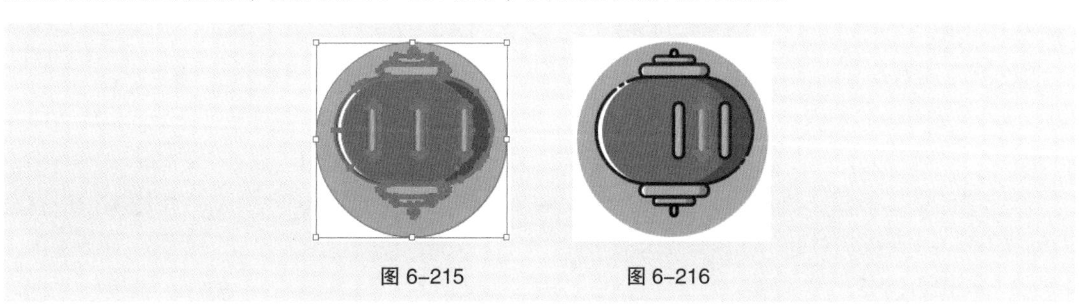

图 6-215　　图 6-216

提示　使用“编组”命令还可以对几个不同的编组进行进一步编组，或对编组与对象进行进一步编组。在对几个编组进行编组时，原来的编组并没有消失，它与新得到的编组是嵌套关系。编组不同图层上的对象，编组后所有的对象将自动移动到最上边对象所在的图层中。

2. 取消编组

选取要取消编组的对象，如图 6-217 所示。选择“对象 > 取消编组”命令（组合键为 Shift+Ctrl+G），取消编组。取消编组后，可单击选取任意一个对象，如图 6-218 所示。

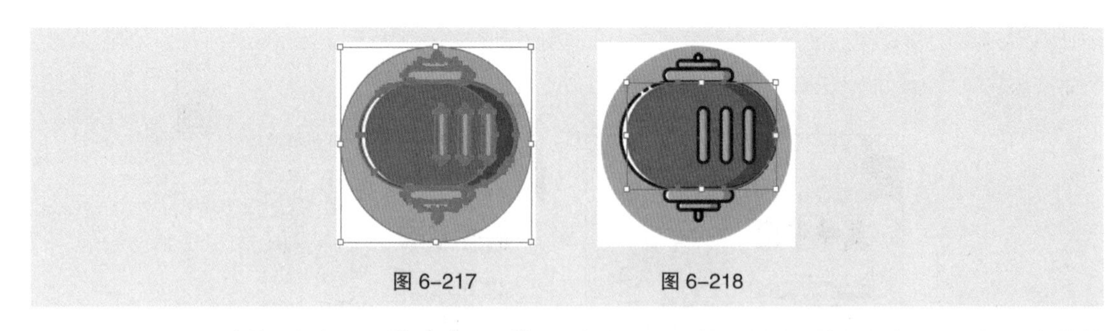

图 6-217　　图 6-218

使用一次“取消编组”命令只能取消一层编组。例如，两个编组使用“编组”命令得到一个新的编组，使用“取消编组”命令取消这个新编组后，得到两个原始的编组。

6.4.3　对齐对象

选择“窗口 > 对齐”命令，弹出“对齐”面板，如图 6-219 所示。单击面板右上方的☰图标，在弹出的菜单中选择“显示选项”命令，弹出“分布间距”选项组，如图 6-220 所示。单击“对齐”面板右下方的“对齐”按钮，弹出下拉列表，如图 6-221 所示。

“对齐”面板中的“对齐对象”选项组中包括 6 个对齐按钮：“水平左对齐”按钮、“水平居中对齐”按钮、“水平右对齐”按钮、“垂直顶对齐”按钮、“垂直居中对齐”按钮、“垂直底对齐”按钮。

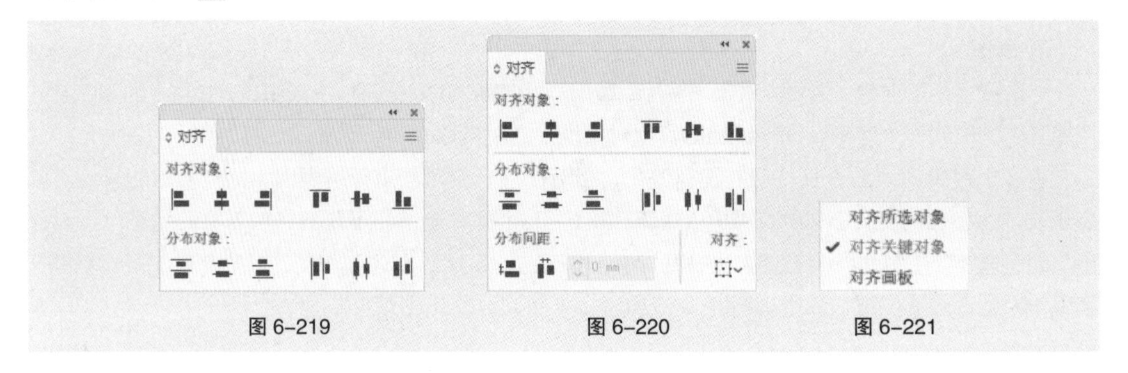

图 6-219　　图 6-220　　图 6-221

1．水平左对齐

以最左边对象的左边线为基准线，使被选中对象的左边线都和这条线对齐（最左边对象的位置不变）。

选取要对齐的对象，如图 6-222 所示。单击“对齐”面板中的“水平左对齐”按钮，所有选取的对象都将水平向左对齐，如图 6-223 所示。

2．水平居中对齐

以选定对象的中点为基准点进行对齐，所有对象在垂直方向上的位置保持不变（多个对象进行水平居中对齐时，以中间对象的中点为基准点进行对齐，中间对象的位置不变）。

选取要对齐的对象，如图 6-224 所示。单击“对齐”面板中的“水平居中对齐”按钮，所有选取的对象将都将水平居中对齐，如图 6-225 所示。

3．水平右对齐

以最右边对象的右边线为基准线，使被选中对象的右边线都和这条线对齐（最右边对象的位置不变）。

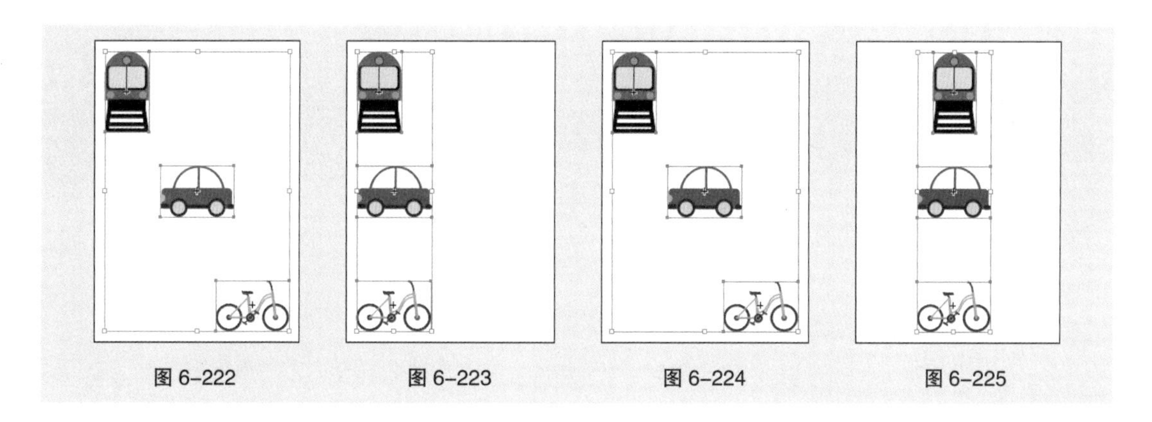
图 6-222　　图 6-223　　图 6-224　　图 6-225

选取要对齐的对象，如图 6-226 所示。单击“对齐”面板中的“水平右对齐”按钮，所有选取的对象都将水平向右对齐，如图 6-227 所示。

4．垂直顶对齐

以多个要对齐的对象中最上面对象的上边线为基准线，使选定对象的上边线都和这条线对齐（最上面对象的位置不变）。

选取要对齐的对象，如图 6-228 所示。单击“对齐”面板中的“垂直顶对齐”按钮，所有选取的对象都将向上对齐，如图 6-229 所示。

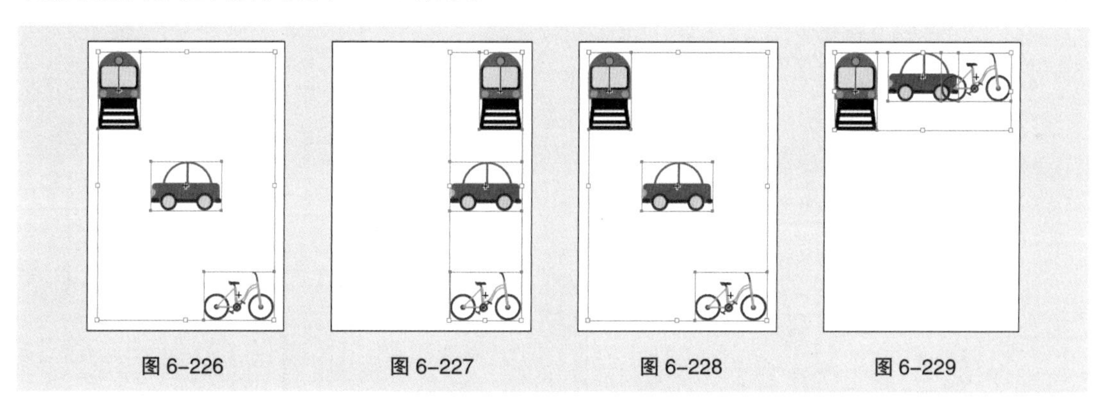
图 6-226　　图 6-227　　图 6-228　　图 6-229

5．垂直居中对齐

以多个要对齐的对象的中点为基准点进行对齐，所有对象垂直移动，且在水平方向上的位置不变（多个对象进行垂直居中对齐时，以中间对象的中点为基准点进行对齐，中间对象的位置不变）。

选取要对齐的对象，如图 6-230 所示。单击“对齐”面板中的“垂直居中对齐”按钮，所有选取的对象都将垂直居中对齐，如图 6-231 所示。

6．垂直底对齐

以多个要对齐的对象中最下面对象的下边线为基准线，使选定对象的下边线都和这条线对齐（最下面对象的位置不变）。

选取要对齐的对象，如图 6-232 所示。单击“对齐”面板中的“垂直底对齐”按钮，所有选取的对象都将垂直向底对齐，如图 6-233 所示。

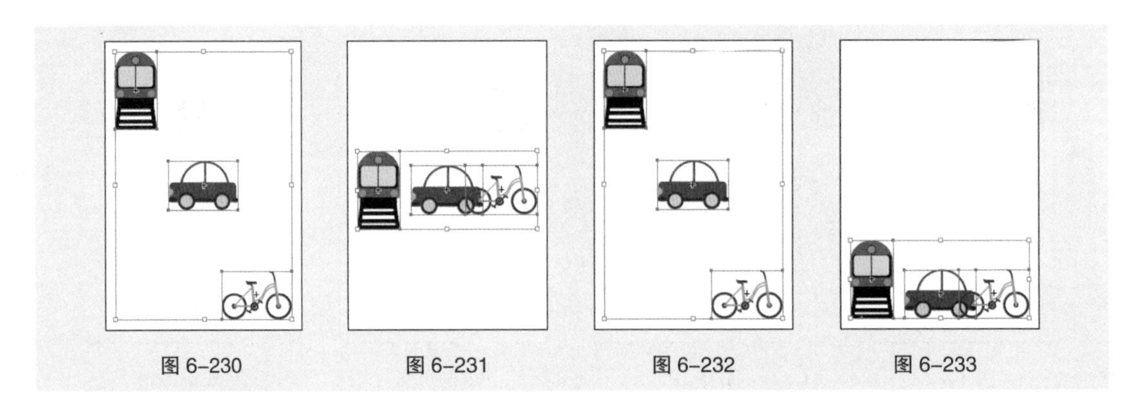
图 6-230　图 6-231　图 6-232　图 6-233

6.4.4 分布对象

“对齐”面板中的“分布对象”选项组中包括 6 个分布按钮：“垂直顶分布”按钮、“垂直居中分布”按钮、“垂直底分布”按钮、“水平左分布”按钮、“水平居中分布”按钮、“水平右分布”按钮。

1. 垂直顶分布

以选取的每个对象的上边线为基准线，使对象按相等的间距垂直分布。

选取要分布的对象，如图 6-234 所示。单击“对齐”面板中的“垂直顶分布”按钮，所有选取的对象将按各自的上边线等距离垂直分布，如图 6-235 所示。

2. 垂直居中分布

以选取的每个对象的中线为基准线，使对象按相等的间距垂直分布。

选取要分布的对象，如图 6-236 所示。单击“对齐”面板中的“垂直居中分布”按钮，所有选取的对象将按各自的中线等距离垂直分布，如图 6-237 所示。

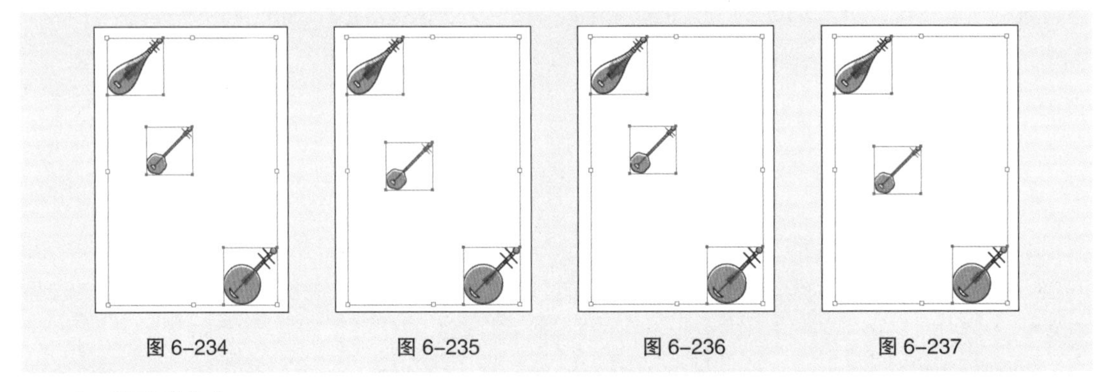
图 6-234　图 6-235　图 6-236　图 6-237

3. 垂直底分布

以选取的每个对象的下边线为基准线，使对象按相等的间距垂直分布。

选取要分布的对象，如图 6-238 所示。单击“对齐”面板中的“垂直底分布”按钮，所有选取的对象将按各自的下边线等距离垂直分布，如图 6-239 所示。

4. 水平左分布

以选取的每个对象的左边线为基准线，使对象按相等的间距水平分布。

选取要分布的对象，如图 6-240 所示。单击“对齐”面板中的“水平左分布”按钮，所有选取的对象将按各自的左边线等距离水平分布，如图 6-241 所示。

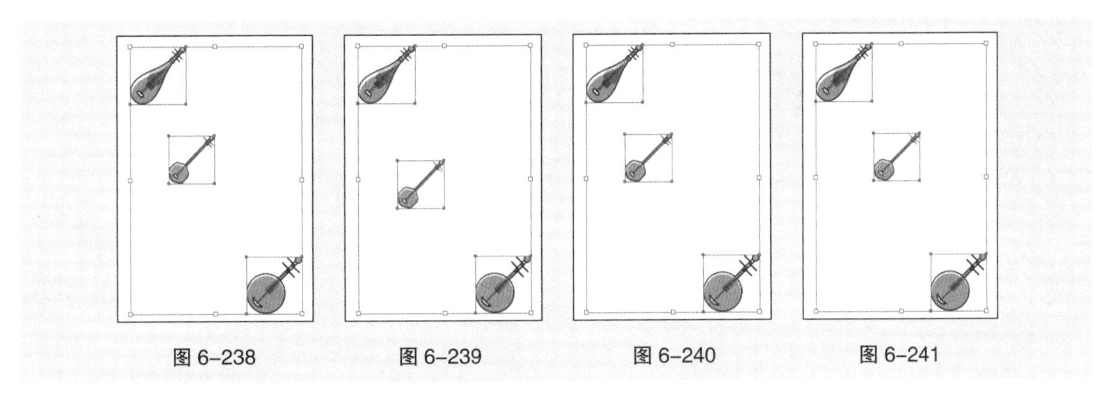
图 6-238　　图 6-239　　图 6-240　　图 6-241

5．水平居中分布

以选取的每个对象的中线为基准线，使对象按相等的间距水平分布。

选取要分布的对象，如图 6-242 所示。单击“对齐”面板中的“水平居中分布”按钮，所有选取的对象将按各自的中线等距离水平分布，如图 6-243 所示。

6．水平右分布

以选取的每个对象的右边线为基准线，使对象按相等的间距水平分布。

选取要分布的对象，如图 6-244 所示。单击“对齐”面板中的“水平右分布”按钮，所有选取的对象将按各自的右边线等距离水平分布，如图 6-245 所示。

7．垂直分布间距

要精确指定对象间的距离，需使用“对齐”面板中的“分布间距”选项组，其中包括“垂直分布间距”按钮和“水平分布间距”按钮。

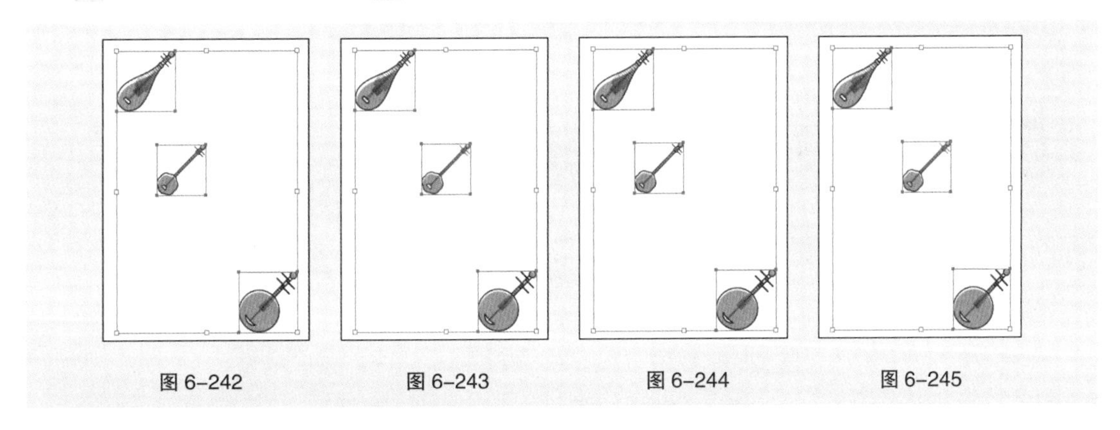
图 6-242　　图 6-243　　图 6-244　　图 6-245

选取要对齐的多个对象，如图 6-246 所示。单击被选取对象中的任意一个对象，该对象将作为其他对象进行分布时的参照，如图 6-247 所示。在“对齐”面板下方的数值框中输入 10mm，如图 6-248 所示。

单击“对齐”面板中的“垂直分布间距”按钮。所有被选取的对象将按设置的数值等距离垂直分布（参照对象的位置不变），效果如图 6-249 所示。

8．水平分布间距

选取要对齐的对象，如图 6-250 所示。单击被选取对象中的任意一个对象，该对象将作为其他对象进行分布时的参照，如图 6-251 所示。在“对齐”面板下方的数值框中输入 3mm，如图 6-252 所示。

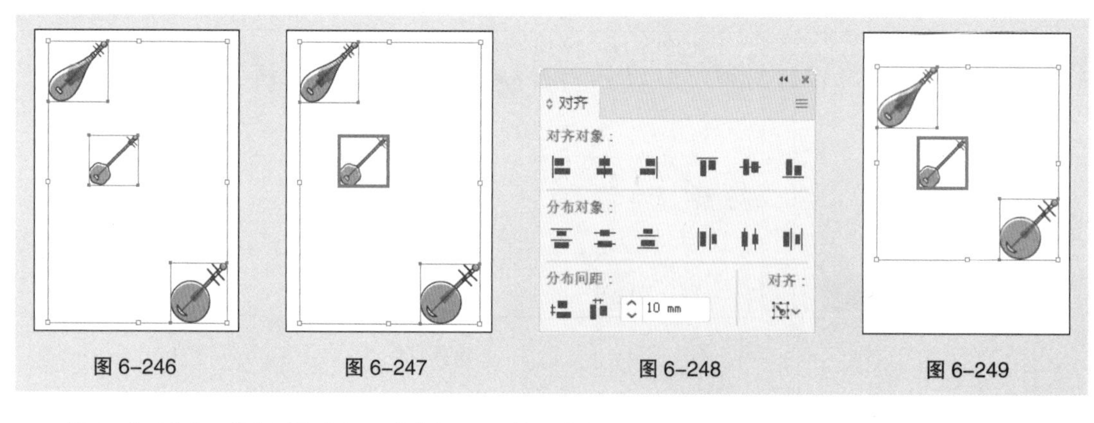

图 6-246　　图 6-247　　图 6-248　　图 6-249

单击“对齐”面板中的“水平分布间距”按钮，所有被选取的对象将按设置的数值等距离水平分布（参照对象的位置不变），效果如图 6-253 所示。

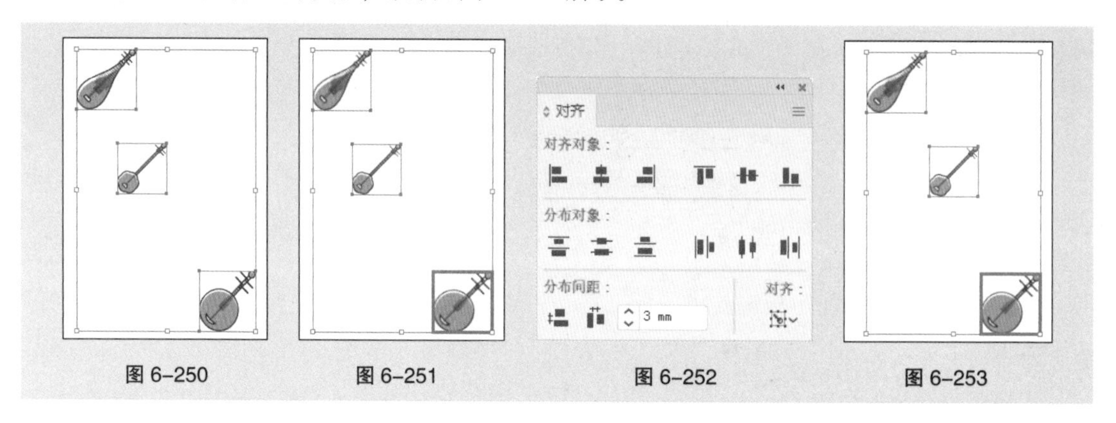

图 6-250　　图 6-251　　图 6-252　　图 6-253

6.5 课堂练习——绘制播放图标

【练习知识要点】使用“椭圆”工具、“缩放”命令、“偏移路径”命令、“多边形”工具和“变换”面板绘制播放图标。效果如图 6-254 所示。

【效果所在位置】云盘 \Ch06\ 效果 \ 绘制播放图标 .ai。

慕课视频
课堂练习——绘制播放图标

图 6-254

6.6 课后习题——制作文化传媒运营海报

【习题知识要点】使用“置入”命令、“锁定所选对象”命令添加背景，使用“文字”工具、“字符”面板添加宣传文字，使用“椭圆”工具、“直接选择”工具、“编组”命令和“再制”命令制作装饰图形。文化传媒运营海报的效果如图 6-255 所示。

【效果所在位置】云盘 \Ch06\ 效果 \ 制作文化传媒运营海报 .ai。

图 6-255

第 7 章 图表

07

本章介绍

Illustrator 2020 不仅具有强大的绘图功能，而且还具有强大的图表处理功能。本章将系统地介绍 Illustrator 2020 提供的 9 个基本图表工具。通过学习使用图表工具，读者可以创建出不同类型的图表，以更好地展示复杂的数据；还可以自定义图表各部分的颜色，以及将创建的图案应用到图表中，以更加生动地表现数据内容。

学习目标

- 掌握图表的创建方法。
- 了解不同类型图表的特点。
- 掌握图表属性的设置方法。
- 掌握自定义图表图案的方法。

技能目标

- 掌握“餐饮行业收入规模图表”的制作方法。
- 掌握“新汉服消费统计图表”的制作方法。

7.1 创建图表

Illustrator 2020 提供了 9 个图表工具，利用这些工具可以创建出不同类型的图表。

7.1.1 课堂案例——制作餐饮行业收入规模图表

【案例学习目标】学习使用图表绘制工具、“图表类型”对话框制作餐饮行业收入规模图表。

【案例知识要点】使用“矩形”工具、“椭圆”工具、建立剪切蒙版组合键制作图表底图，使用“柱形图”工具、“图表类型”对话框和“文字”工具制作柱形图，使用“文字”工具、“字符”面板添加文字信息。餐饮行业收入规模图表的效果如图 7-1 所示。

【效果所在位置】云盘 \Ch07\ 效果 \ 制作餐饮行业收入规模图表 .ai。

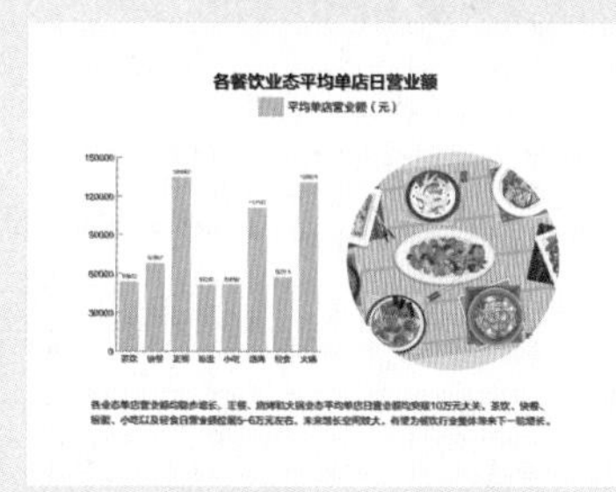

图 7-1

（1）按 Ctrl+N 组合键，弹出“新建文档”对话框，设置文档的宽度为 254mm，高度为 190mm，取向为横向，出血为 3mm，颜色模式为 CMYK 颜色，光栅效果为高（300 ppi），单击“创建”按钮，新建一个文档。

（2）选择“矩形”工具，绘制一个与页面大小相等的矩形，设置填充色为浅黄色（2、2、19、0），填充图形，并设置描边色为无，效果如图 7-2 所示。

（3）选择“文件 > 置入”命令，弹出“置入”对话框，选择云盘中的“Ch07 > 素材 > 制作餐饮行业收入规模图表 > 01”文件，单击“置入”按钮，在页面中单击置入图片，单击属性栏中的“嵌入”按钮，嵌入图片。选择“选择”工具，拖曳图片到适当的位置，效果如图 7-3 所示。选择“椭圆”工具，按住 Shift 键的同时，在适当的位置绘制一个圆形，效果如图 7-4 所示。

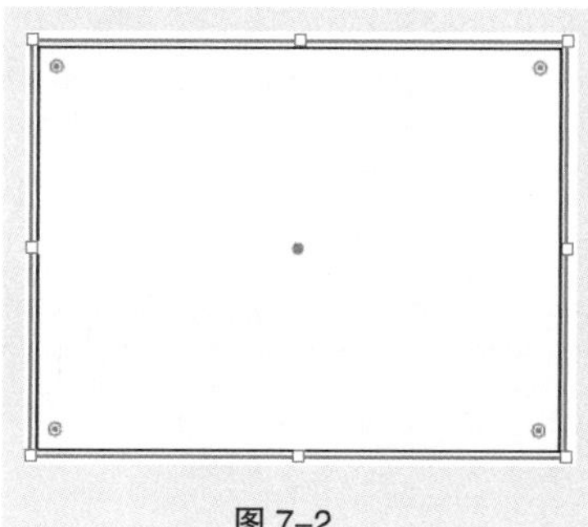

图 7-2

图 7-3

图 7-4

（4）选择“选择”工具▶，按住 Shift 键的同时，单击下方的图片，将图片和圆形同时选取，如图 7-5 所示，按 Ctrl+7 组合键，建立剪切蒙版，效果如图 7-6 所示。

（5）选择“文字”工具T，在页面中输入需要的文字。选择“选择”工具▶，在属性栏中选择合适的字体并设置文字大小，效果如图 7-7 所示。

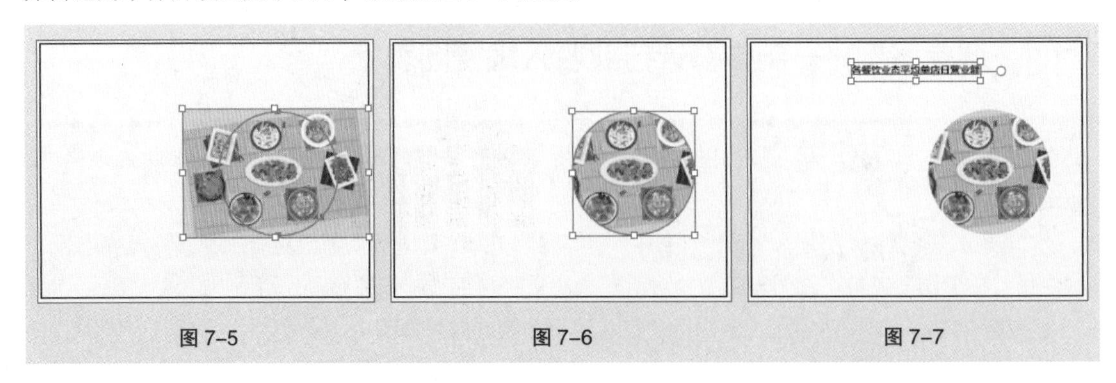

图 7-5　　图 7-6　　图 7-7

（6）选择“柱形图”工具，在页面中单击，弹出“图表”对话框，选项的设置如图 7-8 所示；单击“确定”按钮，弹出“图表数据”对话框，单击“导入数据”按钮，弹出“导入图表数据”对话框；选择云盘中的“Ch07 > 素材 > 制作餐饮行业收入规模图表 > 数据信息”文件，单击“打开”按钮，导入需要的数据，效果如图 7-9 所示。

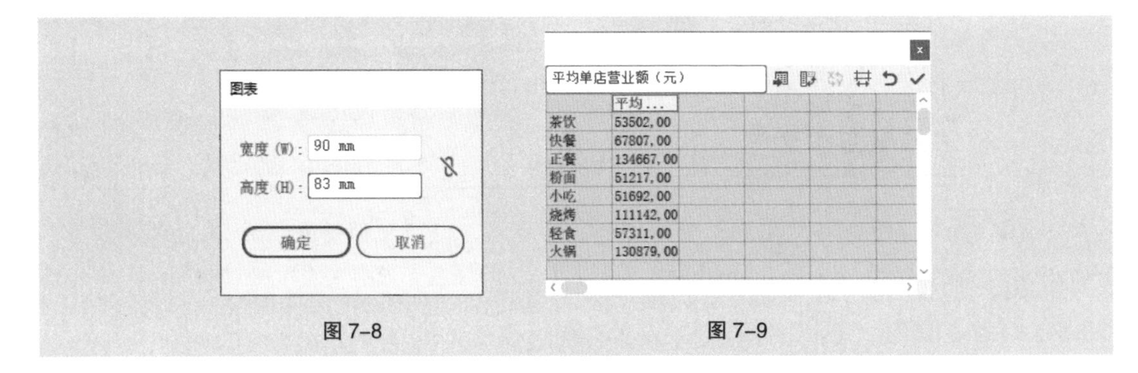

图 7-8　　图 7-9

（7）导入完成后，单击“应用”按钮✓，再关闭“图表数据”对话框，建立柱形图，效果如图 7-10 所示。双击“柱形图”工具，弹出“图表类型”对话框，选项的设置如图 7-11 所示，单击“确定”按钮，效果如图 7-12 所示。

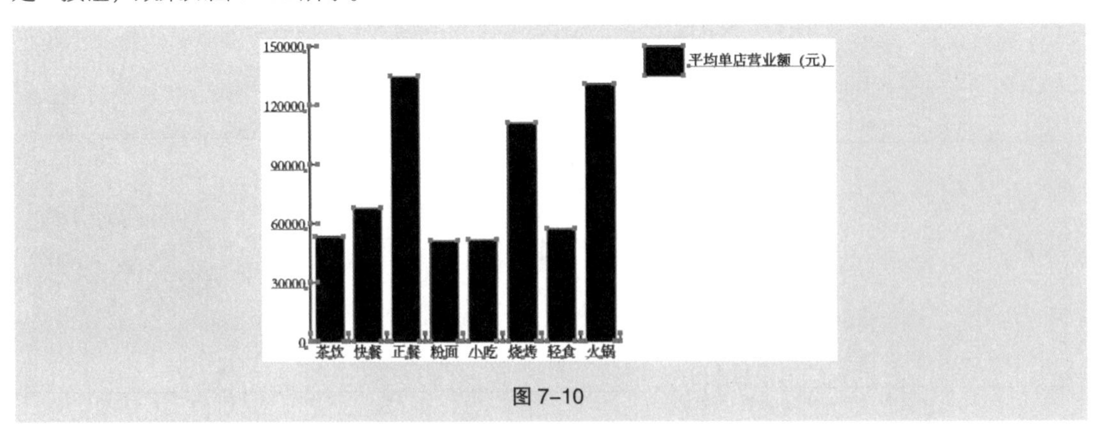

图 7-10

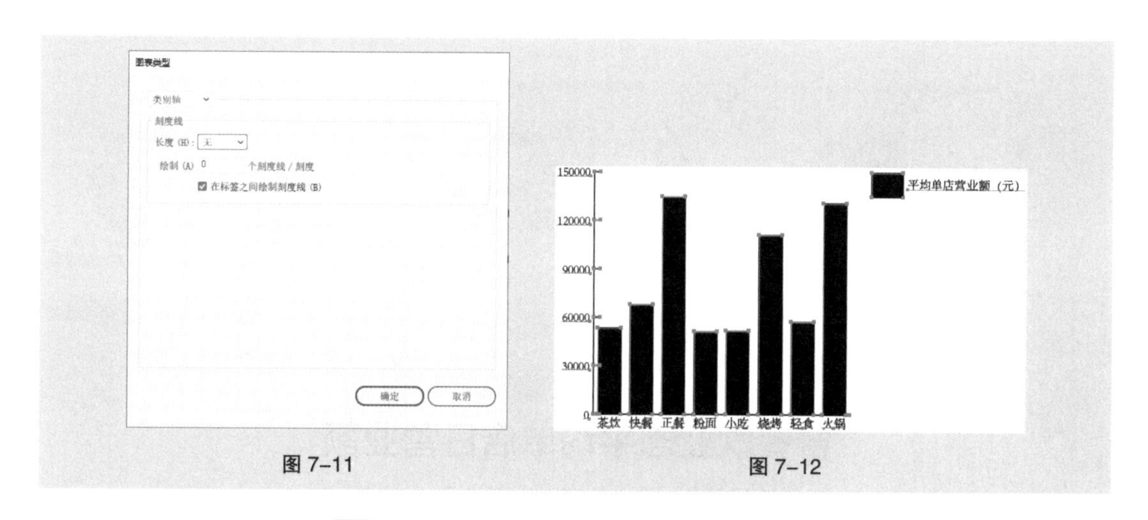

图 7-11　　图 7-12

（8）选择“选择”工具，在属性栏中选择合适的字体并设置文字大小，效果如图 7-13 所示。选择“编组选择”工具，按住 Shift 键的同时，依次单击选取需要的矩形，设置填充色为橘黄色（8、34、81、0），填充图形，并设置描边色为无，效果如图 7-14 所示。

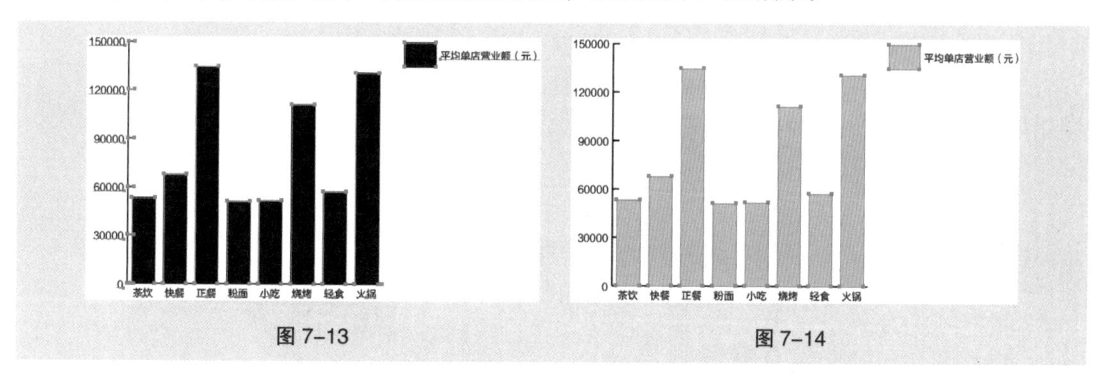

图 7-13　　图 7-14

（9）选择“编组选择”工具，按住 Shift 键的同时，依次单击选取需要的刻度线，设置描边色为深灰色（0、0、0、80），填充描边，效果如图 7-15 所示。选取下方的刻度线，按 Shift+Ctrl+] 组合键，将刻度线置于顶层，效果如图 7-16 所示。

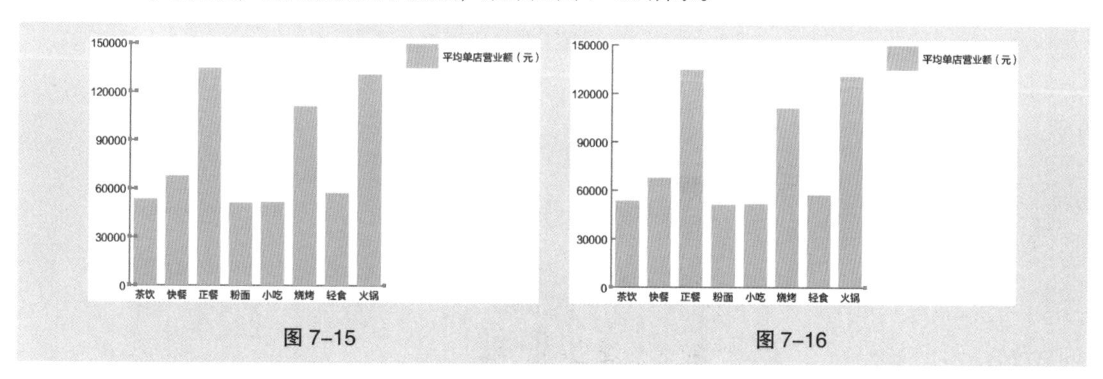

图 7-15　　图 7-16

（10）选择“选择”工具，将柱形图拖曳到页面中适当的位置，效果如图 7-17 所示。选择“编组选择”工具，按住 Shift 键的同时，选取需要的图形和文字，如图 7-18 所示，并拖曳图形和文字到适当的位置，效果如图 7-19 所示。选取右侧的文字，在属性栏中设置文字大小，效果如图 7-20 所示。

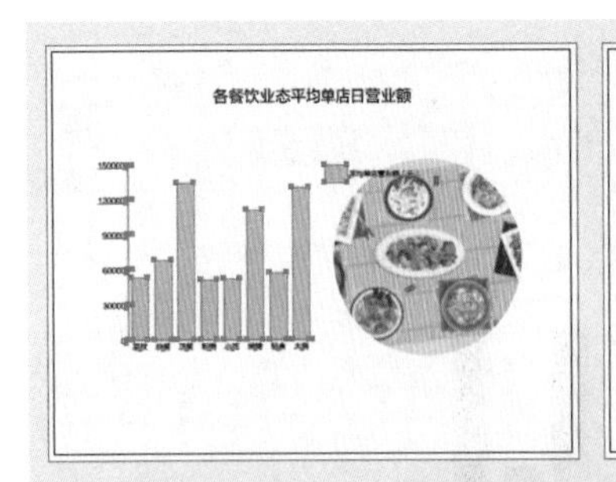

图 7-17

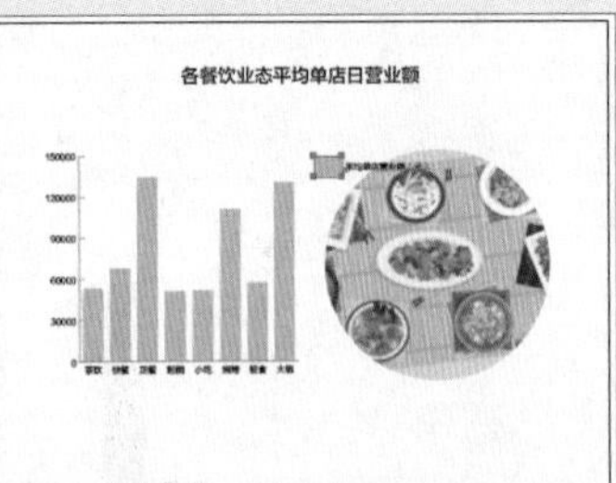

图 7-18

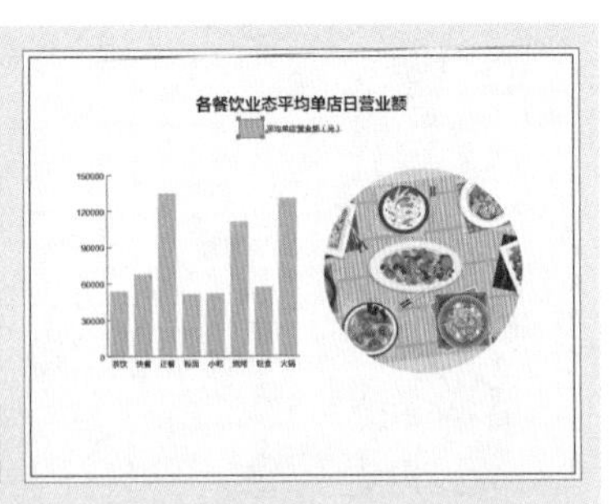

图 7-19

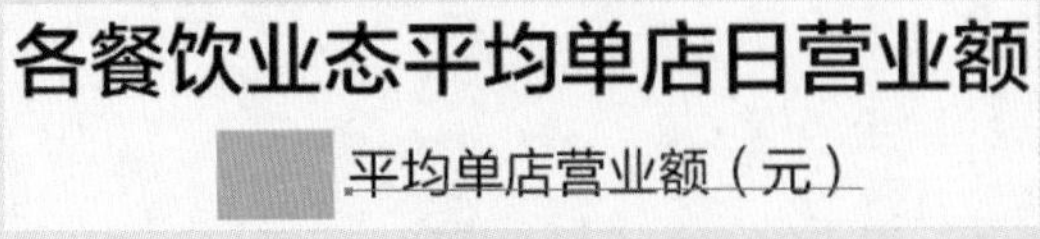

图 7-20

（11）选择“文字”工具T，在适当的位置分别输入需要的数据。选择“选择”工具▶，在属性栏中选择合适的字体并设置文字大小，效果如图 7-21 所示。

（12）选择“文字”工具T，在适当的位置输入需要的文字。选择“选择”工具▶，在属性栏中选择合适的字体并设置文字大小，效果如图 7-22 所示。

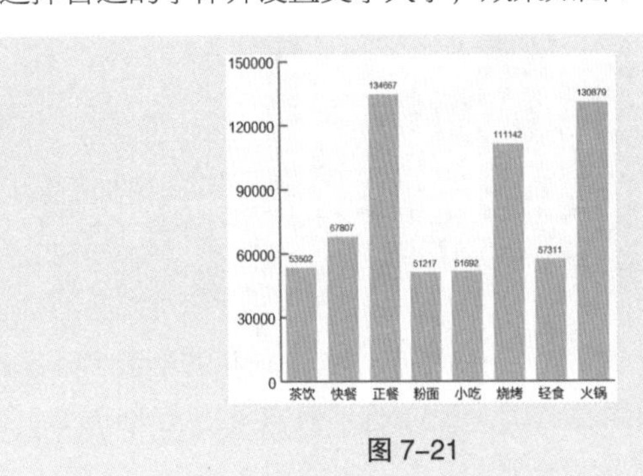

图 7-21

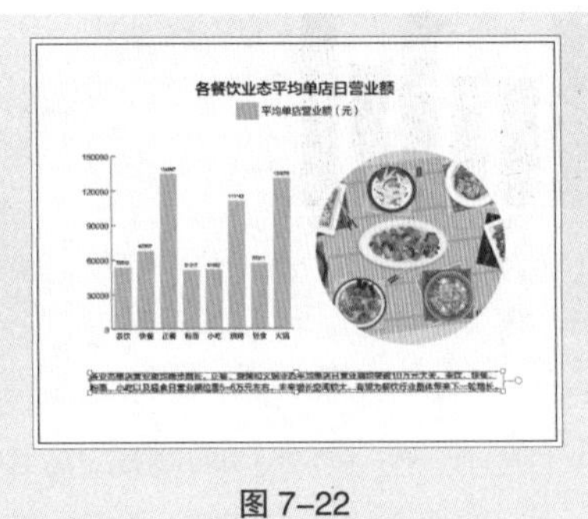

图 7-22

（13）按 Ctrl+T 组合键，弹出“字符”面板，将“设置行距”选项设为 18 pt，其他选项的设置如图 7-23 所示；按 Enter 键确定操作，效果如图 7-24 所示。餐饮行业收入规模图表制作完成，效果如图 7-25 所示。

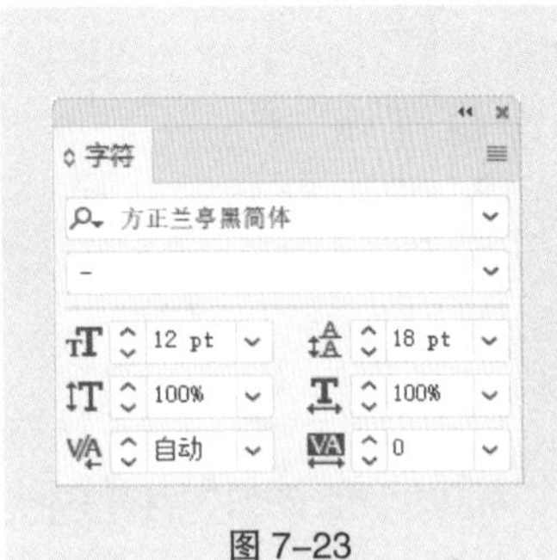

图 7-23

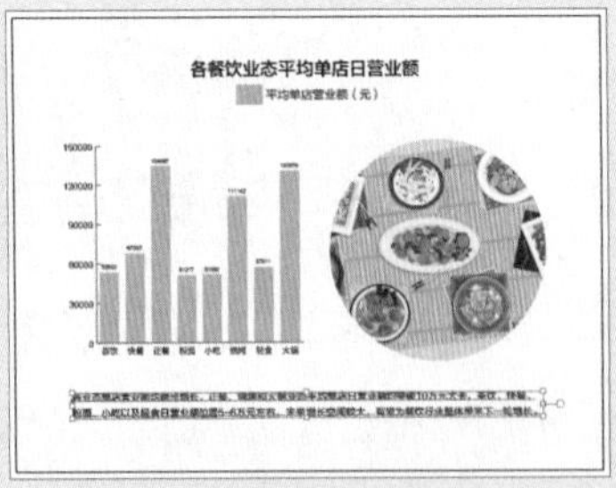

图 7-24

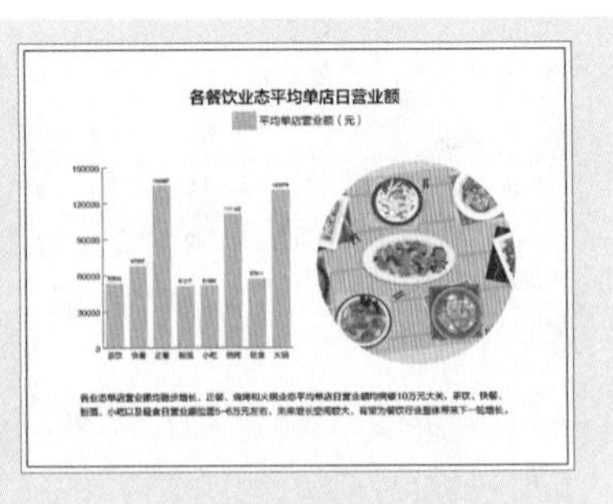

图 7-25

7.1.2 图表工具

在工具箱中的“柱形图”工具上按住鼠标左键，将弹出图表工具组。图表工具组中包含的工具依次为“柱形图”工具、“堆积柱形图”工具、“条形图”工具、“堆积条形图”工具、“折线图”工具、“面积图”工具、“散点图”工具、“饼图”工具、“雷达图”工具，如图 7-26 所示。

柱形图工具 (J)
堆积柱形图工具
条形图工具
堆积条形图工具
折线图工具
面积图工具
散点图工具
饼图工具
雷达图工具

图 7-26

7.1.3 柱形图

柱形图是较为常用的一种图表类型，它使用一些竖排的、高度可变的矩形来表示各种数据，矩形的高度与数据大小成正比。创建柱形图的具体步骤如下。

选择“柱形图”工具，在页面中绘制出一个矩形区域来指定图表大小，或在页面上的任意位置单击，在弹出的“图表”对话框的“宽度”选项和“高度”选项的数值框中输入图表的宽度和高度数值，如图 7-27 所示。设置完成后，单击“确定”按钮，将自动在页面中建立图表，如图 7-28 所示，同时弹出“图表数据”对话框，如图 7-29 所示。

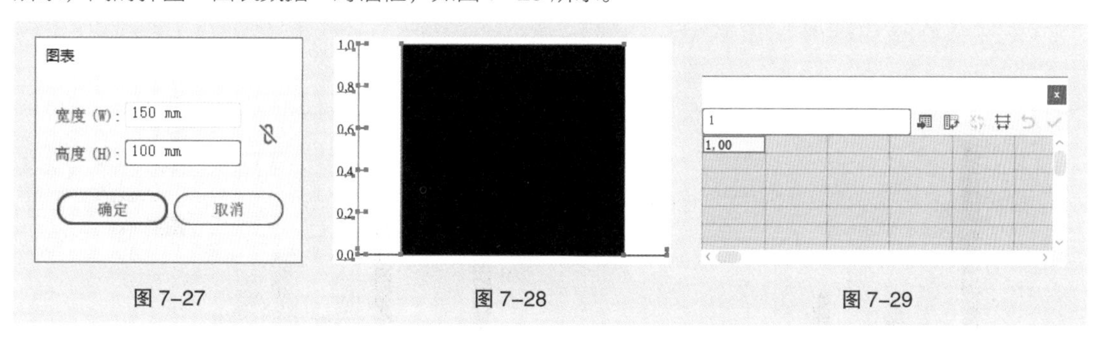

图 7-27　图 7-28　图 7-29

在“图表数据”对话框左上方的文本框中直接输入各种文本或数值，然后按Tab键或Enter键确认，文本或数值将会自动添加到“图表数据”对话框的单元格中。单击可以选取各个单元格，输入文本或数值后，再按 Enter 键确认。

“图表数据”对话框的右上方有一组按钮。单击“导入数据”按钮，可以从外部文件中导入数据信息。单击“换位行 / 列”按钮，可将横排和竖排的数据的位置交换。单击“切换 X/Y 轴”按钮，将调换 *x* 轴和 *y* 轴的位置。单击“单元格样式”按钮，弹出“单元格样式”对话框，在其中可以设置单元格的样式。单击“恢复”按钮，在没有单击“应用”按钮之前使文本框中的数据恢复到前一个状态。单击“应用”按钮，确认输入的数据并生成图表。

单击“单元格样式”按钮，将弹出“单元格样式”对话框，如图 7-30 所示。在该对话框中可以设置小数的位数和单元格的宽度。可以在“小数位数”和“列宽度”选项的数值框中输入所需要的数值。另外，将鼠标指针放置在各单元格相交处时，鼠标指针将会变成两条竖线和双向箭头组合的形状，这时拖曳鼠标可调整单元格的宽度。

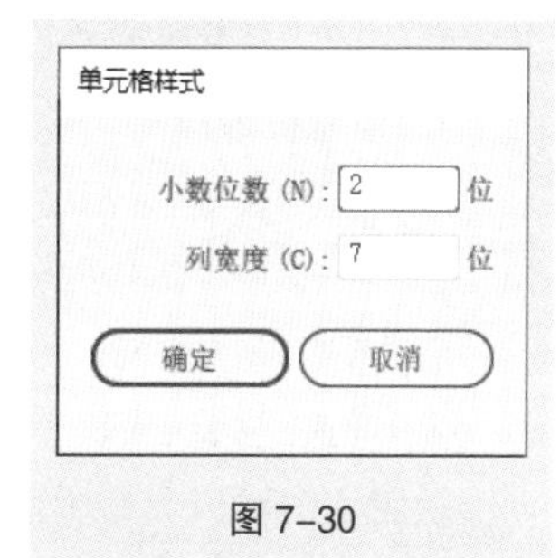

图 7-30

双击“柱形图”工具，将弹出“图表类型”对话框，如图 7-31 所示。柱形图是默认的图表，其他选项采用默认设置，单击“确定”按钮。

在“图表数据”对话框的文本表格的第 1 个单元格中单击，删除默认值。按照文本表格的组织方式输入数据，例如用来比较中小学各学段数字资源来源情况的数据，如图 7-32 所示。

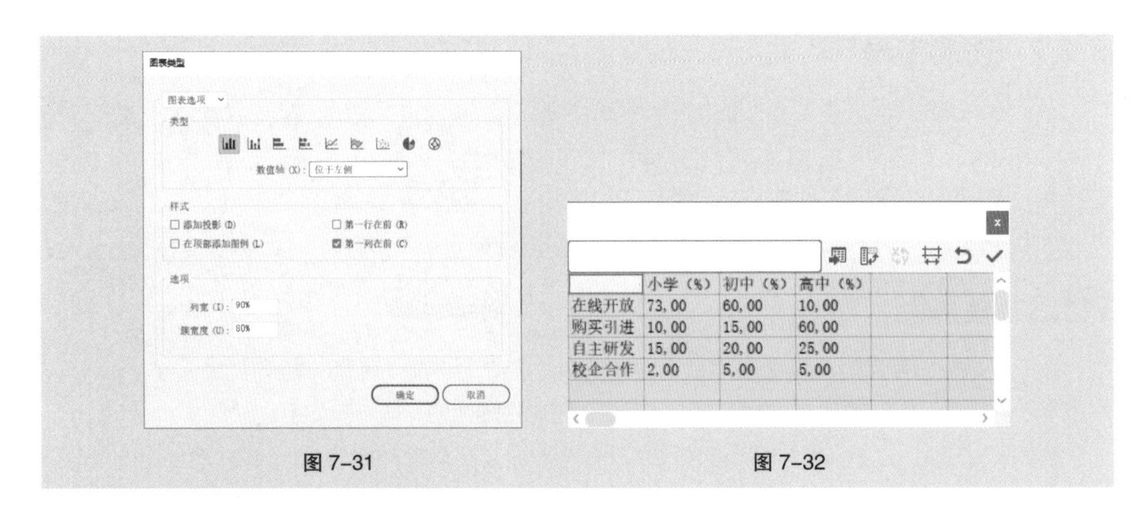

	小学（%）	初中（%）	高中（%）
在线开放	73,00	60,00	10,00
购买引进	10,00	15,00	60,00
自主研发	15,00	20,00	25,00
校企合作	2,00	5,00	5,00

图 7-31　　图 7-32

单击“应用”按钮✓，生成图表，所输入的数据会被应用到图表上，柱形图的效果如图 7-33 所示，从图中可以看到，柱形图是对每一行中的数据进行比较。

在“图表数据”对话框中单击“换位行 / 列”按钮，互换行、列数据得到新的柱形图，效果如图 7-34 所示。在“图表数据”对话框中单击“关闭”按钮×将对话框关闭。

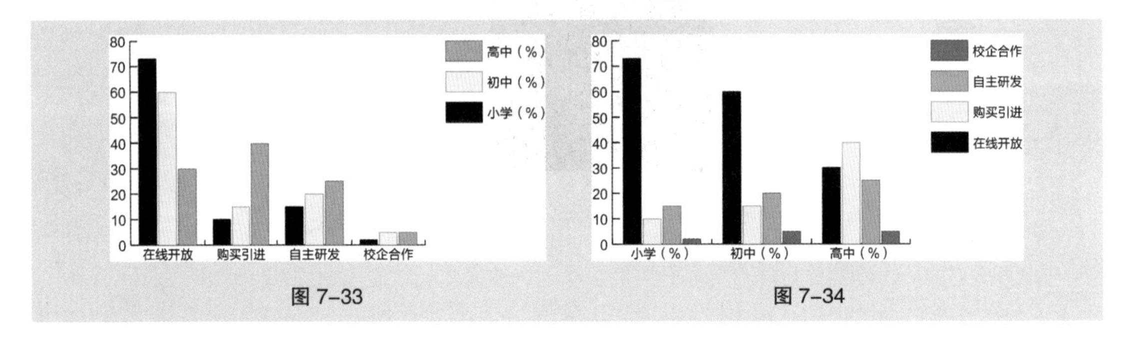

图 7-33　　图 7-34

当需要对柱形图中的数据进行修改时，先选取要修改的图表，选择“对象 > 图表 > 数据”命令，弹出“图表数据”对话框。在对话框中修改数据后，单击“应用”按钮✓，将修改后的数据应用到选定的图表中。

选取图表，用鼠标右键单击页面，在弹出的快捷菜单中选择“类型”命令，弹出“图表类型”对话框，可以在对话框中选择其他的图表类型。

7.1.4　其他图表效果

1. 堆积柱形图

堆积柱形图与柱形图类似，只是它们的显示方式不同。柱形图显示的是单项的数据比较，而堆积柱形图显示的是数据总量的比较。因此，在进行数据总量的比较时，多用堆积柱形图来表示，效果如图 7-35 所示。

从图表中可以看出，堆积柱形图对各来源的数据总量进行比较，并且每一学段都用不同颜色的矩形来显示。

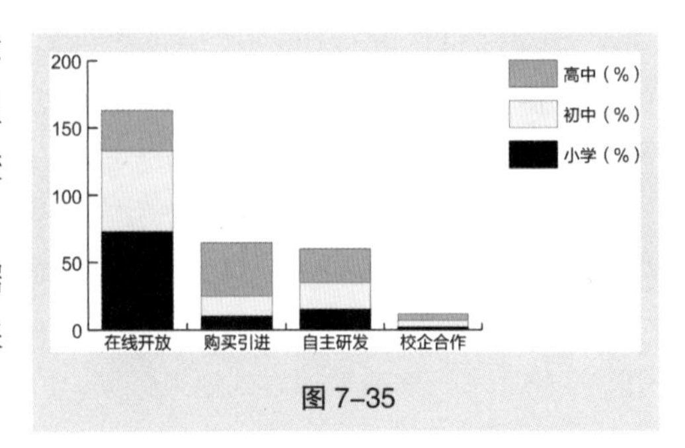

图 7-35

2．条形图和堆积条形图

条形图与柱形图类似，只是柱形图以垂直方向上的矩形显示图表中的数据，而条形图以水平方向上的矩形来显示图表中的数据，效果如图 7-36 所示。

堆积条形图与堆积柱形图类似，只是堆积柱形图是以垂直方向上的矩形来显示数据总量的，堆积条形图正好与之相反。堆积条形图的效果如图 7-37 所示。

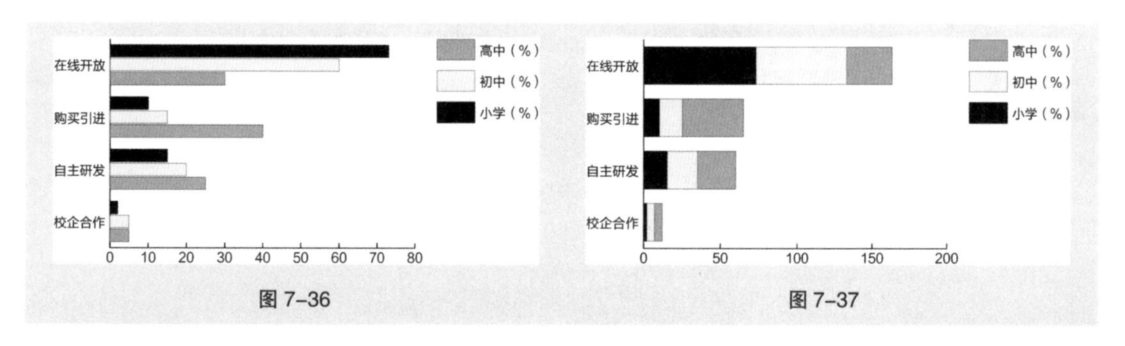

图 7-36　　图 7-37

3．折线图

折线图可以显示出某种事物随时间变化的发展趋势，很明显地表现出数据的变化走向。折线图也是一种比较常见的图表类型，给人直接明了的视觉效果。

创建折线图的步骤与创建柱形图的步骤相似，选择“折线图”工具，拖曳鼠标指定一个矩形区域，或在页面上的任意位置单击，在弹出的“图表数据”对话框中输入相应的数据，最后单击“应用”按钮，折线图的效果如图 7-38 所示。

4．面积图

面积图可以用来展示一组或多组数据。它通过不同的折线连接图表中所有的点，形成面积区域，并且面积区域可填充为不同的颜色，效果如图 7-39 所示。

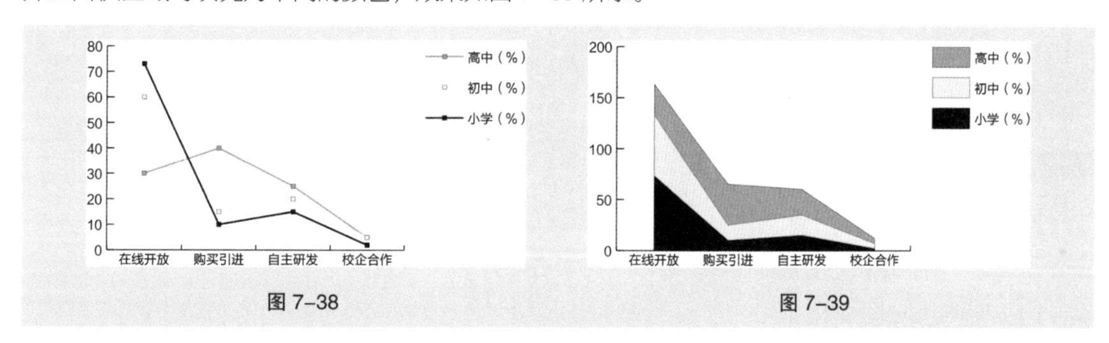

图 7-38　　图 7-39

5．散点图

散点图是一种比较特殊的数据图表。散点图的横坐标和纵坐标都是数据坐标，两组数据的交叉点为数据点。因此，散点图的数据点由横坐标和纵坐标确定。在图表中根据数据点所创建的线能贯穿数据点自身却无具体方向，效果如图 7-40 所示。散点图不适合用于显示太复杂的内容，只适合用于显示图例的说明。

6．饼图

饼图适用于对一个整体中的各组成部分进行比较。该类图表的应用范围比较广。饼图的数据整体显示为一个圆，每组数据按照其在整体中所占的比例，以不同颜色的扇形区域显示出来，效果如图 7-41 所示。但是饼图不能准确地显示出各部分的具体数值。

图 7-40

图 7-41

7. 雷达图

雷达图是一种较为特殊的图表类型，它以环形的形式对图表中的各组数据进行比较，形成比较明显的数据对比，适用于多项指标的全面分析，效果如图 7-42 所示。

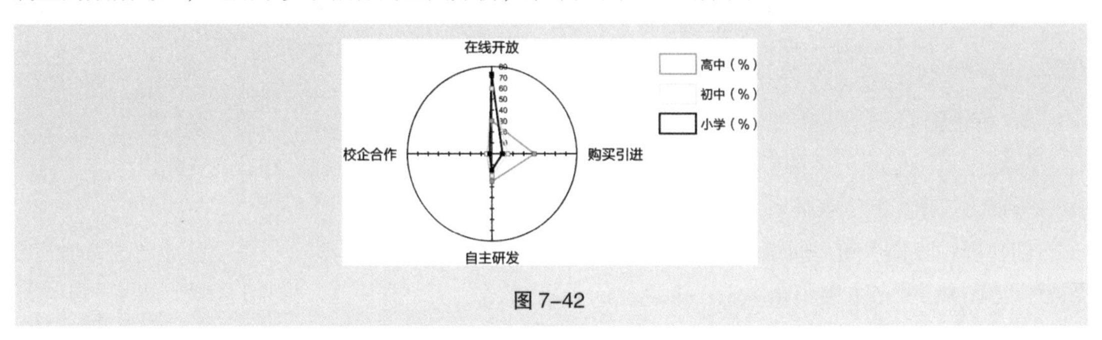

图 7-42

7.2 设置图表

在 Illustrator 2020 中，可以调整图表的选项，可以更改某组数据，还可以解除图表组合，应用填色或描边。

7.2.1 设置“图表数据”对话框

选中图表，单击鼠标右键，在弹出的快捷菜单中选择“数据”命令，或直接选择“对象 > 图表 > 数据”命令，弹出“图表数据”对话框。在对话框中可以进行数据的修改。

（1）编辑一个单元格。

选取一个单元格，在文本框中输入新的数据，按 Enter 键确认并下移到另一个单元格。

（2）删除数据。

选取要删除数据的单元格，删除文本框中的数据，按 Enter 键确认并下移到另一个单元格。

（3）删除多个数据。

选取要删除数据的多个单元格，选择“编辑 > 清除”命令，即可删除多个数据。

7.2.2 设置“图表类型”对话框

1. 设置图表选项

选中图表，双击图表工具或选择“对象 > 图表 > 类型”命令，弹出“图表类型”对话框，如

图 7-43 所示。“数值轴”下拉列表中包括“位于左侧”“位于右侧”“位于两侧”3 个选项，分别用来表示图表中坐标轴的位置，可根据需要选择（对饼形图来说此选项不可用）。

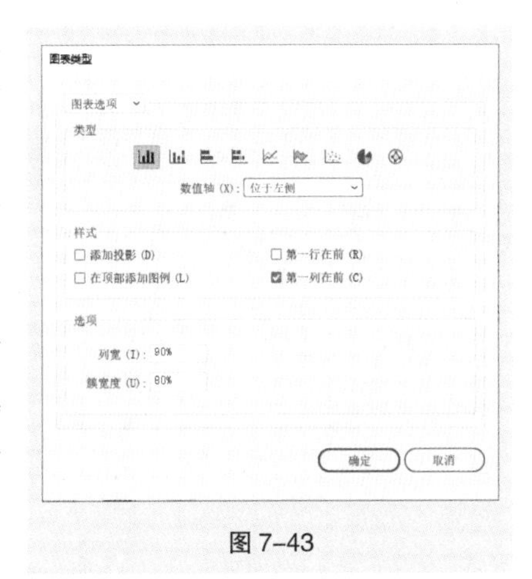

图 7-43

“样式”选项组中包括 4 个选项。勾选“添加投影”复选框，可以为图表添加一种阴影效果；勾选“在顶部添加图例”复选框，可以将图表中的图例说明放到图表的顶部；勾选“第一行在前”复选框，图表中的各个柱形或其他对象将会重叠地覆盖行，并按照从左到右的顺序排列；勾选“第一列在前”复选框，将以默认的方式放置柱形，它能够从左到右依次放置柱形。

“选项”选项组中包括“列宽”和“簇宽度”两个选项，分别用来控制图表的横栏宽和组宽。横栏宽是指图表中每个柱形的宽度，组宽是指所有柱形所占据的可用空间的宽度。

选择折线图、散点图和雷达图时，“选项”选项组如图 7-44 所示。勾选“标记数据点”复选框，数据点显示为正方形，否则直线段中间的数据点不显示；勾选“连接数据点”复选框，在每组数据点之间进行连线，否则只显示一个个孤立的点；勾选“线段边到边跨 X 轴”复选框，将线条从图表左边和右边伸出；勾选“绘制填充线”复选框，将激活其下方的“线宽”选项。

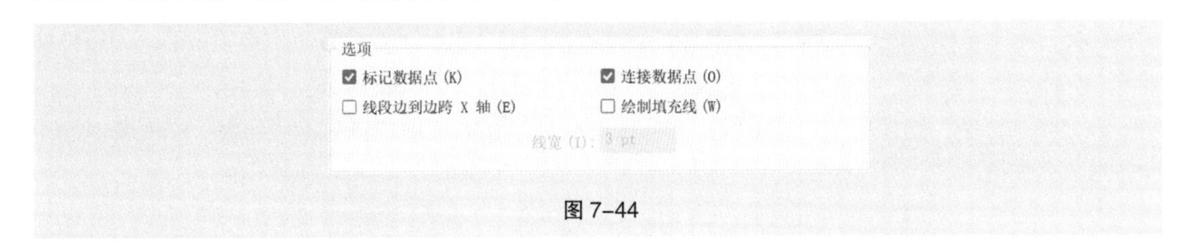

图 7-44

选择饼图时，“选项”选项组如图 7-45 所示。“图例”选项用于控制图例的显示，在其下拉列表中，表示“无图例”选项表示不要图例，选择“标准图例”选项表示将图例放在图表的外围，表示“楔形图例”选项表示将图例插入相应的扇形中。“位置”选项用于控制饼图以及扇形块的摆放位置，在其下拉列表中，选择“比例”选项将按比例显示各个饼图，选择“相等”选项可以使所有饼图的直径相等，选择“堆积”选项可以让所有的饼图叠加在一起。“排序”选项用于控制图表元素的排列顺序，在其下拉列表中，选择“全部”选项可以让元素由大到小顺时针排列；选择“第一个”选项可以将最大值元素放在顺时针方向的第一个，其余按输入顺序排列；选择“无”选项可以将元素按输入顺序顺时针排列。

选项
图例 (G): 标准图例 排序 (S): 无
位置 (T): 比例

图 7-45

2. 设置数值轴

在“图表类型”对话框左上方下拉列表中选择“数值轴”选项，切换到相应的对话框，如图 7-46 所示。

图 7-46

在“刻度值”选项组中，当勾选“忽略计算出的值”复选框时，下面的 3 个数值框会被激活。“最小值”选项数值框中的数值表示坐标轴的起始值，也就是图表原点的坐标值，它不能大于“最大值”选项数值框中的数值；“最大值”选项数值框中的数值表示的是坐标轴的最大刻度值；“刻度”选项数值框中的数值用来决定将坐标轴上下分为多少部分。

在“刻度线”选项组中，“长度”下拉列表中包括 3 个选项。选择“无”选项，表示不使用刻度标记；选择“短”选项，表示使用短的刻度标记；选择“全宽”选项，刻度线将贯穿整个图表，效果如图 7-47 所示。“绘制”选项数值框中的数值表示每一个坐标轴间隔的区分标记的个数。

在“添加标签”选项组中，“前缀”选项数值框用于在数值前加符号，“后缀”选项数值框用于在数值后加符号。在“后缀”选项数值框中输入“%”后，图表的效果如图 7-48 所示。

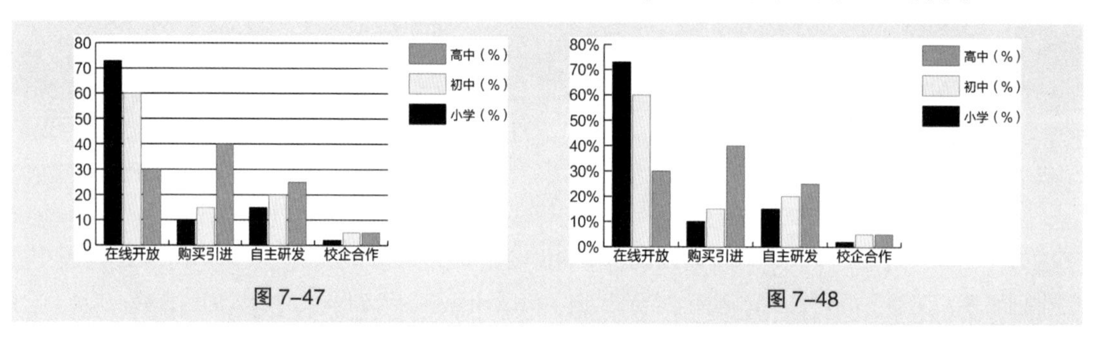

图 7-47　　图 7-48

7.3 自定义图表

在 Illustrator 中，除了可以对图表进行创建和编辑，还可以对图表的局部进行编辑和修改，并可以自定义图表的图案，使图表中的数据更加生动。

7.3.1 课堂案例——制作新汉服消费统计图表

【案例学习目标】学习使用“条形图”工具、“设计”命令和“柱形图”命令制作统计图表。

【案例知识要点】使用“条形图”工具建立条形图，使用“设计”命令定义图案，使用“柱形图”命令制作图案图表，使用“直接选择”工具和“编组选择”工具编辑卡通图案，使用“文字”工具、“字符”面板添加标题及统计信息。新汉服消费统计图表的效果如图 7-49 所示。

【效果所在位置】云盘 \Ch07\ 效果 \ 制作新汉服消费统计图表 .ai。

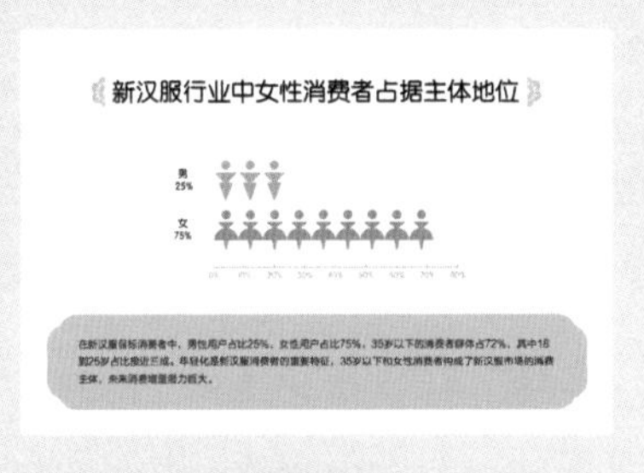

图 7-49

（1）按 Ctrl+N 组合键，弹出“新建文档”对话框，设置文档的宽度为 285 mm，高度为 210 mm，取向为横向，出血为 3 mm，颜色模式为 CMYK 颜色，光栅效果为高（300 ppi），单击“创建”按钮，新建一个文档。

（2）选择“文字”工具 T，在页面中输入需要的文字。选择“选择”工具，在属性栏中选择合适的字体并设置文字大小，效果如图 7-50 所示。

（3）选择“椭圆”工具，在页面外单击，弹出“椭圆”对话框，选项的设置如图 7-51 所示，单击“确定”按钮，得到一个圆形，效果如图 7-52 所示。

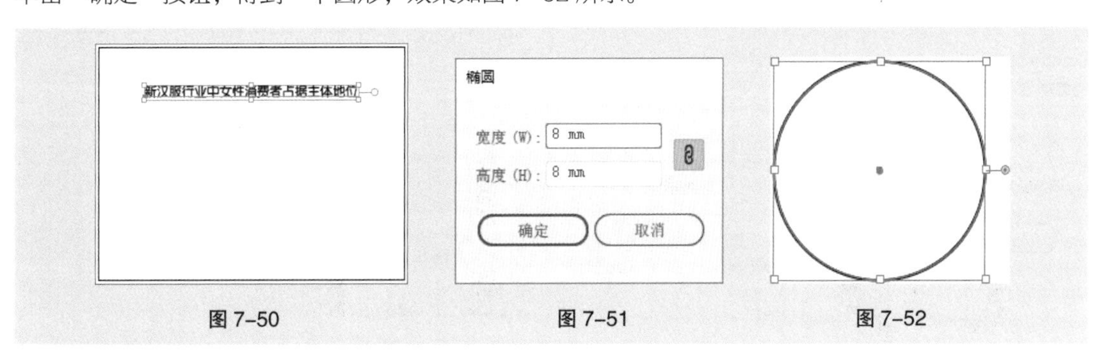

图 7-50　图 7-51　图 7-52

（4）保持图形的选取状态。设置描边色为粉红色（4、42、22、0），填充描边，并设置填充色为无，效果如图 7-53 所示。选择“剪刀”工具，在圆形上下两个锚点处分别单击，剪断路径，如图 7-54 所示。选择“选择”工具，用框选的方法将两条剪断的路径同时选取，如图 7-55 所示。

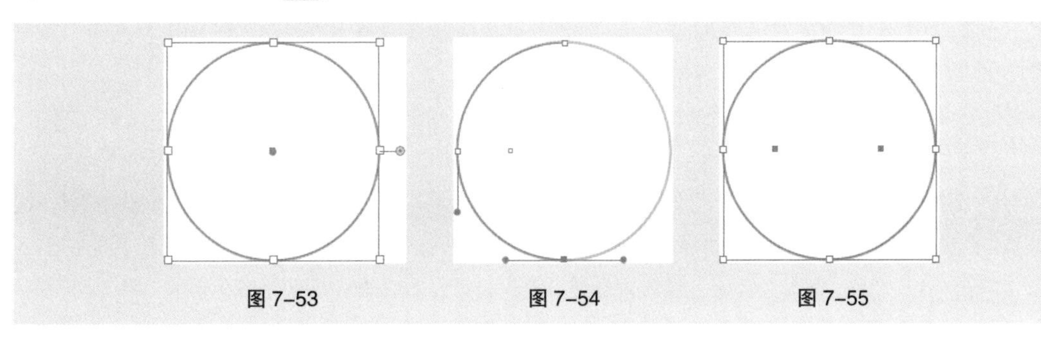

图 7-53　图 7-54　图 7-55

（5）选择“窗口 > 画笔库 > 装饰 > 典雅的卷曲和花形画笔组”命令，在弹出的“典雅的卷曲和花形画笔组”面板中，选择“丝带 2”画笔，如图 7-56 所示，用画笔为路径描边，效果如图 7-57 所示。在属性栏中将“描边粗细”选项设为 0.75 pt；按 Enter 键确定操作，效果如图 7-58 所示。

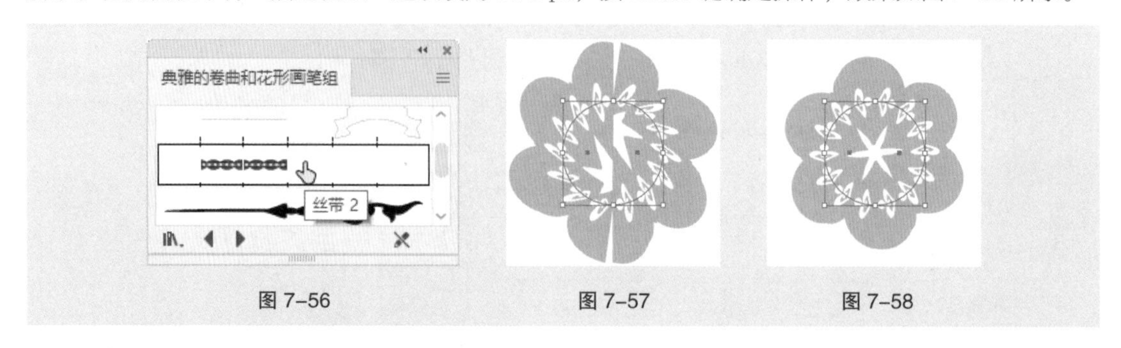

图 7-56　　图 7-57　　图 7-58

（6）选择“选择”工具，分别拖曳花瓣图形到页面中适当的位置，效果如图 7-59 所示。

新汉服行业中女性消费者占据主体地位

图 7-59

（7）选择“条形图”工具，在页面中单击，弹出“图表”对话框，选项的设置如图 7-60 所示；单击“确定”按钮，弹出“图表数据”对话框，输入需要的数据，如图 7-61 所示。输入完成后单击“应用”按钮，关闭“图表数据”对话框，建立柱形图，并将其拖曳到页面中适当的位置，效果如图 7-62 所示。

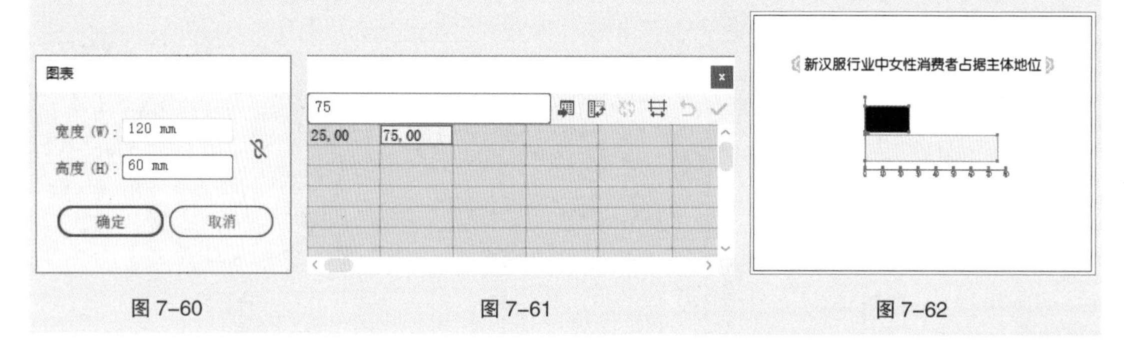

图 7-60　　图 7-61　　图 7-62

（8）选择“对象 > 图表 > 类型”命令，弹出“图表类型”对话框，选项的设置如图 7-63 所示；单击“图表选项”选项右侧的按钮，在弹出的下拉列表中选择“数值轴”选项，切换到相应的对话框进行设置，如图 7-64 所示；单击“数值轴”选项右侧的按钮，在弹出的下拉列表中选择“类别轴”选项，切换到相应的对话框进行设置，如图 7-65 所示；设置完成后单击“确定”按钮，效果如图 7-66 所示。

（9）按 Ctrl+O 组合键，打开云盘中的“Ch07 > 素材 > 制作新汉服消费统计图表 > 01”文件，选择“选择”工具，选取需要的图形，如图 7-67 所示。

（10）选择“对象 > 图表 > 设计”命令，弹出“图表设计”对话框，单击“新建设计”按钮，显示所选图形的预览图，如图 7-68 所示；单击“重命名”按钮，在弹出的“图表设计”对话框中输入名称，如图 7-69 所示；单击“确定”按钮，返回“图表设计”对话框，如图 7-70 所示，单击“确定”按钮，完成图表图案的定义。

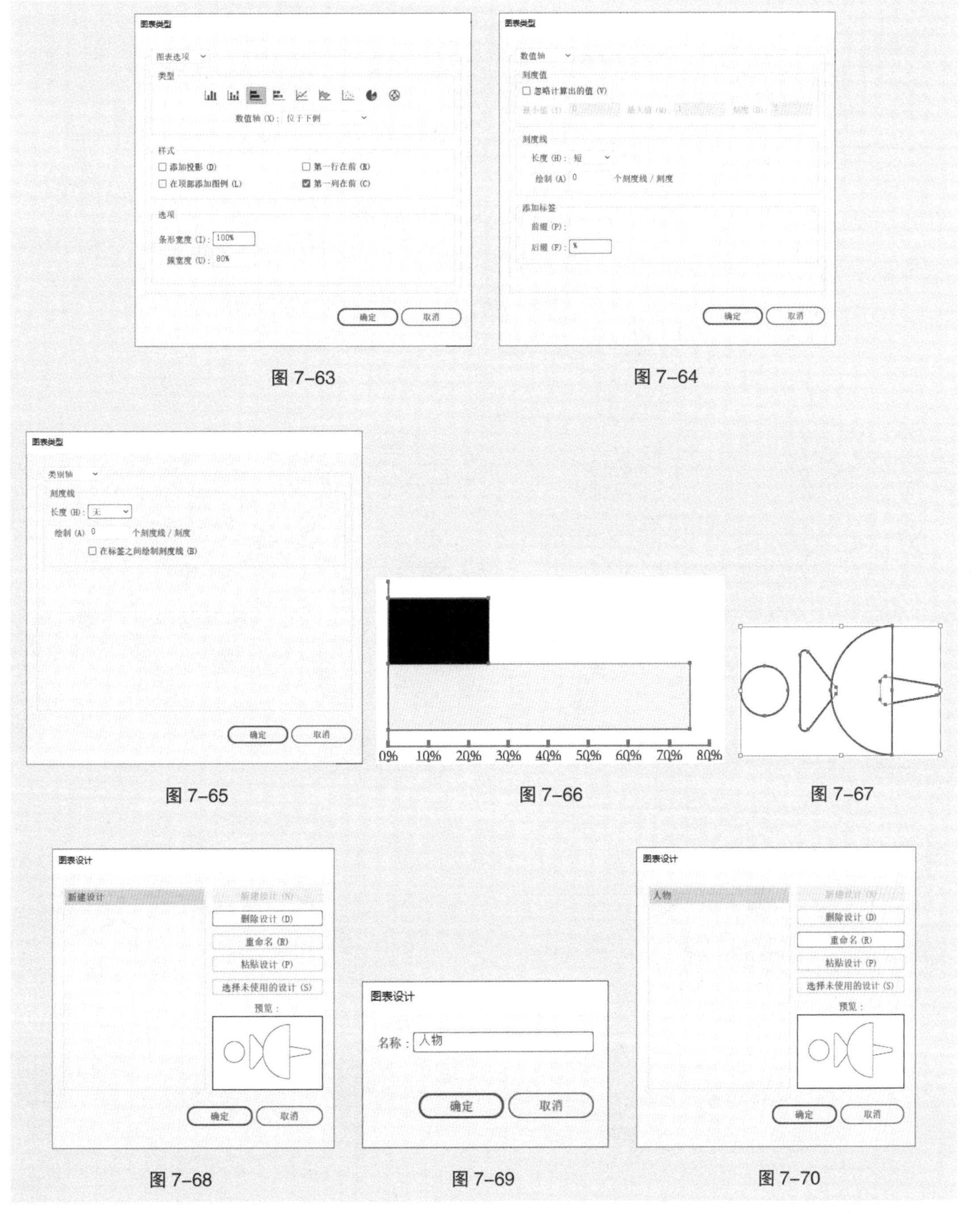

图 7-63　　图 7-64

图 7-65　　图 7-66　　图 7-67

图 7-68　　图 7-69　　图 7-70

（11）返回正在编辑的页面，选取图表，选择“对象 > 图表 > 柱形图”命令，弹出“图表列”对话框，选择新定义的图案，其他选项的设置如图 7-71 所示；单击“确定”按钮，效果如图 7-72 所示。

（12）选择“编组选择”工具，按住 Shift 键的同时，依次单击选取不需要的图形，如图 7-73 所示。按 Delete 键将其删除，效果如图 7-74 所示。

（13）选择“编组选择”工具，按住 Shift 键的同时，依次单击选取需要的图形，如图 7-75 所示。设置填充色为桃红色（0、75、36、0），填充图形，并设置描边色为无，效果如图 7-76 所示。

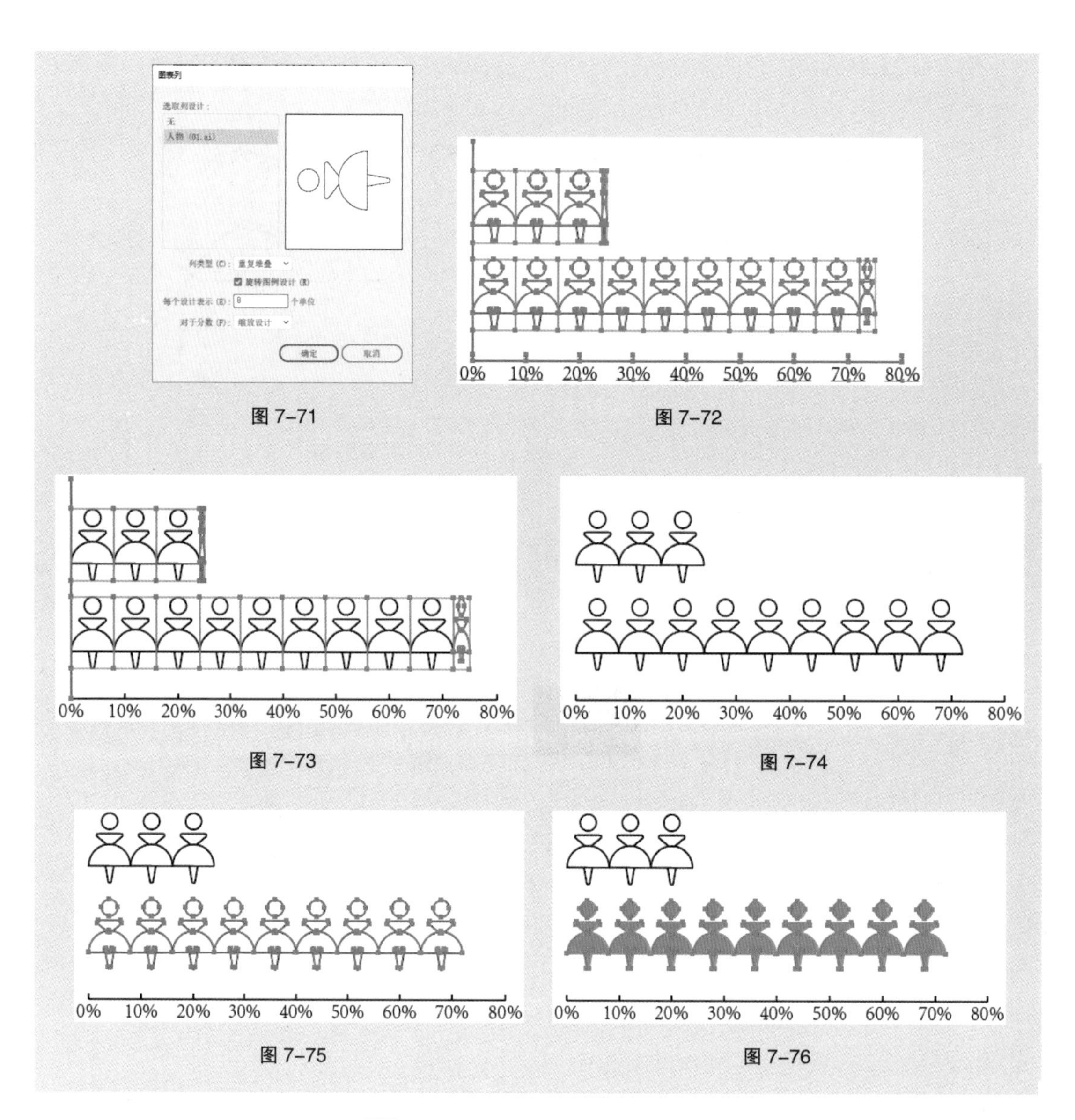

图 7-71

图 7-72

图 7-73

图 7-74

图 7-75

图 7-76

（14）选择“编组选择”工具，用框选的方法将刻度线同时选取，设置描边色为灰色（0、0、0、60），填充描边，效果如图 7-77 所示。

（15）选择“编组选择”工具，用框选的方法将下方的百分比数值同时选取，在属性栏中选择合适的字体并设置文字大小；设置填充色为灰色（0、0、0、60），填充文字，效果如图 7-78 所示。

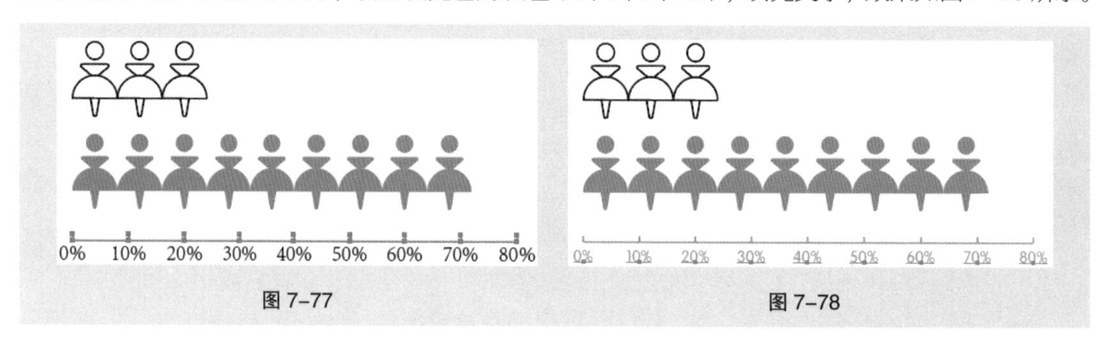

图 7-77

图 7-78

（16）使用“编组选择”工具在上方选取不需要的半圆形，如图 7-79 所示，按 Delete 键将其删除，效果如图 7-80 所示。

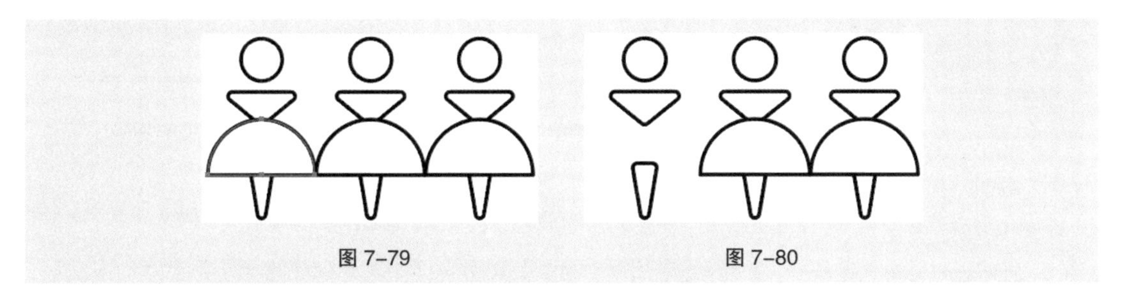

图 7-79　　图 7-80

（17）选择“直接选择”工具，用框选的方法选取需要的锚点，如图 7-81 所示，按住 Shift 键的同时，垂直向上拖曳锚点到适当的位置，如图 7-82 所示。

（18）使用“直接选择”工具框选左侧的锚点，如图 7-83 所示，按住 Shift 键的同时，水平向左拖曳锚点到适当的位置，如图 7-84 所示。框选右侧的锚点，水平向右拖曳锚点到适当的位置，如图 7-85 所示。用相同的方法调整其他锚点，效果如图 7-86 所示。

（19）选择“编组选择”工具，用框选的方法选取需要的图形，设置填充色为蓝色（65、21、0、0），填充图形，并设置描边色为无，效果如图 7-87 所示。

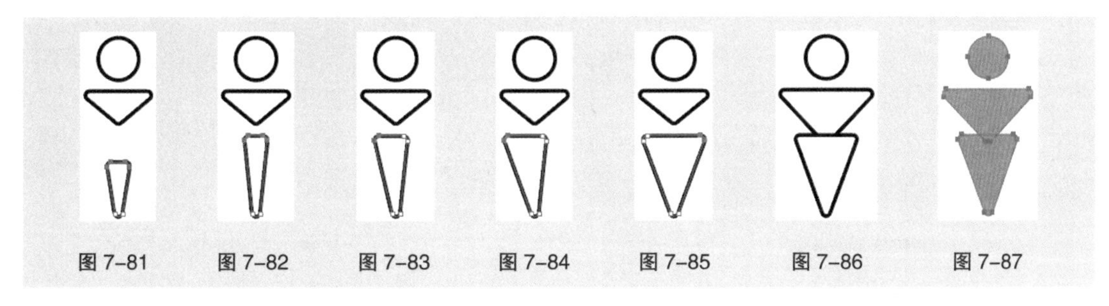

图 7-81　图 7-82　图 7-83　图 7-84　图 7-85　图 7-86　图 7-87

（20）用相同的方法调整其他图形，并填充相同的颜色，效果如图 7-88 所示。选择“文字”工具，在适当的位置分别输入需要的文字。选择“选择”工具，在属性栏中选择合适的字体并设置文字大小；单击“居中对齐”按钮，将文字居中对齐，如图 7-89 所示。

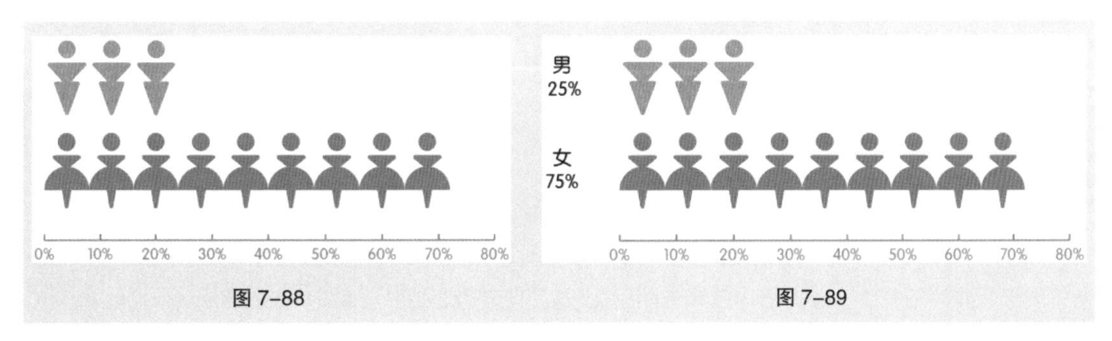

图 7-88　　图 7-89

（21）选择“圆角矩形”工具，在页面中单击，弹出“圆角矩形”对话框，选项的设置如图 7-90 所示，单击“确定”按钮，得到一个圆角矩形。选择“选择”工具，拖曳圆角矩形到适当的位置，设置填充色为粉红色（4、42、22、0），填充图形，并设置描边色为无，效果如图 7-91 所示。

（22）按 Ctrl+C 组合键，复制图形，按 Ctrl+F 组合键，将复制的图形粘贴在前面。选择“选择”工具▶，按住 Alt 键的同时，向下拖曳圆角矩形上边中间的控制手柄到适当的位置，调整其大小，效果如图 7-92 所示。

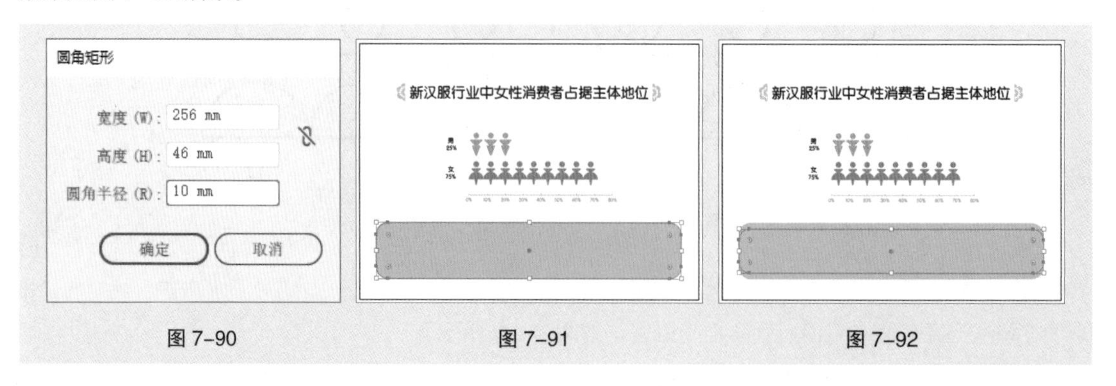

图 7-90　图 7-91　图 7-92

（23）按住 Alt 键的同时，向右拖曳圆角矩形右侧中间的控制手柄到适当的位置，调整其大小，效果如图 7-93 所示。

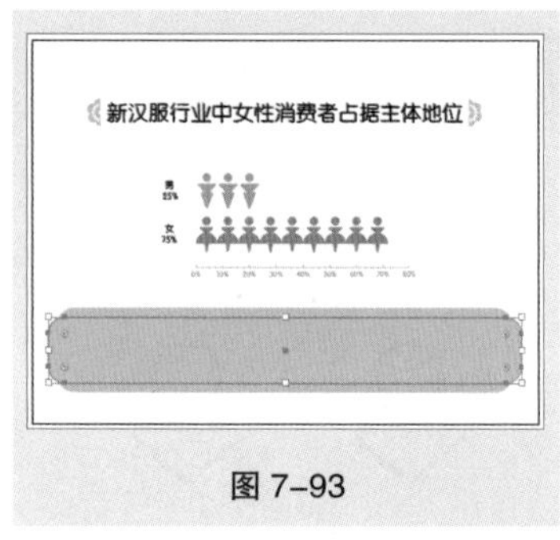

图 7-93

（24）选择“文字”工具T，在适当的位置分别输入需要的文字。选择“选择”工具▶，在属性栏中选择合适的字体并设置文字大小；单击“左对齐”按钮，将文字左对齐，效果如图 7-94 所示。

（25）按 Ctrl+T 组合键，弹出“字符”面板，将“设置行距”选项设为 24 pt，其他选项的设置如图 7-95 所示；按 Enter 键确定操作，效果如图 7-96 所示。新汉服消费统计图表制作完成。

图 7-94　图 7-95　图 7-96

7.3.2　自定义图表图案

在页面中绘制一个图形，效果如图 7-97 所示。选取图形，选择“对象 > 图表 > 设计”命令，弹出“图表设计”对话框。单击“新建设计”按钮，预览框中将会显示所绘制的图形，对话框中的“删除设计”按钮、“粘贴设计”按钮和“选择未使用的设计”按钮被激活，如图 7-98 所示。

单击“重命名”按钮，弹出“图表设计”对话框，在对话框中输入自定义图案的名称，如图 7-99 所示，单击“确定”按钮，完成重命名。

在“图表设计”对话框中单击“粘贴设计”按钮，可以将图案粘贴到页面中。粘贴后，可以对图案进行修改和编辑。编辑和修改后，还可以重新对图案进行定义。在对话框中编辑完成后，单击“确定”按钮，完成对图表图案的定义。

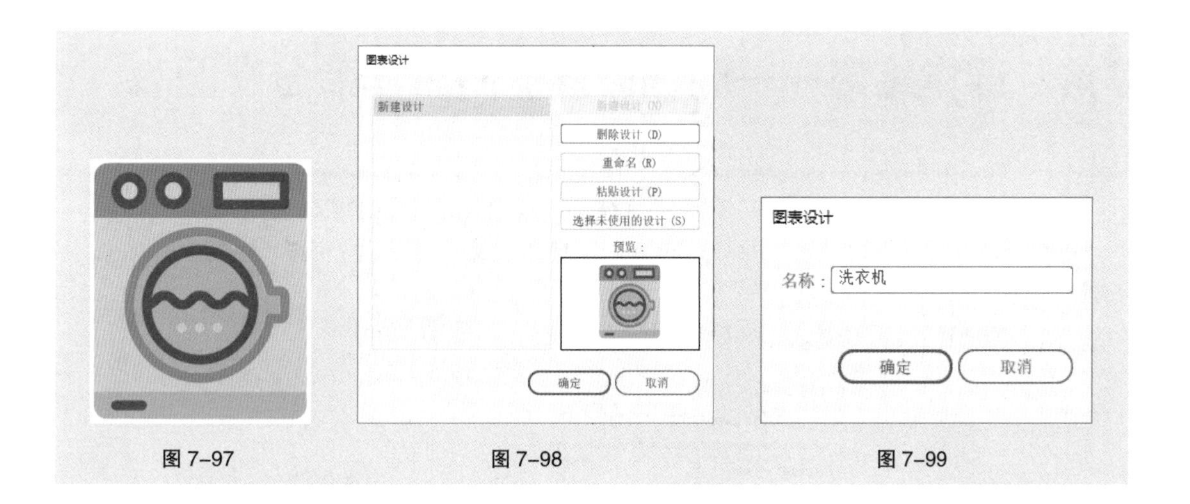

图 7-97　　图 7-98　　图 7-99

7.3.3　应用图表图案

用户可以将自定义的图案应用到图表中。选择要应用图案的图表，再选择“对象 > 图表 > 柱形图”命令，弹出“图表列”对话框，如图 7-100 所示。

在“图表列”对话框中，“列类型”选项的下拉列表中包括 4 个缩放图案的选项。“垂直缩放”选项表示根据数据的大小，对图表的自定义图案进行垂直方向上的放大或缩小，水平方向上保持不变；“一致缩放”选项表示按照图案的比例并结合图表中数据的大小对图案进行放大或缩小；“重复堆叠”选项可以把图案的一部分拉伸或压缩。“局部缩放”选项与“垂直缩放”选项类似，但“局部缩放”选项可以指定放大或缩小的位置。“重复堆叠”选项要和“每个设计表示”选项、“对于分数”选项结合使用。“每个设计表示”选项用于设置一个图案代表几个单位，如果在数值框中输入 50，则一个图案代表 50 个单位。在“对于分数”下拉列表中，“截断设计”选项表示不足一个图案时，由图案的一部分来表示；“缩放设计”选项表示不足一个图案时，通过对最后那个图案进行成比例地压缩来表示。

设置完成后，单击“确定”按钮，将自定义的图案应用到图表中，效果如图 7-101 所示。

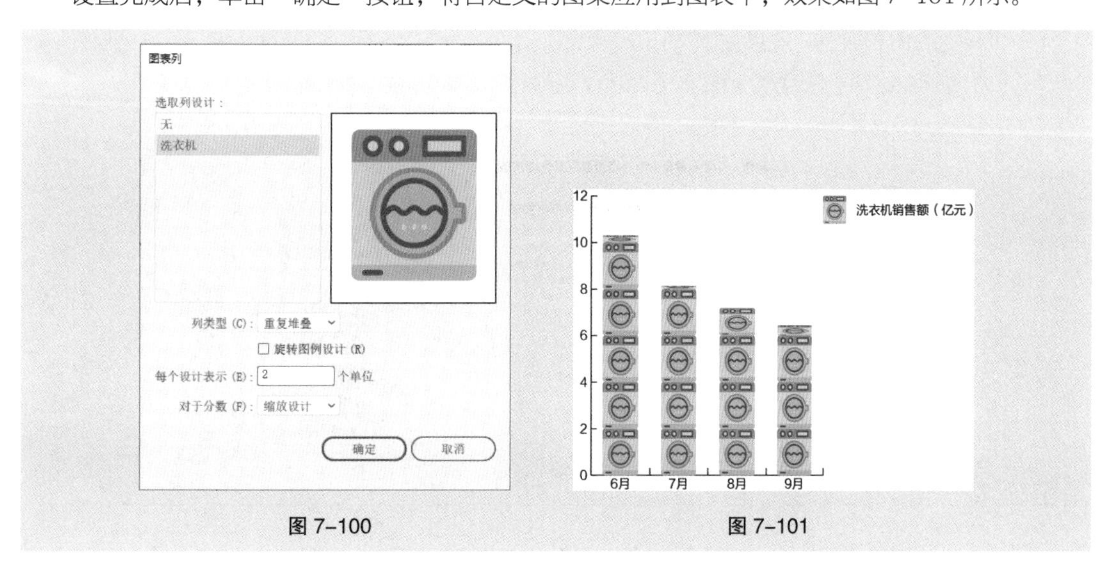

图 7-100　　图 7-101

7.4 课堂练习——制作微度假旅游年龄分布图表

【练习知识要点】使用“文字”工具、“字符”面板添加标题及介绍文字，使用“矩形”工具、“变换”面板和“直排文字”工具制作分布模块，使用“饼图”工具建立饼图。效果如图 7-102 所示。

【效果所在位置】云盘 \Ch07\ 效果 \ 制作微度假旅游年龄分布图表 .ai。

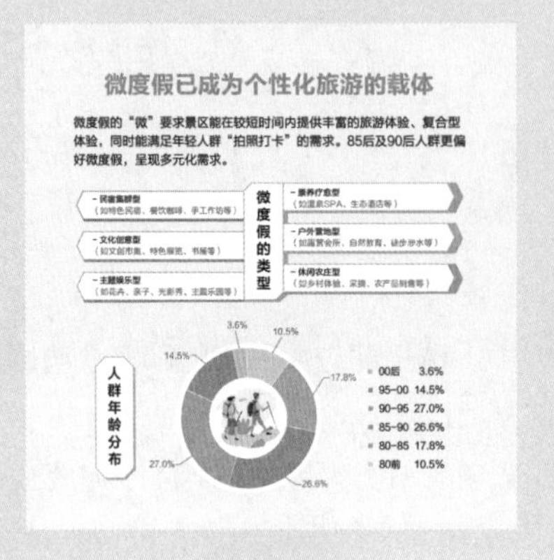

图 7-102

7.5 课后习题——制作获得运动指导方式图表

【习题知识要点】使用“矩形”工具、“直线段”工具、“描边”面板、“文字”工具和“倾斜”工具制作标题文字，使用“条形图”工具建立条形图，使用“编组选择”工具、“填充”工具更改图表颜色。效果如图 7-103 所示。

【效果所在位置】云盘 \Ch07\ 效果 \ 制作获得运动指导方式图表 .ai。

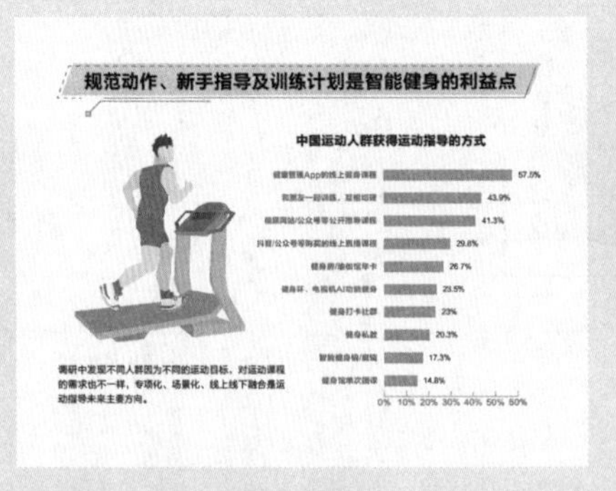

图 7-103

08

第 8 章 特效

本章介绍

本章将主要讲解混合效果、封套效果、Illustrator 效果和 Photoshop 效果等特效。通过本章的学习，读者可以掌握混合效果和封套效果的使用方法，以及 Illustrator 和 Photoshop 中强大的效果功能，并把变化丰富的效果应用到实际中。

学习目标

- 掌握混合效果的创建方法。
- 掌握封套效果的使用技巧。
- 掌握 Illustrator 效果的使用方法。
- 掌握 Photoshop 效果的使用方法。

技能目标

- 掌握“艺术设计展海报”的制作方法。
- 掌握“音乐节海报”的制作方法。
- 掌握“矛盾空间效果 Logo”的制作方法。
- 掌握“国画展览海报”的制作方法。

8.1 混合效果的使用

使用“混合”工具可以创建一系列处于两个自由形状之间的路径，也就是一系列样式递变的过渡图形。该工具可以在两个或两个以上的图形对象之间使用。

8.1.1 课堂案例——制作艺术设计展海报

【案例学习目标】学习使用“混合”工具制作文字混合效果。

【案例知识要点】使用“矩形”工具、“渐变”工具绘制背景，使用“文字”工具、“渐变”工具、“混合”工具制作文字混合效果。艺术设计展海报的效果如图 8-1 所示。

【效果所在位置】云盘 \Ch08\ 效果 \ 制作艺术设计展海报 .ai。

图 8-1

（1）按 Ctrl+N 组合键，弹出“新建文档”对话框，设置文档的宽度为 600 px，高度为 800 px，取向为竖向，颜色模式为 RGB 颜色，光栅效果为屏幕（72 ppi），单击“创建”按钮，新建一个文档。

（2）选择“矩形”工具，绘制一个与页面大小相等的矩形。双击“渐变”工具，弹出“渐变”面板，单击“线性渐变”按钮，在色带上设置两个渐变滑块，分别将渐变滑块的位置设为 0、100，并分别设置 RGB 值为（0、64、151）、（154、124、181），其他选项的设置如图 8-2 所示，图形被填充渐变色，并设置描边色为无，效果如图 8-3 所示。

（3）选择“文字”工具，在页面中输入需要的文字。选择“选择”工具，在属性栏中选择合适的字体并设置文字大小，效果如图 8-4 所示。选择“文字 > 创建轮廓”命令，将文字转换为轮廓，效果如图 8-5 所示。

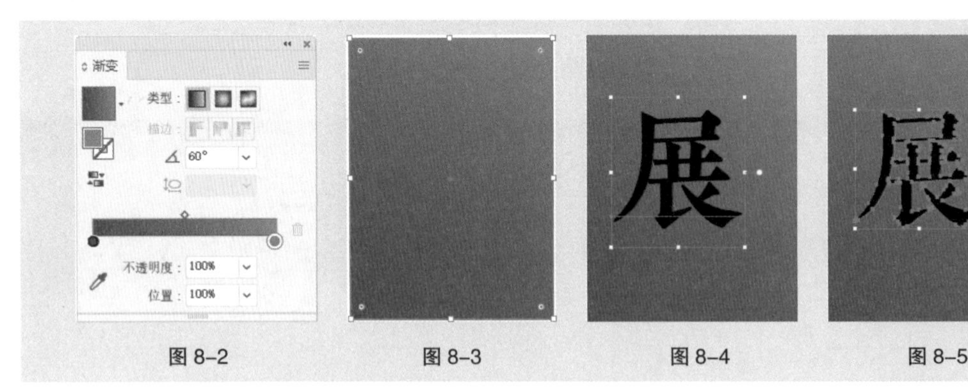

图 8-2　图 8-3　图 8-4　图 8-5

（4）双击“渐变”工具，弹出“渐变”面板，单击“线性渐变”按钮，在色带上设置3个渐变滑块，分别将渐变滑块的位置设为0、50、100，并分别设置RGB值为（168、44、255）、（255、128、225）、（66、176、253），其他选项的设置如图8-6所示，文字被填充渐变色，效果如图8-7所示。按Shift+X组合键，互换填充色和描边色，效果如图8-8所示。

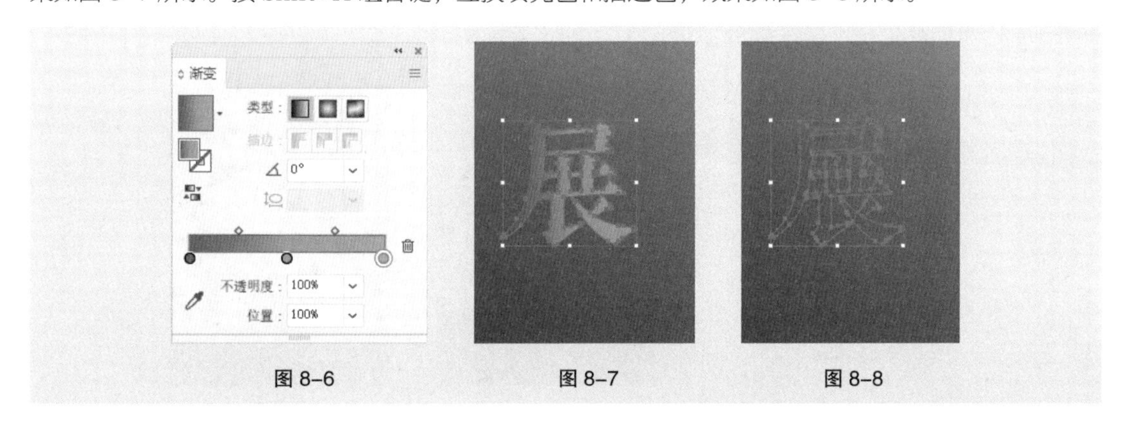

图8-6　　图8-7　　图8-8

（5）选择“选择”工具，按Ctrl+C组合键，复制文字，按Ctrl+F组合键，将复制的文字粘贴在前面。微调复制得到的文字到适当的位置，效果如图8-9所示。按Ctrl+C组合键，复制文字（此复制的文字作为备用）。按住Shift键同时，单击原渐变文字，将两个文字同时选取，如图8-10所示。

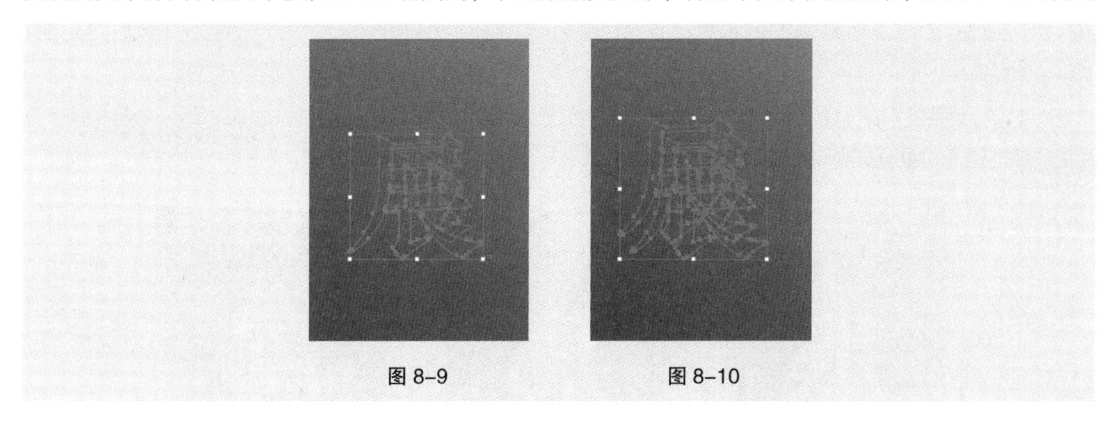

图8-9　　图8-10

（6）双击“混合”工具，在弹出的“混合选项”对话框中进行设置，如图8-11所示，单击“确定”按钮；按Alt+Ctrl+B组合键，生成混合效果，取消选取状态，效果如图8-12所示。

（7）选择“选择”工具，按Shift+Ctrl+V组合键，就地粘贴（备用）文字，如图8-13所示。按Shift+X组合键，互换填充色和描边色，效果如图8-14所示。

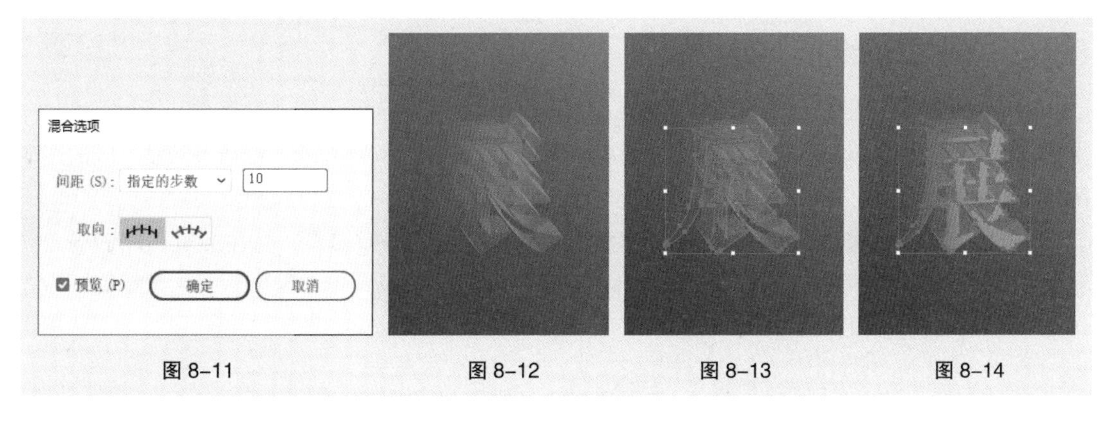

图8-11　　图8-12　　图8-13　　图8-14

（8）双击“渐变”工具，弹出“渐变”面板，单击“线性渐变”按钮，在色带上设置两个渐变滑块，分别将渐变滑块的位置设为 0、100，并分别设置 RGB 值为（0、64、151）、（154、124、181），其他选项的设置如图 8-15 所示，文字被填充渐变色，效果如图 8-16 所示。

（9）选择“选择”工具，按 Ctrl+C 组合键，复制文字，按 Ctrl+F 组合键，将复制的文字粘贴在前面。微调复制得到的文字到适当的位置，填充文字为白色，效果如图 8-17 所示。

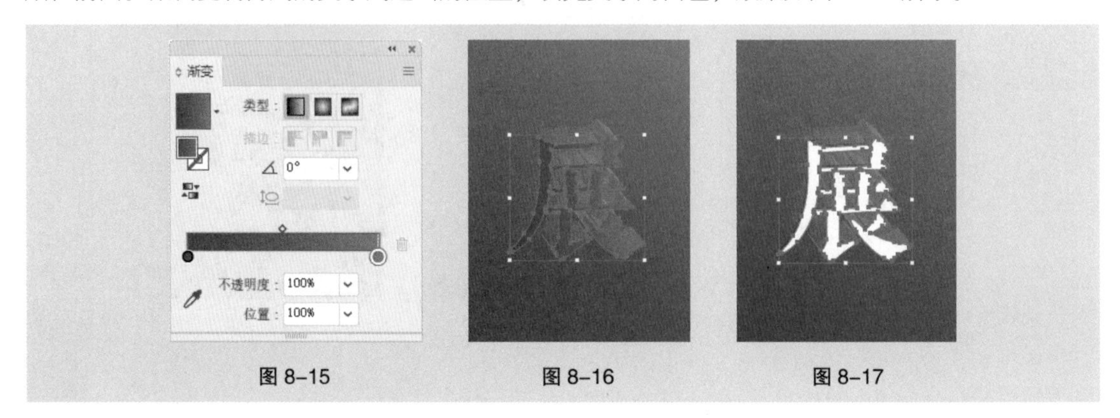

图 8-15　　图 8-16　　图 8-17

（10）按 Ctrl+O 组合键，打开云盘中的“Ch08 > 素材 > 制作艺术设计展海报 > 01”文件，选择“选择”工具，选取需要的图形，按 Ctrl+C 组合键，复制图形。选择正在编辑的页面，按 Ctrl+V 组合键，将复制的图形粘贴到页面中，并拖曳复制得到的图形到适当的位置，效果如图 8-18 所示。

（11）连续按 Ctrl+［组合键，将图形向后移至适当的位置，效果如图 8-19 所示。艺术设计展海报制作完成，效果如图 8-20 所示。

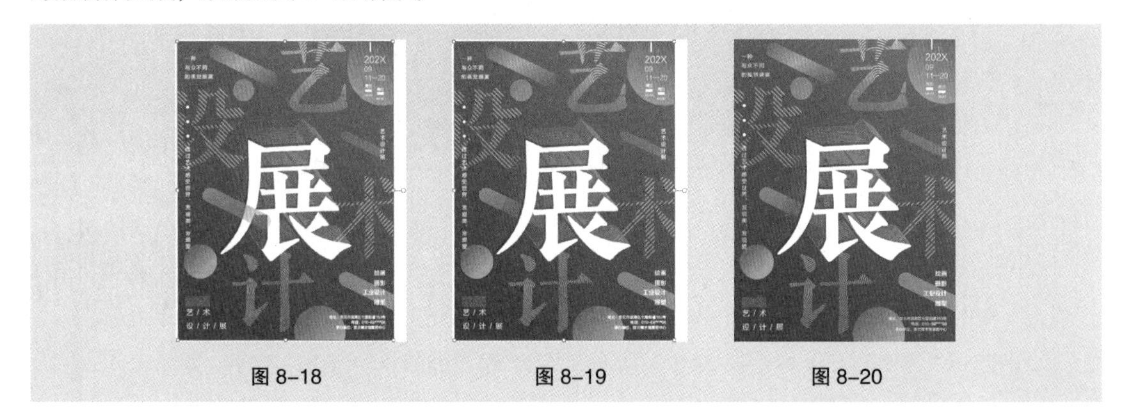

图 8-18　　图 8-19　　图 8-20

8.1.2　创建与释放混合对象

使用“混合”工具可以对整个图形、部分路径或锚点进行混合。混合对象后，中间各级路径上锚点的数量、位置以及锚点之间线段的性质取决于起始对象和终点对象上锚点的数量，同时还取决于在每个路径上指定的特定点。

使用“混合”工具试图匹配起始对象和终点对象上的所有锚点，并在每对相邻的锚点间画条线段。起始对象和终点对象最好包含相同数量的锚点。如果两个对象含有不同数量的锚点，Illustrator 将在中间级路径中增加或减少锚点。

1. 创建混合对象

（1）应用“混合”工具创建混合对象。

选择“选择”工具，选取要进行混合的两个对象，如图 8-21 所示。选择“混合”工具，单击要混合的起始对象，如图 8-22 所示。在另一个要混合的对象上单击，将它设置为终点对象，如图 8-23 所示，创建出的混合对象效果如图 8-24 所示。

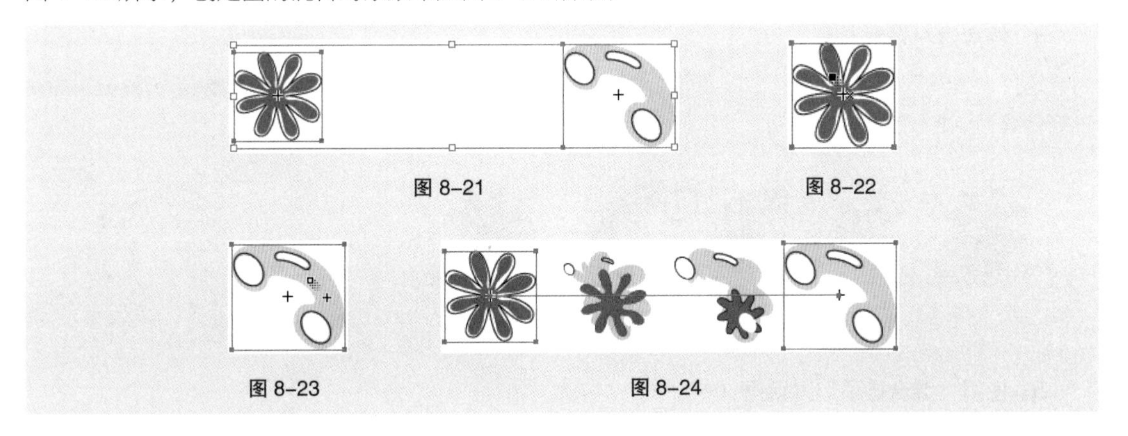

图 8-21　图 8-22

图 8-23　图 8-24

（2）应用命令创建混合对象。

选择“选择”工具，选取要进行混合的对象。选择“对象 > 混合 > 建立”命令（组合键为 Alt+Ctrl+B），创建出混合对象。

2. 创建混合路径

选择“选择”工具，选取要进行混合的对象，如图 8-25 所示。选择“混合”工具，单击要混合的起始对象上的某个锚点，鼠标指针会变为图标，如图 8-26 所示。单击另一个要混合的对象上的某个锚点，将它设置为终点对象，如图 8-27 所示。得到混合路径，效果如图 8-28 所示。

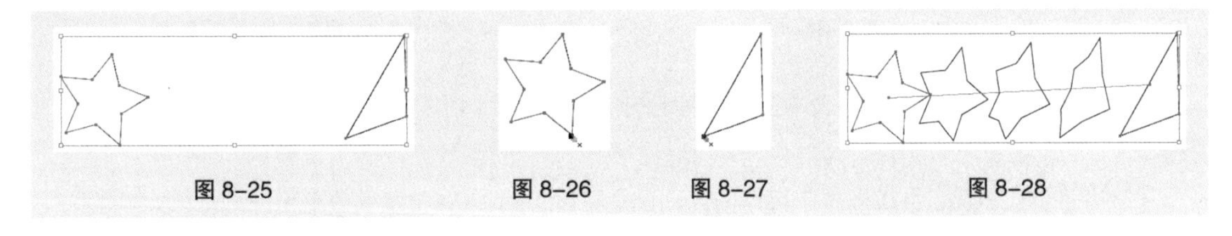

图 8-25　图 8-26　图 8-27　图 8-28

提示　在起始对象和终点对象上单击的锚点不同，所得到的混合效果也不同。

3. 继续混合其他对象

选择“混合”工具，单击混合路径中最后一个混合对象路径上的锚点，如图 8-29 所示。单击想要添加的其他对象路径上的锚点，如图 8-30 所示。继续混合其他对象后的效果如图 8-31 所示。

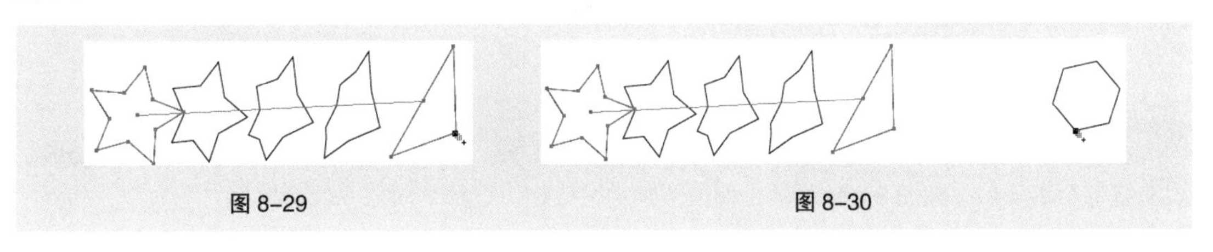

图 8-29　图 8-30

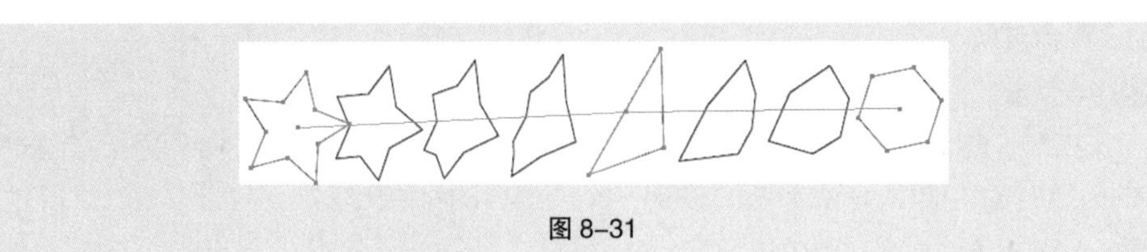

图 8-31

4．释放混合对象

选择“选择”工具，选取一组混合对象，如图 8-32 所示。选择“对象 > 混合 > 释放”命令（组合键为 Alt+Shift+Ctrl+B），释放混合对象，效果如图 8-33 所示。

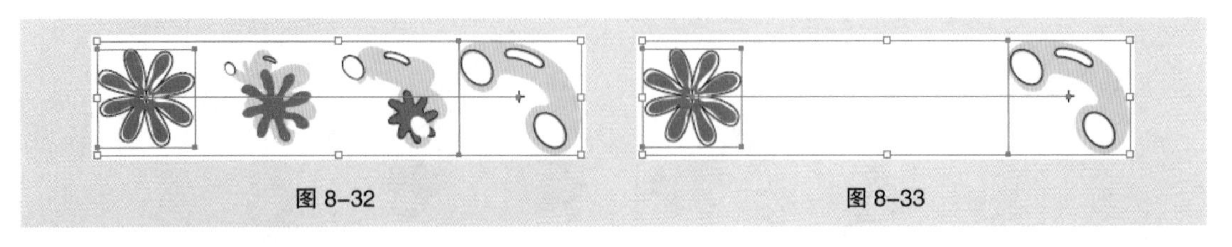

图 8-32　　图 8-33

5．使用“混合选项”对话框

选择“选择”工具，选取要进行混合的对象，如图 8-34 所示。选择“对象 > 混合 > 混合选项”命令，弹出“混合选项”对话框，在对话框的“间距”下拉列表中选择“平滑颜色”选项，可以使混合对象的颜色保持平滑，如图 8-35 所示。

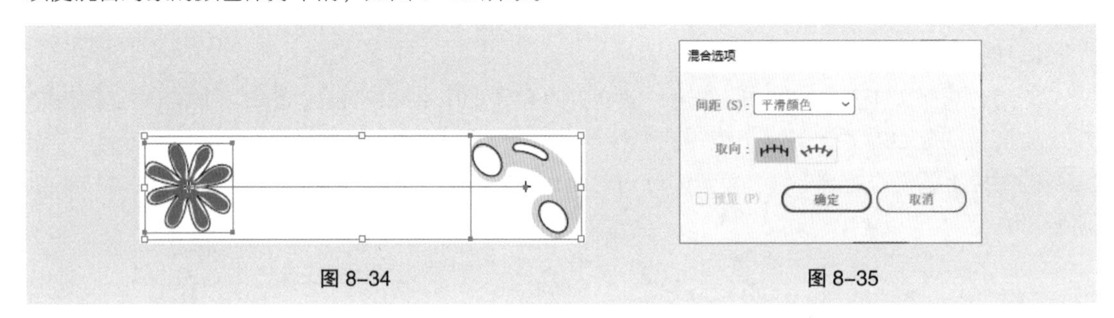

图 8-34　　图 8-35

在对话框的“间距”下拉列表中选择“指定的步数”选项，可以设置混合对象的步数，如图 8-36 所示。

在对话框的“间距”下拉列表中选择“指定的距离”选项，可以设置混合对象间的距离，如图 8-37 所示。

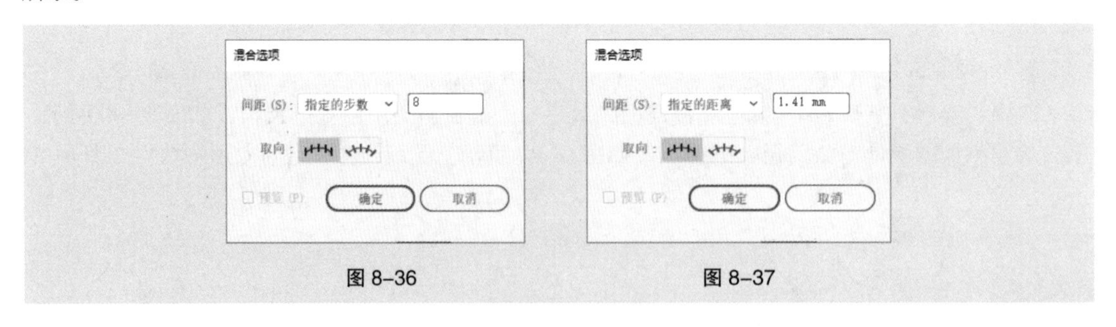

图 8-36　　图 8-37

对话框的“取向”选项组中有两个按钮，分别为“对齐页面”按钮和“对齐路径”按钮。设置好每个选项后，如图 8-38 所示，单击“确定”按钮。选择“对象 > 混合 > 建立”命令，将对象混合，效果如图 8-39 所示。

图 8-38　　图 8-39

8.1.3　混合的形状

使用“混合”工具可以将一种形状变成另一种形状。

1．多个对象的混合变形

在页面上绘制 4 个形状不同的对象，如图 8-40 所示。

选择“混合”工具，单击第 1 个对象，接着按照顺时针的方向，依次单击剩下的对象，这样每个对象都被混合了，效果如图 8-41 所示。

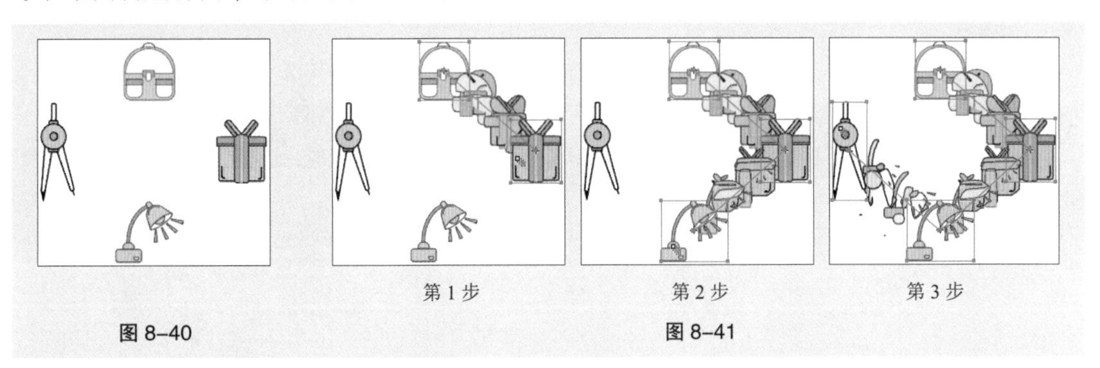

图 8-40　　图 8-41

2．绘制立体效果

使用“钢笔”工具在页面上绘制灯笼的上底、下底和边缘线，如图 8-42 所示。选取灯笼的左右两条边缘线，如图 8-43 所示。

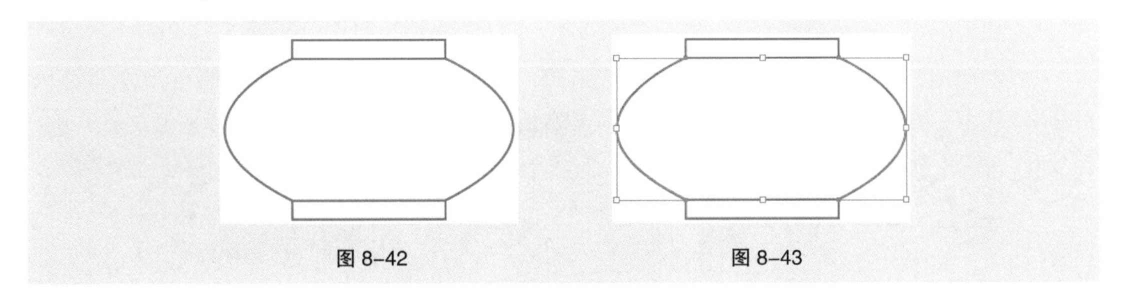

图 8-42　　图 8-43

选择“对象 > 混合 > 混合选项”命令，弹出“混合选项”对话框，在“间距”选项的下拉列表中选择“指定的步数”选项，在右侧的数值框中输入 4，在“取向”选项组中单击“对齐页面”按钮，如图 8-44 所示，单击“确定”按钮。选择“对象 > 混合 > 建立”命令，灯笼上面的立体竹条绘制完成，效果如图 8-45 所示。

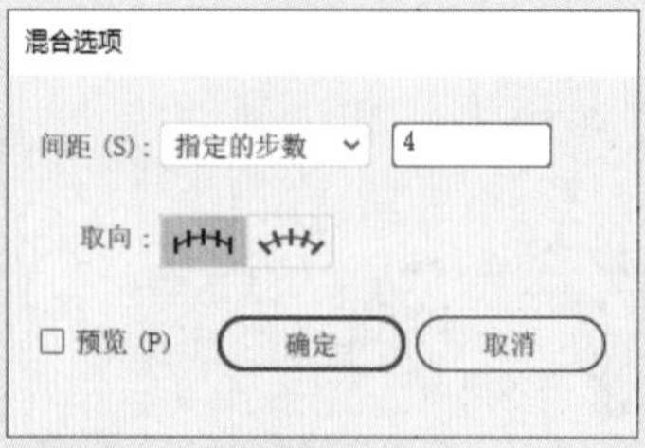

图 8-44 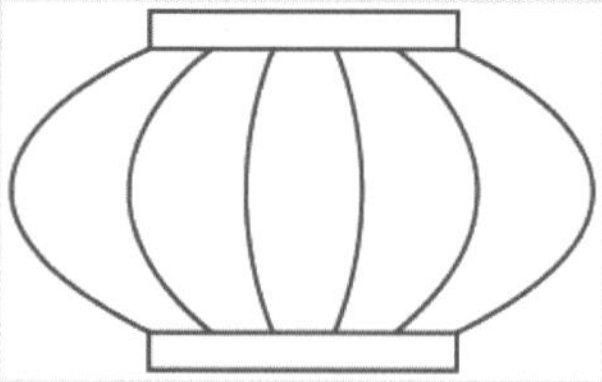　　图 8-45

8.1.4 编辑混合路径

在制作混合图形之前，可以根据需要修改“混合选项”对话框中的设置，否则系统将采用默认的设置建立混合图形。

混合得到的图形由混合路径相连，自动创建的混合路径默认是直线段，如图 8-46 所示。得到混合路径后，可以编辑这条混合路径，如添加、删除锚点，以及扭曲混合路径，也可将角点转换为平滑点。

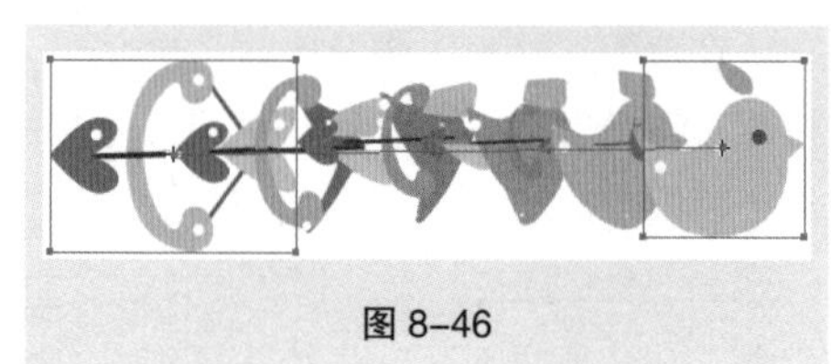

图 8-46

选择“对象 > 混合 > 混合选项”命令，弹出“混合选项”对话框，“间距”选项组的下拉列表中包括 3 个选项，如图 8-47 所示。

“平滑颜色”选项：根据进行混合的两个图形的颜色和形状来确定混合的步数，为默认的选项，效果如图 8-48 所示。

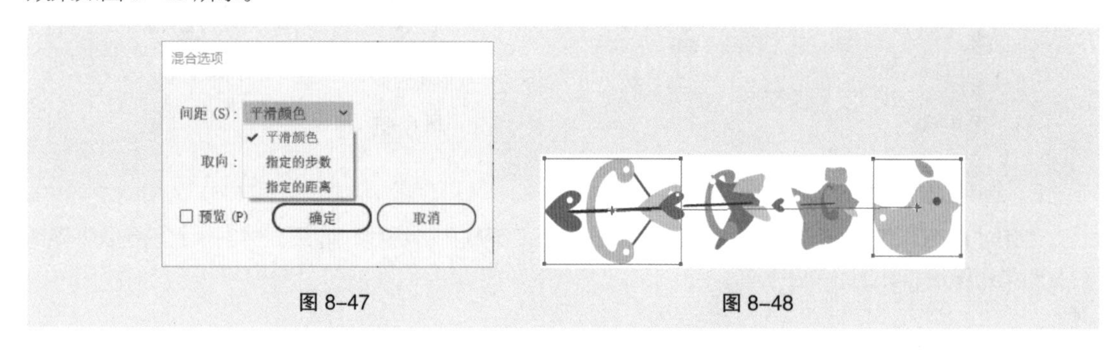

图 8-47　　图 8-48

“指定的步数”选项：控制混合的步数。当选择“指定的步数”选项并设置数值为 2 时，效果如图 8-49 所示。当选择“指定的步数”选项并设置数值为 7 时，效果如图 8-50 所示。

图 8-49　　图 8-50

“指定的距离”选项：控制每一步混合的距离。当选择“指定的距离”选项并设置数值为 25 时，效果如图 8-51 所示。当选择“指定的距离”选项并设置数值为 2 时，效果如图 8-52 所示。

如果想要将混合图形与存在的路径结合，可同时选取混合图形和外部路径，选择“对象 > 混合 > 替换混合轴”命令，替换混合图形中的混合路径，混合前后的效果分别如图 8-53 和图 8-54 所示。

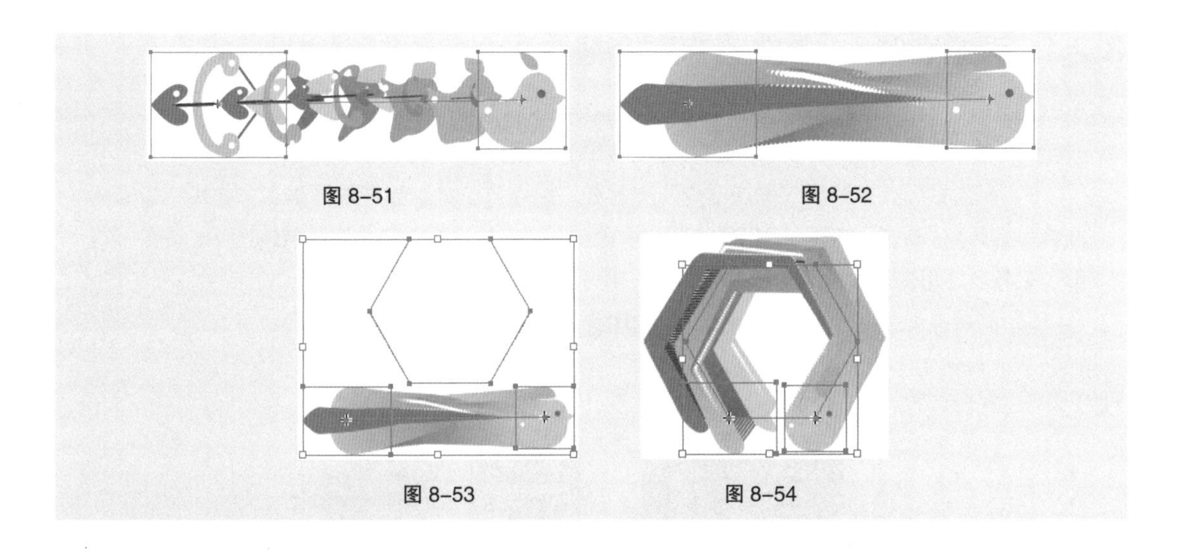

图 8-51　　图 8-52

图 8-53　　图 8-54

8.1.5　操作混合对象

1．改变混合对象的堆叠顺序

选取混合对象，选择“对象 > 混合 > 反向堆叠”命令，混合对象的堆叠顺序将被改变，改变前后的效果分别如图 8-55 和图 8-56 所示。

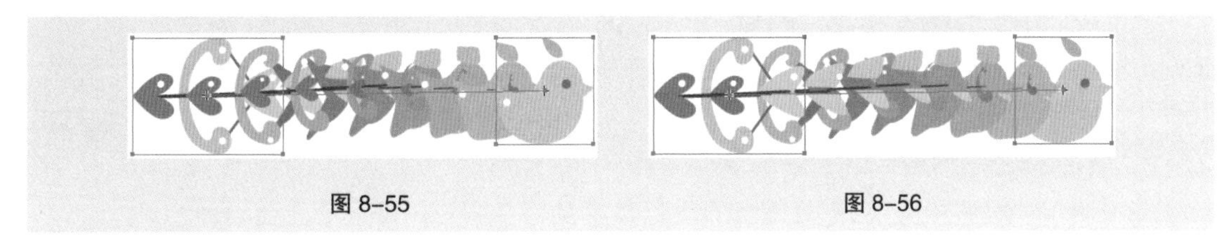

图 8-55　　图 8-56

2．打散混合对象

选取混合对象，选择“对象 > 混合 > 扩展”命令，混合对象将被打散，打散前后的效果分别如图 8-57 和图 8-58 所示。

图 8-57　　图 8-58

8.2　封套效果的使用

Illustrator 2020 中提供了不同的封套类型，利用不同的封套类型可以改变选定对象的形状。封套不仅可以应用到选定的图形中，还可以应用于路径、复合路径、文本对象、网格、混合对象或导入的位图中。

当对一个对象使用封套时，对象就像被放入了一个特定的容器中，封套会使对象本身发生相应的变化。同时，对于应用了封套的对象，还可以对其进行一定的编辑，如修改、删除等操作。

8.2.1 课堂案例——制作音乐节海报

【案例学习目标】学习使用“绘图”工具和“封套扭曲”命令制作音乐节海报。

【案例知识要点】使用“添加锚点”工具和“锚点”工具添加并编辑锚点；使用“极坐标网格”工具、“渐变”工具、“用网格建立”命令和“直接选择”工具制作装饰图形；使用“矩形”工具、“用变形建立”命令制作琴键；音乐节海报效果如图 8-59 所示。

【效果所在位置】云盘 \Ch08\ 效果 \ 制作音乐节海报 .ai。

图 8-59

（1）按 Ctrl+N 组合键，弹出“新建文档”对话框，设置文档的宽度为 1080 px，高度为 1440 px，取向为竖向，颜色模式为 RGB 颜色，光栅效果为屏幕（72 ppi），单击“创建”按钮，新建一个文档。

（2）选择“矩形”工具，绘制一个与页面大小相等的矩形。设置填充色为粉色（250、233、217），填充图形，并设置描边色为无，效果如图 8-60 所示。

（3）使用“矩形”工具在适当的位置再绘制一个矩形，设置填充色为蓝色（47、50、139），填充图形，并设置描边色为无，效果如图 8-61 所示。

（4）选择“添加锚点”工具，在矩形上边适当的位置单击，添加一个锚点，如图 8-62 所示。选择“直接选择”工具，按住 Shift 键的同时，单击右侧的锚点，将两个锚点同时选取，并向下拖曳选中的锚点到适当的位置，如图 8-63 所示。

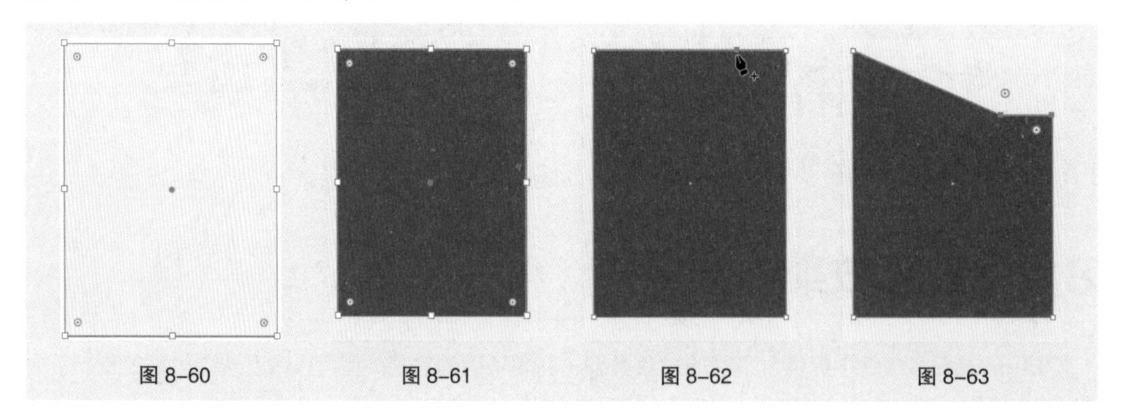

图 8-60　图 8-61　图 8-62　图 8-63

（5）选择“添加锚点”工具，在斜边适当的位置单击，添加一个锚点，如图 8-64 所示。选择“锚点”工具，拖曳锚点的控制手柄，将所选锚点转换为平滑点，效果如图 8-65 所示。拖曳下方的控制手柄到适当的位置，调整弧度，效果如图 8-66 所示。

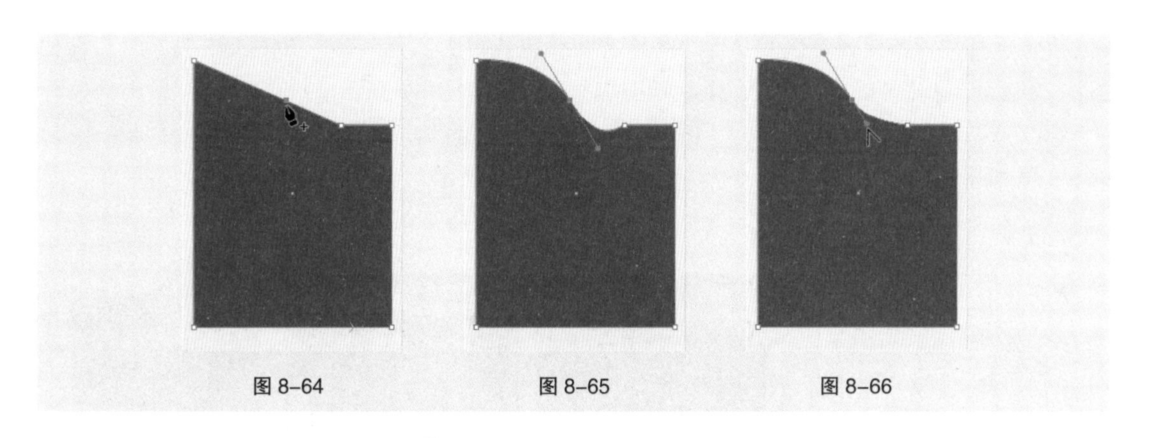

图 8-64　　图 8-65　　图 8-66

（6）选择“极坐标网格”工具，在页面中单击，弹出“极坐标网格工具选项”对话框，选项的设置如图 8-67 所示，单击“确定”按钮，得到一个极坐标网格。选择“选择”工具，拖曳极坐标网格到适当的位置，效果如图 8-68 所示。

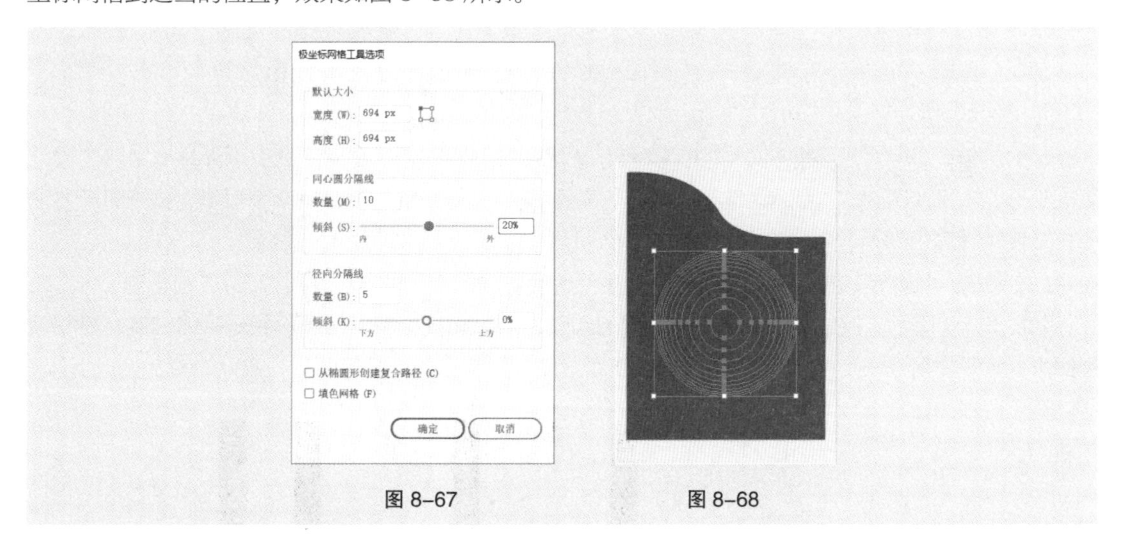

图 8-67　　图 8-68

（7）在属性栏中将“描边粗细”选项设置为 3 pt，按 Enter 键确定操作，效果如图 8-69 所示。双击“渐变”工具，弹出“渐变”面板，单击“线性渐变”按钮，在色带上设置 4 个渐变滑块，分别将渐变滑块的位置设为 0、33、70、100，并分别设置 RGB 值为（68、71、153）、（88、65、150）、（124、62、147）、（186、56、147），其他选项的设置如图 8-70 所示，图形描边被填充渐变色，效果如图 8-71 所示。

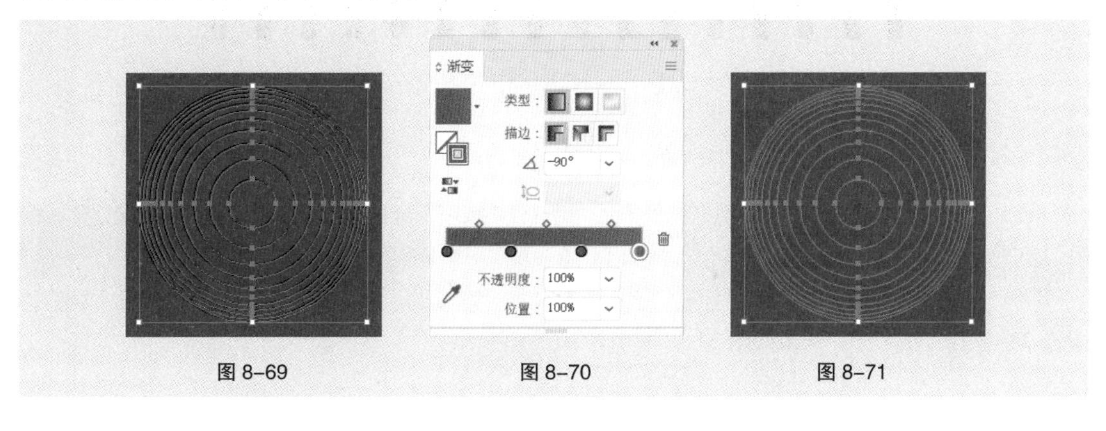

图 8-69　　图 8-70　　图 8-71

（8）选择“对象 > 封套扭曲 > 用网格建立”命令，弹出“封套网格”对话框，选项的设置如图 8-72 所示，单击“确定”按钮，建立网格封套，效果如图 8-73 所示。

（9）选择“直接选择”工具，选中并拖曳封套上需要的锚点到适当的位置，效果如图 8-74 所示。用相同的方法拖曳封套的其他锚点，效果如图 8-75 所示。

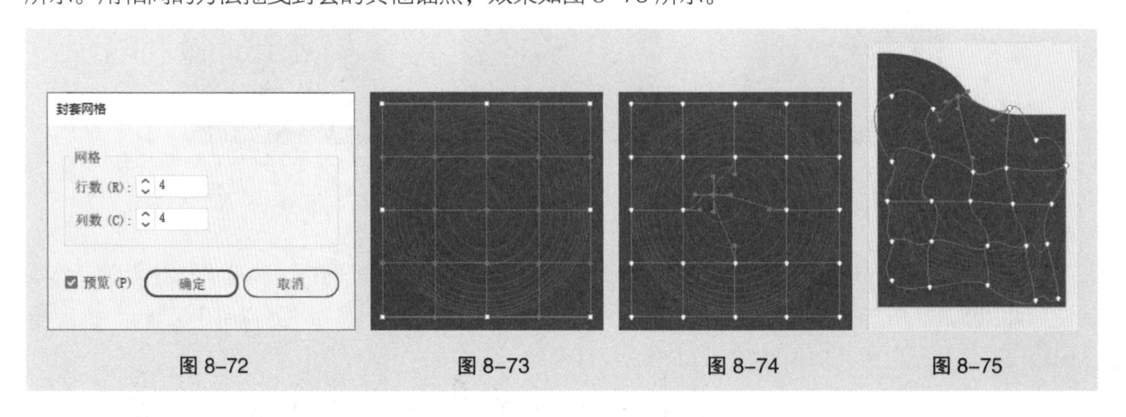

图 8-72　图 8-73　图 8-74　图 8-75

（10）选择“矩形”工具，在页面外绘制一个矩形，设置填充色为粉色（250、233、217），填充图形，并设置描边色为无，效果如图 8-76 所示。

（11）选择“选择”工具，按住 Alt+Shift 组合键的同时，水平向右拖曳矩形到适当的位置，复制矩形，效果如图 8-77 所示。选择“矩形”工具，在适当的位置绘制一个矩形，填充图形为黑色，并设置描边色为无，效果如图 8-78 所示。

（12）选择“选择”工具，用框选的方法将所绘制的矩形同时选取，按 Ctrl+G 组合键，将其编组，如图 8-79 所示。按住 Alt+Shift 组合键的同时，水平向右拖曳编组图形到适当的位置，复制编组图形，效果如图 8-80 所示。连续按 Ctrl+D 组合键，复制出多个编组图形，效果如图 8-81 所示。

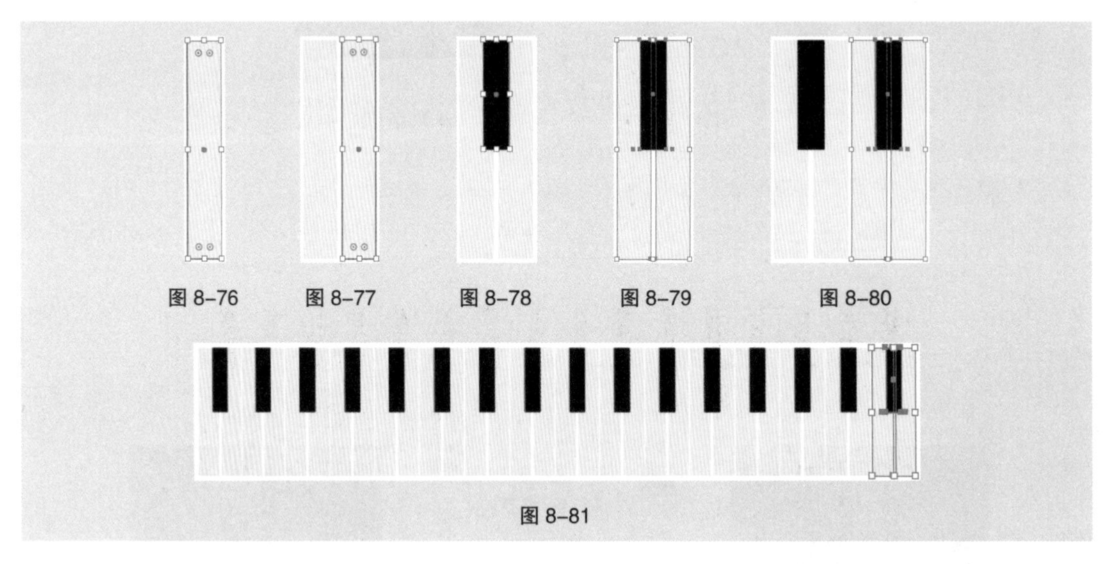

图 8-76　图 8-77　图 8-78　图 8-79　图 8-80

图 8-81

（13）选择“选择”工具，用框选的方法将所有编组图形同时选取，按 Ctrl+G 组合键，将其编组，如图 8-82 所示。

（14）双击“镜像”工具，弹出“镜像”对话框，选项的设置如图 8-83 所示；单击“复制”按钮，镜像并复制图形，效果如图 8-84 所示。

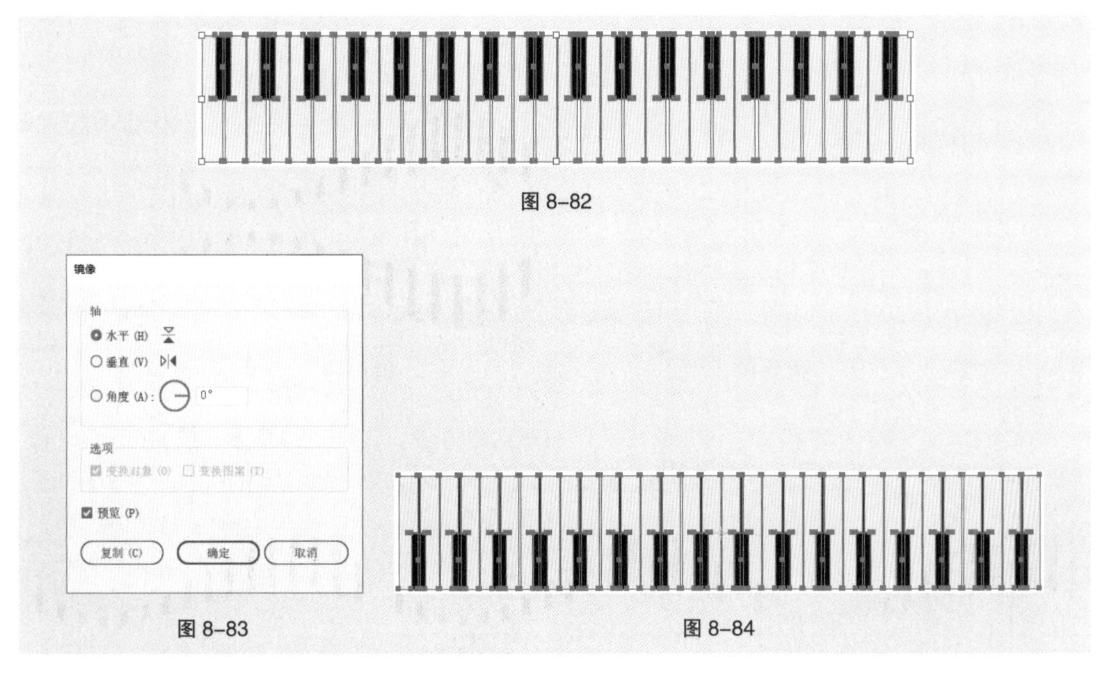

图 8-82

图 8-83

图 8-84

（15）选择“选择”工具▶，按住 Shift 键的同时，垂直向下拖曳复制的图形到适当的位置，效果如图 8-85 所示。

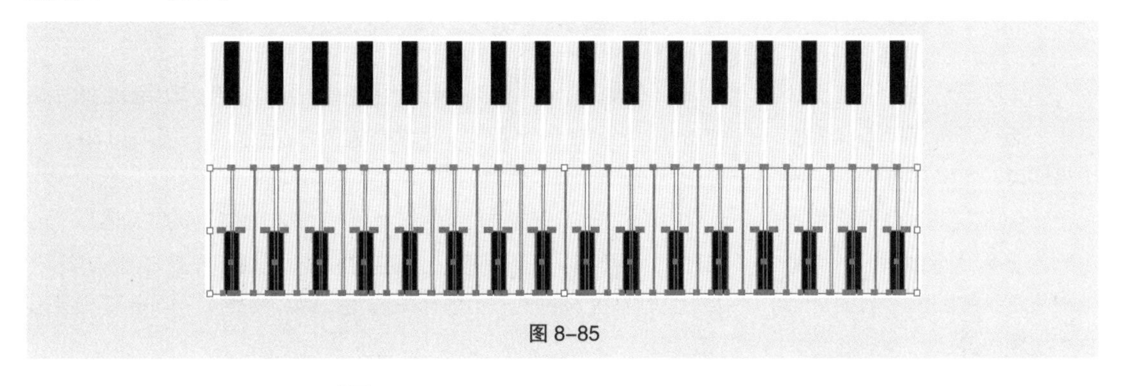

图 8-85

（16）选择“选择”工具▶，按住 Shift 键的同时，将两个编组图形同时选取，如图 8-86 所示。

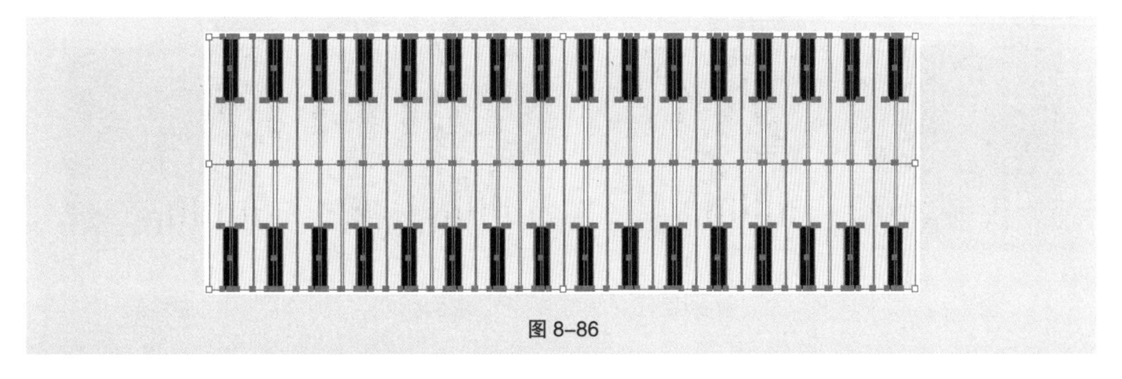

图 8-86

（17）选择“对象 > 封套扭曲 > 用变形建立”命令，弹出“变形选项”对话框，选项的设置如图 8-87 所示，单击“确定”按钮，建立鱼形封套，效果如图 8-88 所示。

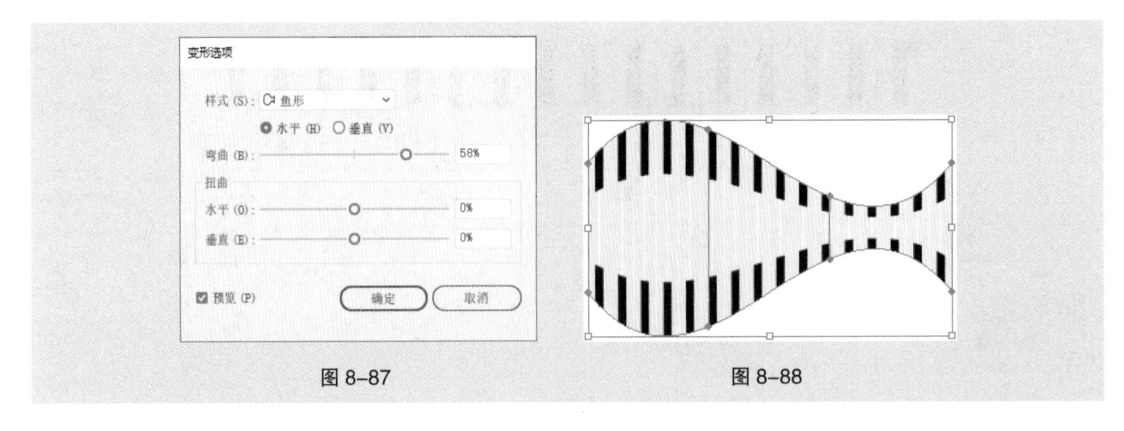

图 8-87　　图 8-88

（18）选择“对象 > 封套扭曲 > 扩展”命令，打散封套图形，如图 8-89 所示。按 Shift+Ctrl+G 组合键，取消图形的编组。选取下方的封套，如图 8-90 所示，按 Delete 键将其删除，如图 8-91 所示。

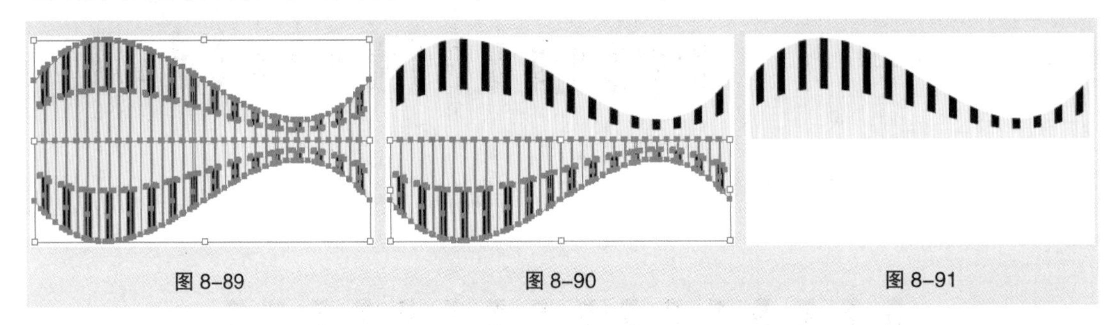

图 8-89　　图 8-90　　图 8-91

（19）选择“选择”工具，选取上方的封套，并将其拖曳到页面中适当的位置，效果如图 8-92 所示。选择“矩形”工具，在适当的位置绘制一个矩形，设置描边色为蓝色（47、50、139），填充描边，效果如图 8-93 所示。

（20）按 Ctrl+O 组合键，打开云盘中的“Ch08 > 素材 > 制作音乐节海报 > 01”文件，选择“选择”工具，选取需要的图形，按 Ctrl+C 组合键，复制图形。选择正在编辑的页面，按 Ctrl+V 组合键，将复制的图形粘贴到页面中，并拖曳复制得到的图形到适当的位置，效果如图 8-94 所示。音乐节海报制作完成，效果如图 8-95 所示。

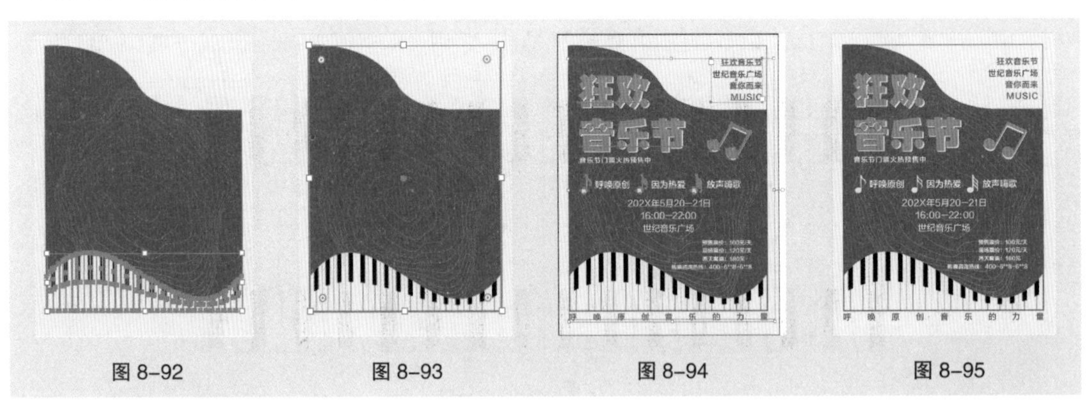

图 8-92　　图 8-93　　图 8-94　　图 8-95

8.2.2　创建封套

当需要使用封套来改变对象的形状时，可以应用软件预设的封套图形，也可以使用“网格”工具调整对象，还可以使用自定义图形作为封套。封套必须处于所有对象的上层。

（1）使用软件预设的形状创建封套。

选中对象，选择“对象 > 封套扭曲 > 用变形建立”命令（组合键为 Alt+Shift+Ctrl+W），弹出“变形选项”对话框，如图 8-96 所示。

“样式”下拉列表中提供了 15 种封套类型，可根据需要选择，如图 8-97 所示。

“水平”选项和“垂直”选项用来指定封套的放置位置。选择一个选项，在“弯曲”选项中可以设置对象的弯曲程度，在“扭曲”选项组中可以设置封套在水平或垂直方向上的比例。勾选“预览”复选框，可以预览封套效果，单击“确定”按钮，将设置好的封套应用到选定的对象中，图形应用封套前后的对比效果如图 8-98 所示。

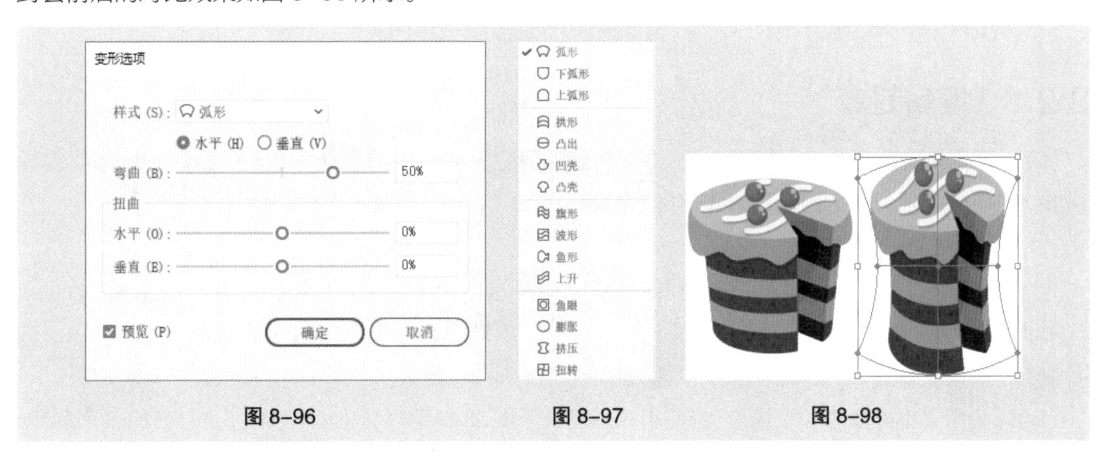

图 8-96　　图 8-97　　图 8-98

（2）使用网格建立封套。

选中对象，选择“对象 > 封套扭曲 > 用网格建立”命令（组合键为 Alt+Ctrl+M），弹出“封套网格”对话框。在“行数”选项和“列数”选项的数值框中，可以根据需要输入网格的行数和列数，如图 8-99 所示，单击“确定”按钮，设置好的网格封套将应用到选定的对象中，如图 8-100 所示。

设置完网格封套后，还可以通过“网格”工具对其进行编辑。选择“网格”工具，单击网格封套，即可增加网格封套的网格数，如图 8-101 所示。按住 Alt 键的同时，单击网格封套上的网格点和网格线，可以减少网格封套的行数和列数。用“网格”工具拖曳网格点可以改变网格封套的形状，如图 8-102 所示。

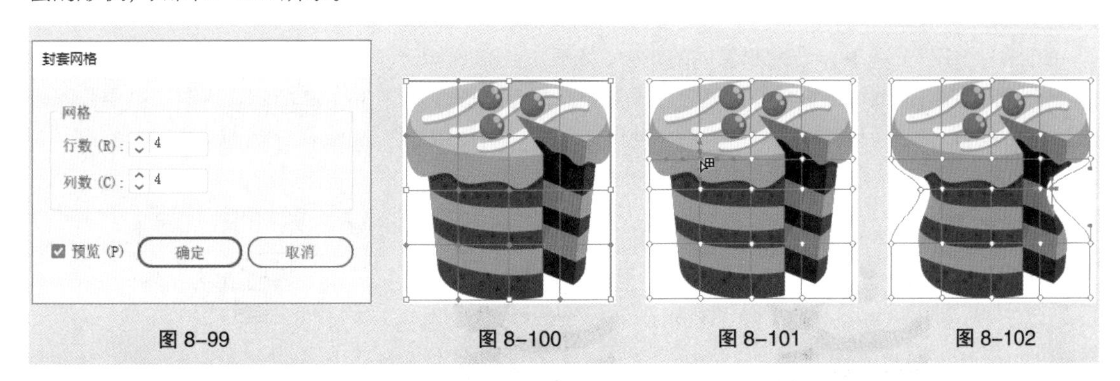

图 8-99　　图 8-100　　图 8-101　　图 8-102

（3）使用路径建立封套。

同时选中对象和要作为封套的路径（这时路径必须处于所有对象的上层），如图 8-103 所示。

选择“对象 > 封套扭曲 > 用顶层对象建立”命令（组合键为 Alt+Ctrl+C），建立封套，效果如图 8-104 所示。

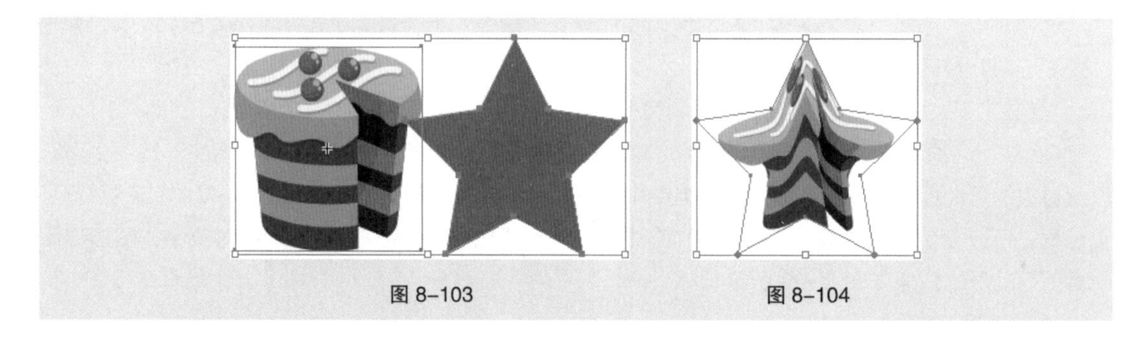

图 8-103　　图 8-104

8.2.3 编辑封套

用户可以对创建的封套进行编辑。由于创建的封套是和对象组合在一起的，所以，既可以编辑封套，也可以编辑对象，但是两者不能同时编辑。

1. 编辑封套

选择“选择”工具，选取一个含有对象的封套。选择“对象 > 封套扭曲 > 用变形重置”命令或“用网格重置”命令，弹出“变形选项”对话框或“重置封套网格选项”对话框，这时，可以根据需要重新设置封套类型，效果如图 8-105 和图 8-106 所示。

可以使用“直接选择”工具或使用“网格”工具拖动封套上的锚点，以对封套进行编辑。还可以使用“变形”工具对封套进行扭曲变形，效果如图 8-107 所示。

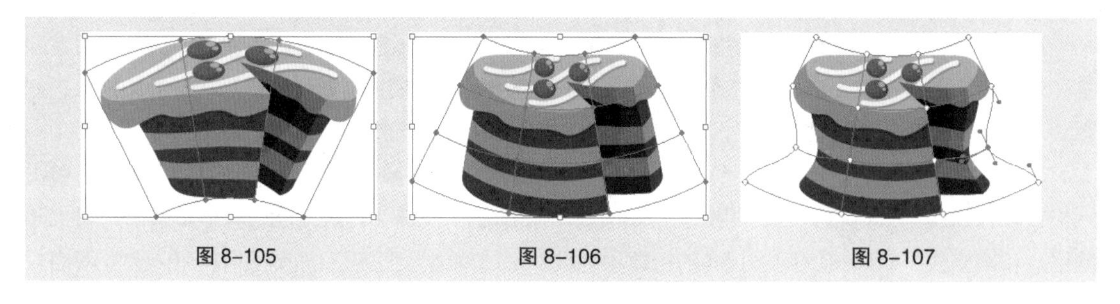

图 8-105　　图 8-106　　图 8-107

2. 编辑封套内的对象

选择“选择”工具，选取封套内的对象，如图 8-108 所示。选择“对象 > 封套扭曲 > 编辑内容”命令（组合键为 Shift+Ctrl+V），将会显示对象原来的选框，如图 8-109 所示。这时“图层”面板中封套图层的左侧将显示一个箭头 ›，表示可以修改封套中的内容，如图 8-110 所示。

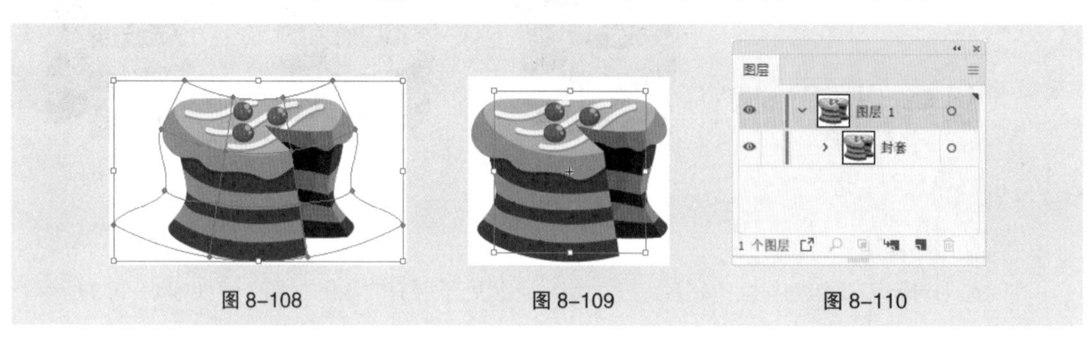

图 8-108　　图 8-109　　图 8-110

8.2.4 设置封套属性

可以对封套进行设置，使封套更符合图形绘制的要求。

选择一个封套，选择“对象 > 封套扭曲 > 封套选项”命令，弹出“封套选项”对话框，如图 8-111 所示。

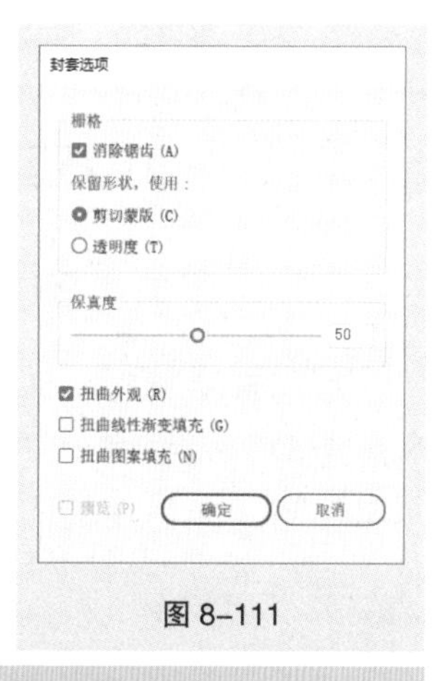

图 8-111

勾选“消除锯齿”复选框，可以在使封套变形的时候防止锯齿产生，保持图形的清晰度。在编辑非直角封套时，可以选择“剪切蒙版”和“透明度”两种方式保护图形。“保真度”选项组用于设置对象适合封套的保真度。当勾选“扭曲外观”复选框后，下方的两个复选框将被激活。它可使对象具有外观属性，如果封套应用了特殊效果，对象也将随之扭曲变形。“扭曲线性渐变填充”和“扭曲图案填充”复选框分别用于扭曲对象的渐变填充和图案填充。

8.3 Illustrator 效果

Illustrator 效果为矢量效果，可以应用于矢量图和位图对象，它包括 10 个效果组，有些效果组又包括多个效果。

8.3.1 课堂案例——制作矛盾空间效果 Logo

【案例学习目标】学习使用“矩形”工具和“3D”命令制作矛盾空间效果 Logo。

【案例知识要点】使用“矩形”工具、“凸出和斜角”命令、“路径查找器”面板和“渐变”工具制作矛盾空间效果 Logo，使用“文字”工具输入 Logo 文字。矛盾空间效果 Logo 的效果如图 8-112 所示。

【效果所在位置】云盘 \Ch08\ 效果 \ 制作矛盾空间效果 Logo.ai。

图 8-112

（1）按 Ctrl+N 组合键，弹出“新建文档”对话框，设置文档的宽度为 800 px，高度为 600 px，取向为横向，颜色模式为 RGB 颜色，光栅效果为屏幕（72 ppi），单击“创建”按钮，新建一个文档。

（2）选择“矩形”工具，在页面中单击，弹出“矩形”对话框，选项的设置如图 8-113 所示，单击“确定”按钮，得到一个正方形。选择“选择”工具，拖曳正方形到适当的位置，效果如图 8-114 所示。设置填充色为浅蓝色（109、213、250），填充图形，并设置描边色为无，效果如图 8-115 所示。

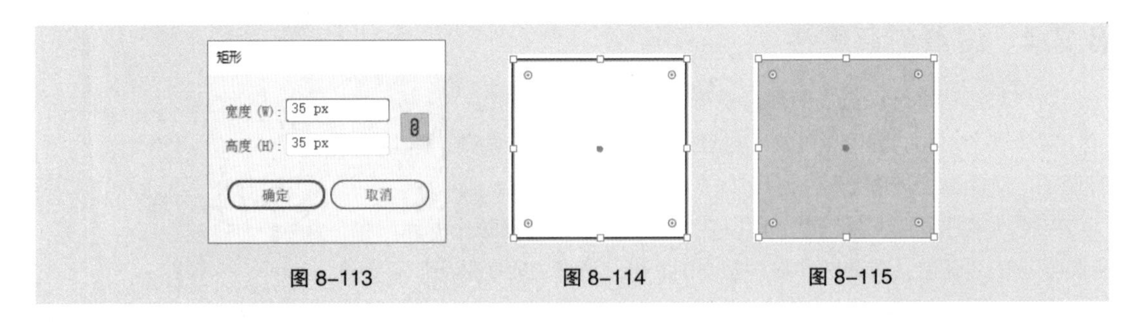

图 8-113　　图 8-114　　图 8-115

（3）选择“效果 > 3D > 凸出和斜角”命令，弹出“3D 凸出和斜角选项”对话框，选项的设置如图 8-116 所示，单击“确定”按钮，效果如图 8-117 所示。选择“对象 > 扩展外观”命令，扩展图形外观，效果如图 8-118 所示。

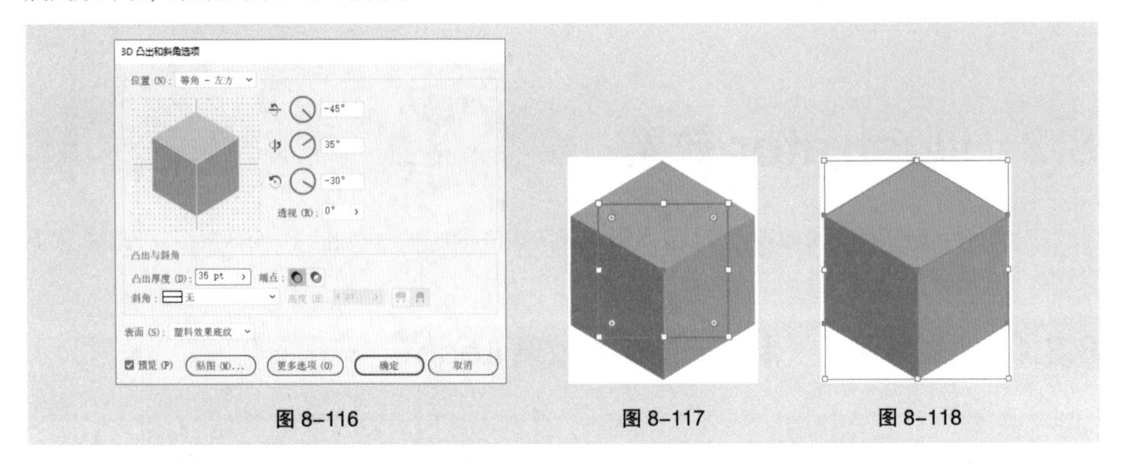

图 8-116　　图 8-117　　图 8-118

（4）选择“直接选择”工具 ，用框选的方法将正方体下方的锚点同时选取，如图 8-119 所示，向下拖曳锚点到适当的位置，效果如图 8-120 所示。

（5）选择“选择”工具 ，按住 Alt+Shift 组合键的同时，水平向右拖曳图形到适当的位置，复制图形，效果如图 8-121 所示。

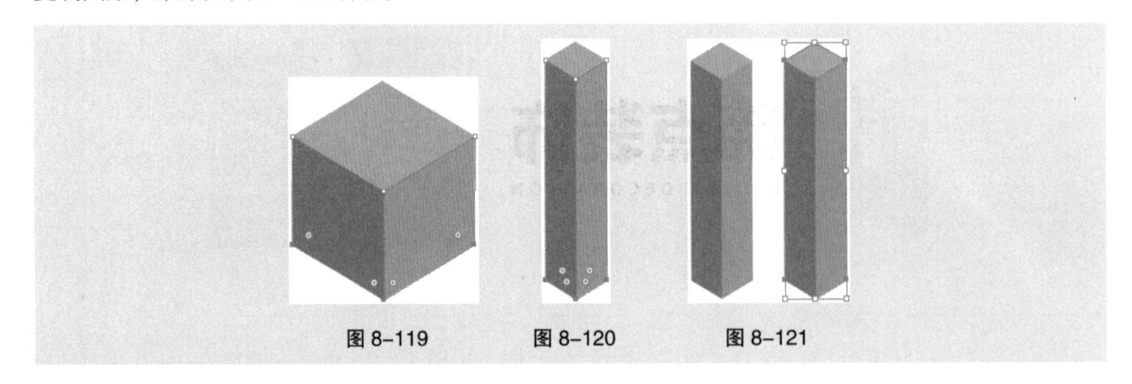

图 8-119　　图 8-120　　图 8-121

（6）选择“直接选择”工具 ，用框选的方法将右侧长方体下方的锚点同时选取，如图 8-122 所示，向上拖曳锚点到适当的位置，效果如图 8-123 所示。

（7）选择“选择”工具 ，用框选的方法将两个长方体同时选取，如图 8-124 所示，单击左侧长方体将其作为参照对象，如图 8-125 所示，在属性栏中单击“垂直居中对齐”按钮 ，对齐效果如图 8-126 所示。

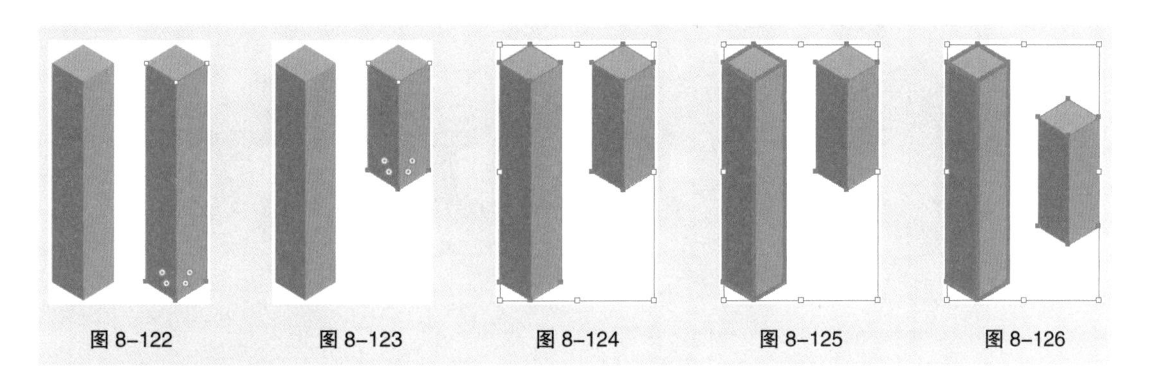
图 8–122　　图 8–123　　图 8–124　　图 8–125　　图 8–126

（8）选择“选择”工具，选取右侧的长方体，如图 8–127 所示，按住 Alt 键的同时，向左上方拖曳图形到适当的位置，复制图形，效果如图 8–128 所示。

（9）选择“窗口 > 变换”命令，弹出“变换”面板，将“旋转”选项设为 60°，如图 8–129 所示，按 Enter 键确定操作；拖曳旋转后的图形到适当的位置，效果如图 8–130 所示。

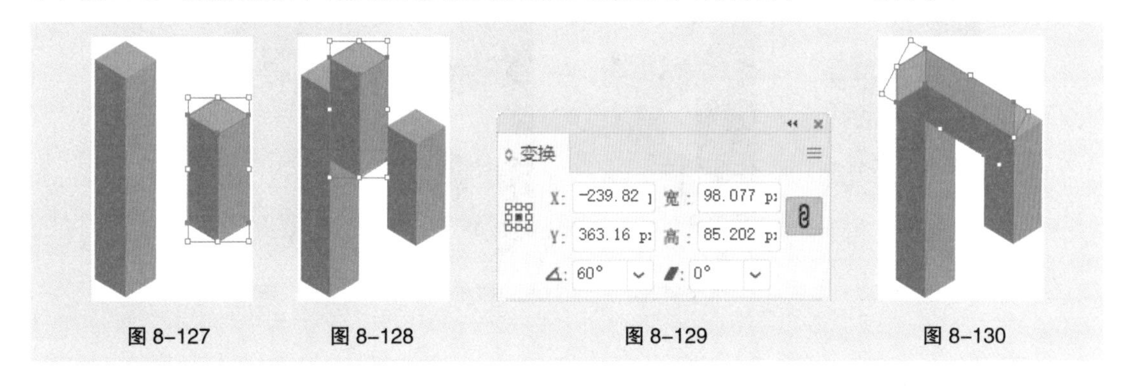

图 8–127　　图 8–128　　图 8–129　　图 8–130

（10）双击“镜像”工具，弹出“镜像”对话框，选项的设置如图 8–131 所示；单击“复制”按钮，镜像并复制图形，效果如图 8–132 所示。选择“选择”工具，按住 Shift 键的同时，垂直向下拖曳复制得到的图形到适当的位置，效果如图 8–133 所示。

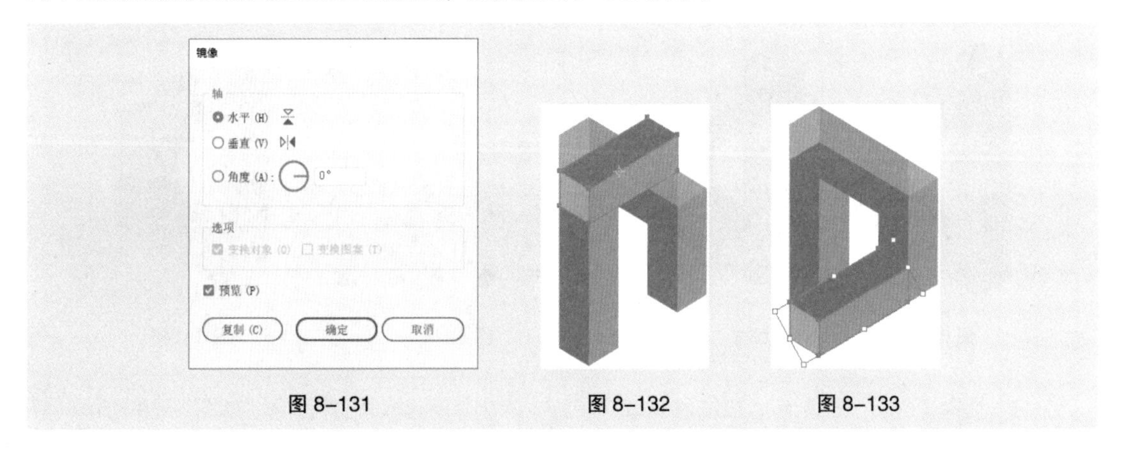

图 8–131　　图 8–132　　图 8–133

（11）选择“选择”工具，用框选的方法将所绘制的图形同时选取，连续按 3 次 Shift+Ctrl+G 组合键，取消图形编组，如图 8–134 所示。选取左侧的图形，如图 8–135 所示，按 Shift+Ctrl+] 组合键，将其置于顶层，效果如图 8–136 所示。用相同的方法调整其他图形的顺序，效果如图 8–137 所示。

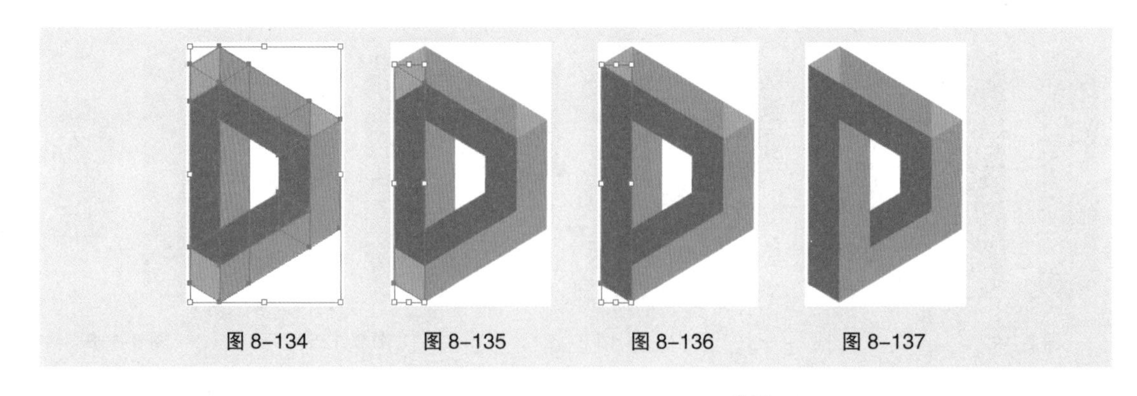
图 8-134　图 8-135　图 8-136　图 8-137

（12）选取上方的图形，如图 8-138 所示。选择“吸管”工具，将吸管图标放置在右侧的图形上，如图 8-139 所示，单击吸取属性，如图 8-140 所示。选择“选择”工具，按 Shift+Ctrl+] 组合键，将其置于顶层，效果如图 8-141 所示。

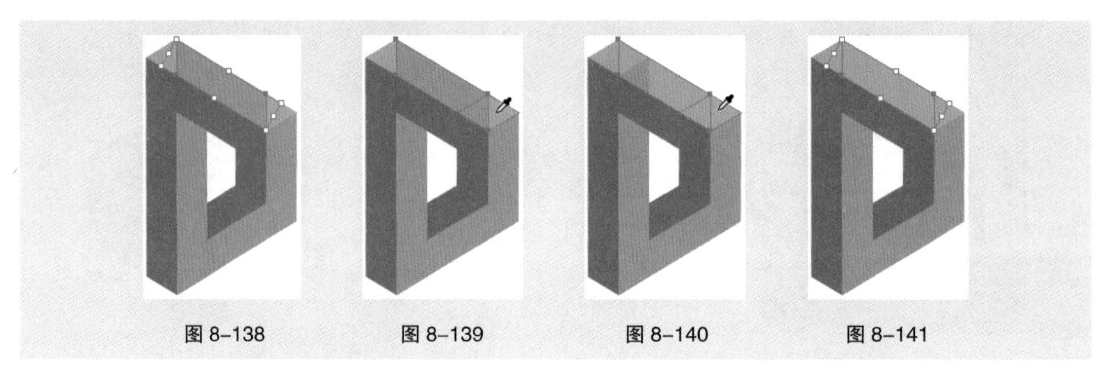
图 8-138　图 8-139　图 8-140　图 8-141

（13）放大显示视图。选择“直接选择”工具，调整转角处的每个锚点，使每个角或边对齐，效果如图 8-142 所示。选择“选择”工具，用框选的方法将所绘制的图形同时选取，如图 8-143 所示。选择“窗口 > 路径查找器”命令，弹出“路径查找器”面板，单击“分割”按钮，如图 8-144 所示，生成新对象，如图 8-145 所示。按 Shift+Ctrl+G 组合键，取消图形编组。

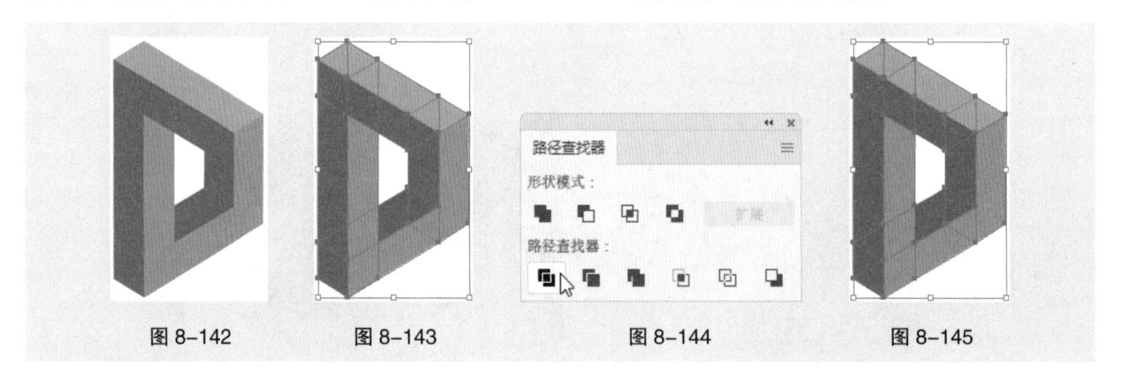

图 8-142　图 8-143　图 8-144　图 8-145

（14）选择“选择”工具，按住 Shift 键的同时，依次单击选取需要的图形，如图 8-146 所示。在“路径查找器”面板中，单击“联集”按钮，如图 8-147 所示，生成新的对象，效果如图 8-148 所示。

（15）双击“渐变”工具，弹出“渐变”面板，单击“线性渐变”按钮，在色带上设置 3 个渐变滑块，分别将渐变滑块的位置设为 0、36、100，并分别设置 RGB 值为（41、105、176）、（41、128、185）、（109、213、250），其他选项的设置如图 8-149 所示，图形被填充渐变色，效果如图 8-150 所示。用相同的方法合并其他形状，并填充相应的渐变色，效果如图 8-151 所示。

（16）选择“选择”工具▶，用框选的方法将所绘制的图形全部选取，按 Ctrl+G 组合键，将其编组，如图 8-152 所示。

（17）选择“文字”工具T，在页面中分别输入需要的文字。选择“选择”工具▶，在属性栏中分别选择合适的字体并设置文字大小，效果如图 8-153 所示。

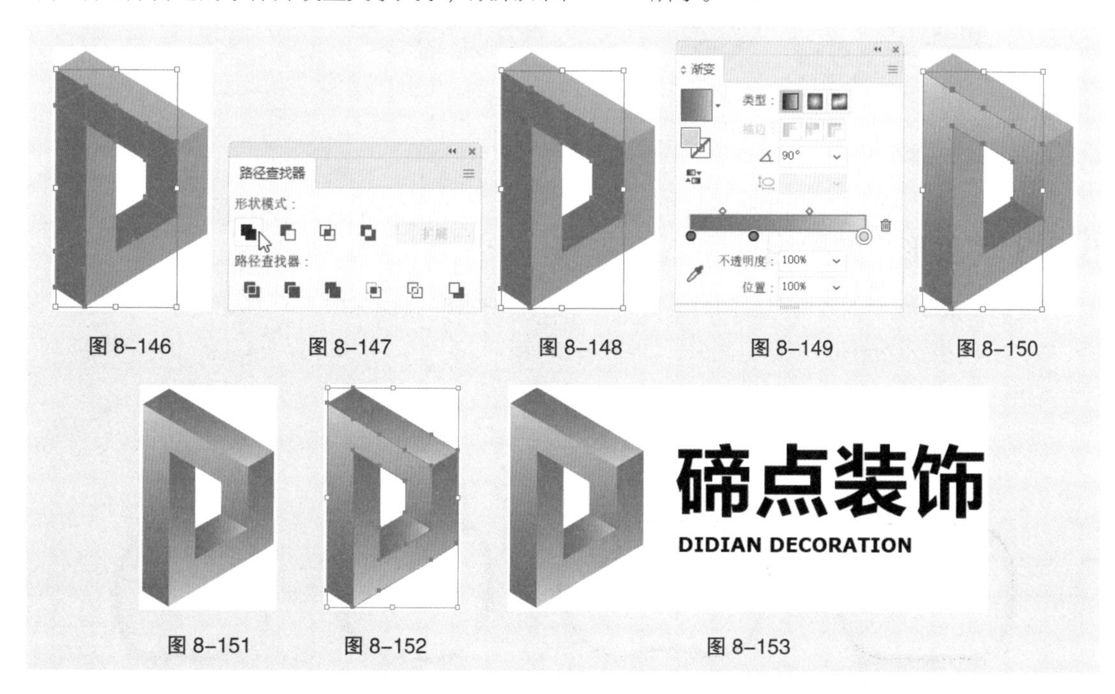

图 8-146　图 8-147　图 8-148　图 8-149　图 8-150

图 8-151　图 8-152　图 8-153

（18）选取下方英文文字，按 Alt+ →组合键，适当调整文字的间距，效果如图 8-154 所示。矛盾空间效果 Logo 制作完成，效果如图 8-155 所示。

图 8-154　图 8-155

8.3.2 “3D”效果组

使用“3D”效果组中的效果可以将开放路径、封闭路径或位图对象转换为可以旋转、打光和投影的三维对象，如图 8-156 所示。

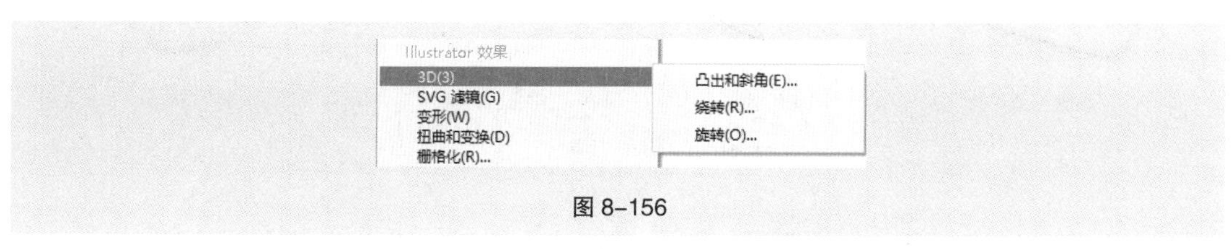

图 8-156

应用“3D”效果组中的效果，如图 8-157 所示。

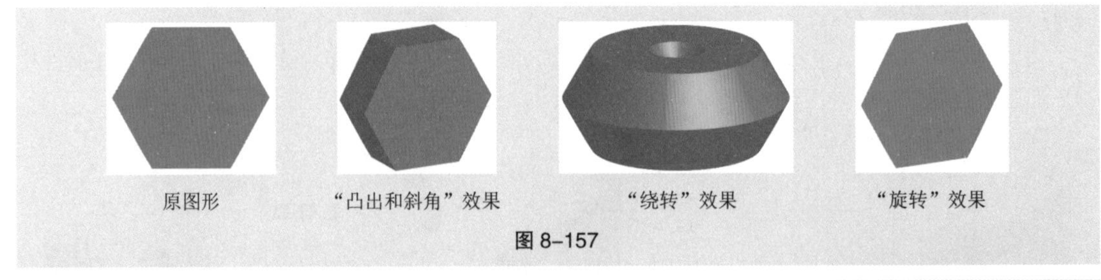

图 8-157

8.3.3 “变形”效果组

“变形”效果组中的效果可以使对象扭曲或变形，可作用的对象有路径、文本、网格、混合图像和栅格图像，如图 8-158 所示。

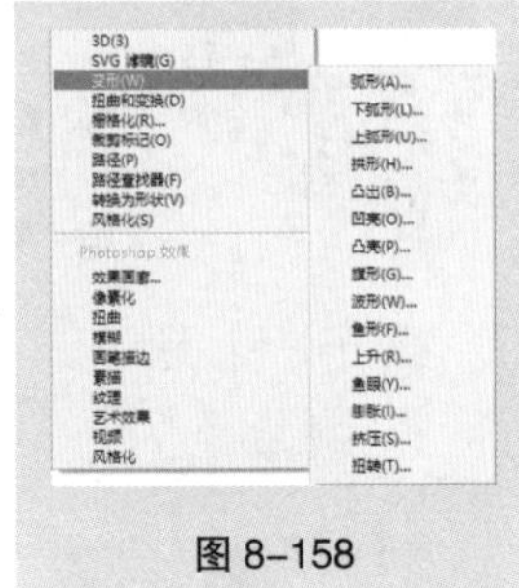

图 8-158

应用“变形”效果组中的效果，如图 8-159 所示。

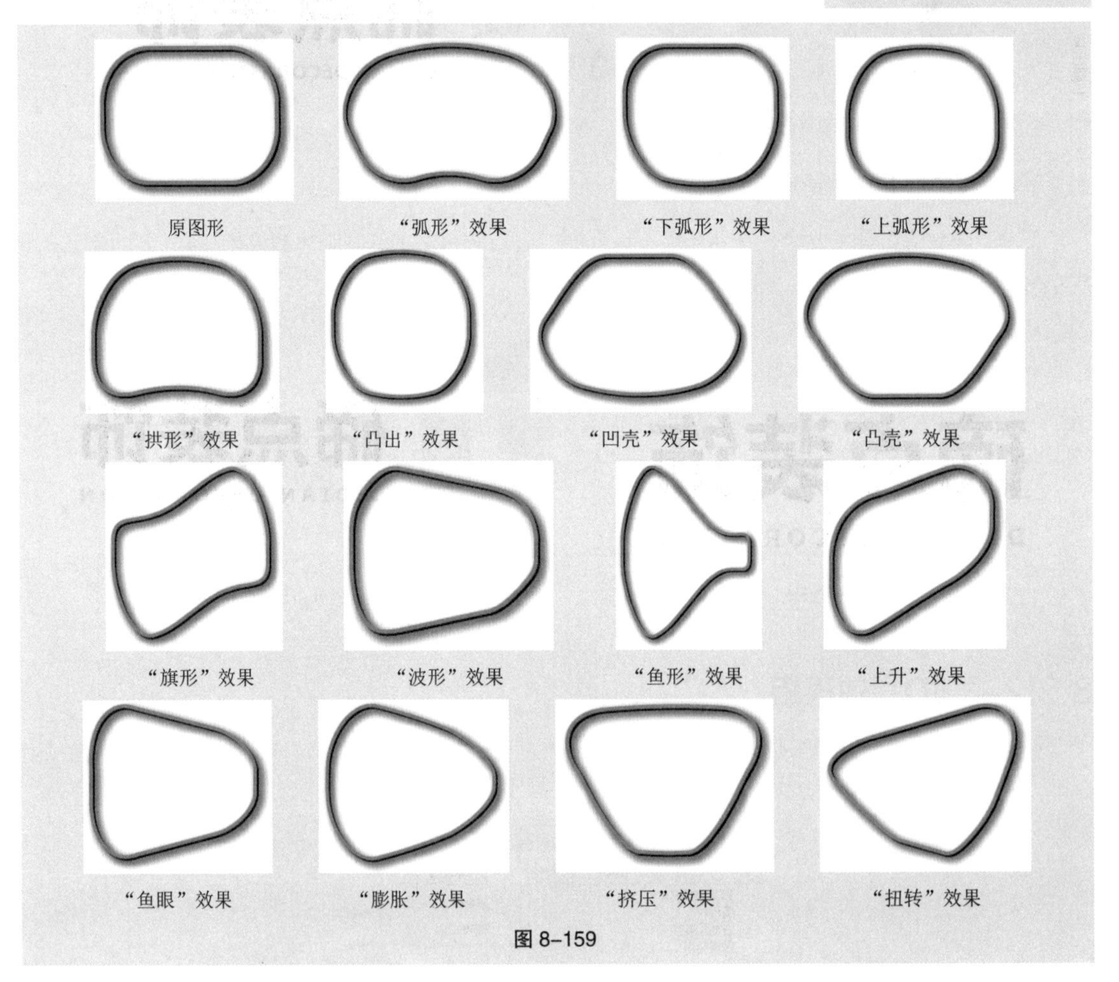

图 8-159

8.3.4 “扭曲和变换”效果组

使用“扭曲和变换”效果组中的效果可以使图形产生各种扭曲变形的效果，该效果组包含7个效果，如图8-160所示。

应用“扭曲和变换”效果组中的效果，如图8-161所示。

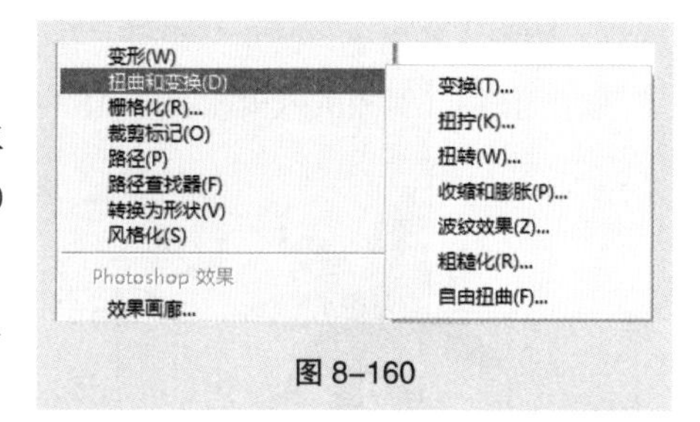

图 8-160

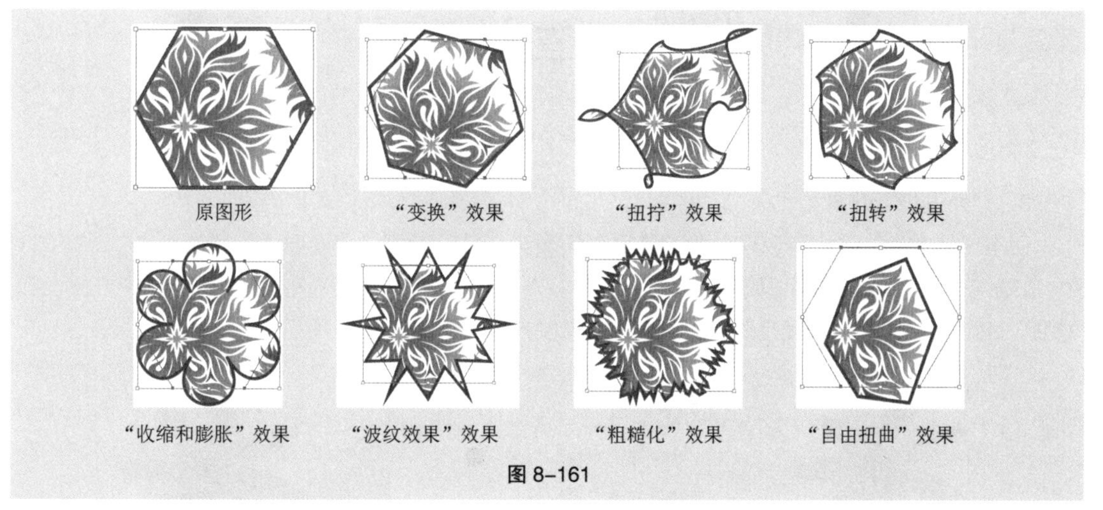

图 8-161

8.3.5 “风格化”效果组

使用“风格化”效果组中的效果可以增强对象的外观效果，如图8-162所示。

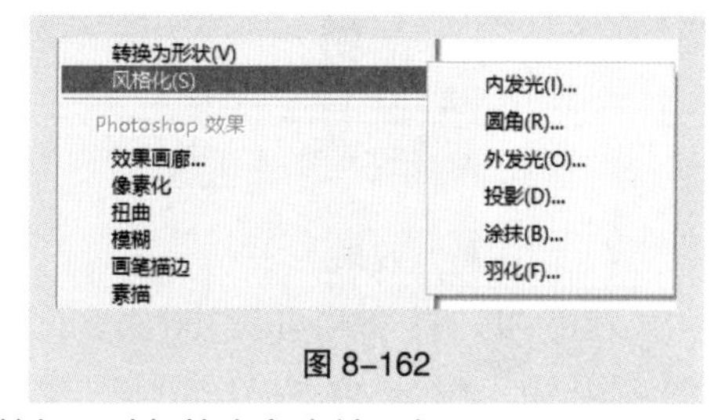

图 8-162

1. “内发光”效果

使用“内发光”效果可以在对象的内部创建发光的外观效果。选中要添加“内发光”效果的对象，如图8-163所示，选择“效果 > 风格化 > 内发光”命令，在弹出的“内发光”对话框中进行设置，如图8-164所示，单击“确定”按钮，对象的内发光效果如图8-165所示。

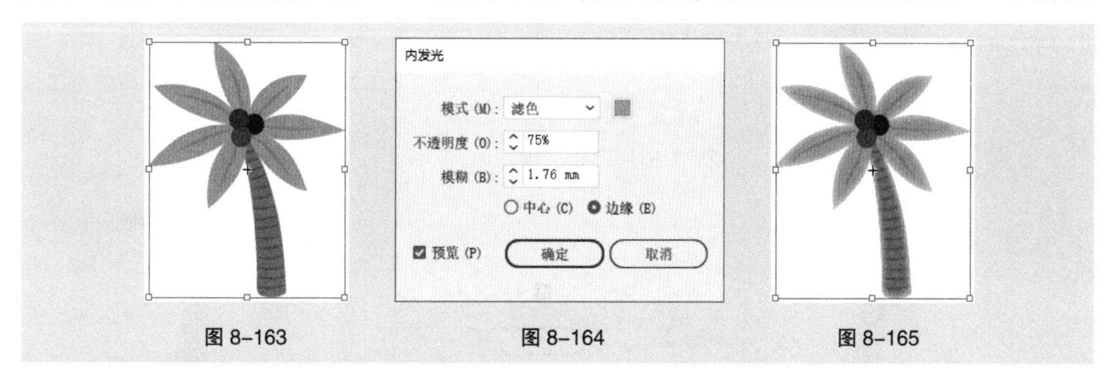

图 8-163　　图 8-164　　图 8-165

2. “圆角”效果

使用“圆角”效果可以为对象添加圆角效果。选中要添加“圆角”效果的对象，如图8-166所示，选择“效果 > 风格化 > 圆角”命令，在弹出的“圆角”对话框中进行设置，如图 8-167 所示，单击“确定”按钮，对象的效果如图 8-168 所示。

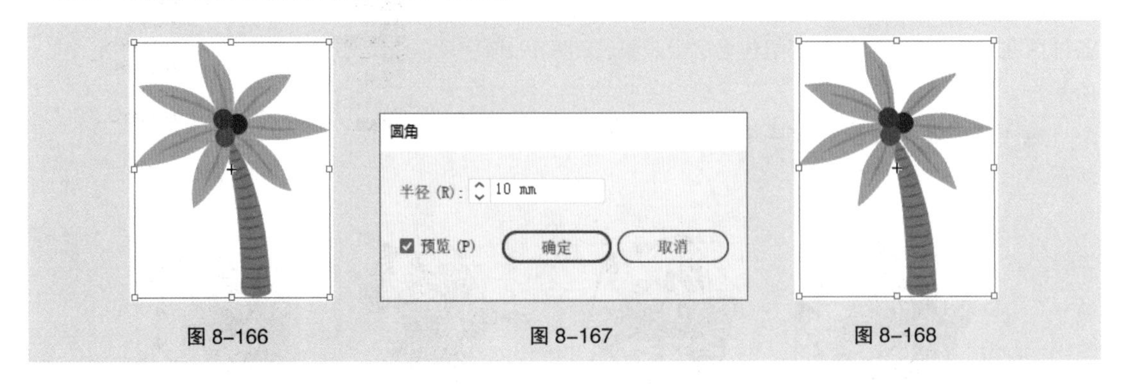

图 8-166　图 8-167　图 8-168

3. “外发光”效果

使用“外发光”效果可以在对象的外部创建发光的外观效果。选中要添加“外发光”效果的对象，如图 8-169 所示，选择“效果 > 风格化 > 外发光”命令，在弹出的“外发光”对话框中进行设置，如图 8-170 所示，单击“确定”按钮，对象的外发光效果如图 8-171 所示。

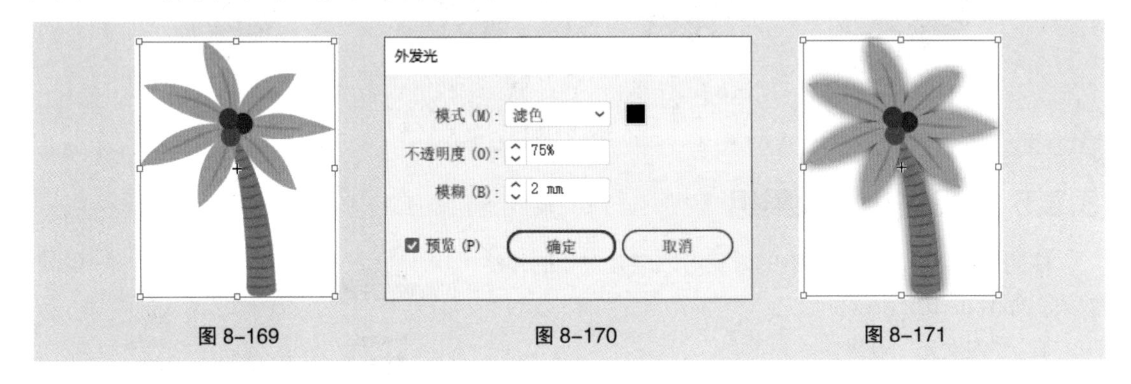

图 8-169　图 8-170　图 8-171

4. “投影”效果

使用“投影”效果可以为对象添加投影。选中要添加投影的对象，如图 8-172 所示，选择“效果 > 风格化 > 投影”命令，在弹出的“投影”对话框中进行设置，如图 8-173 所示，单击“确定”按钮，对象的投影效果如图 8-174 所示。

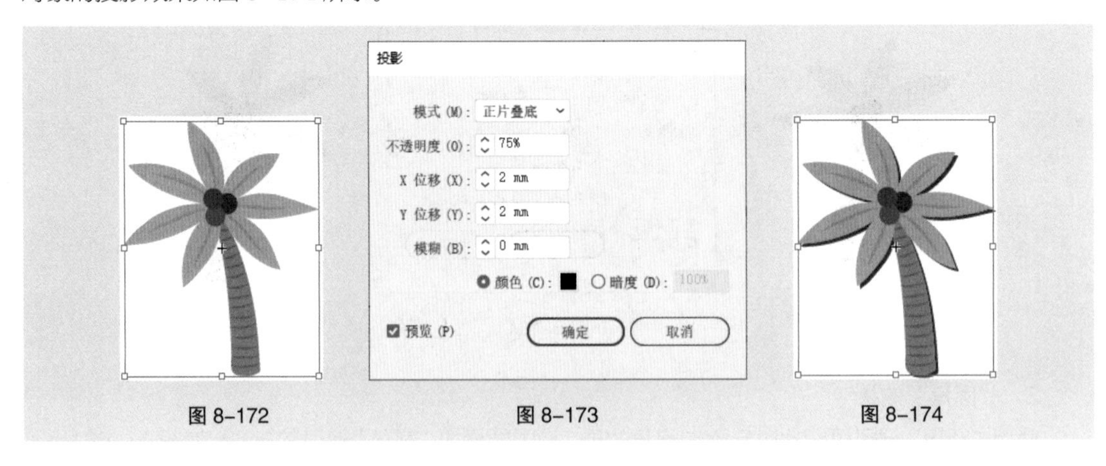

图 8-172　图 8-173　图 8-174

5. “涂抹”效果

选中要添加“涂抹”效果的对象，如图 8-175 所示，选择“效果 > 风格化 > 涂抹”命令，在弹出的“涂抹选项”对话框中进行设置，如图 8-176 所示，单击“确定”按钮，对象的效果如图 8-177 所示。

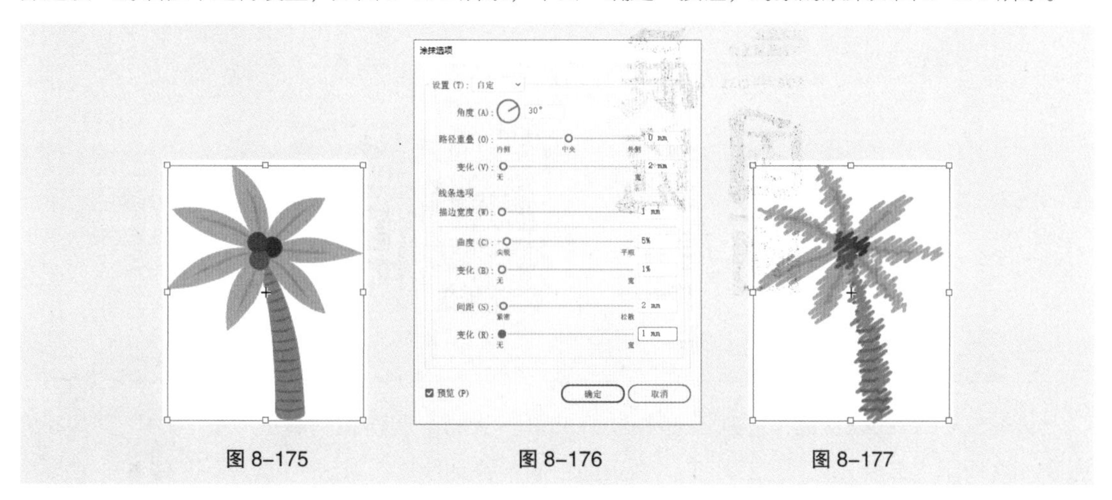

图 8-175　　图 8-176　　图 8-177

6. “羽化”效果

使用“羽化”效果可以将对象的边缘从实心颜色逐渐过渡为无色。选中要添加“羽化”效果的对象，如图 8-178 所示，选择“效果 > 风格化 > 羽化”命令，在弹出的“羽化”对话框中进行设置，如图 8-179 所示，单击“确定”按钮，对象的效果如图 8-180 所示。

图 8-178　　图 8-179　　图 8-180

8.4 Photoshop 效果

Photoshop 效果为栅格效果，也就是用来生成像素的效果，可以应用于矢量图或位图对象，它包括一个“效果画廊”和 9 个效果组，有些效果组又包括多个效果。

8.4.1 课堂案例——制作国画展览海报

【案例学习目标】学习使用“文字”工具、“高斯模糊”命令制作国画展览海报。

【案例知识要点】使用“文字”工具、“创建轮廓”命令、释放复合路径组合键和“删除锚点”工具添加并编辑标题文字，使用“高斯模糊”命令为文字笔画添加模糊效果。国画展览海报的效果如图 8-181 所示。

【效果所在位置】云盘 \Ch08\ 效果 \ 制作国画展览海报 .ai。

图 8-181

（1）按 Ctrl+O 组合键，打开云盘中的“Ch08 > 素材 > 制作国画展览海报 > 01”文件，如图 8-182 所示。选择“文字”工具 T，在页面中输入需要的文字。选择“选择”工具 ▶，在属性栏中选择合适的字体并设置文字大小，效果如图 8-183 所示。

（2）选择“文字 > 创建轮廓”命令，将文字转换为轮廓，效果如图 8-184 所示。按 Shift+Ctrl+G 组合键，取消文字编组。按 Alt+Shift+Ctrl+8 组合键，释放复合路径，效果如图 8-185 所示。

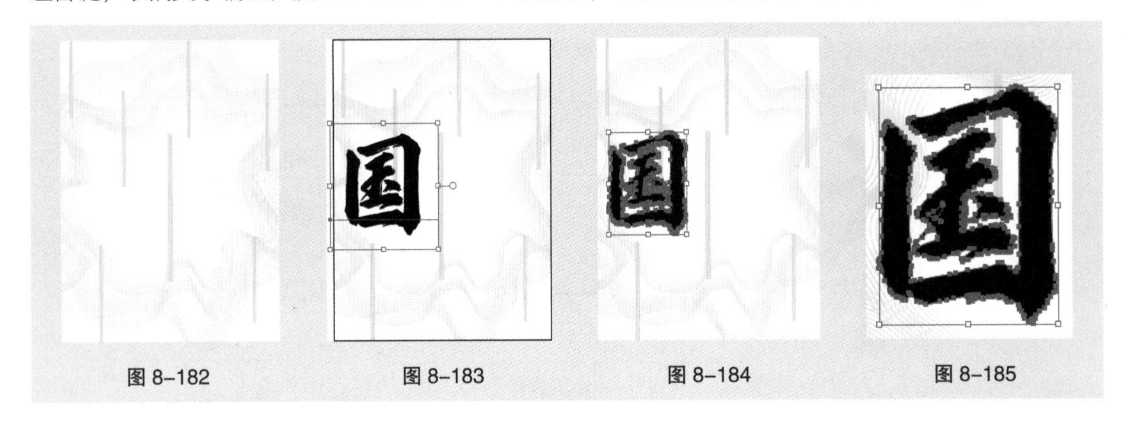

图 8-182 图 8-183 图 8-184 图 8-185

（3）选择“选择”工具 ▶，按住 Shift 键的同时，依次单击将“玉”字所有笔画同时选取，如图 8-186 所示。按 Delete 键，将其删除，效果如图 8-187 所示。

（4）选择“文字”工具 T，在适当的位置输入需要的文字。选择“选择”工具 ▶，在属性栏中选择合适的字体并设置文字大小，效果如图 8-188 所示。

（5）选择“文字 > 创建轮廓”命令，将文字转换为轮廓，效果如图 8-189 所示。按 Shift+Ctrl+G 组合键，取消文字编组。按 Alt+Shift+Ctrl+8 组合键，释放复合路径，效果如图 8-190 所示。

（6）选择“选择”工具 ▶，按住 Shift 键的同时，选取不需要的笔画，如图 8-191 所示。按 Delete 键，将其删除，效果如图 8-192 所示。

（7）选择“删除锚点”工具 ，分别在“王”字不需要的锚点上单击，删除锚点，效果如图 8-193 所示。选择“选择”工具 ▶，选取需要的笔画，如图 8-194 所示。

（8）选择“效果 > 模糊 > 高斯模糊”命令，在弹出的“高斯模糊”对话框中进行设置，如图 8-195 所示；单击“确定”按钮，效果如图 8-196 所示。

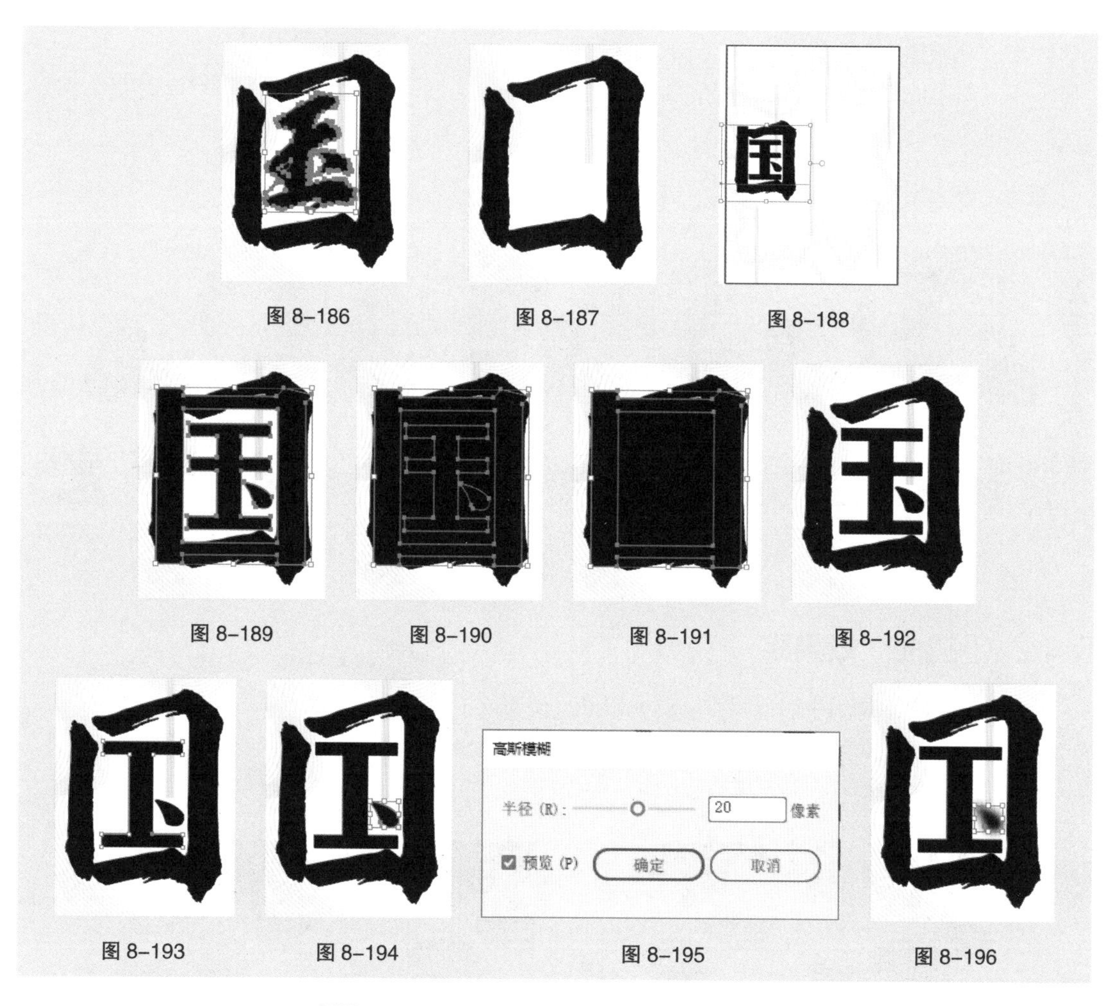

图 8-186　图 8-187　图 8-188

图 8-189　图 8-190　图 8-191　图 8-192

图 8-193　图 8-194　图 8-195　图 8-196

（9）选择“文字”工具T，在适当的位置输入需要的文字。选择“选择”工具▶，在属性栏中选择合适的字体并设置文字大小。设置填充色为红色（179、52、48），填充文字，效果如图 8-197 所示。用相同的方法制作文字“画”“展”“览”，效果如图 8-198 所示。

（10）按 Ctrl+O 组合键，打开云盘中的“Ch08 > 素材 > 制作国画展览海报 > 02”文件，选择“选择”工具▶，选取需要的图形，按 Ctrl+C 组合键，复制图形。选择正在编辑的页面，按 Ctrl+V 组合键，将复制的图形粘贴到页面中，并拖曳复制得到的图形到适当的位置，效果如图 8-199 所示。国画展览海报制作完成，效果如图 8-200 所示。

图 8-197　图 8-198　图 8-199　图 8-200

8.4.2 “像素化”效果组

使用“像素化”效果组中的效果可以将图像中颜色相似的像素合并起来，产生特殊的效果，如图 8-201 所示。

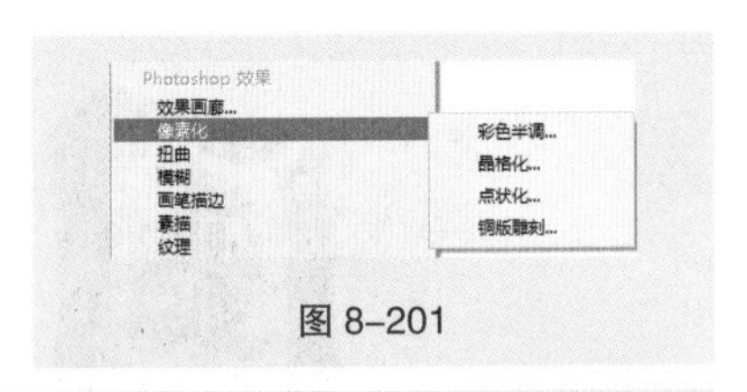

图 8-201

应用“像素化”效果组中的效果，如图 8-202 所示。

原图像

“彩色半调”效果

“晶格化”效果

“点状化”效果

“铜版雕刻”效果

图 8-202

8.4.3 “扭曲”效果组

使用“扭曲”效果组中的效果可以对像素进行移动或插值来使图像达到扭曲效果，如图 8-203 所示。

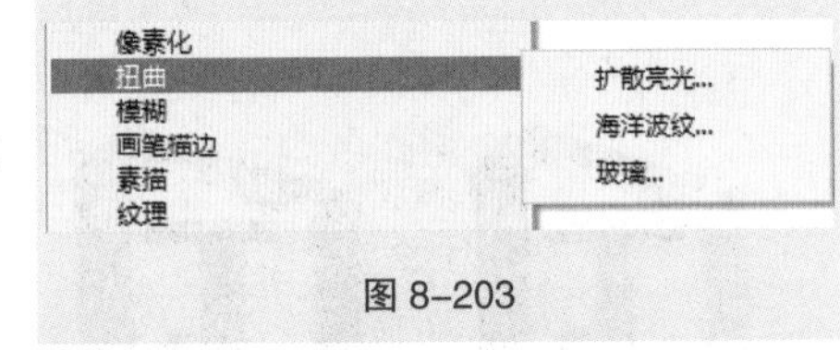

图 8-203

应用“扭曲”效果组中的效果，如图 8-204 所示。

原图像　“扩散亮光”效果

“海洋波纹”效果

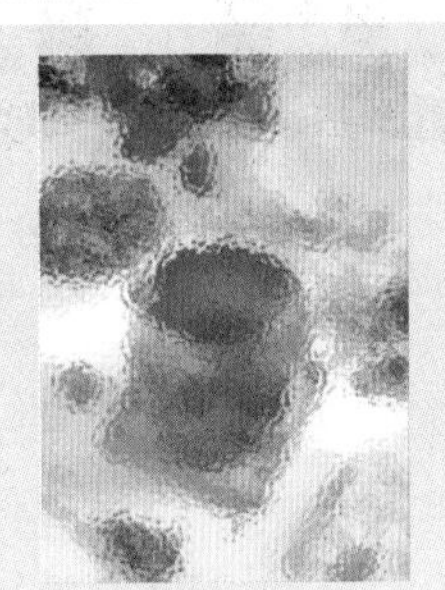
“玻璃”效果

图 8-204

8.4.4 “模糊”效果组

使用“模糊”效果组中的效果可以削弱相邻像素之间的对比度，使图像达到柔化的效果，如图 8-205 所示。

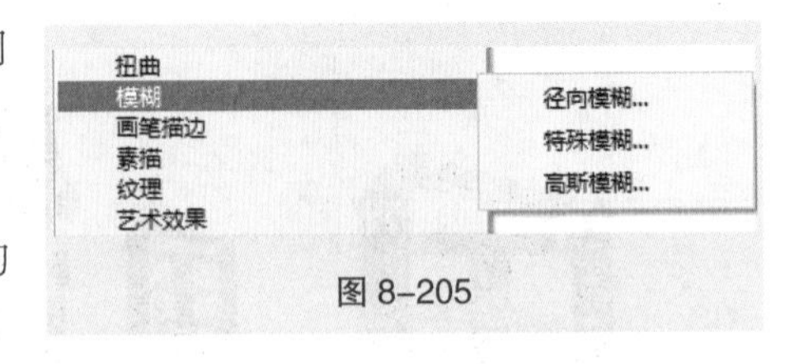

图 8-205

1. “径向模糊”效果

使用“径向模糊”效果可以使图像产生旋转或运动的效果，模糊的中心位置可以任意调整。

选中图像，如图 8-206 所示。选择“效果 > 模糊 > 径向模糊”命令，在弹出的“径向模糊”对话框中进行设置，如图 8-207 所示，单击“确定”按钮，图像效果如图 8-208 所示。

2. “特殊模糊”效果

使用“特殊模糊”效果可以使图像背景产生模糊效果。该效果可以用来制作柔化效果。

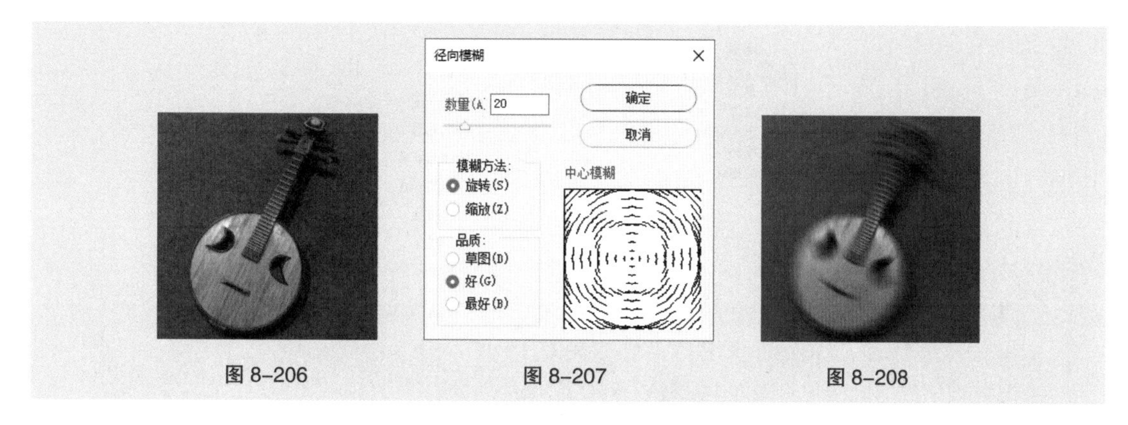

图 8-206　　图 8-207　　图 8-208

选中图像，如图 8-209 所示。选择“效果 > 模糊 > 特殊模糊”命令，在弹出的“特殊模糊”对话框中进行设置，如图 8-210 所示，单击“确定”按钮，图像效果如图 8-211 所示。

图 8-209　　图 8-210　　图 8-211

3. “高斯模糊”效果

使用“高斯模糊”效果可以使图像变得柔和。该效果可以用来制作倒影或投影。

选中图像，如图 8-212 所示。选择“效果 > 模糊 > 高斯模糊”命令，在弹出的“高斯模糊”对话框中进行设置，如图 8-213 所示，单击“确定”按钮，图像效果如图 8-214 所示。

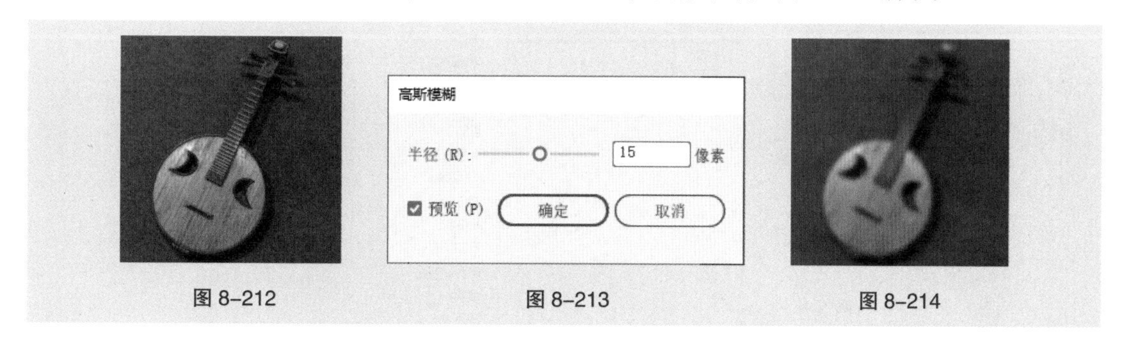

图 8-212　　图 8-213　　图 8-214

8.4.5 “画笔描边”效果组

使用“画笔描边”效果组中的效果可以通过不同的画笔和油墨设置，让图像产生类似绘画的效果，如图 8-215 所示。

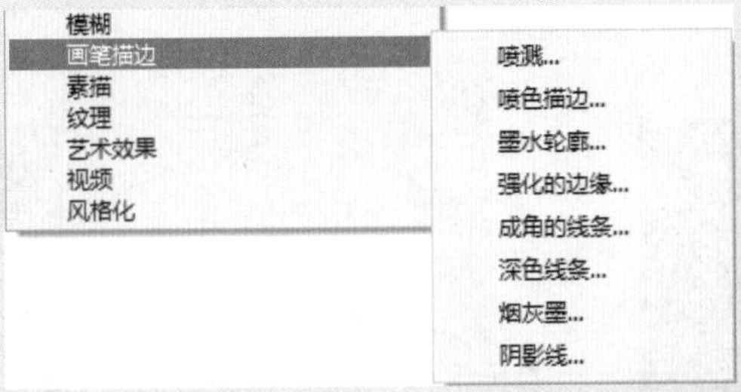

模糊
画笔描边
素描
纹理
艺术效果
视频
风格化
喷溅...
喷色描边...
墨水轮廓...
强化的边缘...
成角的线条...
深色线条...
烟灰墨...
阴影线...

图 8-215

应用“画笔描边”效果组中的各效果，如图 8-216 所示。

原图像
“喷溅”效果
“喷色描边”效果
“墨水轮廓”效果
“强化的边缘”效果
“成角的线条”效果
“深色线条”效果
“烟灰墨”效果
“阴影线”效果

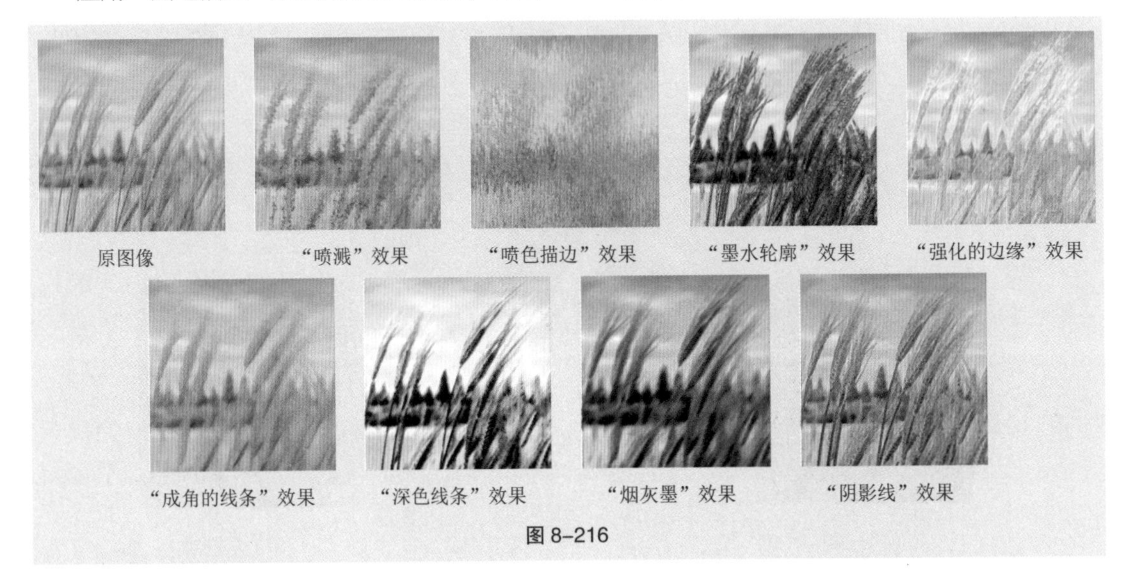

图 8-216

8.4.6 “素描”效果组

使用“素描”效果组中的效果可以模拟现实中的素描、速写等美术技法对图像进行处理，如图 8-217 所示。

画笔描边
素描
纹理
艺术效果
视频
风格化
便条纸...
半调图案...
图章...
基底凸现...
影印...
撕边...
水彩画纸...
炭笔...
炭精笔...
石膏效果...
粉笔和炭笔...
绘图笔...
网状...
铬黄...

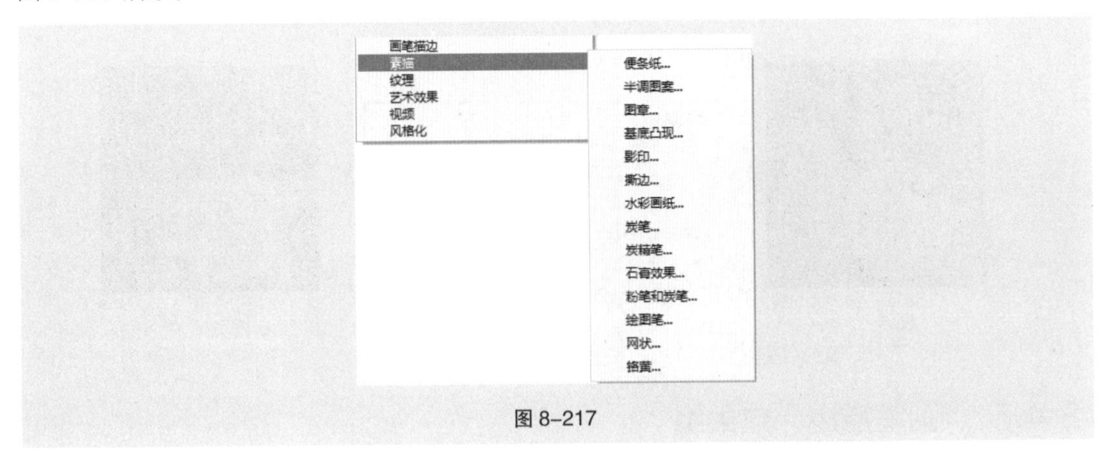

图 8-217

应用“素描”效果组中的各效果，如图 8-218 所示。

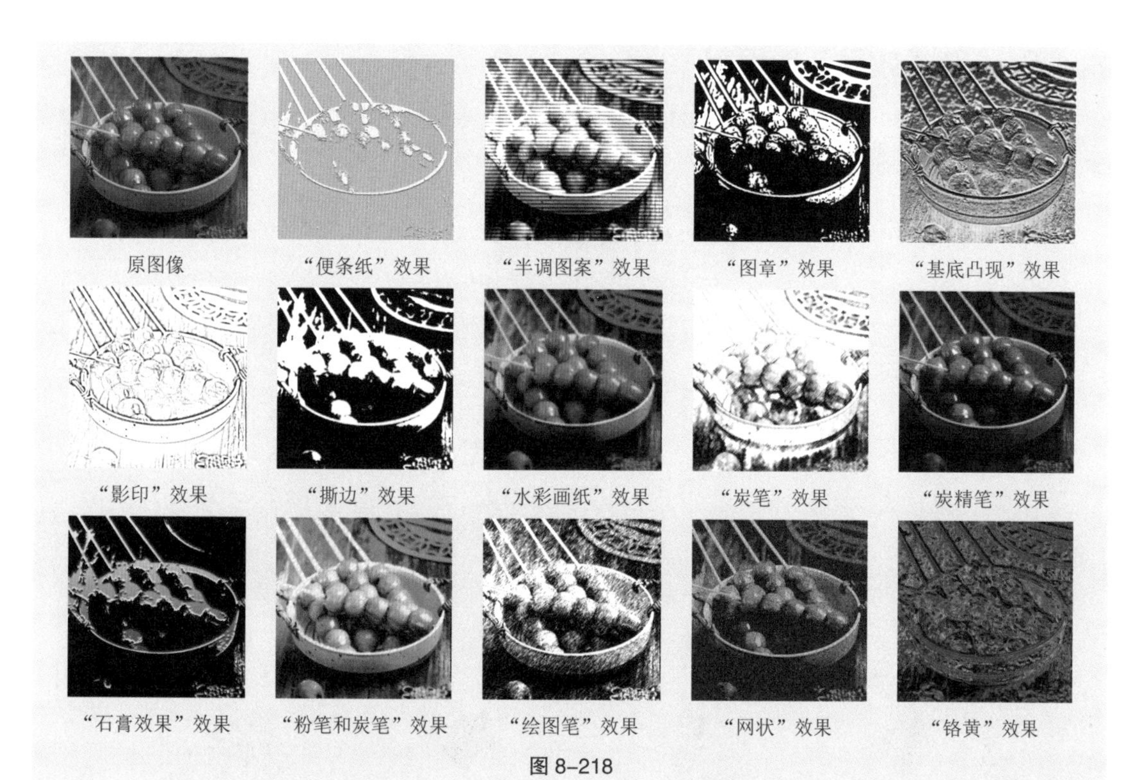

图 8-218

8.4.7 “纹理”效果组

使用“纹理”效果组中的效果可以使图像产生各种纹理效果，还可以利用前景色在空白的图像上制作纹理，如图 8-219 所示。

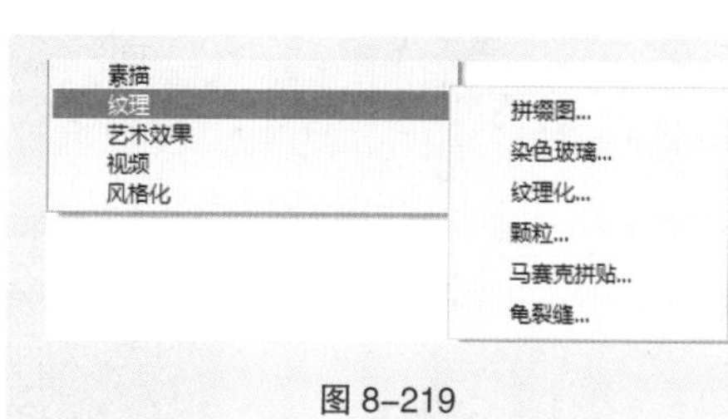

图 8-219

应用“纹理”效果组中的各效果，如图 8-220 所示。

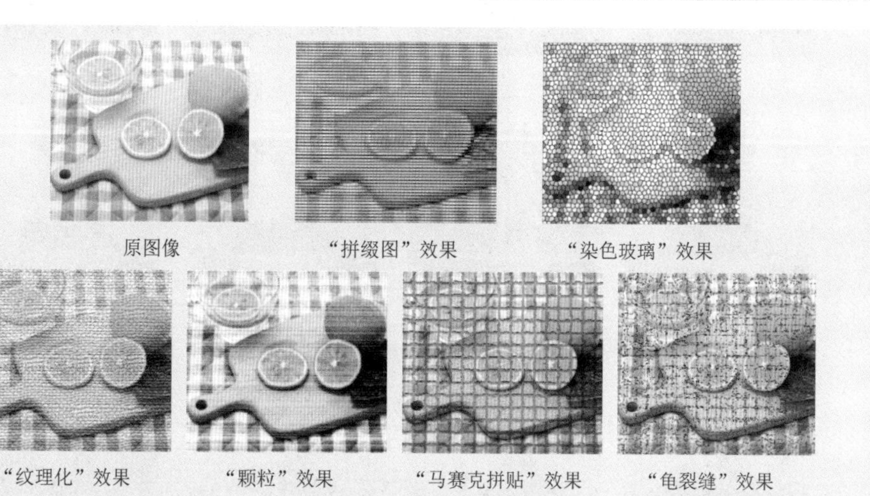

图 8-220

8.4.8 “艺术效果”效果组

使用“艺术效果”效果组中的效果可以模拟不同的艺术派别，使用不同的工具和介质为图像创造出不同的艺术效果，如图 8-221 所示。

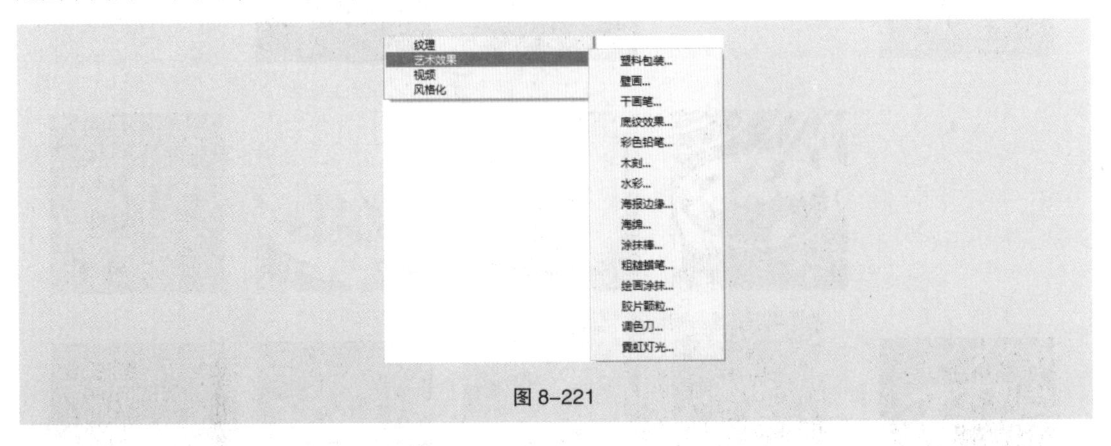

图 8-221

应用“艺术效果”效果组中的各效果，如图 8-222 所示。

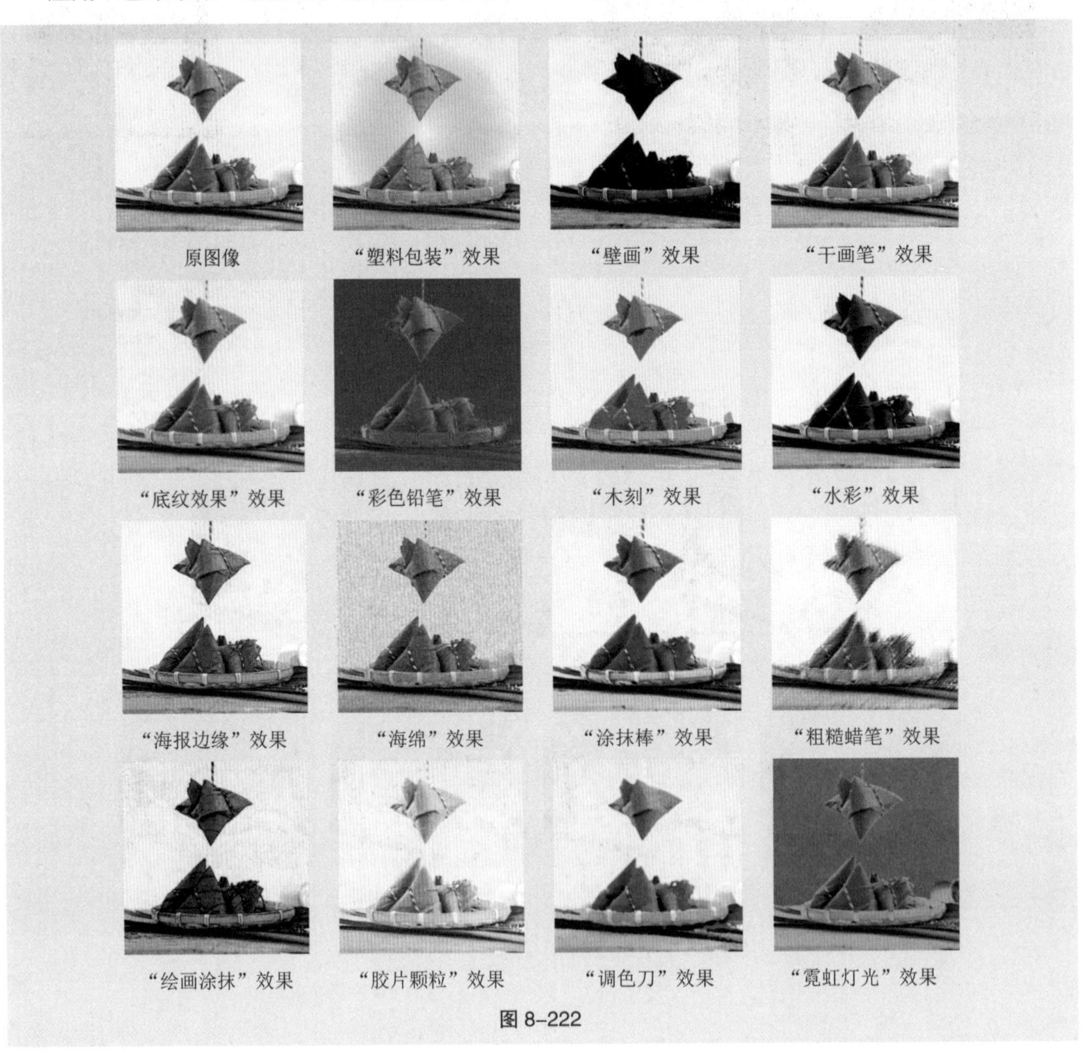

图 8-222

8.4.9 “风格化”效果组

“风格化”效果组中只有 1 个效果，如图 8-223 所示。使用“照亮边缘”效果可以把图像中的低对比度区域变为黑色、高对比度区域变为白色，从而使图像上不同颜色的交界处产生发光效果。

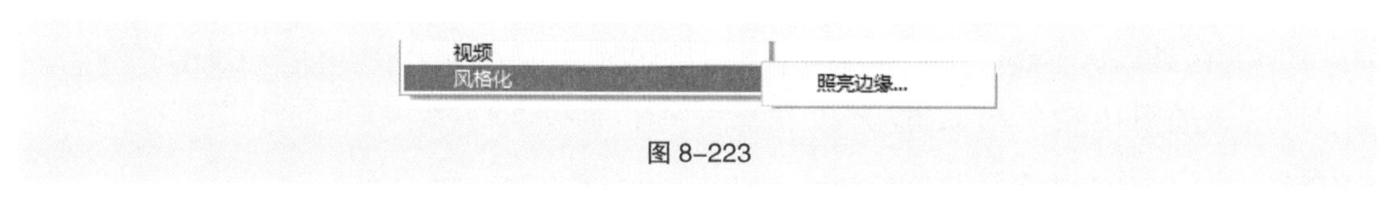

图 8-223

选中图像，如图 8-224 所示。选择“效果 > 风格化 > 照亮边缘”命令，在弹出的“照亮边缘”对话框中进行设置，如图 8-225 所示，单击“确定”按钮，图像效果如图 8-226 所示。

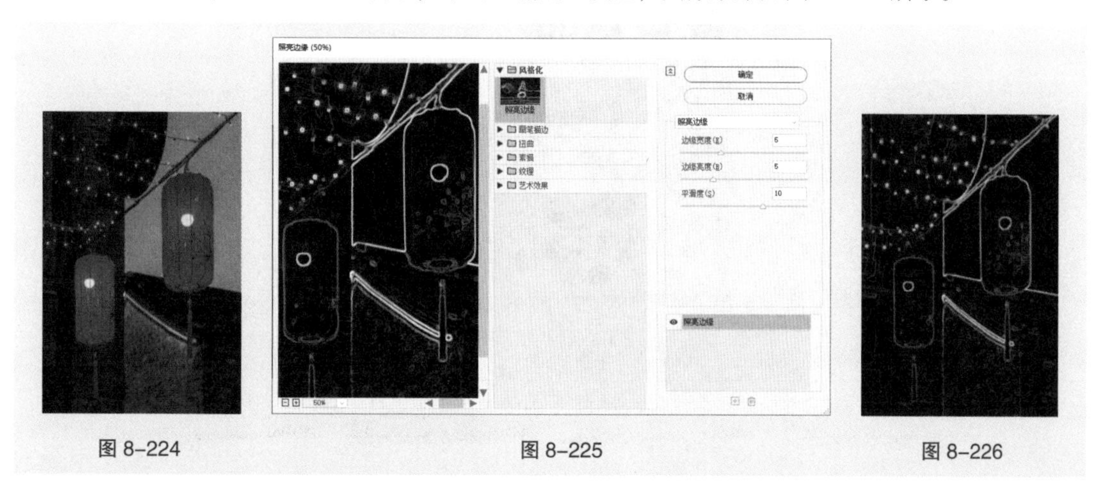

图 8-224　　图 8-225　　图 8-226

8.5 课堂练习——制作促销海报

【练习知识要点】使用“文字”工具、“封套扭曲”命令、“渐变”工具和“高斯模糊”命令添加并编辑标题文字，使用“文字”工具、“字符”面板添加宣传性文字，使用“圆角矩形”工具、“描边”命令绘制虚线框。效果如图 8-227 所示。

【效果所在位置】云盘 \Ch08\ 效果 \ 制作促销海报 .ai。

图 8-227

8.6 课后习题——制作餐饮食品招贴

【习题知识要点】使用“置入”命令置入图片，使用“文字”工具、“填充”工具和“涂抹”命令添加并编辑标题文字，使用“文字”工具、“字符”面板添加其他相关信息。效果如图 8-228 所示。

【效果所在位置】云盘 \Ch08\ 效果 \ 制作餐饮食品招贴 .ai。

图 8-228

09 第 9 章 商业案例

本章介绍

本章结合多个商业案例，通过项目背景、项目要求、项目设计、项目要点和项目制作进一步详解 Illustrator 的强大功能和图形制作技巧。读者在学习商业案例的制作并完成大量练习后，可以快速地掌握商业案例设计的理念和软件的技术要点，以设计与制作出专业的作品。

学习目标

- 掌握软件基础知识的使用方法。
- 了解 Illustrator 的常用设计领域。
- 掌握 Illustrator 在不同设计领域的使用技巧。

技能目标

- 掌握“美妆类 App 的 Banner”的制作方法。
- 掌握“少儿图书封面”的制作方法。
- 掌握“苏打饼干包装”的制作方法。
- 掌握“阅读平台推广海报”的制作方法。
- 掌握“洗衣机网页 Banner”的制作方法。
- 掌握“速益达科技 VI 手册”的制作方法。

9.1 广告设计——制作美妆类 App 的 Banner

9.1.1 项目背景

1. 客户名称

温碧柔。

2. 客户需求

温碧柔是一个涉足护肤、彩妆、香水等多个领域的年轻护肤品牌。现品牌推出新款水润防晒乳，要求设计一款 Banner，用于线上宣传。设计要符合年轻人的喜好，给人清爽透亮的感觉。

9.1.2 项目要求

（1）广告内容以产品实物为主导。

（2）设计要求背景与装饰符合产品需求，体现出产品特色。

（3）画面色彩要明艳透亮，丰富画面效果。

（4）设计风格要具有特色，版式活而不散，能够引起顾客的兴趣及购买的欲望。

（5）设计规格为 1920 px（宽）×700 px（高），分辨率为 72 dpi。

9.1.3 项目设计

本案例的设计流程如图 9-1 所示。

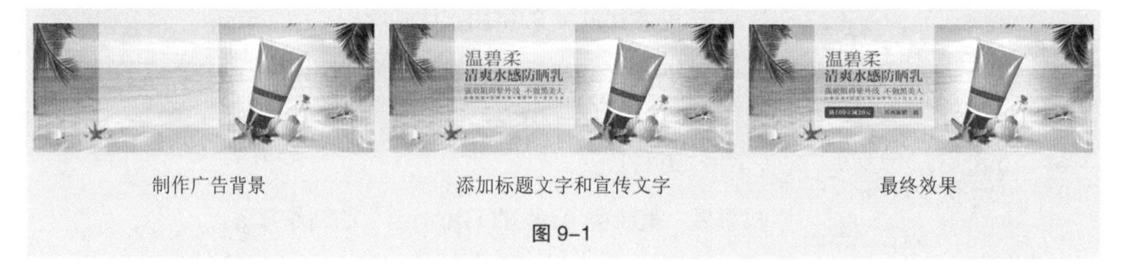

图 9-1

9.1.4 项目要点

使用“矩形”工具、“不透明度”选项制作半透明效果，使用“文字”工具、“字符”面板添加宣传文字，使用“字形”面板插入字形，使用“圆角矩形”工具、“直线段”工具绘制装饰图形。

9.1.5 项目制作

9.2 图书设计——制作少儿图书封面

9.2.1 项目背景

1. 客户名称

萤火虫书局股份有限公司。

2. 客户需求

萤火虫书局是一家集图书、期刊和网络出版物为一体的综合性出版机构。现公司准备出版一本新书《点亮星空宝宝成长记》，要求为该图书设计封面，设计元素要体现出温馨和睦的氛围，符合图书特色。

9.2.2 项目要求

（1）图书封面的设计要简洁而不失活泼，避免呆板。

（2）设计要求具有代表性，突出图书特色。

（3）色彩的运用简洁舒适，在视觉上能吸引人们的目光。

（4）要留给人想象的空间，使人产生向往之情。

（5）设计规格为 310 mm（宽）×210 mm（高），分辨率为 300 dpi。

9.2.3 项目设计

本案例的设计流程如图 9-2 所示。

图 9-2

9.2.4 项目要点

使用“矩形”工具、“网格”工具、“直线段”工具、“描边”面板和“星形”工具制作背景，使用“文字”工具、“矩形”工具、“路径查找器”面板和“直接选择”工具制作图书名称，使用“文字”工具、“字符”面板添加相关内容和出版信息，使用“椭圆”工具、“联集”按钮和“区域文字”工具添加区域文字。

9.2.5 项目制作

9.3 包装设计——制作苏打饼干包装

9.3.1 项目背景

1. 客户名称

好乐奇公司。

2. 客户需求

好乐奇是一家以干果、饼干、茶叶和速溶咖啡等食品的研发、分装及销售为主的公司，致力于为客户提供高品质、高性价比、高便利性的产品。现需要制作苏打饼干包装，要求画面具有创意，符合公司的定位与要求。

9.3.2 项目要求

（1）包装要求使用橘黄色，与饼干颜色相搭配。

（2）文字要求使用简洁的字体，配合整体的包装风格，使包装更具特色。

（3）设计要求简洁大气，图文搭配编排合理，视觉效果强烈。

（4）以真实、简洁的方式向观者传达信息内容。

（5）设计规格为 234 mm（宽）×268 mm（高），分辨率为 300 dpi。

9.3.3 项目设计

本案例的设计流程如图 9-3 所示。

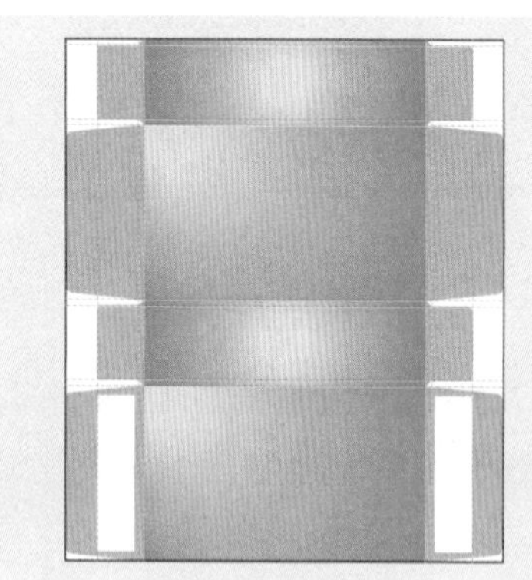

绘制包装平面展开图

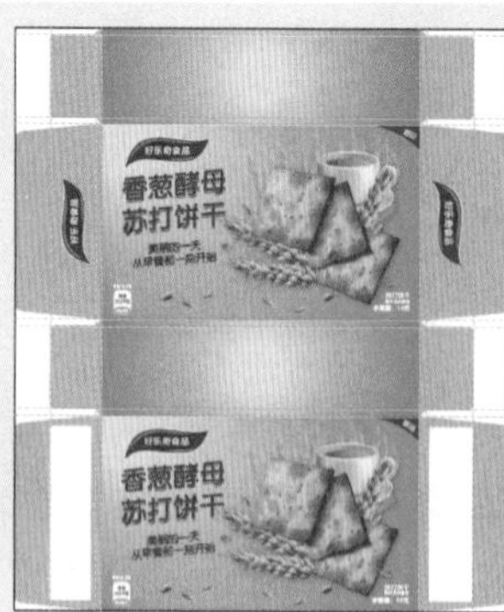

制作包装正面和侧面

最终效果

图 9-3

9.3.4 项目要点

使用“置入”命令添加产品图片，使用“投影”命令为产品图片添加阴影效果，使用“矩形”工具、“渐变”工具、“变换”面板、“镜像”工具、“添加锚点”工具和“直接选择”工具制作包装平面展开图，使用“文字”工具、“倾斜”工具和“填充”工具添加产品名称，使用“文字”工具、“字符”面板、“矩形”工具和“直线段”工具添加营养成分表和其他包装信息。

9.3.5 项目制作

9.4 课堂练习——制作阅读平台推广海报

9.4.1 项目背景

1. 客户名称

Circle。

2. 客户需求

Circle 是一个以文字、图片、视频等多媒体形式，实现信息即时分享、传播互动的平台。现需要制作一款宣传海报，能够适用于平台传播，以宣传教育咨询为主要内容，要求内容明确清晰，展现品牌品质。

9.4.2 项目要求

（1）海报内容以图书的插画为主，将文字与图片结合，表明主题。

（2）色调淡雅，带给人平静、放松的视觉感受。

（3）画面干净整洁，使观者体会到阅读的快乐。

（4）设计能够让人感受到品牌风格，产生咨询的欲望。

（5）设计规格为 750 px（宽）×1181 px（高），分辨率为 72 dpi。

9.4.3 项目设计

本案例的设计效果如图 9-4 所示。

图 9-4

9.4.4 项目要点

使用“置入”命令、“不透明度”选项添加海报背景，使用“直排文字”工具、“字符”面板、“创建轮廓”命令、“矩形”工具和“路径查找器”面板添加并编辑标题文字，使用“直接选择”工具、“删除锚点”工具调整文字，使用“直线段”工具、“描边”面板绘制装饰线条。

9.5 课堂练习——制作洗衣机网页 Banner

9.5.1 项目背景

1. 客户名称

文森艾德。

2. 客户需求

文森艾德是一家综合性的家电企业，其产品涵盖手机、电脑、热水器、冰箱等。现企业推出新款静音滚筒洗衣机，要求进行广告设计，用于平台宣传及推广。设计要符合现代设计风格，给人沉稳、干净的印象。

9.5.2 项目要求

（1）画面以产品图片为主体。

（2）设计使用直观、醒目的文字来诠释广告内容，体现活动特色。

（3）画面色彩的使用要给人清新、干净的印象。

（4）画面版式要沉稳且富有变化。

（5）设计规格为 1920 px（宽）×800 px（高），分辨率为 72 dpi。

9.5.3 项目设计

本案例的设计效果如图 9-5 所示。

图 9-5

9.5.4 项目要点

使用“矩形”工具和“填充”工具绘制背景，使用“置入”命令添加产品图片，使用“钢笔”工具、“高斯模糊”命令制作阴影效果，使用“文字”工具添加宣传性文字。

9.6 课后习题——制作速益达科技 VI 手册

9.6.1 项目背景

1. 客户名称

速益达科技有限公司。

2. 客户需求

速益达是一家主要经营各种电子游戏的开发、出版以及销售等业务的游戏公司。现公司需要制作一套 VI 手册，包括办公用品系列、标识系列、广告系列等多件产品。设计要符合现代设计风格，给人沉稳、干净的印象。

9.6.2 项目要求

（1）标志以蓝色和红色为标准色。

（2）整套 VI 手册要具有可识别性、系统性和统一性。

（3）标准字的设计要求具有可读性、可识别性和设计性。

（4）整体画面版式要沉稳且富有变化。

（5）设计规格为 210 mm（宽）×297 mm（高），分辨率为 300 dpi。

9.6.3 项目设计

本案例的设计效果如图 9-6 所示。

图 9-6

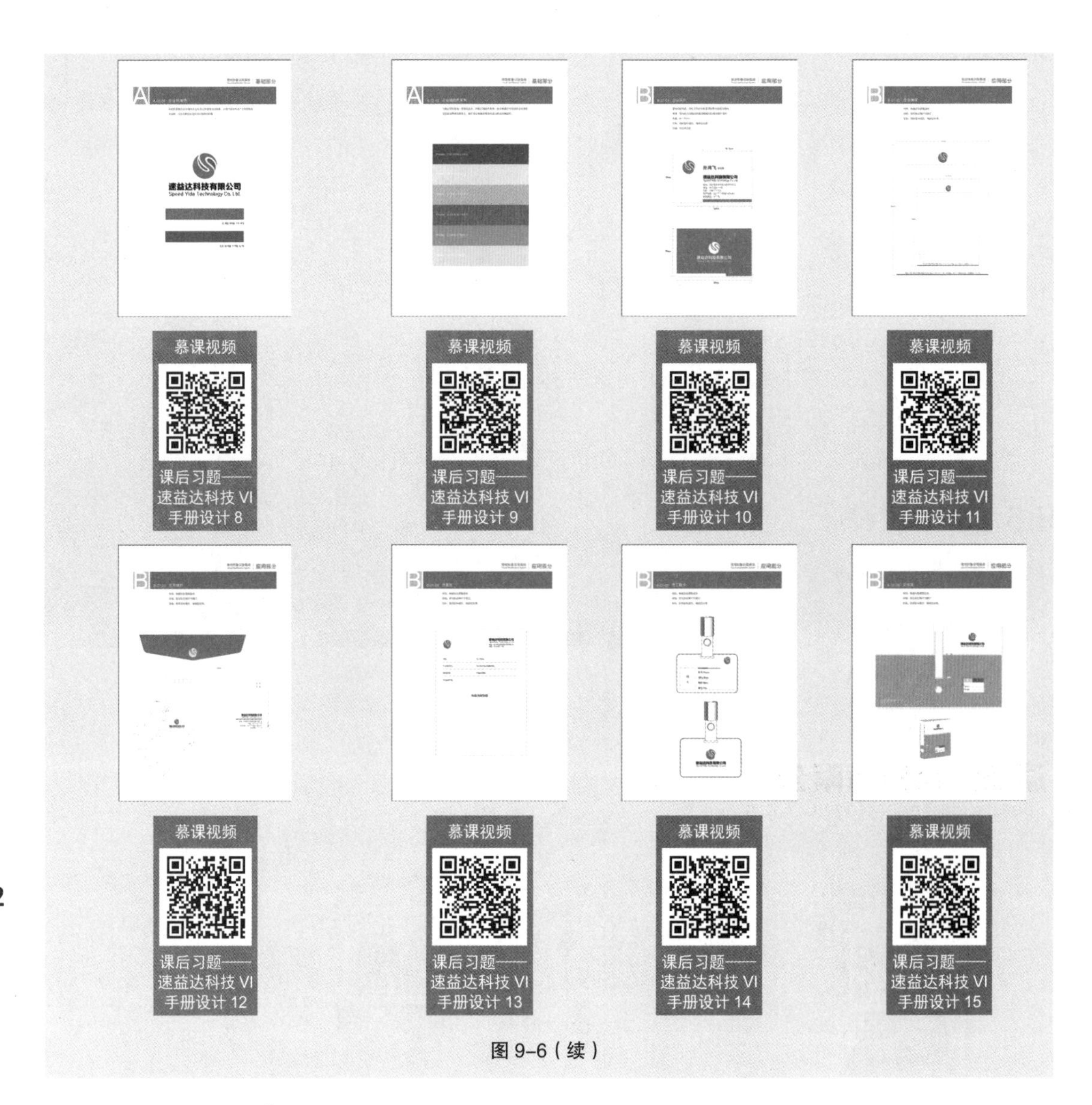

图 9-6（续）

9.6.4 项目要点

使用“显示网格”命令显示和隐藏网格，使用“椭圆”工具、“钢笔”工具和“分割”命令制作标志图形，使用“矩形”工具、“直线段”工具、“文字”工具、“填充”工具制作模板，使用“对齐”面板对齐对象，使用“矩形”工具、“扩展”命令、“直线段”工具和“描边”命令制作标志预留空间，使用“矩形”工具、“混合”工具、“扩展”命令和“填充”工具制作标准色块，使用“直线段”工具和“文字”工具对图形进行标注，使用“建立剪切蒙版”命令制作信纸底图，使用“绘图”工具、“镜像”命令制作信封，使用“描边”面板制作虚线效果，使用多种绘图工具、“渐变”工具、“复制”命令和“粘贴”命令制作员工胸卡，使用“倾斜”工具倾斜图形。